U0249143

"十三五"水体污染控制与治理科技重大专项重点图书

城镇污泥安全处理处置与资源化技术

戴晓虎　主编

中国建筑工业出版社

图书在版编目(CIP)数据

城镇污泥安全处理处置与资源化技术 / 戴晓虎主编
. — 北京：中国建筑工业出版社，2022.5
"十三五"水体污染控制与治理科技重大专项重点图书

ISBN 978-7-112-27174-0

Ⅰ. ①城… Ⅱ. ①戴… Ⅲ. ①城镇－污泥处理－研究
－中国 Ⅳ. ①X703

中国版本图书馆 CIP 数据核字(2022)第 040715 号

　　本书为"'十三五'水体污染控制与治理科技重大专项重点图书"之一，是"水体污染控制与治理"科技重大专项"城市水污染控制"主题成果之一。

　　本书在系统总结分析我国城镇污水处理厂污泥处理处置与资源化研究成果和工程实践的基础上，围绕污泥处理处置全链条过程，重点阐述了污泥的产生、性质与特点，污泥处理处置的基本原则和方法，污泥水分脱除减量化技术，污泥稳定化技术，污泥热处理技术，污泥产物安全处置及资源化利用技术，我国污泥处理处置技术路线碳足迹分析，污泥处理处置成本构成与核算方法，污泥处理处置技术研究发展历程及趋势分析，国内污泥处理处置典型工程案例等内容。从污泥安全处置、污泥资源化利用及碳排放等不同维度，提出了切合我国城镇污水处理厂污泥处理处置与资源化的技术路线和技术选择。

　　本书可供污水污泥处理领域的科研人员、工程技术人员、污泥处理处置工艺运行管理人员和高等院校市政工程、环境工程专业的本科生、研究生参考。

责任编辑：丁　莉　杜　洁
责任校对：李欣慰

"十三五"水体污染控制与治理科技重大专项重点图书
城镇污泥安全处理处置与资源化技术
戴晓虎　主编

*

中国建筑工业出版社出版、发行（北京海淀三里河路 9 号）
各地新华书店、建筑书店经销
北京红光制版公司制版
北京君升印刷有限公司印刷

*

开本：787 毫米×1092 毫米　1/16　印张：23¼　字数：522 千字
2022 年 4 月第一版　　2022 年 4 月第一次印刷
定价：**108.00** 元
ISBN 978-7-112-27174-0
(38820)

前　言

随着我国经济的发展和环保要求的提高，污水处理设施建设获得高速发展，为实现国家减排目标和污染控制作出了巨大贡献。但伴随污水处理设施的建设投运产生了大量的污泥，污泥汇聚了污水中大部分的污染物，包括易腐有机物、营养物质（氮、磷、钾）、重金属、持久性有机物、寄生虫卵等，根据污水处理的不同工艺，污染负荷占污水处理厂进水总污染物负荷的 $1/3 \sim 1/2$。前期由于我国污水处理厂建设存在严重的"重水轻泥"现象，污泥处理处置设施严重滞后，大量的污泥未得到安全处理处置，未经稳定化、无害化处理的污泥进入环境，导致近年来国内不断爆发污泥环境污染公共事件，二次污染严重。

鉴于此，本书紧紧围绕污泥安全处理处置与资源化，有针对性、全面、系统地展开了阐述，重点对我国城镇污水处理厂污泥产生与组分特征、污泥处理处置基本原则和方法，以及污泥减量化、稳定化、热处理、产物安全处置与资源化等单元技术进行了详细说明，系统阐述了污泥处理处置与资源化不同工艺路线的碳排放与成本核算方法，在此基础上，系统总结了我国污泥处理处置的典型工程范例。

全书由戴晓虎主编，参与编写的有张辰、蒋勇、张荣兵、姚杰、梁伟刚、孙德智、朱南文、董滨、何群彪、杨殿海、陈祥、王越兴、李小伟、杨东海、谭学军、段妮娜、胡维杰、赵水钎、王佳伟、熊建军、陈广、高爱华、姜桂廷、卢宇飞、曲献伟、陈德珍、牛冬杰、李咏梅、薛勇刚、刘文静、武博然、张新颖、马文超、许颖、华煜等人。本书总结了"水体污染控制与治理"科技重大专项（简称水专项）"十一五""十二五""十三五"期间在污泥处理领域相关课题的研究成果，并得到水专项"城市污泥安全处理处置与资源化全链条技术能力提升与工程实证"（课题编号：2017ZX07403002）的资助，在此感谢水专项各课题对本书编写的大力支持。由于作者水平有限，书中不足和疏漏之处在所难免，敬请同行和读者批评指正。

目　　录

第1章 污泥的产生、性质与特点

近年来，随着我国城镇化进程加快，污水处理设施日益完善，城市污水处理量也逐年提高，由此产生的污泥量已经位居世界首位。根据我国住房和城乡建设部在2021年11月底发布的《2020年城乡建设统计年鉴》，截至2020年底，全国累计建成城镇污水处理厂共4326座，城镇污水日处理能力已达到2.3亿m^3，污泥年产量超过6600万t（以含水率80%计），预计到2025年底污泥年产量将达到8000万t。

污泥作为污水处理过程的副产物，具有产量大、含水率高、易腐败等特性，是一种多介质复杂体系，处理难度大。污泥富集了污水中大量的有机物、营养物质和污染物，具有污染和资源的双重属性。一方面，污泥含有重金属、有机污染物、病原菌等有毒有害物质，若不进行无害化处理处置，会对水体、大气和土壤造成二次污染；另一方面，污泥含有大量的蛋白质、脂肪、糖类等可生物降解有机物，若不进行稳定化处理进入环境，易腐化发臭，同时会导致污泥中有机物、氮、磷等资源的浪费。因此，全面了解污泥的多介质复杂体系、性质和特点，是实现污泥安全处理处置与资源化利用的基础，对于污泥处理处置新技术的开发具有重要意义。

1.1 污水处理厂污泥来源及产量

1.1.1 污泥来源与分类

市政污泥根据其来源不同可分为：1）初沉污泥，来自污水处理的初沉池，是原污水中可沉淀的固体；2）剩余污泥，来自活性污泥法的二沉池；3）化学污泥，来自于化学沉淀法处理污水后产生的沉淀物（见图1-1）。其中初沉污泥、二沉污泥统称为生污泥或新鲜污泥，经厌氧消化或好氧消化处理后的污泥，称为消化污泥。

1.1.2 污泥产量

污水处理产生的污泥量，取决于污水的水质和处理工艺，主要由两部分组成，污水原水中的部分悬浮固体（Suspended Solids，SS）和污水生化处理过程新产生的固体物质。初沉池污泥产量和初沉池停留时间有关，通常污泥产量为进水SS的30%～70%（以SS计），二沉池的污泥产量国际上普遍采用单位进水BOD_5的产泥量作为设计计算基准。污泥产率主要受进水BOD_5和进水SS浓度以及反应器不同泥龄影响，通常为0.6～1.2kgMLSS/$kgBOD_5$。

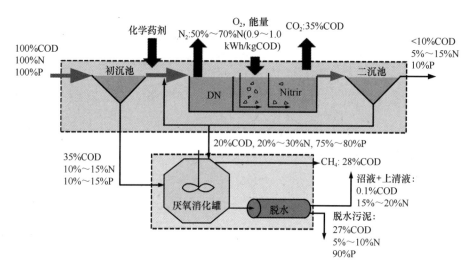

图1-1 污水处理厂污泥的产生及来源

我国目前主要采用单位污水处理量的污泥产量作为城市污水厂的设计依据,可参考经验数据(见表1-1),但污泥的产生量受到初沉池效率、污水水质、水温和污泥龄的影响,因此未来污泥产率仅以水量来计算,缺乏科学精准性,参数计算将逐步以单位水量过渡到以进水水质,如国际通用的是以单位BOD_5的污泥产率。

城市污水厂污泥产量与基本性质   表 1-1

污泥来源	污泥量(L/m³)	含水率(%)	密度(kg/L)
沉砂池	0.03	60	1.5
初沉池	14~25	95.0~97.5	1.015~1.020
生物膜法二沉池	7~19	96~98	1.020
活性污泥法二沉池	10~21	99.2~99.6	1.005~1.008

1.1.3 污泥产率计算方法

传统活性污泥法的污泥产率是根据污水生物处理过程的基本原理来计算剩余活性污泥产量,其基本计算公式如下:

$$\Delta X = Y(S_a - S_e)Q - K_d V X_v \tag{1-1}$$

式中 ΔX——每日排放的挥发性污泥量(VSS),kg/d;

$(S_a - S_e)Q$——每日的有机污染物降解量,kg/d;

    VX_v——曝气池内混合液挥发性悬浮固体总量,kg;

    X_v——MLVSS;

    V——曝气池容积,m³;

    Y——产率系数,即微生物每代谢1kgBOD所合成的MLVSS,kgVSS/kgBOD;

    K_d——活性污泥微生物的自身氧化率(或衰减系数),d^{-1}。

长期以来,污水处理厂主要采用该方法进行设计,但随着污水处理厂脱氮脱磷功能的扩展,各国在此基础上均开展了深入研究,逐渐形成了适合本国的污泥产率计算方法。但各国的污水水质特征和运行条件不同,导致污泥产量计算公式及关键参数具有一定的地域性。同时,由于各国科研水平及研究阶段的不同,污泥产量计算方法的准确度也各有差异。

1. 我国污泥产率计算方法

在我国《室外排水设计标准》GB 50014—2021 中,剩余污泥量可按照污泥龄或按照污泥产率系数、衰减系数及不可生物降解和惰性悬浮物两种方法计算。污泥产率的计算公式中包含了微生物降解基质过程产生的有机污泥和进水 SS 形成的污泥两部分。

按污泥龄计算,见式(1-2):

$$\Delta X = \frac{V \cdot X}{\theta_c} \tag{1-2}$$

式中　ΔX——剩余污泥量,kgSS/d;

　　　V——生物反应池的容积,m³;

　　　X——生物反应池内混合液悬浮固体平均浓度,gMLSS/L;

　　　θ_c——污泥龄,d。

按污泥产率系数、衰减系数及不可生物降解和惰性悬浮物计算,见式(1-3):

$$\Delta X = YQ(S_o - S_e) - K_d V X_V + fQ(SS_o - SS_e) \tag{1-3}$$

式中　ΔX——剩余污泥量,kgSS/d;

　　　V——生物反应池的容积,m³;

　　　Y——污泥产率系数,kgVSS/kgBOD$_5$,20℃时为 0.4~0.8kgVSS/kgBOD$_5$;

　　　Q——设计平均日污水量,m³/d;

　　　S_o——生物反应池进水五日生化需氧量,kg/m³;

　　　S_e——生物反应池出水五日生化需氧量,kg/m³;

　　　K_d——衰减系数,d^{-1};

　　　X_V——生物反应池内混合液挥发性悬浮固体平均浓度,gMLVSS/L;

　　　f——SS 的污泥转换率,gMLSS/gSS,宜根据试验资料确定,无试验资料时可取 0.5~0.7gMLSS/gSS;

　　　SS_o——生物反应池进水悬浮物浓度,kg/m³;

　　　SS_e——生物反应池出水悬浮物浓度,kg/m³。

2. 日本污泥产率计算方法

根据日本《下水道设施计划·设计指针与解说》(2009 年版),剩余污泥量可按式(1-4)求得,即由进水中溶解性有机物(S-BOD$_5$)转化成的活性污泥与由进水中固体(SS)转化成的活性污泥的总和,减去活性污泥微生物在内源呼吸作用下的自身降解量。

$$Q_W \cdot X_W = a \cdot Q_{in} \cdot C_{S\text{-}BOD,in} + b \cdot Q_{in} \cdot C_{SS,in} - c \cdot V \cdot X$$
$$= (a \cdot C_{S\text{-}BOD,in} + b \cdot C_{SS,in} - c \cdot \tau \cdot X)Q_{in} \tag{1-4}$$

式中　Q_W——剩余污泥量,m³/d;

X_W——剩余污泥的平均 SS 浓度，mg/L；

Q_{in}——反应池的进水水量，m^3/d；

V——反应池容积，m^3；

X——MLSS 浓度，mg/L；

$C_{S\text{-}BOD,in}$——反应池的进水 S-BOD，mg/L；

$C_{SS,in}$——反应池的进水 SS 浓度，mg/L；

a——S-BOD 的污泥转化率，mgMLSS/mgBOD；

b——SS 的污泥转化率，mgMLSS/mgSS；

c——表示活性污泥微生物在内源呼吸作用下减量的系数，d^{-1}；

τ——反应池 HRT，d。

通常情况下，式（1-4）的系数 a、b、c 的值处于以下范围：a：0.4～0.6，b：0.9～1.0，c：0.03～0.05（相当于 K_d），水温下降，微生物的反应速率降低，系数 c 变小，剩余污泥量增加。

3. 德国污泥产量计算方法

德国在 1988 年时制定了第一版 ATV 标准《单段活性污泥污水处理厂的设计》，于 1991 年 2 月编制了第二版，该版充分考虑了生物硝化和反硝化过程，计算过程更完善。2000 年德国 ATV 标准再次被修订（ATV-DVWK-A131E），综合了生物除磷设计，修正了反硝化能力，使得理论计算结果与实际更加接近，随之该设计计算方法也被其他国家广泛借鉴使用。

活性污泥法中剩余污泥量主要包含异养性微生物降解有机物而产生的污泥增殖量、异养性微生物内源呼吸衰减量、活性污泥代谢过程中的惰性残余物（即内源呼吸残留物）和生物反应池进水中不能水解（降解）的惰性悬浮固体四个部分。因此，剩余污泥量可用式（1-5）表示：

$$SP = Y_H \cdot Q_i \cdot BOD_5 - b_H \cdot X \cdot MLSS \cdot V \cdot f_{T,H}$$
$$+ f_1 \cdot b_H \cdot X \cdot MLSS \cdot V \cdot f_{T,H} + f_2 \cdot Q_i \cdot SS \qquad (1\text{-}5)$$

式中 SP——剩余污泥量，kgSS；

Q_i——生物反应池进水流量，m^3/d；

X——异养性微生物在活性污泥中所占的比例；

V——生物反应池容积，m^3；

Y_H——异养性微生物的增殖率，kgVSS/kgBOD₅；

b_H——异养性微生物的内源呼吸速率（自身氧化速率）；

$f_{T,H}$——异养性微生物生长温度修正系数，$f_{T,H}=1.072^{(T-15)}$（T 为生物反应池内水温度，℃）；

SS——生物反应池进水悬浮 SS 浓度，kg/m^3；

BOD_5——生物反应池去除的 BOD₅ 浓度，kg/m^3；

$MLSS$——生物反应池内污泥浓度，kg/m^3；

f_1——内源呼吸残留率；

f_2——生物反应池进水中不能水解（降解）的惰性 SS 与总 SS 的比值。

式（1-5）中的前两项分别为异养性微生物在污水处理系统中污泥增殖量和内源呼吸衰减量，则异养性微生物在活性污泥中所占的比例 X 可表达为：

$$X=(Y_H \cdot Q_i \cdot BOD_5-b_H \cdot X \cdot MLSS \cdot V \cdot f_{T,H})/SP \tag{1-6}$$

根据污泥龄的定义可知：

$$SP=MLSS \cdot V/\theta_c \tag{1-7}$$

式中　θ_c——污泥泥龄，d。

联合式（1-5）～式（1-7），可得剩余污泥量计算式为：

$$SP=Y_H \cdot Q_i \cdot BOD_5+f_2 \cdot Q_i \cdot SS-(1-f_1) \cdot b_H \cdot Y_H \cdot Q_i \cdot BOD_5$$
$$\cdot \theta_c \cdot f_{T,H}/[1+b_H \cdot \theta_c \cdot f_{T,H}] \tag{1-8}$$

折算为剩余污泥产率 SPt（kgSS/kgBOD$_5$）为：

$$SPt=Y_H+f_2 \cdot SS/BOD_5-(1-f_1) \cdot b_H \cdot Y_H \cdot \theta_c \cdot f_{T,H}/[1+b_H \cdot \theta_c \cdot f_{T,H}] \tag{1-9}$$

剩余污泥产率 SPt 为去除每 1kgBOD$_5$ 所产生的污泥量（kgSS）。从式（1-9）可以看出，剩余污泥产率取决于生物池进水中 SS/BOD$_5$ 比值、污泥龄 θ_c、异养性微生物的增殖率 Y_H、污水温度 T、内源呼吸速率 b_H、内源呼吸残留率 f_1、生物反应池进水中的惰性 SS 与总 SS 的比值 f_2 等因素。

4. 我国剩余污泥产量模型修订

近年来，通过水体污染控制与治理科技重大专项等项目的研究，我国剩余污泥量公式进行了修订和完善［式（1-10）］，并确定了关键参数的取值范围（见表 1-2）。

$$\Delta X_s=Y \cdot Q \cdot BOD_5-K_d V X_V+f \cdot Q \cdot SS \tag{1-10}$$

式中　ΔX_s——剩余污泥量，kgSS/d；

V——生物反应池的容积，m^3；

Y——污泥产率系数，kgVSS/kgBOD$_5$；

Q——生物反应池进水流量，m^3/d；

BOD_5——生物反应池去除的 BOD$_5$ 浓度，kg/m^3；

K_d——衰减系数，d^{-1}；

X_V——生物反应池内混合液挥发性悬浮固体平均浓度，gMLVSS/L；

f——生物反应池进水中不能水解（降解）的惰性 SS 与总 SS 的比值；

SS——生物反应池进水悬浮 SS 浓度，kg/m^3。

Y、K_d 参数值　　　　　　　　　　　表 1-2

水温（℃）	Y（kgVSS/kgBOD$_5$）	K_d（d^{-1}）
9～25	0.70～0.75（取 0.71）	0.022～0.035（取 0.025）
30 以上	0.66～0.69（取 0.68）	0.024～0.029（取 0.027）

综上，各国的污泥产率计算方法类似，均由三部分组成，即进水不能在生物池降解的

进水悬浮固体部分、生物反应池有机物降解生物合成的部分以及生物内源呼吸未分解的部分，差异在于各参数的设定和选择。此外，德国《单段活性污泥污水处理厂的设计》标准的参数引入了污水温度和泥龄的相关模型，相对来说较其他方法更加精确量化。

1.2 污水处理厂污泥的特性

污泥是污水生物处理过程中的固相产物，其性质受多种因素影响，具有高含水、成分复杂的特征。污泥的性质对污泥处理处置过程及工艺选择至关重要。

1.2.1 物理指标

1. 含水率

污泥中所含水分质量与污泥总质量的百分比称为污泥的含水率［式(1-11)］，相应的固体物质在污泥中的质量分数则称为含固率。城镇污水处理厂产生的剩余活性污泥具有较高的含水率，相对密度接近于1。

$$P = \frac{m_{\mathrm{w}}}{m_{\mathrm{w}} + m_{\mathrm{s}}} \times 100\% \tag{1-11}$$

式中　P——污泥含水率，%；

　　　m_{w}——污泥的水分质量，kg；

　　　m_{s}——污泥的总固体质量，kg。

污泥中水分可分为间隙水、毛细水、表面吸附水和内部结合水。间隙水是指颗粒间隙中的游离水，污泥的间隙水约占污泥水分的70%。毛细水是指在高度密集的细小污泥颗粒间由毛细管现象形成的水分，污泥毛细水约占污泥水分的20%。表面吸附水是指在污泥颗粒表面附着的水分。内部结合水是污泥颗粒细胞内部水分以及污泥中无机化合物所带的结晶水等。

不同含水率污泥物理性状不同，含水率为80%左右呈现柔软塑态；含水率为60%左右呈现固体状态；含水率为35%左右则为固体聚散状态；当含水率为10%左右时污泥呈现颗粒或粉末状态。

污泥含水率与污泥体积密切相关（见图1-2），通过含水率的变化可以估算出浓缩、脱水、干化过程中污泥体积的减少量，见式（1-12）。若含水率从96.5%降低到93%，则污泥体积减小一半；若含水率从96.5%降低到65%，污泥体积缩小到原来的十分之一。

$$\frac{m_1}{m_2} = \frac{S_2}{S_1} = \frac{100 - P_2}{100 - P_1} \approx \frac{V_1}{V_2} \tag{1-12}$$

式中　S_1、S_2——污泥浓缩前后污泥含固率；

　　　m_1、m_2——污泥浓缩前后污泥质量；

　　　P_1、P_2——污泥浓缩前后污泥含水率；

　　　V_1、V_2——污泥浓缩前后污泥体积。

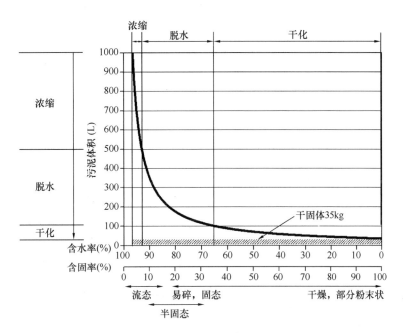

图 1-2　污泥含水率和污泥体积的关系

2. 含固率

含固率是干固体物质在污泥中的质量分数，与含水率相对应。含固率是污泥处理处置过程中的一个重要参数。

3. 含砂量

城镇污水处理厂进水中往往携带一定量的无机砂粒，这些砂粒大部分会转移到污泥中从污水中得以去除。无机砂粒的存在不仅会对污泥处理处置装备产生磨损，堵塞污泥管道，同时根据最新研究，微细砂也可以通过与蛋白质、多糖等污泥有机物的络合作用，形成相对稳定的超分子结构，从而影响后续污泥处理处置的生物化学反应过程。

在排水系统比较完善的国家，污水原水中砂的含量较低，进而污泥中砂含量也较低，且粒径一般都大于 $200\mu m$。然而我国由于排水系统尚不完善，污泥含砂量大，且粒径较小。研究表明，重庆某污水处理厂沉砂池砂渣、初沉污泥及剩余污泥中砂的平均粒度分别为 $40.3\mu m$、$35.1\mu m$ 和 $31.0\mu m$，其中 $0 \sim 90\mu m$ 范围内的砂粒体积分布分别占 92%、91.7% 和 94.6%，以细微砂为主（见图 1-3）。

4. 沉降性能

污泥沉降性能通常用污泥沉降比（Sludge settling velocity，SV）来表征，具体测量方法是采用容量为 1L 的量筒，取一定量的活性污泥，放置 30min，沉淀污泥与所取混合液体积之比为污泥沉降比（SV），单位为％ ［式（1-13）］。

$$SV = \frac{V_s}{V} \times 100\%$$　　　　　　　　　　（1-13）

式中　SV——污泥沉降比，％；

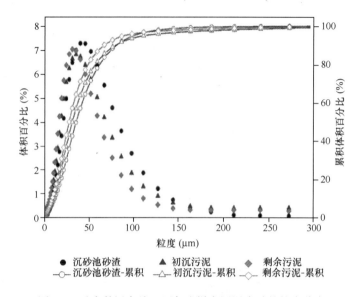

图 1-3 重庆某污水处理厂各取样点污泥中砂的粒度分布

V_s——混合液静置沉降 30min 后，沉淀污泥的体积，mL；

V——污泥混合液的体积，mL。

由于 SV 受污泥浓度的影响，通常采用污泥体积指数（Sludge volume index，SVI）指标直接衡量活性污泥沉降性能，该指标指曝气池混合液静沉 30min 后，相应的 1g 干污泥所占的体积，单位为 mL/g。

$$SVI = \frac{SV}{MLSS} \times 10^4 \tag{1-14}$$

式中　SVI——污泥体积指数，mL/g；

SV——污泥沉降比，%；

MLSS——混合液悬浮固体浓度，mg/L。

SVI 能较好地反映出活性污泥的松散程度和凝聚沉降性能。SVI 小于 100mL/g 表示污泥沉降性能很好，SVI 为 100～150mL/g 表示沉降性能一般，SVI 为 150～300mL/g 表示沉降性能较差。

5. 脱水性能

污泥脱水是污泥处理处置的一个重要环节。污泥脱水性能通常可用污泥比阻（Specific Resistance to filtration，SRF）或毛细吸水时间（Capillary sunction time，CST）来衡量。污泥比阻多用于污泥压滤脱水方法，而 CST 多用于污泥离心脱水方法。

污泥比阻的物理意义是在 1m² 过滤面积上截留 1kg 干泥时，滤液通过滤纸时所克服的阻力，单位为 s²/g，在工程单位制中其量纲为 cm/g。污泥比阻越大，脱水性能越差，污泥有机物含量越低，比阻越低。一般城镇污水处理厂的污泥比阻值为 $10^9 \sim 10^{13}$，通过污泥厌氧消化污泥比阻可降低 2～3 个数量级。

CST 是指污泥中毛细水在滤纸上渗透 1cm 所需要的时间。常用 CST 测定仪进行测定，主要包括泥样容器、吸水滤纸和计时器三部分，其测定简便、测定速度快、测定结果较稳定。CST 越大，表明污泥的脱水性能越差。一般情况下，当 CST 小于 20s 时脱水较容易。多数污水处理厂的初沉污泥和剩余污泥，CST 均在 20s 以上，需经调理，再进行后续的机械脱水处理。

污泥中水分分布特征也可用于衡量污泥脱水性能，表征方法包括热干化法、体积膨胀法、热重差热分析法（TG/DTA）、热重差示扫描量热法（TG/DSC）、低场核磁共振法等。其中运用低场核磁共振（Low Field Nuclear Magnetic Resonance，LF-NMR）可以测试污泥中的自由水、机械结合水、结合水的含量（见图 1-4），可分别计算出自由水、机械结合水和结合水占总含水量之比，与其他测试方法相比具有快速、准确、无损等优点。一般而言，自由水占比越高，则污泥脱水性能越好。

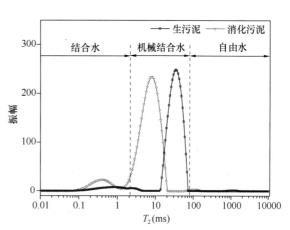

图 1-4　污泥低场核磁共振光谱图

此外，污泥中水分结合能也可用于衡量污泥脱水性能，系指破坏污泥中的水分与污泥颗粒之间的结合作用所需要的能量，单位为 kJ/kg H_2O。运用综合热分析仪，测试并计算出蒸发单位质量水分所需要的蒸发焓，即为污泥中水分结合能，可用于衡量污泥脱水性能。污泥中水分结合能越大，污泥脱水性能越差。研究表明，污泥含水率与结合能存在对应关系，结合能随着含水率的增加而降低，图 1-5 给出了某污水处理厂消化污泥水分结合能和污泥含水率的对应关系，污泥厌氧消化后含水率为 80% 时，其水分结合能为 310.82kJ/kgH_2O。

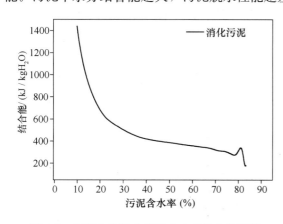

图 1-5　污泥水分结合能随含水率的变化情况

6. 可压缩性能

城镇污水处理厂的污泥在一定压力下具有一定的压缩性，通常用可压缩指数表示，当可压缩指数为 0 时，表示不可压缩。根据可压缩指数可以判断污泥压滤脱水的性能，可压缩性能差的污泥需要较高的过滤压力。城镇污水处理厂污泥的可压缩指数为 0.6～0.9。污泥的可压缩指数与污泥比阻、过滤常数、黏度等有直接关系，可用式（1-15）表示。

$$\lg K = (1-S)\lg \Delta p - \lg \left(\frac{2}{r_0 \phi \mu} \right) \tag{1-15}$$

式中　K——过滤常数，m^2/s，与物料性质及过滤推动力均有关；

　　　S——压缩指数，无因次，一般情况下，$S=0\sim1$；

　　　Δp——过滤总推动力，Pa；

　　　r_0——单位压强差下滤饼的比阻，与压强无关，由实验测定；

　　　μ——流体黏度，$Pa\cdot s$；

　　　ϕ——滤饼体积与相应的滤液体积之比，无因次。

在不同的压差（Δp）下测定过滤常数（K），以（lgK）为纵坐标，以（$lg\Delta p$）为横坐标，在直角坐标上确定方程式。从斜率中可得 S，从截距中可解出 r_0。

7. 粒度分布

污泥中粒度分布可采用沉降速度计算法、湿式筛分法、显微镜成像法、激光粒度测定法等方法表征，其中激光粒度法是最常用的方法。一般情况下，污泥絮体的平均粒径随污泥泥龄的延长呈逐渐减小，且粒度分布趋于均匀。由于在厌氧消化过程中大颗粒中的有机物被消化分解，而小颗粒中的有机物被分解转化，颗粒相互凝聚成较大颗粒，因此，污泥经厌氧消化后污泥的粒径趋于均匀，较易脱水。

8. 黏度/流变特性

黏度是表征流体流动性能的一个重要参数。在污泥处理处置过程中，涉及沉淀、脱水、储存、运输、搅拌、堆存等环节都与流动性能有关。

浓度较低的污泥（<2%）与牛顿流体相近，当污泥浓度达到 3% 以上时，则表现为非牛顿流体，呈现假塑性特征，即随着剪切速速率的增加，黏度降低（见图 1-6），多数污泥可用 Ostwald 模型［（式 1-16）］拟合。有些种类的污泥存在屈服应力，多数污泥可用 Herschel-Bulkey 模型［式（1-17）］拟合。其中剪切应力与剪切速率的比值称为污泥的表观黏度［式（1-18）］。初始剪切时测得的表观黏度比较大，随着剪切的进行表观黏度逐

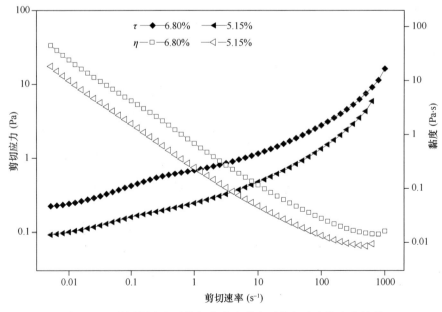

图 1-6　两种污泥浓度下剪切应力和黏度随剪切速率的变化情况

渐减小至稳定，但在剪切作用取消后，要滞后一段时间才恢复到原来状态。此外，污泥的表观黏度与温度、浓度等有关。

污泥表面黏度的测量方法主要有毛细管法、落球法和旋筒法等，此外还有平动法、振动法和光干涉法等。

$$\tau = K\gamma^n \tag{1-16}$$

$$\tau = \tau_y + K\gamma^n \tag{1-17}$$

$$\mu = \frac{\tau}{\gamma} \tag{1-18}$$

式中　τ——剪切应力，Pa；

　　　γ——剪切速率，s^{-1}；

　　　τ_y——屈服应力，Pa；

　　　K——稠度系数，$Pa \cdot s^n$；

　　　n——流动特性指数；

　　　μ——动力黏度，$Pa \cdot s$。

9. 相对密度

污泥相对密度是指污泥的固体质量与同体积水质量的比值。污泥相对密度主要取决于含水率和污泥中固体组分的比例。固体组分的比例愈大，含水率愈低，则污泥的相对密度也就愈大。城镇污水及其类似污水处理系统的污泥相对密度一般略大于1。污泥相对密度 ρ 与其组分之间存在如下关系：

$$\rho = \frac{1}{\sum\limits_{i=1}^{n}\left(\frac{w_i}{\rho_i}\right)} \tag{1-19}$$

式中　w_i——污泥中第 i 项组分的质量分数，%；

　　　ρ_i——污泥中第 i 项组分的相对密度。

若污泥仅含有一种固体成分（或近似为一种成分），且含水率为 P（%），则式（1-19）可简化为：

$$\rho = \frac{100\rho_1\rho_2}{P\rho_1 + (100-P)\rho_2} \tag{1-20}$$

式中　ρ_1——固体相对密度；

　　　ρ_2——水的相对密度。

一般城镇污水处理厂污泥中固体的相对密度 ρ_1 为 2.5，若含水率为 98%，则由式（1-20)可知该污泥相对密度约为 1.012。

10. 热值

污泥热值可分为干基热值和湿基热值，污泥干基热值是污泥干化后，在不含水分情况下燃烧产生的热值，与污泥中有机质含量具有相关性（见表1-3）。干基热值又分为干基高位热值和干基低位热值两种。高位热值是指燃料完全燃烧，其燃烧产物中的水蒸气凝结成水时的发热量，也称毛热。低位热值是指燃料完全燃烧，其燃烧产物中的水蒸气以气态形式存在时的发热量，也称净热。高位热值与低位热值的区别在于燃料燃烧产物中的水呈液态还是气态，水呈液态是高位热值，水呈气态是低位热值。低位热值等于从高位热值中扣除水蒸气的凝结热。污泥低位热值与含水率直接相关，含水率越高，污泥低位热值越低（见图1-7）。

污泥干基热值与污泥有机质含量（VS/TS）的变化情况 表1-3

污泥种类	含固率（%）	VS/TS（%）	干基热值（kJ/g 干固体）
初沉污泥	7.7	63.3	17.4
污泥，消化程度一般	4.5	52.2	13.4
污泥，消化程度良好	9.2	40.8	11.1
污泥，消化程度很好	9.6	30.6	6.8

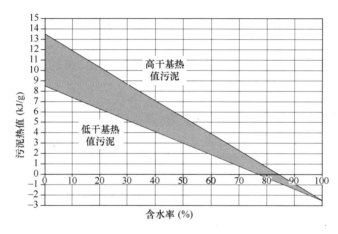

图1-7 污泥低位热值（高有机物和低有机物含量）
随着污泥含水率的变化情况

1.2.2 化学指标

1. pH

如果没有工业污染源，城镇污水处理厂污泥的pH大约为7，厌氧消化污泥一般稍偏碱性（7.0～7.5），初沉污泥偏酸性（6.0）。

2. 烧失量/有机物含量

烧失量是指挥发性固体，代表了污泥中有机物的含量，是将污泥中的固体物质在高温灼烧时以气体形式逸出的固体损失量。根据烧失量可以获得污泥在灼烧后失去的质量百分比，计算出污泥中所含挥发性有机物的含量。但是烧失量中也包括了化学结合水以及挥发性无机化合物如铵化合物等，因此对于一些特殊的工业污泥来说，把有机物质与烧失量等同起来并不完全正确。

从有机物成分来讲，污泥中的有机物包括蛋白质、脂肪、多糖和腐殖质、糖醛酸、核酸等其他一些有机物，它们在城镇污水处理厂污泥中的比例关系如图 1-8 所示。

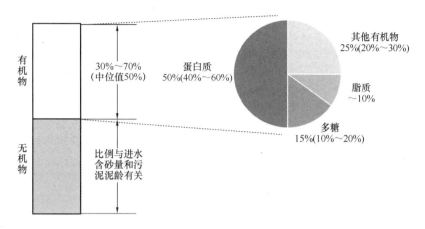

图 1-8　污泥的有机物组成

对于污泥有机物含量可以按照《城市污水处理厂污泥检验方法》CJ/T 221—2005 中采用的重量法对污泥有机物含量进行测定，也可以按照《城镇污水处理厂污染物排放标准》GB 18918—2002 采用重铬酸钾法测定污泥中的有机成分。

3. 碱度

城镇污水处理厂污泥中因为存在着各种不同的缓冲物质，而具有中和一定量酸性物质的能力，其中主要是碳酸盐和碳酸氢盐参与缓冲作用。碱度的单位是 mmol/L，也可以为 mg/LCaCO₃。考虑到污泥悬浮物还保留一定量的酸性物质（比如说不溶性碳酸钙的含量），会消耗碱度，因此，一般情况下通过测定污泥上清液碱度相对比较准确。

污泥的缓冲系统（除了碳酸根/碳酸氢根系统，还有 NH_3/NH_4^+，还包括一些蛋白质化合物）对于生物发酵过程中的微碱性环境非常重要，它们能够中和挥发性酸性物质等中间产物，防止发酵过程中酸化的影响。

4. 挥发酸

脂肪酸是污泥厌氧发酵过程的一种重要的中间产物，由于它易挥发，也被称为挥发酸，以 mg/L CH_3COOH（醋酸）的形式表示，或者是 mmol/L 有机酸，它的含量对于污泥的厌氧发酵有重要意义。如果有机酸大量积累，表明进反应器有机负荷过高或者甲烷菌受到抑制，导致产气量的降低以及沼气中的二氧化碳含量升高。

5. 胞外聚合物（EPS）

胞外聚合物（Extracellular polymeric substances，EPS）是由微生物分泌并包围在微生物周围的一类高分子聚合物的总称，是污泥絮体的主要组成部分，占有机质总量的 50%～60%，而细胞仅占有机质总量的 2%～20%。EPS 主要包括了微生物絮体、微生物水解及衰亡产物以及附着在微生物絮体上的污水中有机物等，该类物质主要以碳和氧组成的高分子多糖、蛋白质、核酸、腐殖酸类复杂有机化合物及油脂等形式存在，其中蛋白质和多糖占 EPS 总量的 70%～80%。

EPS 的来源可能有两种：一种是活性污泥在代谢环境基质的过程中产生，这类 EPS 的数量和组成受环境中所含物质种类的影响；另一种则来源于细胞本身的新陈代谢和自溶。

在结构上 EPS 可以分为两种类型：1）微生物絮体最外层，结构松散，可向周围环境扩散，无明显边缘具有明显流动性的部分称为松散附着的外层，又称黏性聚合物（Loosely Bound EPS，LB）；2）位于 LB 内层和细胞体表面之间，各种大分子排列紧密且与细胞壁结合牢固，不易脱落的称为紧密粘附的内层，又称胞囊聚合物（Tightly Bound EPS，TB）。

6. 难降解有机物质

污泥中难降解有机物包含两部分，一部分是微生物产物，包括微生物内源代谢产物、自身氧化残留物等，如细胞膜、细胞壁等，这些物质是污泥中难降解有机物的主要组分。另一部分为污泥吸附的来自污水中自身携带的大分子物质，如有机磷农药、芳香族化合物、有机氯化物以及一些长链有机化合物等，这部分物质含量较少，但在一定程度上影响污泥的生物化学转化及利用。

溶解性微生物产物（Soluble microbial products，SMP），是指微生物在降解污染物的同时通过细胞裂解、细胞膜扩散、合成代谢损失等方式向周围环境中释放的溶解态物质。有些文献将 SMP 定义为微生物在降解污染物时利用基质、进行内源呼吸或者应对环境压力的过程中所产生的溶解态有机物，该物质能够在不破坏微生物细胞的情况下与微生物分离，而且微生物细胞离开该物质仍能存活。

从生物学角度可将 SMP 分为两类：一类是与微生物有关的产物（Biomass associated products，BAP）。BAP 是微生物在内源呼吸过程中，伴随细胞解体释放出来，与微生物的增殖无关，只与细胞内源呼吸（如细胞裂解、细胞衰亡等）有关，生成速率与生物量水平成正比。另一类是与基质利用相关型产物（Utilization associated products，UAP）。UAP 是微生物在分解基质产生能量、进行自身生长繁殖时释放出的产物，与基质降解、微生物代谢或细胞生长有关，其生长速率与基质的分解速度成正比。

7. 重金属

污泥中重金属含量对于污泥后续土地或农业利用具有重要影响，因此，污泥处置相关标准均对重金属限值进行了规定（见表 1-4）。前期研究调研了全国 196 份污泥样品，发现不同污水处理厂的污泥样品中重金属元素铅、镉、铬、镍、铜、锌、汞和砷总量存在较大的差异，八种重金属元素平均含量的大小顺序为锌（1367.3mg/kg）＞铜（667.1mg/kg）＞铬（335.9mg/kg）＞铅（143mg/kg）＞镍（62.9mg/kg）＞砷（28.3mg/kg）＞镉（3.1mg/kg）＞汞（1.7mg/kg）。同一种元素在不同污水处理厂的污泥中含量变化范围较大，如铅的浓度范围为 24.5～602.2mg/kg，砷的浓度范围为 13.8～156.5mg/kg，铬的浓度范围为 41.5～3034.5mg/kg，铜的浓度范围为 12.4～1462.5mg/kg，镍的浓度范围为 12.0～653.2mg/kg。此外，由于近年来工业废水排放监管严格，我国城镇污水处理厂污泥重金属含量总体呈逐年下降趋势，和国外发达国家趋势较为一致。

城镇污水处理厂污泥处置标准中的重金属限值（mg/kg） 表 1-4

重金属		砷	镉	铬	铜	汞	镍	铅	锌
《城镇污水处理厂污泥泥质》GB 24188—2009		75	20	1000	1500	25	200	1000	4000
《城镇污水处理厂污泥处置 农用泥质》CJ/T 309—2009	A 级污泥	30	3	500	500	3	100	300	1500
	B 级污泥	75	15	1000	1500	15	200	1000	3000
《城镇污水处理厂污泥处置 土地改良用泥质》GB/T 24600—2009	酸性土壤（pH<6.5）	75	5	600	800	5	100	300	2000
	中碱性土壤（pH≥6.5）	75	20	1000	1500	15	200	1000	4000
《城镇污水处理厂污泥处置 园林绿化用泥质》GB/T 23486—2009	酸性土壤（pH<6.5）	75	5	600	800	5	100	300	2000
	中碱性土壤（pH≥6.5）	75	20	1000	1500	15	200	1000	4000
《城镇污水处理厂污泥处置 林地用泥质》CJ/T 362—2011		75	20	1000	1500	15	200	1000	3000
《城镇污水处理厂污泥处置 混合填埋用泥质》GB/T 23485—2009	混合填埋	75	20	1000	1500	25	200	1000	4000
	覆盖土	75	20	1000	1500	25	200	1000	4000
《城镇污水处理厂污泥处置 水泥熟料生产用泥质》CJ/T 314—2009		75	20	1000	1500	25	200	1000	4000
《城镇污水处理厂污泥处置 制砖用泥质》GB/T 25031—2010		75	20	1000	1500	5	200	300	4000

8. 持久性有机污染物

污水处理厂污泥含有氯代物、溴代物、苯系物等污染物，这些成分不利于污泥后续的土地或农业利用。来自于城镇污水的污泥中污染物较少，主要为抗生素、个人护理用品等。若城镇污水中混有工业废水，则污泥中有机污染物的含量会有所增加，从而影响污泥后续的处理处置。Meng 等人基于文献调研，对我国污水处理厂污泥中有机污染物进行了分析，发现有机污染物包括主要抗生素、烷基酚聚氧乙烯醚（Alkylphenol Polyethoxylates，APEOs）、双酚 a 类物质（Bisphenol Analogs，BPAs）、激素（Hormoes）、有机氯杀虫剂（Organochlorine Pesticides，OCPs）、全氟化合物（Perfluorinated Compounds，PFCs）、药物（Pharmaceuticals）、邻苯二甲酸酯类（Phthalate Esters，PAEs）、多溴联苯醚类（Polybrominated Biphenyl Ethers，PBDEs）、多氯联苯（Polychlorinated Biphenyls，PCBs）、多环芳烃（Polycyclic Aromatic Hydrocarbons，PAHs）、合成麝香（Synthetic Musks，SMs）等。

9. 微塑料污染物

微塑料作为一种新兴污染物，主要指生态环境中直径小于 5mm 的塑料颗粒。研究发现污水处理厂污泥中存在一定量微塑料颗粒，随着污泥后续的土地或资源化利用，可进入土壤或其他自然生态系统，成为自然界微塑料输入的重要来源。

笔者前期调研了我国 28 座污水处理厂，发现脱水污泥中微塑料平均含量达（22.7±12.1）×10³ 个/kg 干污泥，显著高于自然生态环境中的含量。微塑料类型包括聚烯烃（如聚乙烯 PE 等）、聚丙烯酸、聚酰胺（如尼龙）、聚氨酯等，有纤维丝、薄片、薄膜、球状、杆状等各种形态，表面呈粗糙、易碎的特征（见图 1-9）。基于污泥产量和处置方式进行估算，2015 年我国由污泥排入土壤及其他生态系统中的微塑料颗粒总量可达 15 万亿～51 万亿个/年。

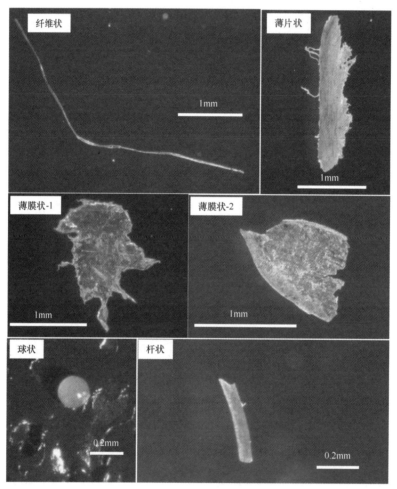

图 1-9　污泥中不同类型微塑料的表观形态

目前关于污泥微塑料的生态风险尚在不断研究中，其可通过摄食作用对蚯蚓等土壤生物产生物理性伤害，同时也可释放或吸附有毒有害污染物，放大污染物的生物富集效应，间接危害人类健康。

1.2.3　其他指标

1. 卫生学指标

污泥中的卫生学指标通常指细菌总数、粪大肠菌群、寄生虫卵含量等。由于污泥来自城镇污水，污泥中含有从人体内代谢排出的各种病原微生物、寄生虫卵和病毒等，卫生条件差。若将污泥直接用于农、林业，其中的病原微生物、寄生虫和病毒等可能通过各种途径传播，污染土壤、空气和水源，加速植物病害的传播，并可能通过皮肤接触、呼吸和食物链危害人畜健康。因此测定污泥中细菌总数、粪大肠菌群、寄生虫卵含量和蛔虫卵死亡率对判断污泥是否符合卫生学标准具有重要的意义。

在一个运行良好的厌氧稳定处理过程中，病原微生物不仅不能繁殖，甚至可能会死亡或者毒性减弱。寄生虫卵在消化过程中也会被杀死或失去活性，传统中温厌氧消化可降低3个数量级以上。若对污泥进行合适的好氧稳定（堆肥）处理或高温厌氧处理，既可以灭杀污泥中的致病微生物和寄生虫卵，又不会破坏污泥中的植物养分。但是要使污泥卫生学绝对安全，就必须进行杀菌处理（70℃以上）。

2. 养分指标

污泥中含有丰富的营养物质（氮、磷、钾等），可以被植物吸收，我国不同流域污水处理厂污泥氮、磷、钾等营养元素含量如图1-10所示。污泥中的腐殖质能明显改善土壤的物理、化学性质，提高土壤的微生物活性，改善土壤的结构，提高保水能力和抗蚀性能，是良好的土壤改良剂。此外，污泥中的微量元素可以促进植物生长。最新研究发现，污泥经过厌氧生物处理或水热处理后可以检测到植物激素类物质，该方面的研究对于污泥土地利用具有重要意义。

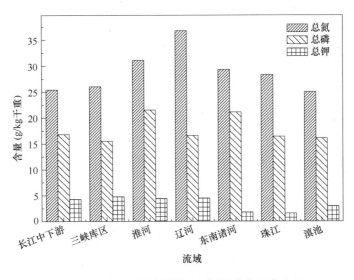

图 1-10　我国不同流域污水厂污泥营养元素含量

1.3　我国城镇污水处理厂污泥的泥质特征和成因

1.3.1　污泥的理化指标

污泥成分复杂，和污水水质、污水处理工艺密切相关，根据调研分析，我国城镇污水处理厂脱水污泥的物理、化学指标范围见表1-5。

我国城镇污水处理厂脱水污泥的物理和化学特征   表 1-5

指标	样本数	范围	平均值	标准差	数据来源
含水率（%）	196	50.9~86.2	78.3	5.9	彭信子，2017
TS（%）	196	13.7~49.1	21.7	5.9	彭信子，2017
砂/TS（%）	88	14~56.8	34.3	12.2	赵玉欣，2015
砂/IS（%）	88	30.2~78.9	62.1	14.5	赵玉欣，2015
砂粒度 $D50$（μm）	88	21.6~57.3	40.0	10.0	赵玉欣，2015
砂粒度 $D90$（μm）	88	83.6~127	104.1	14.7	赵玉欣，2015
pH	196	6.6~8.2	7.1	0.2	彭信子，2017
EC值（ms/cm）	8	0.62~1.07	0.77	0.17	彭信子，2017
VS/TS（%，干基）	196	14.2~73.0	42.8	10.4	彭信子，2017
全N（g/kg干重）	196	7.4~54.9	27.2	11.8	彭信子，2017
全P（g/kg干重）	196	2.2~48.3	17.1	7.6	彭信子，2017
全K（g/kg干重）	196	0.8~17.5	4.3	4.5	彭信子，2017
As（mg/kg干重）	196	1.0~156.6	28.3	29	彭信子，2017
Cd（mg/kg干重）	196	0~44.1	3.1	5.4	彭信子，2017
Cr（mg/kg干重）	196	7.9~5370.0	335.9	655.1	彭信子，2017
Cu（mg/kg干重）	196	8.4~4598.2	667.1	1019.3	彭信子，2017
Hg（mg/kg干重）	196	0.2~8.8	1.7	1.2	彭信子，2017
Ni（mg/kg干重）	196	5.7~653.2	62.9	87.2	彭信子，2017
Pb（mg/kg干重）	196	9~4660	143	429.4	彭信子，2017
Zn（mg/kg干重）	196	37.6~27300	1367.3	3217.4	彭信子，2017
抗生素（μg/kg干重）	25	0.83~38700	8390	—	Meng等人，2016
烷基酚聚氧乙烯醚（APEOs）（μg/kg干重）	14	0~33810000	887000	—	Meng等人，2016
双酚a类物质（BPAs）（μg/kg干重）	11	34.6~127000	10500	—	Meng等人，2016
激素（μg/kg干重）	12	0~981	178	—	Meng等人，2016
有机氯杀虫剂（OCPs）（μg/kg干重）	7	9.0~3200	327	—	Meng等人，2016
全氟化合物（PFCs）（μg/kg干重）	12	0~9980	796	—	Meng等人，2016
药物（μg/kg干重）	9	0~4460	482	—	Meng等人，2016
邻苯二甲酸酯类（PAEs）（μg/kg干重）	9	680~282000	48400	—	Meng等人，2016
多溴联苯醚类（PBDEs）（μg/kg干重）	15	3.46~7100	1020	—	Meng等人，2016
多氯联苯（PCBs）（μg/kg干重）	10	3.14~1400	81	—	Meng等人，2016
多环芳烃（PAHs）（μg/kg干重）	24	100~170000	15900	—	Meng等人，2016
合成麝香（SMs）（μg/kg干重）	16	0~33200	8320	—	Meng等人，2016
紫外稳定剂（μg/kg干重）	5	288~2330	1040	—	Meng等人，2016
微塑料污染物（$\times 10^3$ 个/kg干重）	79	1.60~56.4	22.7	12.1	Li等人，2018
矿物油（mg/kg干重）	4	7~23	12.6	7.5	彭信子，2017

指标	样本数	范围	平均值	标准差	数据来源
可吸附有机卤化物（mg/kg 干重）	4	331～778	481.8	204.4	彭信子，2017
挥发酚（mg/kg 干重）	4	0.01～2.6	0.70	1.3	彭信子，2017
总氰化物（mg/kg 干重）	4	0.01～0.25	0.07	0.12	彭信子，2017

1.3.2　污泥有机质及无机砂粒特征

我国城镇污水处理厂污泥总体有机质含量低、含砂量高。与国外发达国家污水处理厂污泥干基的有机质含量（60%～70%）相比，我国污泥有机质含量普遍低于 50%，差距较大，直接影响了污泥的资源化处理与利用。

对我国 22 座典型污水处理厂（长江中下游流域 12 座，三峡库区及其上游 4 座，淮河流域 3 座，辽河流域 3 座）的调研发现，不同流域污水处理厂污泥泥质差别较大，有机质含量为 23%～73%，含砂量为 14%～57%，砂/IS 为 30.2%～78.9%。调研涉及的四个流域中，辽河流域污水厂污泥有机质含量较高、含砂量较低，而长江中下游流域则相反，有机质含量较低、含砂量较高。

1. 污泥中有机质和无机砂粒的空间分布

以长江中下游流域为例，各污水处理厂脱水污泥 VS/TS 差异较大，其中湖南 A 厂污泥最低，仅为 33.5%，上海 B 厂最高，达 66%（见表 1-6）。除上海三座污水处理厂以及安徽合肥 B 厂外，其余污水处理厂污泥的 VS/TS 均低于 50%。污泥的砂/TS 为 15%～53%，最高为湖南 A 厂，上海 B 厂含砂量最低。除浙江以及上海 A、B 两厂的砂/IS 低于 50% 外，其余污水处理厂污泥无机质中砂含量均较高，均在 70% 左右。其原因一是长江中下游流域水系发达，降雨量较大，排水体制均为合流或混流制，降雨冲刷产生的泥沙易进入污水中，二是城市多处于高速发展期，基础设施建设密集，施工过程中的无机颗粒物进入城市排水管网，混入污水中进入污水处理厂，从而使得污泥无机颗粒含量高、有机质含量低。上海尽管降雨量也较大，但城市基础设施建设标准较高，排水管网系统较为完善，因此污水处理厂污泥中有机物含量较高。

长江中下游流域污水处理厂脱水污泥泥质的空间分布　　表 1-6

污泥来源	TS（%）	VS/TS（%）	砂/TS（%）	砂/IS（%）
湖南 A 厂	25.3±1.9	33.5±3.7	52.5±1.7	78.9±0.2
湖南 B 厂	25.2±1.7	50.2±3.4	37.2±1.9	74.8±0.5
湖南 C 厂	24.6±2.0	43.3±3.3	43.6±2.4	76.9±0.7
安徽 A 厂	18.7±1.2	45.0±3.2	38.7±2.7	70.5±0.2
安徽 B 厂	22.5±1.9	38.2±3.0	46.9±3.1	75.9±0.7
安徽 C 厂	14.3±1.2	60.2±2.8	25.1±3.4	63.1±0.3
江苏 A 厂	20.6±1.1	38.9±2.7	46.5±3.8	76.0±0.6
江苏 B 厂	22.2±1.3	36.2±2.5	50.3±4.1	78.9±0.8

污泥来源	TS（%）	VS/TS（%）	砂/TS（%）	砂/IS（%）
浙江某厂	15.2±1.1	52.3±2.3	17.8±4.5	37.2±0.2
上海A厂	19.9±1.2	58.5±2.2	19.6±4.8	47.4±0.3
上海B厂	19.1±1.5	66.0±1.8	23.0±5.5	67.5±0.4
上海C厂	15.3±1.8	59.4±2.0	15.2±5.2	37.4±0.8

2. 污泥中有机质和无机砂粒的季节变化

污泥中的有机质和无机砂粒含量与季节有关，主要是受降雨和温度影响，通常夏季降雨量较高，水温温度高，污泥含砂量高，污泥有机质含量也低；冬季则降雨量低，水温温度低，污泥含砂量低，污泥有机质高。图 1-11～图 1-16 是对长江中下游流域 6 座污水处理厂污泥在 2014 年 4 月～2015 年 1 月脱水污泥 VS/TS、砂/TS 及砂/IS 的变化情况的调研结果，其趋势具有一定的代表性。

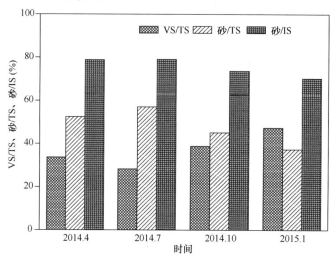

图 1-11　湖南某厂脱水污泥泥质的季节变化情况

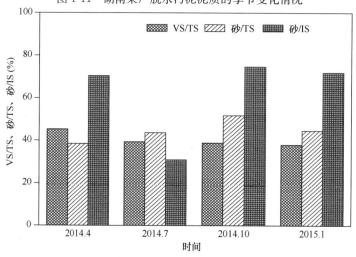

图 1-12　安徽某厂脱水污泥泥质

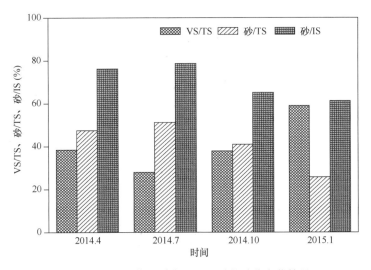

图 1-13 安徽某厂脱水污泥泥质的季节变化情况

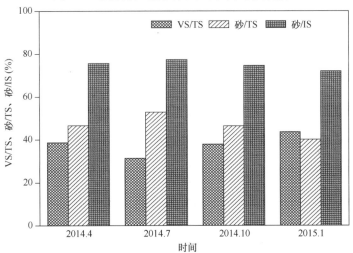

图 1-14 江苏 A 厂脱水污泥泥质的季节变化情况

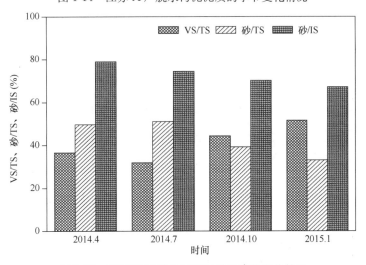

图 1-15 江苏 B 厂脱水污泥泥质的季节变化情况

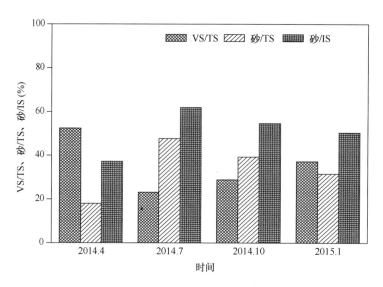

图 1-16 浙江某厂脱水污泥泥质的季节变化情况

3. 污泥中砂粒的粒径分布

研究发现，不同污水处理厂污泥无机质组成差别较大，但主要成分均为 SiO_2。表 1-7~表 1-10 分别为四大流域周边污水处理厂污泥所提取砂的粒度分布。其中 D50 和 D90 分别指小于或等于该粒度颗粒物占颗粒物总量的 50% 和 90%。D50 通常用来表征颗粒物的平均粒度，而 D90 通常用于表征颗粒物的粗值粒度。结果表明污泥中砂粒均属于较细小的粉末状颗粒物（见图 1-17），平均粒度均在 $60\mu m$ 以下，D90 均在 $150\mu m$ 以下。研究表明合肥市不同城镇污水处理厂污泥中砂粒径小于 $200\mu m$ 的砂占了 90% 以上。

长江中下游流域污水处理厂污泥提取砂粒径　　　　表 1-7

污泥来源	D50 (μm)	D90 (μm)
湖南 A 厂	41.1±2.0	92.2±4.8
湖南 B 厂	47.2±1.4	122±10
湖南 C 厂	44.4±1.1	106±8
安徽 A 厂	34.8±1.1	97.1±5.3
安徽 B 厂	33.7±1.6	109±9
安徽 C 厂	54.6±1.6	134±10
江苏 A 厂	41.4±1.4	115±7
江苏 B 厂	33.8±1.7	118±11
浙江某厂	27.2±1.9	105±12
上海 A 厂	38.9±1.8	94±4
上海 B 厂	26.2±1.6	83.6±3.7
上海 C 厂	21.6±1.2	80.1±4.3

三峡库区及其上游流域污水处理厂污泥提取砂粒径　　　　表1-8

污水处理厂	D50（μm）	D90（μm）
四川 A 厂	57.3±1.4	105±10
四川 B 厂	22.5±0.2	127±9
贵州 A 厂	49.0±1.0	102±15
贵州 B 厂	45.3±0.8	110±14

淮河流域污水处理厂污泥提取砂粒径　　　　表1-9

污水处理厂	D50（μm）	D90（μm）
胶州某厂一期	46.3±0.6	84.2±4.2
胶州某厂二期	42.1±0.7	88.2±3.8
菏泽某厂	42.9±1.0	91.6±2.8
济宁某厂	49.2±0.9	123±19

辽河流域污水处理厂污泥提取砂粒径　　　　表1-10

污水处理厂	D50（μm）	D90（μm）
辽宁 A 厂	28.0±0.5	110±3.6
辽宁 B 厂	43.2±0.3	106±4.9
辽宁 C 厂	50.1±4.0	92.4±3.4

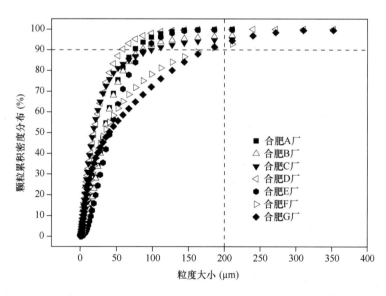

图 1-17　合肥不同城镇污水厂污泥中砂的粒度分布情况（沙超，2014）

　　总体来说，活性污泥固相是由微生物及其胞外聚合物（EPS），以及污水中吸附或者絮凝的无机颗粒和有机颗粒等组成的复杂聚集体，其中无机成分中酸溶解性无机质主要包括铁、铝等的氧化物、碱土金属的碱式磷酸盐；非酸溶解性无机质主要包括成分为 SiO_2

的无机砂质颗粒物质。

4. 我国污泥低有机质、高含砂的成因分析

污泥产生于城镇污水处理过程中，位于城镇污水系统的末端。其上游污水处理厂服务区域排水管网以及污水处理厂内污水处理工艺将直接影响污水污泥产量、组成和性质。目前，我国污泥泥质与发达国家差别较大，低有机质和高含砂量特征严重影响了后续污泥资源化的经济效益，其原因主要有：

（1）排水管网不完善、城市建设高速发展

排水管网收集城镇生活污水、部分工业废水以及地表雨水径流，是污水处理厂发挥污水处理作用的前提。然而，在城市发展过程中，由于受投资因素的限制，我国在城市排水方面一直重视污水处理厂，而忽视与之配套的排水管网建设，导致进入污水处理厂的污水除了城市生活污水、部分工业废水外还有大量雨水、地表径流以及街道冲刷的固体颗粒等，使得污水进水有机物浓度较低，无机砂粒含量较高。

目前我国还处于城市建设高速发展时期，基建施工过程产生大量泥沙、灰尘，地面绿化不够完善，大量泥沙会随地面径流进入排水管道，导致污水处理厂进水中无机质偏高。来自地面雨水径流的颗粒物占合流制排水管道悬浮物的 $50\% \sim 60\%$，部分地区排水管道悬浮物浓度在雨天时为旱流时的 $22 \sim 106$ 倍，且悬浮物中无机成分高达 60%。

美国典型生活污水水质见表 1-11，无机成分较低，悬浮固体中无机分约占 20%，采用活性污泥法处理，泥龄在 4d 和 30d 时，剩余污泥 VS/TS 分别为 0.60 和 0.55。当进水中 ISS（无机悬浮成分）为 0 时，泥龄在 4d 和 30d 时，剩余污泥 VS/TS 分别为 0.8 和 0.85。因此，进水中无机成分含量对污泥有机质含量有较大影响，大于污泥泥龄的影响。另外有研究表明，活性污泥工艺曝气池 MLVSS/MLSS 受进水无机成分含量影响较大，在 AAO 活性污泥脱氮除磷系统中，当进水 ISS/COD 由 0 增至 1 时，好氧段、缺氧段、厌氧段 MLVSS/MLSS 值分别由 0.95、0.9、0.8 下降到 0.7、0.65、0.6，且 MLVSS/MLSS 值降幅随进水 ISS/COD 增大而增大。

我国部分城镇污水处理厂进水组成见表 1-12，相同 SS 水平下，我国污水处理厂进水 COD 值偏低，导致污泥中无机悬浮物含量较高。

<table>
<tr><td colspan="4" align="center">**美国典型生活污水水质**　　　　　　　　　　　　　　表 1-11</td></tr>
<tr><td>污染物</td><td>低强度污水 *</td><td>中等强度污水 *</td><td>高强度污水 *</td></tr>
<tr><td>总悬浮固体（mg/L）</td><td>120</td><td>210</td><td>400</td></tr>
<tr><td>固定态悬浮固体（mg/L）</td><td>25</td><td>50</td><td>85</td></tr>
<tr><td>COD（mg/L）</td><td>250</td><td>430</td><td>800</td></tr>
<tr><td>总氮（mg/L）</td><td>20</td><td>40</td><td>70</td></tr>
<tr><td>总磷（mg/L）</td><td>4</td><td>7</td><td>12</td></tr>
</table>

* 低强度是基于污水产生量约为 750L/（人·d）；中等强度是基于污水产生量约为 460L/（人·d）；高强度是基于污水产生量约为 240L/（人·d）。

我国部分城镇污水处理厂进水组成　　　　　　　表 1-12

污染物	COD_{Cr}（mg/L）	BOD_5（mg/L）	SS（mg/L）	TN（mg/L）	TP（mg/L）
佛山市某污水处理厂	47.4	27.1	234.6	11.2	1.1
上海 A 厂	320	130	170	30*	5
上海 B 厂	350~400	180~200	180~200	55	6~7
上海 C 厂	250	120	150	38	4
江苏某污水处理厂	141	37	98	11*	2.1
广州 A 厂	159	86	29	32	2.4
广州 B 厂	227	152	216	28	4.4
重庆 A 厂	413	212	235	29	25
重庆 B 厂	307	67	316	40	35
重庆 C 厂	208	119	163	30	24

*　该值为 NH_3-N 值。

（2）沉砂池除砂效率低

通过排水管网进入污水处理厂中的砂粒、砾石、黏土等相对密度较大的无机颗粒需在沉砂池得以去除，但由于我国污水厂进水的砂粒粒径较小，沉砂池的沉砂效率达不到设计要求，根据 7 座污水处理厂沉砂池效率的调研结果表明，最高沉砂率仅为 15%，最低仅为 4%。根据《室外排水设计标准》GB 50014—2021，沉砂池按去除相对密度 2.65，粒径 0.2mm 以上的砂粒设计，但是在实际污水中，由于砂粒的几何形状、表面辅助油脂等的影响，不同污水中砂的颗粒密度和粒径差异较大，根据对某市污水处理厂进水中砂的粒度测定结果表明，进水中砂粒的平均粒度均低于 $50\mu m$，$200\mu m$ 以下颗粒占 90% 以上。美国大部分地区污水处理厂进水中大于 $200\mu m$ 的砂粒占 50% 以上，大于 $150\mu m$ 的砂粒占 70% 以上。通常，污水处理厂沉砂池收集的砂粒可被 150mm 筛全部截留。因此，进水中大部分砂的粒度小于沉砂池设计目标粒度是沉砂池工作效率低的重要原因。

因此，要降低污泥中无机砂的含量，需要强化沉沙池的优化设计。由于污水含砂量和管网密切相关，所以各厂差异较大，沉沙池的设计应结合现场调研、分析污水含砂量的粒径分布及相应的沉降性能，根据除砂效率确定相应的设计参数。

此外，《室外排水设计标准》GB 50014—2021 规定，旋流沉砂池的水力停留时间不低于 30s，曝气沉砂池的水力停留时间一般为 2min。而德国相关规范规定污水处理厂旱流时沉砂池停留时间为 20min，雨季洪峰时保证不低于 10min，因此，我国沉砂池停留时间短可能也是造成沉砂池效率低的原因之一。

（3）初沉池功能发挥不足

初沉池是污水处理厂去除悬浮物、降低生化段有机负荷的物理处理单元。初沉池可去除 40%～50% 的 SS、20%～30% 的 BOD_5、5%～7% 的 TN 以及 6%～8% 的 TP。由于污水处理厂出水标准的不断提高，为满足脱氮除磷对碳源的需求，许多污水处理厂取消了初沉池的设置，沉砂池出水越过初沉池直接进入生化池，导致了大量的悬浮固体进入生化系统，大大增加了污泥中无机物含量。

在污水处理厂的设计中应该根据具体情况决定初沉池的设置。当污水处理厂的进水浓度比较低而且有脱氮除磷要求时，可以考虑取消初沉池；而当污水处理厂的进水污染物浓度较高且固体量较大时，应考虑设置初沉池。目前，我国大部分地区污水处理厂进水无机质浓度较高，应该考虑设置初沉池，针对污水碳源不足的问题，可以考虑采用一级强化水解工艺对初沉池进行水解酸化改造或者对初沉污泥进行水解酸化，提高碳源的利用率。

（4）管网沉积物/化粪池导致有机物厌氧分解

我国污水管网由于流速低或前置化粪池等因素导致有机固体物沉积并发生生物厌氧降解，由于原水中部分易降解有机物转化成甲烷，使得污水处理厂进水有机物（BOD_5）浓度降低，造成 BOD_5/SS 失衡，导致污泥的有机质含量降低。因此，取消污水收集系统的化粪池及管道定期清洗是提高污水处理厂有机物进水浓度及提高污泥有机质含量的有效途径之一。

（5）化学药剂投加

我国部分城镇污水处理厂进水碳源不足，生物除磷能力有限，出水 TP 浓度难以达到排放要求。为了实现磷的达标排放，大多数城镇污水处理厂都在二沉池或生化反应池末端投加了化学除磷药剂，如投加铁盐、铝盐，这种化学除磷方式将致使部分化学污泥随着回流污泥进入生物污泥循环系统，增加了生物处理系统无机物的含量。

1.3.3 污泥热值特征

不同国家污泥干基热值见表 1-13。与国外发达国家相比，我国污泥热值平均水平明显偏低，其中污泥热值最大值与美国、德国、日本等发达国家相差不大，最小值相差较大。

不同国家污泥干基热值   表 1-13

地区	干基低位热值范围 （MJ/kg）	干基低位热值均值 （MJ/kg）	数据来源
中国	4.2～18.9	10.4	本团队研究
	5.8～19.3	9.9	蔡璐等人，2010
美国	10.9～17.4	16.5	蔡璐等人，2010
德国	14.9～17.9	16.9	
日本	15.9～21.0	19.0	

研究表明，污泥干基热值与污泥中有机物含量有关。污泥干基低位热值和干基高位热值均与有机物含量呈正相关关系（见图 1-18、图 1-19），且相关系数 R^2 均达到 0.85 以上，污泥热值是对后续采用热化学处理工艺的关键指标，通常可根据污泥有机物含量可对干基热值进行粗略估算。

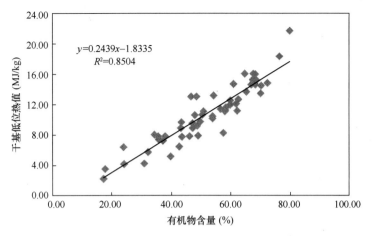

图 1-18　污泥干基低位热值与有机物含量相关性

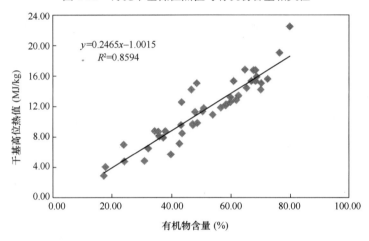

图 1-19　污泥干基高位热值与有机物含量相关性

1.3.4　污泥重金属特征

1. 分布特征

通过对 11 座城市的污水处理厂脱水污泥（污水处理厂样本数量为 89 个）各项重金属指标的最大值、最小值、中值、平均值以及标准差进行了统计分析，结果见表 1-14。结果表明中值远小于平均值，不同来源污泥重金属含量差异较大，平均值受少部分较大数据影响显著。不同类型重金属在污泥中的含量存在显著差异，按照平均值大小排序依次为：锌＞铜＞铬＞硼＞镍＞铅＞砷＞镉＞汞。

污泥重金属含量统计分析（mg/kg）　　　　　　　　　　　表 1-14

重金属	总镉	总铅	总铬	总镍	总锌	总铜	总汞	总砷	总硼
最大值	63.7	279.5	6107.1	1080.0	10070.8	4564.4	13.5	134.0	2850.0
最小值	0.0	1.8	2.9	12.1	32.0	56.9	0.0	0.2	0.0
中值	1.3	54.5	124	44	895	250	1.9	12.7	29.6
平均值	3.3	69.8	438.7	97.1	1639.3	614.8	2.4	19.2	134.1
标准差	8.6	49.7	971.9	166.9	2080.8	895.8	2.3	21.0	436.4

城市污泥和耕地土壤重金属含量比较见表 1-15。我国耕地中各项重金属指标按照平均值大小排序依次为：锌>铬>铅>铜>镍>砷>镉>汞，其中锌、砷、镉、汞含量顺序与污泥相一致。耕地土壤中镉、汞、镍含量平均值与《土壤环境质量　农用地土壤污染风险管控标准》GB 15618—2018 中规定的限值接近，其他指标平均值远小于二级标准限值，尚存在一定的环境容量。

城市污泥和耕地土壤重金属含量比较（mg/kg）　　　　表 1-15

项目		农用地土壤污染风险筛选值			我国土壤背景值	我国耕地	城市污泥
		pH<6.5	6.5≤pH≤7.5	pH>7.5			
镉	水田	0.4	0.6	0.8	0.097	0.25±0.20	3.3±8.6
	其他	0.3	0.3	0.6			
汞	水田	0.5	0.6	1.0	0.065	0.16±0.18	2.4±2.3
	其他	1.8	2.4	3.4			
砷	水田	30	25	20	11.2	9.48±3.88	19.2±21.0
	其他	40	30	25			
铅	水田	100	140	240	26.0	34.9±34.4	69.8±49.7
	其他	90	120	170			
铬	水田	250	300	350	61.0	65.3±22.3	438.7±971.9
	其他	150	200	250			
铜	果园	150	200	200	22.6	30.7±12.2	614.8±895.8
	其他	50	100	100			
镍		70	100	190	26.9	30.7±9.7	97.1±166.9
锌		200	250	300	74.2	85.3±37.4	1639.3±2080.8
数据来源		《土壤环境质量　农用地土壤污染风险管控标准》GB15618—2018			《中国土壤元素背景值》(1990)	138 个耕地	89 座污水处理厂

2. 重金属污染物溯源

结合实际调研分析与文献研究结果，污泥中重金属的潜在来源见表 1-16，为了降低污泥中重金属污染物的含量，重金属的源头管控是有效的途径。

污泥中重金属污染物的潜在来源　　　　表 1-16

目标污染物	主要来源
镉	电镀、采矿、冶炼、染料、催化剂等
铅	采矿、冶炼、蓄电池、染料等
铬	采矿、冶炼、电镀、制革、印染、金属加工等
镍	采矿、冶炼、电镀、催化剂等
锌	采矿、冶炼、电镀、机械加工等
铜	采矿、冶炼、电镀、印染、印制线路板、电子材料漂洗等
汞	冶金、电子、化工、医药、医疗器械等
砷	冶炼、火力发电、农药等
硼	机械加工、建材、冶金等

1.3.5　污泥中持久性有机污染物特征

通过对我国 45 座城镇污水处理厂脱水污泥有机污染物指标进行检测分析（检测指标包括矿物油、挥发酚、总氰化物、苯并（a）芘、多氯联苯、多环芳烃和可吸附有机卤化物），结果发现，污泥中矿物油含量平均值为 731.1mg/kg，其中 80% 置信区间内污泥矿物油含量为 103~1450mg/kg，平均值为 548.8mg/kg。挥发酚含量平均值为 9.5mg/kg，其中 80% 置信区间内污泥挥发酚含量为 0.1~18.2mg/kg，平均值为 6.6mg/kg。总氰化物含量平均值为 2.3mg/kg，其中 24% 的城镇污水处理厂污泥中总氰化物未检出。苯并（a）芘含量为 0~4.1mg/kg，平均值为 0.2mg/kg。多氯联苯含量为 0~0.1mg/kg。调研范围内 56% 的城镇污水处理厂污泥中多环芳烃有检出，多环芳烃含量为 0~10.8mg/kg，平均值为 1.7mg/kg。可吸附有机卤化物含量为 0~2000mg/kg，平均值为 88.6mg/kg。

结合实际调研分析与文献研究结果，城镇污泥中有机污染物的来源见表 1-17，针对持久性有机物，源头控制是一种有效的途径。

污泥中有机污染物来源　　　　　　　　　　　　表 1-17

目标污染物	主要来源
矿物油	石油化工、机械加工、洗涤剂合成等
挥发酚	煤气洗涤、焦化、合成氨、造纸、木材防腐、化工等
氰化物	电镀、采矿、焦化、制革、煤气、有机玻璃、农药等
多环芳烃	炼油、煤气、煤焦油加工、沥青加工等
苯并（a）芘	焦化、炼油、沥青、塑料等
多氯联苯	机械加工、变压器生产等
可吸附有机卤化物	造纸、石油精炼、化工、皮革、纺织及塑料加工等

第 2 章　污泥处理处置的基本原则和方法

2.1　污泥处理处置目标及技术选择原则

2.1.1　污泥处理处置目标

污泥是污水处理过程中的产物，富集了污水中大量有机物、污染物质与营养物质，具有污染和资源的双重属性。污水处理厂污泥如果没有经过安全处理处置，将会造成环境污染和资源浪费，因此，污泥安全处理处置是要实现污泥中有毒有害物质无害化处理处置，易腐化发臭的有机物稳定处理，资源物质能够得到循环利用。

随着全球应对气候变化以及资源能源短缺的需求，我国在 2020 年提出了 2030 年碳达峰、2060 年碳中和的战略目标。污泥处理过程会消耗大量的能源和药剂，同时以填埋为主的处置方式还会造成大量温室气体的排放。因此，污泥处理处置过程碳减排对污水处理行业的碳中和具有重要的意义。

污泥处理处置的基本原则是：无害化是目标，稳定化是基础，减量化是关键，资源化是手段，即在实现污泥无害化目标的同时，实现最大化的资源循环利用（见图 2-1）。因此，污泥的"减量化、稳定化、无害化和资源化"是污泥处理处置的基本原则。

（1）减量化是关键：由于污泥含水量高、体积大且呈流动性，给运输和处理处置均带来不便。污泥减量的目的是减少污泥的体积、水分和有机物质。污泥减量方法大致可分为生物法、物理法和热化学法。生物法通常利用微生物作用降解污泥中生物可降解有机物，减少污泥质量，如厌氧消化和好氧发酵；污泥脱水通常利用机械方法实现污泥中水分的去除，例如

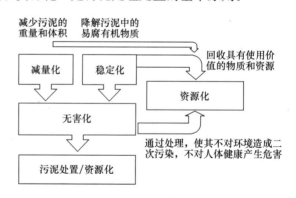

图 2-1　污泥处理处置"四化"原则与相互关系

机械和重力浓缩、离心脱水、带式脱水、板框脱水等；热化学法指通过热化学方法实现污泥水分去除以及污泥中有机物氧化，从而实现污泥减量，通常有干化、焚烧、湿式氧化、热解气化等。

（2）稳定化是基础：污泥中有机物含量较高，且极易腐败产生恶臭。污泥稳定化是指

运用一些物理、化学或生物方法使生污泥不再出现或者在极其受限的范围内产生腐败。污泥稳定化方法通常指生物法，如好氧消化、好氧堆肥、厌氧消化等。通过控制微生物的代谢过程来降低生污泥中可生物降解的有机物含量，使其不再成为微生物的"温床"，将微生物反应降低到被环境和人类可以接受的程度。经稳定化处理后，污泥获得更好的脱水性能，并且使固体物质的含量减少，同时污泥中易腐败的部分有机物被分解转化，大大降低恶臭水平，便于运输及处置。污泥稳定化处理被认为是污水处理过程的延续。由于我国早期重水轻泥，对于污水处理厂内污泥稳定化缺乏强制要求，导致污泥稳定化成为我国污泥处理领域的短板。

（3）无害化是目标：污泥中含有大量病原体、虫卵、重金属和持久性有机污染物等有毒有害物质，未经有效处理处置，极易对地下水、土壤等造成二次污染。污泥无害化的目的是一方面采取物理、化学和生物等手段，杀灭大部分的虫卵、致病菌和病毒，提高污泥的卫生化水平；另一方面通过处理处置使重金属及其他污染物质被有效去除或固化，不再对环境造成二次污染。常见的无害化手段包括高温好氧堆肥、高级厌氧消化、干化焚烧、水热处理等。

（4）资源化是手段：污泥中含大量有机物及氮、磷等营养物质，可通过提取污泥中蕴含的生物质能及回收营养物质等方式，实现污泥的资源化利用。城市污水处理厂污泥传统的资源化利用途径主要包括厌氧消化、好氧堆肥、土地利用、焚烧发电和建材利用（如制陶粒、制水泥）等。近年来，一些新的资源化利用技术发展迅速，如污泥低温制油、污泥制氢、污泥制吸附剂、污泥制聚羟基脂肪酸酯（Polyhydroxyalkanoates，PHA），以及污泥提取蛋白质和污泥定向产短链长链脂肪酸等。

随着我国城镇化水平的不断提高，污水处理设施建设得到了高速发展，污泥产量急剧增加，简单粗放的处理处置方式与我国脆弱的环境承载力之间的矛盾日益突出。同时随着我国经济发展进入新常态时期，"碳达峰、碳中和"已成为我国高质量发展的重要抓手，污泥的安全处置应当遵循"绿色、循环、低碳"的基本原则，解决污泥污染问题的同时，实现物质和能源的最大化回收利用（见图 2-2）。

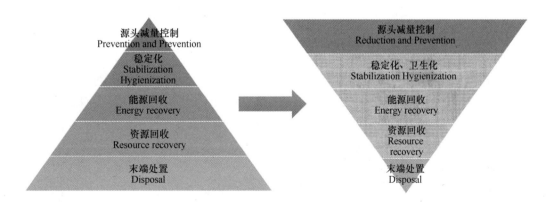

图 2-2　污泥处理处置与资源化"倒三角"路径

2.1.2 污泥技术选择原则

1. 水、泥同步

污水处理与污泥处理是两个独立但又相互紧密联系的过程。污水处理是实现污泥处理处置的前提与基础，而污泥处理处置是污水处理实现最终减排目标的保证，就污水处理而言两者缺一不可。因此，污泥处理处置设施必须纳入本地污水处理设施建设和国土空间规划。在城镇污水处理厂新建、改建和扩建时，污泥处理处置设施应与污水处理设施同步规划、同步建设、同步投入运行。同时，基于污泥"双重"属性特征，在污泥处理处置过程中，必须坚持污泥减量化、稳定化、无害化、资源化处理处置原则，才能充分发挥污水污泥治理工程的整体功能。

2. 远近结合

污泥处理设施应根据污泥产生量、泥质、当地自然条件、产业结构和经济社会发展水平，并结合远期发展需要，制定污泥处理处置方案。分级制定污泥处理应急方案、阶段性方案和永久方案，并做好三种方案的衔接。在永久方案完成前，可充分利用其他行业资源协同污泥处理处置作为阶段性方案，并应具有应急处理处置方案，防止污泥随意弃置，保证环境安全。

3. 因地制宜

污泥处理设施应结合城镇建设现状、发展需求和区域特点，按照"集散结合、适当集中"和有利于污泥资源化利用的原则，因地制宜规划建设。污泥处理处置规划应与管渠污泥、疏浚底泥、城市有机废弃物等相关规划及处理处置相协调，鼓励协同处置，统筹管理。鼓励污泥与粪便、餐厨垃圾、厨余垃圾等有机废弃物共建处理设施，提高城市典型有机废弃物综合处理效能。在具备垃圾焚烧发电、水泥窑协同处置等垃圾处理设施的区域，鼓励采用焚烧或水泥窑协同方式。加强卫生填埋场污泥处置管理工作，严格控制进入填埋场的污泥泥质标准，严格执行填埋作业技术规程。因地制宜多元化处理处置污泥，逐步降低填埋处置所占比重。

对于重金属不超标的污泥，优先采用厌氧或好氧稳定化处理后进行土地利用；对于重金属超标、土地利用受到限制或土地利用成本较高的地区，建议采用厌氧稳定耦合末端干化焚烧的处理处置工艺。

污泥（高级）厌氧消化＋土地利用技术路线适用于土地资源丰富、土地消纳条件较好的地区；污泥好氧发酵＋土地利用技术路线适用于人口密度较低、土地资源丰富、土地消纳条件较好的地区，在相对欠发达地区，应用前景较大；污泥干化焚烧技术路线适用于经济较发达、人口稠密、土地成本较高的地区，或者污泥处理产物不具备土地消纳条件的地区；污泥深度脱水＋填埋技术路线适用于应急性处理情况，或者具备地方性土地消纳条件的地区。

4. 坚持安全环保与绿色低碳并重

在解决污泥处理处置迫切问题、保障污泥安全处理处置的基础上，最大程度减少污泥处理处置过程对外界能源和化学药剂的依赖，尽量避免对环境造成二次污染，尽可能减少二氧化碳、甲烷等温室气体排放对外界的影响。

2.2　污泥处理处置技术及适用条件

基于污泥的组成和特性，污泥的处理处置技术主要包括生物稳定处理、热化学处理以及污泥处置等，其中生物处理包括好氧发酵和厌氧消化技术，热化学处理包括干化焚烧、热解、深度脱水等技术，污泥处置的方式主要包括土地利用、建材利用和卫生填埋等。目前形成的污泥处理处置主流技术路线如图 2-3 所示。

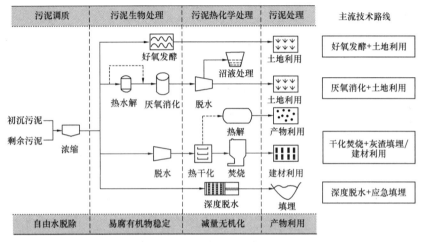

图 2-3　污水处理厂污泥处理处置关键环节与主流技术路线

2.2.1　污泥处理处置技术

1. 污泥减量化技术

污泥具有高含水特性，而含水率直接影响污泥体积和处理费用，脱水减量是污泥处理处置的共性关键环节。

污泥浓缩的方法主要有重力浓缩、气浮浓缩、机械浓缩等。重力浓缩是利用重力作用实现污泥自然沉降分离的方式，不需要外加能量，是一种最节能的污泥浓缩方法；气浮浓缩与重力浓缩相反，是依靠大量微小气泡附着在污泥颗粒的周围，减小颗粒的密度强制上浮，气浮法对于密度接近于 $1g/cm^3$ 的污泥尤其适用。机械浓缩是目前应用较广泛的一种污泥浓缩方法，其主要优点在于占地面积小、环境卫生条件好、效率高的特点，主要有滚筒、螺旋、带式和离心机等几种机型，通过压滤及离心的方式实现固液分离。不同机械浓缩方法的效率见表 2-1。

不同机械浓缩方法的效率比较　　　　　　　　　　　　　　　　　　表 2-1

参数	浓缩机			离心机	
	滚筒	螺旋	带式	无絮凝剂	有絮凝剂
出料含固率（%）	5～7	5～7	5～7	5～7	6～8
去除率（%）	＞90	＞90	＞90	＞90	＞95

参数	浓缩机			离心机	
	滚筒	螺旋	带式	无絮凝剂	有絮凝剂
絮凝剂用量（g/kg 干物质）	3～7	3～7	3～7	—	1.0～1.5
能量消耗（kWh/m³）	0.2	0.2	0.2	0.6～1.0	1.0～1.4

污泥经过浓缩处理后，其含水率为 95％左右，但仍为流动液状，通常采用机械脱水的方式将污泥含水率进一步降低至 70％～80％，有利于污泥的后续处理处置和资源化利用。

机械脱水是目前世界各国普遍采用的方法，主要的机械脱水设备有板框压滤机、带式压滤机和离心脱水机等，其主要性能见表 2-2。

不同脱水机污泥脱水效率比较　　　　　　　　　　　表 2-2

参数	单位	离心机	带式压滤机	板框压滤机
出料干物质量	％	28（20～35）	23(18～28)	30（絮凝剂）（28～38）
去除率	％	＞95	＞95	＞98
絮凝剂量	g/kg 干物质	6～12	5～10	5～10
耗能	kWh/m³	0.8～2.2	0.6～1.2	1.0～2.2
运行		自动连续	自动连续	非连续

经机械脱水后的污泥含水率仍在 70％～80％，污泥热干化可以通过污泥与热媒之间的传热作用，进一步去除脱水污泥中的水分使污泥减容。干化后污泥的臭味、病原体、黏度、不稳定等得到显著改善，可用作土壤改良剂、建材利用等。按照热源介质与污泥的接触方式，分为直接传热式（热对流式）、间接传热式（热传导式）和直接—间接联合加热式共三种类型。其中，直接式干化设备有喷雾干化机、带式干化机、箱式干化机、转筒干化机等；间接式干化设备有桨叶式干化机、圆盘式干化机、薄层干化机、转鼓式干化机等；直接—间接联合加热式设备有混合带式污泥干化机、流化床污泥干化机等。除上述传统干化工艺外，一些新兴技术也被逐渐应用于工程中，如太阳能温室污泥干化、污泥低温干化、污泥电渗析深度脱水、污泥热水解＋脱水干化、真空板框脱水干化一体机、离心脱水干化一体机等。

2. 污泥稳定化技术

污泥稳定化是污泥处理的重要环节，是污水处理过程有机物降解的延续，能进一步降解污泥易腐物质，减少病原体和寄生虫卵，消除臭味，抑制或减少腐败等。污泥稳定化处理方法包括厌氧消化、好氧消化、石灰稳定和热处理法（见表 2-3）。厌氧消化是利用厌氧微生物的代谢降解污泥中易腐有机物，实现污泥稳定化处理。好氧消化法类似活性污泥法，依靠有机物的好氧代谢和微生物的内源代谢稳定污泥中的有机组成。石灰稳定法是投加足量石灰，使污泥的 pH 高于 12，抑制微生物的生长。热处理法利用高温高压加热污泥，既可杀死微生物以稳定污泥，还能破坏泥粒间的胶状性能改善污泥的脱水性能。

污泥由于其含水率高的特征，生物稳定化方法是一种较为经济的处理方式，而采用厌氧消化的方式可以回收生物质能，在目前碳中和的背景下，污泥的厌氧消化稳定是未来的重要发展方向。

不同污泥生物稳定方法比较 表 2-3

参数	厌氧消化	好氧稳定		
		常温延时	高温浓缩稳定	堆肥
适用范围	大厂	小厂	小厂	小、中厂
占地	小	大	小	大
能耗及药品	沼气回收能源	耗能	耗能	耗能，辅料
脱水性能	好	差	差	—
污泥有机质量减少	30%～50%	10%	10%～30%	10%～30%

3. 污泥热化学处理技术

通常污泥中有机物含量为 60%～70%，消化后有机物含量 40%～50%，具有一定的热值，可以进行焚烧等热化学处理处置。污泥焚烧能使有机物几乎全部矿化，杀死病原体，可最大限度减少污泥体积，减容率可达到 95% 以上，重金属（除汞外）几乎全部被截留在灰渣中。

污泥是一种多介质的复杂体系，随着多种物质的热化学焚烧过程，产生的尾气中含有较多的复杂有毒有害组分，尤其是二噁英等对环境影响严重的污染物质。因此，尾气的处理是污泥焚烧的一个重要环节，处理要求也较高，一般的尾气处理设施投资可占整体污泥焚烧投资的一半以上，因此污泥焚烧尾气处理高昂的造价和运行成本也是制约污泥焚烧的一个重要因素。

污泥焚烧通常采用流化床工艺，产生的飞灰较多，通常飞灰属于危废，处理成本高，根据要求，也可以对污泥焚烧飞灰作评估，如果评估合格也可以作为一般固废处置。目前上海石洞口污泥焚烧系统经过检测，飞灰不作为危废，大大降低了污泥焚烧的运营成本。

目前污泥焚烧主要有两种方式，污泥独立焚烧和水泥窑/电厂协同焚烧。通常污水处理厂脱水污泥含水率约为 80%，独立焚烧困难，焚烧前需要进行热干化处理，由于热干化能耗较高，是污泥干化焚烧技术成本较高的工艺环节。利用其他的焚烧系统处理污泥，可以有效解决城市污泥热值低、独立焚烧投资和运行费用高等问题。污泥协同焚烧在我国应用比较普遍，已在嘉兴、广州、合肥等地的水泥厂和发电厂实现了规模化工程示范应用。

其他污泥热处理技术主要包括污泥热解气化、污泥热解炭化等。污泥热化学处理是一种能将污染物消减彻底的无害化处理方式，但由于污泥是一种含水率高的有机废物，其热化学处理前均需要进行干化处理，而目前的干化处理基本采用热干化方式，是以相变为基本原理，需消耗大量能源，是污泥热化学处理的主要瓶颈之一。

4. 污泥安全处置技术

污泥处置一般包括卫生填埋、土地利用和建材利用等。

卫生填埋方法由于操作相对简单、处置费用相对较低等特点，曾是我国大多数污水处理厂选择的主要处置方式。但是随着环保要求的提高、碳排放的限制、土地资源的短缺以及二次污染控制等因素，污泥卫生填埋已不是未来方向，逐步会被禁止使用。

污泥土地利用是一种积极、有效、低碳的污泥处置方式。污泥的土地利用包括农田利用、林地利用、园林绿化利用等。尽管污泥的土地利用能耗低，可回收利用污泥中腐殖质、氮、磷、钾等营养物质，但污泥中含有大量病原菌、寄生虫（卵）、重金属以及一些难降解的有毒有害物，必须经过厌氧消化、生物堆肥等稳定化无害化处理后才能进行土地利用。

污泥建材利用主要是以污泥中无机矿物组分作为原料制造各种建筑材料，包括生产陶粒以及利用污泥焚烧灰制备水泥添加剂等。但由于污泥中含有大量的水分和有机物质，直接建材利用受到限制，只有焚烧后的灰渣建材利用具有一定的经济和环保的可行性。

2.2.2 污泥处理处置技术适用条件

1. 基于土地利用的污泥处理处置技术

污泥采用土地利用方式进行处置时，应优先采用厌氧消化、好氧发酵或其他处理技术，对污泥进行稳定化和无害化处理，确保污泥产品达到土地利用要求。采用高温热水解等预处理措施，可以进一步实现污泥消毒，消减抗性基因等，提升污泥的土地利用品质。重金属超标的污泥不建议土地利用，避免二次污染的风险。

厌氧消化可从污泥中回收生物质能，实现污泥的减量化、稳定化和资源化，在国内外得到了日益广泛的应用。特别是对于污泥有机质含量较高且重金属不超标，同时具有园林等土地利用条件的地区，应采用厌氧消化方式进行处理。可在厌氧消化之前增加高温热水解预处理，强化有机质降解效率，提高污泥厌氧消化含固率，降低厌氧消化池池容和占地面积，提高污泥无害化水平，并可考虑污泥与餐厨垃圾等有机废物协同厌氧消化，提高厌氧消化综合效益。

厌氧消化后污泥含水率仍然较高，且运输成本较高，通常需要进行脱水或干化处理，降低消化污泥含水率，满足稳定污泥的土地利用标准（园林绿化、土地改良、林地用泥质要求污泥含水率分别为＜40％、＜65％和≤60％）。

好氧发酵利用好氧微生物进行有机物降解，能够实现污泥中有机质及营养元素的高效利用。污泥经好氧发酵处理后，物理性状得到改善，质地疏松、易分散、粒度均匀细致，可以进行园林绿化、土壤改良、林用等土地利用。污泥好氧发酵工艺相对简单，运行和维护要求较低，但由于占地面积大、辅料投加量大、臭气污染控制困难等因素，仅适合土地资源富裕的城郊地区，并有足够的辅料资源，处理规模不宜过大。

处理后污泥产物用作园林绿化基质土和园林绿化肥料时，其泥质应符合《城镇污水处理厂污泥处置　园林绿化用泥质》GB/T 23486—2009 要求。污泥用于土地改良时，其泥质应满足《城镇污水处理厂污泥处置　土地改良用泥质》GB/T 24600—2009 要求，每年每万平方米土地施用干污泥量不大于 30000kg。污泥用于农用时，其泥质应满足《城镇污

水处理厂污泥处置　农用泥质》CJ/T 309—2009 要求，农用年施用量累积不应超过 7.5t/hm²，农田连续施用不应超过 10 年。污泥用于林地时，其泥质应满足《城镇污水处理厂污泥处置　林地用泥质》CJ/T 362—2011 要求，年施用污泥量累积不应超过 30t/hm²，林地连续施用不应超过 15 年。同时要对污泥泥质、利用地点的土壤地下水等进行跟踪监测分析，管理成本较高。污泥中富含氮、磷等养分，在降雨量较大地区的土质疏松土地上施用污泥，当有机物分解速度大于植物对氮、磷的吸收速度时，养分可能会随径流进入地表水体，造成水体的富营养化，如渗入地下，则会引起地下水的污染。因此，除监测上述污染物之外，养分的迁移也需要长期监测。

2. 基于焚烧灰渣建材利用的污泥处理技术

采用独立焚烧方式处理污泥，进入焚烧装置的污泥应符合《城镇污水处理厂污泥处置　单独焚烧用泥质》GB/T 24602—2009 要求。采用水泥窑协同焚烧、热电厂协同焚烧和生活垃圾混烧方式处理污泥，进入焚烧装置的污泥应不影响处理设施的正常运行，水泥窑协同焚烧处置污泥时还应不影响最终水泥产品的质量。处理设施设计应分别符合《水泥窑协同处置污泥工程设计规范》GB 50757—2012、《小型火力发电厂设计规范》GB 50049—2011、《生活垃圾焚烧处理工程技术规范》CJJ 90—2009 的要求。焚烧烟气均应符合《生活垃圾焚烧污染控制标准》GB 18485—2014 要求。

根据《城镇污水处理厂污泥处置　水泥熟料生产用泥质》CJ/T 314—2009 和《城镇污水处理厂污泥处置　制砖用泥质》GB/T 25031—2010，水泥熟料生产用泥质和制砖用泥质必须满足相应的准入条件要求。污泥用于水泥生产时，产品质量应当符合《通用硅酸盐水泥》GB 175—2007 的规定；污泥用于陶粒生产时，堆积密度和筒压强度等技术指标应符合《轻集料及其试验方法 第 1 部分：轻集料》GB/T 17431.1—2010 的要求；替代混凝土中的砂应当符合《硅酸盐建筑制品用砂》JC/T 622—2009 的规定。应确保建材产品符合《危险废物鉴别标准　毒性物质含量鉴别》GB 5085.6—2007 的要求。

为避免二噁英污染物的产生，在焚烧过程中，应当至少具备以下技术条件：1）焚烧炉内温度达到 850℃以上；2）烟气在炉内停留时间大于 2s。

利用工业窑炉协同焚烧污泥，可利用现有窑炉，降低建设投资，缩短建设周期。其投资成本和运行成本主要取决于前处理工艺。

3. 基于填埋的污泥处理技术

污泥进入填埋场前须进行改性处理，以提高其承载力，消除其膨润持水性。污泥混合填埋以及用作覆盖土时，其泥质应满足《城镇污水处理厂污泥处置　混合填埋用泥质》GB/T 23485—2009 要求。卫生填埋地质条件、防渗、渗沥液收集处理、填埋气体导排、填埋作业、封场等可参照《生活垃圾卫生填埋处理技术规范》GB 50869—2013 要求。应定期对填埋场周边环境的大气、地下水、地表水体等进行环境监测，监测的要求参照《生活垃圾填埋场污染控制标准》GB 16889—2008。填埋过程的管理和污染物的控制应分别符合《生活垃圾填埋污染控制标准》GB 16889—2008、《恶臭污染物排放标准》GB 14554—1993 和《大气污染物综合排放标准》GB 16297—1996 要求。因此，进行卫生填埋的污泥，可采用深度脱水、石灰稳定等工艺对其进行处理，以满足污泥含水率、抗剪强度等指标要求。

污泥深度脱水通过加入调理剂后进行压滤，可将污泥含水率降至 55%～65%，后续可在垃圾填埋场进行混合填埋。深度脱水前应对污泥进行有效调理，调理作用机制主要是对污泥颗粒表面的有机物进行改性，或对污泥的细胞和胶体结构进行破坏，降低污泥的水分结合容量；同时降低污泥的压缩性，使污泥能满足高干度脱水过程的要求。化学调理是较为常用的调理方法，所投加化学药剂主要包括无机金属盐药剂、有机高分子药剂、各种污泥改性剂等，投加量一般为干污泥的 10%～20%，会在一定程度上增加最终污泥的处置量和处置成本。

2.3　国外污泥处理处置技术路线

西方发达国家很早就意识到污泥处理处置是污水处理过程中必不可少的环节，从法律和政策上对污泥处理处置的目标作了明确规定，并在执行上通过一系列政策予以保障。尽管在执行过程中也遇到与我国类似的跨行业等方面的协调问题，但是由于从国家层面目标明确，政策体系完善，使得污泥处理处置的问题得到了比较好的解决。

国外污泥的处理处置从技术和操作层面上可分为两个步骤：第一是在污水处理厂区内对生污泥进行减量化、稳定化处理，其目的是降解易腐有机物及病原微生物，实现污泥减量稳定，降低污泥外运处置造成二次污染的风险；第二是对处理后的污泥进行合理地安全处置，实现污泥无害化和资源化的目标。目前，国外发达国家均有相应的法规标准，要求污泥在污水处理厂区内实现稳定化处理，污泥处理处置设施和污水处理厂同步建设。

1. 美国

美国约有 16000 座污水处理厂，服务 2.3 亿人口，日处理污水量 1.5 亿 m^3，年产污泥量 3500 万 t（以 80% 含水率计）。建有 650 座集中厌氧消化设施处理 58% 的污泥，700 座好氧发酵稳定处理设施处理 22% 的污泥，76 套热电联供设施处理了 20% 的污泥。约 60% 的污泥经厌氧消化或好氧发酵处理后用作农田肥料，约 17% 卫生填埋，约 20% 干化焚烧，约 3% 用作矿山修复的覆盖层（见图 2-4）。在美国，厌氧消化是采用最多的稳定化工艺。但是采用厌氧消化的处理厂中仅有 106 座设有沼气利用系统，占厌氧处理规模的 20%，多达 430 座厌氧消化设施没有进行沼气利用。目前，美国已制定计划，一是扩大污泥厌氧消化的比例，二是建设热电联供系统，使产生的沼气全部有效利用。污泥经过厌氧消化或好氧发酵稳定化处理后进行土地利用是美国污泥处理处置的主流技术路线。

2. 德国

德国共有约 10000 座生活污水处理厂，污水日处理能力达 2800 万 m^3，污泥年产量 1000 万 t（以含水率 80% 计）。污泥处理处置研究起步较早，大于 5000m^3/d 的城市污水

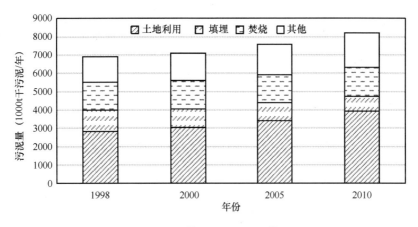

图 2-4　美国污泥处置现状

处理厂污泥处理均采用厌氧消化法，利用产生的沼气发电。目前污泥已经实现 100％稳定化处理，对稳定化（厌氧消化停留时间不低于 20d 或好氧稳定污泥泥龄大于 25d 或好氧堆肥温度不低于 55℃等）和无害化提出了量化的约束性指标。通过回收污泥中的生物质能源可以满足污水处理厂近 40％～60％的电耗需求，碳减排效益十分明显。污泥的最终处置中焚烧或协同焚烧占 53.2％，农业或景观利用占 43.7％（见图 2-5）。污泥填埋要求有机质含量低于 5％，脱水污泥已禁止进入填埋场。德国在政策层面已不再将污泥被视为污染物，污泥处理从单纯的消纳处置转变为资源与能源的综合利用。

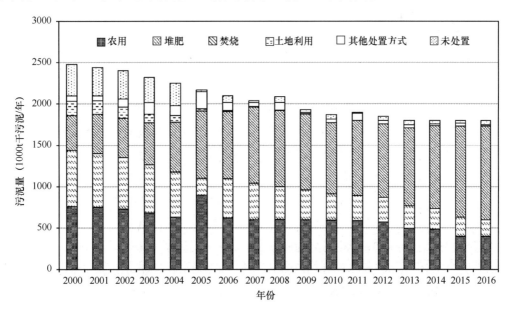

图 2-5　德国污水处理厂污泥处置历年变化情况

　　德国于 2017 年 10 月 3 日通过了对《污水污泥条例》的修订，其核心内容是要求从污水污泥或其焚烧灰中回收磷。按照新条例，城镇污水处理厂污泥需进行磷回收处理。对于人口当量大于 10 万的污水处理厂，过渡期的截止期限在 2029 年 1 月 1 日；5 万～10 万人口当量的污水处理厂的期限在 2032 年 1 月 1 日，在期限日之前，污水处理厂污水污泥可按现状遵循肥料法继续用作土壤肥料；在过渡期之后，含磷量大于 20g/kg 总固体的污水污泥须采用磷回收工艺，要求从污水污泥总固体中回收 50％以上的磷，或将污水污泥焚烧灰中的磷含量降低到不足 20g/kg 总固体或需从中回收 80％以上的磷。人口当量小于或等于 5 万的小型污水处理厂产生的污水污泥则不受制于该新修订条例。

目前在德国污泥所有最终处置前都需要进行稳定化和资源化处理，其中比较推荐的污泥处理和处置方式如图 2-6 所示，污泥经厌氧发酵降解易腐有机物，回收生物质能，干化后焚烧产能，可充分回收污泥中的生物质能及热能。部分厌氧发酵后的污泥也可经后续处理加工成农肥或园林用土。工程实践表明，该工艺路线组合无论从经济效益角度，还是从环境、碳排放角度都是最合理的技术路线。

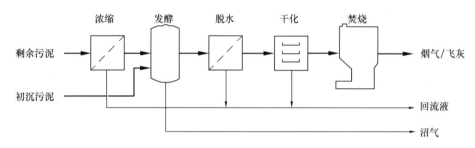

图 2-6　德国污泥处理处置技术路线图（Lescher&Loll，1996）

3. 英国

英国每年产生的污泥约为 600 万 t（80％含水率）。直到 20 世纪 80 年代，英国产生的污泥一直被直接倒入北海，随着环境问题的日益严重，欧洲共同体在协定中规定 1998 年后禁止污水污泥排海。从 2000 年起，未经处理的污泥禁止应用于种植可食用作物的土壤，2005 年后又进一步限制生污泥用于经济作物。目前厌氧消化法处理污水污泥在英国是主流稳定化处理技术，在 2007 年大约有 66％的污水污泥用厌氧消化法处理，到 2015 年将会增加到 85％。污泥脱水大多用离心机或带式压滤机，近几年也陆续出现了其他热处理技术，比如热解或者污泥气化，但是应用还不普遍。污泥处置采用土地利用的比例占到 60％。总体来看，土地利用量逐渐增加，污泥填埋量持续减少，焚烧量维持不变（见图 2-7）。

到 2020 年英国可再生能源要达到总能耗的 15％，污水行业要求达到 20％。据此制定了有机物质厌氧消化设施的建设规划：将回收近 9000 万 t 农牧业可降解废弃物，1500 万 t 城镇可降解固体（城市有机质），750 万 t 污泥中的生物质能，所有生物质能进行发电（CHP）或热能综合利用。

4. 日本

据统计，日本总人口达到 1.28 亿人，污水处理厂污泥产量为 1200 万 t（以含水率 80％计）。表 2-4 为日本污泥处理工艺的现状。从表 2-4 中可以看出，浓缩、消化、脱水、焚烧的处理方式占到日本全部污泥处理的 85％以上，日本大多数污水处理厂都采

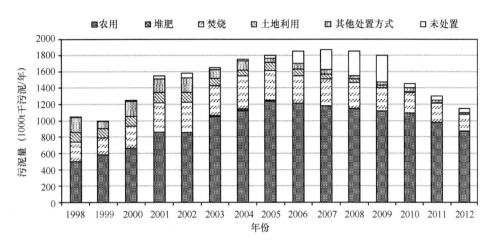

图 2-7　英国污水处理厂污泥处置历年变化情况

用厌氧消化来处理污泥，产生的沼气 70％被利用（20％用于发电、30％用于加热罐体、20％用于其他），剩余沼气进行燃烧处理。为了提高厌氧消化效率，还使用了污泥预处理技术，如臭氧预处理（新潟县十日町污水处理厂）、超声波预处理（横滨市南部污水处理厂）、热水解预处理（新潟县长冈净化厂），而污泥的最终处置以焚烧或协同焚烧为主。

	日本污泥处理工艺的现状（陈荣柱，任琳. 1999）			表 2-4
最终稳定状态	污泥处理工艺	最终稳定化处理场数	处理固体物量（t 年）	比例（％）
液状污泥	浓缩	4	0.0	0.00
	浓缩—消化	6	8.8	0.57
脱水污泥	浓缩—脱水	310	138.6	9.01
	浓缩—消化—脱水	203	245.3	15.94
	好氧消化—浓缩—脱水	6	1.1	0.07
	浓缩—热处理—脱水	2	—	—
复合肥料	浓缩—脱水—复合肥料	90	46.2	3.00
	浓缩—好氧消化—脱水—复合肥料	1	0.7	0.05
	浓缩—消化—脱水—复合肥料	60	63.6	4.13
干燥污泥	浓缩—干燥	12	0.2	0.01
	浓缩—消化—干燥	18	3.7	0.24
	浓缩—消化—脱水—干燥	20	1.5	0.10
焚烧灰	浓缩—脱水—焚烧	159	553.0	35.94
	浓缩—消化—脱水—焚烧	71	383.3	24.91
	好氧消化—浓缩—脱水—焚烧	1	0.1	0.01
	浓缩—热处理—脱水—焚烧	5	35.1	2.28
	其他	3	1.8	0.12

续表

最终稳定状态	污泥处理工艺	最终稳定化处理场数	处理固体物量（t 年）	比例（%）
熔融渣	浓缩—脱水—熔融	30	50.4	3.28
	浓缩—消化—脱水—熔融	4	2.7	0.18
	浓缩—脱水—焚烧—熔融	2	2.5	0.16
	消化—脱水—焚烧—熔融	3	0.1	0.01
	其他	1	—	—
合计		1011	1538.7	100.00

　　日本的污泥循环利用率较高，建材是主要利用方式，部分回用于土地。1996 年日本重新修订的《下水道法》要求采取措施减少污泥产生量，鼓励污泥的资源化利用，使污泥利用率稳定增长，填埋的比例逐年下降。图 2-8 是日本污泥利用率的历年变化情况。在污泥利用过程中，事实上污泥有机质利用率较低，仅 23% 的有机质通过肥料和生物固体衍生燃料等方式进行利用，其余以各种形式被焚烧。值得关注的是，尽管污泥末端采用了焚烧的方式，但前端生物厌氧消化处理的工艺占有 50% 以上，即厌氧稳定化＋干化焚烧。在日本，污泥焚烧成为主导工艺。近 70% 的污泥在浓缩脱水后被焚烧，主要设备包括立式多层炉（1974 年开始使用，到 20 世纪 80 年代末已设置 98 座），流化焚烧炉（1966 年前后开始使用，到 1996 年末已设置 163 座），阶梯式移动床焚烧炉（1972 年开始采用，累计建造 20 座），回转干化焚烧炉（川崎市于 1965 年采用）。

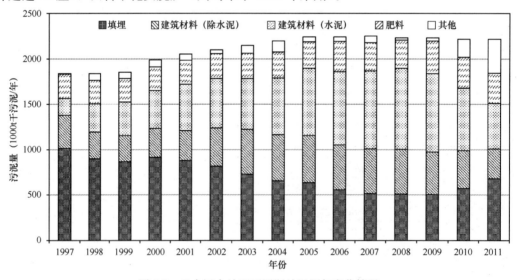

图 2-8　日本污水处理厂污泥处置历年变化情况

2.4　我国污水处理厂污泥处理处置技术路线

2.4.1　我国污泥处理处置技术发展现状

　　我国污泥处理处置起步较晚，污泥处理处置基本采用了国外通用的技术路线，主要包括污泥浓缩、脱水/高干度脱水、稳定化和干化焚烧等污泥处理技术，处置技术以卫生填埋为主。

　　我国污水处理厂污泥浓缩脱水的设备包括进口和国产设备，其中国产常用的浓缩设备有带式浓缩机、滚筒式浓缩机、筒式螺旋浓缩机及离心机等，常用的污泥脱水设备有带式脱水机、筒式螺旋脱水机、离心机和板框脱水机、浓缩脱水一体机等，脱水技术和装备性能基本已和国际接轨。由于我国污泥的性质特点，与国外污水处理厂相比，在浓缩效率及加药量方面还存在一定的差异；在脱水方面存在的主要问题是能耗高，药剂费用高，且污泥脱水效率低，一般含固率只有 $15\%\sim20\%$。针对我国目前污泥处置以填埋方式为主的需求，国内近年来开发了多种高干度污泥脱水/固化系统，并已得到了工程化应用。

　　厌氧消化稳定工艺在我国应用不多，4000 多座污水处理厂中只有近 100 座配有污泥厌氧消化设施，而其中正常运行的不到 50 座，主要建设于"十二五"之后。虽然厌氧消化能够回收生物质能、改善污泥脱水性能、减少污泥量、同时实现稳定化和土地利用，但目前在我国由于没有污泥稳定化约束性标准要求以及缺乏操作管理专业人才，和国外相比还存在很大的差距。是我国污泥处理环节的短板。

　　污泥好氧堆肥在我国秦皇岛、长春和上海等地有近 50 座工程应用，国内也自主开发了污泥好氧堆肥技术和设备，并实现了产业化。相对污泥厌氧消化来说，污泥好氧发酵技术投资成本低、运行管理简单，但是通常需要大量辅料，而且容易产生臭气问题，限制了该技术的推广应用。

　　近年来污泥干化系统设备的国产化发展很快，基本实现了替代进口，特别是低温干化系统、真空脱水干化一体机等具有中国特色的干化设备已得到了推广应用。

　　目前，污泥单独焚烧技术还处于发展起步阶段，应用案例主要包括国外进口的流化床工艺（如上海石洞口污水处理厂、竹园污水处理厂、白龙港污水处理厂、无锡国联等）以及国内自主开发的污泥喷雾干化焚烧（如浙江绍兴和萧山）。目前多数是采用污泥协同焚烧，例如水泥厂协同（广州、溧阳等）、燃煤电厂（常州、嘉兴、扬州、合肥等）等都已经实现了规模化工程示范应用。但是污泥焚烧投资运行成本较高，装备稳定性差，尾气处理要求高。

　　污泥卫生填埋是目前我国普遍采用的处置手段，超过 2150 座的污泥处置系统采用卫生填埋，其优势是工艺简单，而且设备投资少，但是也存在填埋操作和运行困难、占地面积大、渗滤液容易造成二次污染的风险。近年来很多处置污泥的填埋场增设了高干度脱水/固化或石灰稳定设施，来实现污泥有效卫生填埋。随着国家 2060 碳中和目标的提出，卫生填埋将逐步受到限制。

2.4.2　我国污泥处理处置存在的问题

　　目前我国污水处理厂污泥基本实现了污泥减容处理，但由于污泥最终处置技术路线不明确、投资和运行资金不到位、法规监管体系不完善等原因，污泥处理处置还没有真正实现稳定化、无害化、资源化，存在二次污染风险。具体原因分析如下：

1. 我国污水处理厂污泥性质和国际普遍适用的污泥技术路线存在差异

与发达国家相比，我国目前的污泥性质存在较大差异。我国污泥有机质含量较低，VSS/SS 普遍为 30%～50%，而发达国家 VSS/SS 一般为 60%～70%。由于污水处理厂普遍采用圆形沉砂池，导致除砂效率不高。此外，由于我国正处于高速发展时期，大量的基础设施建设，导致基建泥砂排入污水管网系统，进入污泥中，从而导致污泥含砂量较高、有机质含量较低，这将很大程度上影响污泥能源化利用效率。此外，我国部分城市污水处理厂进水中含有工业废水，导致污泥中重金属含量偏高，将直接降低污泥土地利用的可能性。随着我国污水管网系统的不断完善、沉砂池效率的不断优化、工业废水处理监管力度的不断加大以及大型基础设施建设的完成，我国污泥特性有望得到持续改善，有机物含量将得到逐渐提高，从而有利于提高污泥资源化和能源化的可行性和经济性。

2. 我国污水处理厂污泥稳定化、无害化处理程度低

生污泥含有易腐有机物、恶臭物质、病原体等，脱水效率低，卫生条件差，同时在运输和处置过程容易造成污染物进一步扩散，使得已经建成投运的大批污水处理设施的环境效益大打折扣，所以需要对污泥在出厂前进行稳定化处理。造成我国污水处理厂污泥稳定化、无害化程度低的原因有：

（1）我国城市污水处理厂建设过程中存在严重的"重水轻泥"现象，投资严重不足：在发达国家和地区污水处理厂的污泥处理处置均被视为必不可少的环节，投资成本和运行成本占污水处理厂总投资的 30%～50%。而在我国污泥处理的投资比例仅为 10%～20%，运行费中只包括污泥的减容和外运。大多数中小型污水处理厂往往只考虑污泥浓缩、脱水工序，而没有考虑污水处理厂内污泥稳定化、无害化处理，缺乏污泥稳定化要求的约束性指标。即便是一些污水处理厂建立了污泥稳定化处理设施，由于没有明确的规范要求和约束性指标考核，运行积极性不足，导致运行效果不好，部分处于闲置状态。总体而言，和国外发达国家相比，我国污水处理厂仅完成了污泥的初步减量化过程，并未完成污泥的稳定化处理。

（2）污泥厌氧消化稳定功能的认知差异：厌氧消化是较为普遍的污泥稳定工艺，可以达到污泥稳定化、提高污泥脱水性能的目的，降低处置过程中二次污染的风险，同时还可以回收沼气能源。国外采用厌氧消化工艺的目的是实现污泥的稳定化，降解易腐有机物（降解率一般为 30%～50%），提高污泥脱水性能（一般可以提高 3%～5%），降低污泥脱水的药耗（降低 20%～30%），改善污泥脱水的环境卫生条件，避免处置过程中二次污染的风险。发达国家污泥即使进入填埋场处置也要首先进行稳定化处理，如果污泥的最终处置采用焚烧路线，在焚烧前也采用了污泥厌氧稳定化处理。在我国，由于目前污泥有机质含量低，产气量低，成本效益不明显，同时缺乏污泥稳定的约束性指标要求，厌氧消化的设备运行管理要求高、操作人员要求高，仅仅通过沼气的回收无法体现厌氧消化的经济效益，忽略了污泥稳定化处理的需求，导致污泥厌氧消化稳定化处理得不到推广普及。

依目前的技术水平，利用生物方法实现污泥稳定、能源回收，无论从投资和运行成本，还是从二次污染排放的角度，都是一种简单经济有效的方式。目前，污泥高级厌氧消化技术、污泥高干度厌氧消化技术、污泥和城市有机质联合厌氧发酵等技术已经得到开发应用。随着我国未来污泥泥质的改善，污泥厌氧消化效率的提高、未来能源价格的上涨及能源的总量控制、厌氧消化设备的国产化率提升，污泥厌氧稳定的总体效益将会得到明显提高。

（3）我国污泥处理处置缺乏强有力的约束性指标：我国对污泥处理没有明确的污水处理厂内污泥稳定化和无害化的强制性规范要求，导致污水处理厂在设计建设过程中无需考虑污泥的稳定化和无害化处理。另外监管部门缺乏类似于污水处理出水 COD 这样的约束性指标，与污水处理的监管相比，政府对于污泥处理处置的监管比较困难。

（4）污泥最终处置目标和技术路线方向面临双重选择：国外发达国家在实现污泥安全处置的基础上，已经开始向低碳与资源化的方向发展。由于我国污水处理起步较晚，污泥的最终处置面临着安全处置和资源化利用的双重选择，将来是否允许污泥填埋，资源化的处置手段有何鼓励政策，未来优先发展何种处置方式等问题都未得到解决。这些问题在国家层面没有明确要求的情况下，地方政府往往因地制宜，采用最简易的临时性手段来解决污泥问题。

（5）污泥的处理处置需要政府相关部门的协调：污泥的最终处置在世界范围内都是一个难题，一方面由于投资大，经济效益难以体现，另一方面涉及的部门多，需要各方面协调和配合，如农业部门、林业部门、环保部门以及建设部门等。城镇污水处理厂污泥的处理处置不同于污水处理，污水处理基本上是由建设部门主管，不涉及别的部门和行业，工作推进难度低。但污泥处理处置是一个需要跨行业、跨部门的难题，需要部门之间的相关政策协调。不同的污泥处理技术路线对应不同的处置途径，相应要受不同的地方政府部门管理。如果不同的部门只是从自身管理职能出发，制定相应的政策、规范和标准等，将有可能使部门之间的政策、标准相互矛盾，使污泥处理处置在操作层面上很难推进，造成污泥处理处置面临技术路线的选择以及政策和法律法规方面的障碍。

2.4.3 推荐的主流污泥处理处置技术路线

1. 高温热水解＋厌氧消化＋深度脱水/干化＋土地利用

对于有机质含量高、重金属含量低、土地利用消纳空间较充足的地区，可采用"高温热水解＋厌氧消化＋深度脱水/干化＋土地利用"技术路线。采用高级厌氧消化技术，通过对污泥进行高温热水解预处理，改善污泥流动性和泥质特性，提高厌氧消化效率和沼气产量，克服了传统厌氧消化反应缓慢、有机物降解率低和甲烷产量较低的缺点。高级厌氧消化产生的沼气经收集后进行资源利用，实现污泥生物质能的有效回收，除满足高级厌氧消化自身的能量需求外，余量还可用于厂区发电或其他能源供应。厌氧消化后的污泥进行深度脱水或干化处理后，进一步降低污泥含水率。污泥经过稳定化处理后可作为营养土、改良土等进行土地利用。该技术路线远期还可考虑污泥与餐厨垃圾等有机废弃物的协同厌氧消化。

该技术路线的优势主要在于：

（1）可充分利用污泥中有机物和植物性养分，以污泥进入土地的方式实现自然循环。

（2）相对于传统厌氧消化，高级厌氧消化挥发性固体的分解率更高，增加了沼气产量，同时杀死大部分病原菌和寄生虫卵，污泥稳定化程度更高，污泥的脱水性能也得到明显改善。

（3）高级厌氧消化进泥含固率高，热水解系统进泥为脱水污泥，适用于现有污水处理厂已普遍具备污泥脱水功能的现状，脱水污泥集中收运处理有利于发挥规模效益和管理优势。

（4）厌氧消化是应用较为成熟的技术，热水解技术也有十几年的成功应用经验，在北京、长沙、镇江等地均有工程应用，技术路线较可靠。

该技术路线的局限性主要在于：

（1）高级厌氧消化工艺较复杂，运行管理要求高，投资和运行成本较高。

（2）脱水污泥统一收运集中处理增加了污泥收运的成本和运输过程的二次污染风险。

（3）最终产物土地利用受季节变化的影响显著，需预留产品存储空间，以应对产物土地利用的季节性变化和市场波动。

2. 高温热水解＋厌氧消化＋深度脱水/干化＋焚烧/协同焚烧＋灰渣建材利用/填埋

部分有机质含量高但重金属超标或泥质较差的污泥，以及虽泥质较好但不具备土地利用条件的地区，可选择"高温热水解＋厌氧消化＋深度脱水/干化＋焚烧/协同焚烧＋灰渣建材利用/填埋"技术路线。采用高级厌氧消化技术，一方面实现污泥的减量和生物质能的回收利用，另一方面实现污泥脱水性能的提升，减少后续干化焚烧建设规模和处理能耗，厌氧消化系统余热也可用于污泥干化。厌氧消化后的污泥进行干化焚烧处理处置，实现污泥的大幅减量和安全处置，焚烧产生的炉渣与飞灰应分别收集、贮存、运输和处置，焚烧灰渣可优先进行建材利用，对于重金属等污染物超标的情况可采用固化填埋处置方式。

该技术路线的优势主要在于：

（1）通过污泥焚烧实现污泥的彻底减量。

（2）与不采用消化工艺的污泥焚烧相比，厌氧消化过程使污泥中的有机物得到分解，消化＋干化＋焚烧工艺中沼气的能量回收效率更高，整个系统理论上无需外加能量，同时可减少下游焚烧炉负荷（尤其是烟气处理的负荷）。

（3）热水解厌氧消化能够明显改善污泥的脱水性能，降低后续干化处理能耗。

（4）对于重金属含量超标或土地利用受限的区域，末端焚烧可以保证污泥处理产物的安全处置。

该技术路线的局限性主要在于：

（1）工艺较复杂，运行管理要求高，投资和运行成本较高。

（2）目前国内仅上海白龙港污水处理厂采用了厌氧消化＋干化焚烧的工艺路线，技术适用性有待进一步评估验证。

3. 好氧发酵＋土地利用

对于泥质较好，有机质含量高，土地利用条件较好的地区，可以采用"好氧发酵＋土地利用"技术路线。对于城镇生活污水为主产生的污泥，利用好氧微生物进行有机物降解后的污泥泥质能够达到限制性农用、园林绿化或土壤改良的标准，能实现污泥中有机质及营养元素的高效利用。污泥经高温好氧发酵处理后，物理性状得到改善，质地疏松、易分散、粒度均匀细致，含水率低于 40%。污泥堆肥产品能够加速植物生长，保持土壤中的水分，增加土壤有机质含量，是一种很好的土壤改良剂和肥料。

该技术路线的优势主要在于：

（1）可充分利用污泥中有机物和植物性养分；

（2）工艺相对简单，可实现完全机械化，建设成本较低；

（3）运行和维护要求和成本较低，对操作人员要求较低；

（4）由于高温好氧发酵过程中要维持较高的温度与足够的发酵时间，发酵后污泥一般稳定化程度较高，无病原体和臭味，可以满足不同土地利用要求。

该技术路线的局限性主要在于：

（1）由于脱水污泥含水率仍较高，而且堆肥和腐熟需要的时间也较长，因此好氧发酵占地面积大，不适合土地紧缺的地区。

（2）堆肥过程中，通常需要添加调理剂降低含水率，使得需要处置的固体量不但没有减少反而增加，而销路不畅也是堆肥产品需要面临的问题。

（3）在好氧发酵过程中会产生臭味问题，需要对臭气进行单独处理。

（4）需预留产品存储空间，以应对污泥土地利用的季节性变化和市场波动。

4. 深度脱水/干化＋焚烧/协同焚烧

在污泥重金属含量高、土地利用处置方式受限制的情况下，可选择"深度脱水/干化＋焚烧/协同焚烧"技术路线进行污泥处理处置。若污泥中重金属等污染物仍可满足水泥掺烧的产品要求，且产生的烟气和灰渣在水泥掺烧或电厂掺烧系统中可得到安全处理处置，也可就近选择协同焚烧的方式。若对污泥进行热干化处理，热干化设施应选在就近持续、稳定可获得余热热源的地方，利用热电厂余热作为干化热源，不宜选用一次优质能源作为干化热源。

该技术路线的优势主要在于：

（1）通过污泥焚烧实现污泥的彻底减量；

（2）可以杀死病原体，所形成的残渣性质稳定，储存和运输方便；

（3）污泥处理处置速度快，不需要长期储存；

（4）协同焚烧利用现有工业窑炉协同焚烧，可降低建设投资费用，缩短建设周期。

该技术路线的局限性主要在于：

（1）由于脱水污泥的高含水量，从焚烧过程中回收的热能全部用于污泥热干化，没有多余的热能来发电或用于其他用途，可能还需要额外的能量输入；

（2）干化焚烧系统较复杂，运行管理要求高，投资和运行成本较高；

（3）烟气含有大量的有机物、重金属、酸性气体及氮氧化物等，需要稳妥的处理以防止空气污染和对健康的影响；

（4）若采用生活垃圾焚烧厂、火电厂协同焚烧的方式，由于焚烧介质存在差异，可能存在热平衡以及烟气处理问题，设计时应特别注意。

第3章 污泥水分脱除减量化技术

城镇污水处理厂污泥主要由水分、有机物和无机物组成，通常可以通过水分的去除和有机物的降解实现污泥减量。相比污泥有机物的生物降解，污泥水分的去除对污泥减量的影响更为显著，当污泥含水率从95%降至80%，污泥体积可以减少至原来的1/4，污泥含水率会直接影响污泥体积和性状，污泥脱水减量对于降低运输成本以及减少后续处理处置压力具有重要作用。

和国外发达国家相比，我国城镇污水处理厂的规模普遍较大，污泥厂污泥量大、处理压力大，因此污泥的减量化处理显得十分重要，污泥脱水减量是我国污泥处理处置过程的关键环节。根据污泥处理含水率的要求，可以将污泥脱水减量分为污泥浓缩、机械脱水和热干化等。

3.1 污泥水分脱除的基本原理

3.1.1 污泥中水的存在形式及表征方法

污泥水分赋存形态及分类分型是认识污泥组成结构特征、实现深度脱水调控的关键基础，国内外已有大量研究致力于污泥水分分型的界定、表征及影响因素分析。污泥中不受固体组分影响的水分通常被界定为自由水；由于水—固相互作用而使得其物理化学性质（饱和蒸气压、结晶熵变、黏度、密度等）有显著变化的水分则被定义为结合水。相应地，自由水可以通过机械分离的方式得以脱除；结合水则由化学键力或物理吸附作用与固相结合，不能直接通过物理分离方式加以去除。

目前，若干种基于机械分离的自由水、结合水界定方式在工程实践中得以广泛应用。例如，基于离心脱水的结合水定量方法假设，在趋近于无穷大的离心转速下（$N \to \infty$）污泥样品会出现稳定的固液交界面，该交界面至离心管底的距离定义为平衡高度（H_∞），平衡高度以下部分为固体和结合水，而以上部分为自由水；另外，基于抽滤脱水的结合水定量方法认为，真空抽滤所得泥饼中残留的水分是与固体有相互作用难以通过物理分离手段直接脱除的结合水，抽滤排出的水分为自由水。

部分学者将化工干燥的工艺过程引入污泥水分分型表征，开发了基于热干化速率的自由水、结合水界定方式，该方式以残余含水率对应水蒸气逸散通量绘制干燥曲线，并将干燥曲线划分为快速升温段、恒速蒸发段、降速蒸发段、二次降速蒸发段。其中，恒速蒸发段和降速蒸发段的拐点代表了干燥过程由外部条件控制向物料内部性质控制的转变（在连续干燥中，外部条件指温度、湿度和气流速度等），因此，有研究将该拐点处的含水率定义为结合水含量。

此外，也有学者进一步从热力学角度深入分析污泥中结合水的赋存条件。Catalano 等人首先提出了通过水—固结合能进行污泥结合水界定的方式，在其理论中，结合能被定义为破坏结合水与污泥固相组成相互作用键力所需的能量，而结合水则定义为与污泥有机相之间存在相互吸引作用关系的水分，且这类相互作用关系强弱由一定大小的结合能所反映；相应地，与固体相无任何作用力的水分则定义为自由水。基于结合能的结合水定义，Lee 等人进一步明确了结合能大小的宏观表象及结合水的测定方法，即结合水是在一定的低温条件下能够保持流体状态而不转化为冰晶体的水分，而结合水在低温条件下无法结晶的主要原因是这类水与有机絮体的相互作用降低了其热力学活性，使之不至于在环境温度剧烈降低的条件下向外界释放热能而转变为冰晶体。结合水结晶温度热力学推导过程如下：

$$\frac{dG_s}{T} = -\frac{S_s}{T}dT \tag{3-1}$$

$$\frac{dG_L}{T} = -\frac{S_L}{T}dT - \frac{R}{n_A + n_B}dn_B - \frac{dE_B}{T} \tag{3-2}$$

其中，G_s、G_L 分别为污泥固相、液相吉布斯自由能；S_L，S_s 分别为污泥固相、液相熵值；n_A，n_B 分别为溶解质和水摩尔数，E_B 为水分与固相组分结合能。在凝固点平衡状态有：

$$dG_L = dG_s \tag{3-3}$$

将式（3-1）、式（3-2）代入式（3-3）并同步积分得：

$$\int_{T_{f0}}^{T_{sh}} \frac{S_s - S_L}{T}dT - R\ln\frac{n_A + n_B}{n_A} - \frac{E_B}{T_{f0}} = 0 \tag{3-4}$$

其中，T_{sh} 与 T_{f0} 分别为结合水与自由水结晶点，二者数量关系如下：

$$T_{sh} = \left(R\frac{n_B}{n_A + n_B} + \frac{E_B}{T_{f0}}\right)\frac{T_{f0}^2}{\Delta H_f} + T_{f0} \tag{3-5}$$

其中，$S_s - S_L = \frac{\Delta H_f}{T_{sh}}$ 由上述推导结果可知，结合能越大则结合水的结晶点越低，也即结合水在低温条件下抗拒结晶的能力越强。基于上述原理，两种基于低温条件下非结晶水分的定量方法也随之提出，实验中通常以 T_{sh} 等于 $-20℃$ 的水分为结合水，一是通过测定污泥在 $-20℃$ 时的体积膨胀率来反推未结晶水分的含量，二是利用热重分析仪测定污泥在 $-20℃$ 时冷冻结晶所释放的热量反推未结晶水分含量（结合水含量）。结合水的能量界定方法明晰了污泥脱水并非直接的固液分离物理过程，污泥固液两相间的化学亲和作用是制约水分分离的主要因素，削减污泥固液两相化学键力成为脱水调理技术的主要作用目的。然而，上述能量界定方法虽具有热力学理论依据，但并不能进一步细化结合水可能存在的不同赋存形态及空间位置（胞内水、颗粒表面附着水、间隙水等），无法确定不同预处理工艺在污泥絮体结构特征以及结合水分型分布影响机制方面的潜在差异，无法为污泥预处理工艺效能的提升提供有效理论支持。

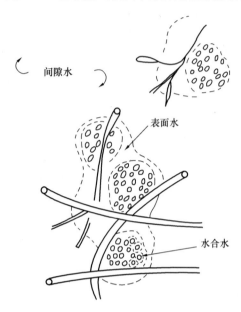

图 3-1　基于污泥絮体与水分相互作用
关系的水分分型假说

　　Vesilind 等人在结合水能量定义的基础上进一步建立了结合水分型假说（见图 3-1），该假说将结合水定义简化为不能由污泥自由浓缩沉降脱除或不能由机械力脱除的水分，结合水通过化学键力（氢键）、物理吸附及污泥絮体毛细孔对其的空间阻隔作用而固定于固体组分中。根据上述污泥絮体与结合水的潜在作用关系，Vesilind、Moller 和 Smollen 等学者细化三种结合水分型如下：

　　（1）间隙水（Interstitial water）：束缚于污泥絮体间隙及微生物组织中的水分；

　　（2）表面水（Vicinal water）：通过氢键作用束缚于污泥固体颗粒表面的多层水分子；

　　（3）水合水（Hydrated water）：通过化学键力束缚于污泥固相中且只能通过施加热作用才能脱除的水分。

　　间隙水概念的提出使得裂解污泥絮体结构、破坏细胞膜以释放胞内水成为脱水调理的主要作用方向，而表面水假说则指明了污泥固相亲水性官能团的重要作用，使得亲水性官能团的靶向脱除成为污泥脱水调理的另一技术方向。污泥结合水细化分型假说的建立有利于深入理解脱水调理过程中的污泥水型分布迁移转化趋势，使得污泥调理工艺向有利于脱水性能提升的水分转化方向发展。然而，上述模型仅仅是污泥水型分布的理论假设，缺乏上述三种结合水分型的直接观测分析结果，现有分析手段仅能区分自由水与结合水，难以进一步定量化区分不同结合水分型；同时，不同分型水分在空间分布及其与污泥固相组成相互作用方面的潜在差异也未引起足够的关注，以上述假说分析污泥脱水调理过程中的结合水转化趋势并无理论依据。

　　污泥脱水工程常用的脱水性能评价指标包括毛细吸水时间（Capillary suction time, CST）和比阻（Specific resistance to filtration, SRF）等，但这类指标均依托小尺度模拟实验测得，可能无法完全模拟工程尺度污泥脱水的固液分离过程。污泥的水分存在形式反映了固体与水的结合强度，影响污泥的水分去除效率。因此，构建一种通过污泥水分存在形式和水—固结合强度的综合指标评价污泥脱水性能，具有广阔的推广应用前景。

3.1.2　污泥脱水性能影响因素

　　前期研究表明，包括污泥固体浓度、有机质含量、结合水含量、蛋白质含量、纤维素含量、油脂含量、pH 与颗粒表面电荷、颗粒粒径、黏度、絮体孔结构、污泥泥饼可压缩性、颗粒力学强度等在内的多种理化性质均会影响污泥脱水性能，针对各类不同影响因素的研究结果可总结为以下几个方面：

1. 黏度

黏度是污泥固液混合体系中悬浮物颗粒相互作用力、絮体稳定性以及絮体持水性能的综合性反映指标，对以离心脱水为代表的污泥固液分离过程有重要影响，目前已有大量研究总结了污泥黏度与脱水性能的相关关系。Dentel 等人利用污泥黏度控制聚合物调理剂的投加量，研究发现随调理剂投加量增大，污泥滤液黏度呈现先减后增趋势，适量投加的调理剂可以中和污泥絮体颗粒表面电荷，削减颗粒间的电性斥力以促进固相组分的充分凝聚，增大固液两相的密度差异，有利于重力及离心力作用下的固液分离；然而，过量投加聚合物调理剂则导致滤液中的聚合物残留量增加，进而大幅提高污泥液相黏滞性，恶化脱水性能。Li 等人则发现，污泥龄由 5d 延长至 20d，污泥黏度可由 1.55 ± 0.20 mPa·s 降低至 1.00 ± 0.08 mPa·s，相应地，污泥 SRF 由 $(5.0 \pm 5.7) \times 10^{12}$ m/kg 降低至 $(1.6 \pm 0.4) \times 10^{10}$ m/kg，即黏度的降低伴随着极为显著的脱水性能提升，二者 Pearson 相关系数达 0.943，且统计学 p 值小于 0.05，存在显著性差异。Niu 等学者的研究数据也表明，在 $FeCl_3$ 调理条件下，污泥 SRF 与黏度也呈现出密切相关性（Pearson 相关系数大于 0.9）。Zhen 等学者发现，在过硫酸盐高级氧化处理条件下，污泥黏度与真空抽滤（真空度：1.5 kg/cm^2）泥饼含水率呈正相关关系（Pearson 相关系数 0.781，$p = 0.029 < 0.05$）。Jin、Vesilind 等人的研究结果表明，污泥黏度与结合水含量及毛细吸水时间（CST）均有一定相关性，污泥黏度越大，有机相与水分的亲和能力越强，结合水比例也越高，黏度和 CST、结合水总量的 Pearson 相关系数分别可达 0.6367（$p = 0.01435$）和 0.7560（$p = 0.0017$）。

Christensen 等人则直接利用黏度反映污泥脱水性能，其研究结果表明 CST 与 SRF 无法准确预测压滤脱水效能，过量投加的聚合物调理剂虽会使 CST 和 SRF 实测值较原泥削减 50% 以上，但却会阻碍压滤过程中的水分脱除，CST、SRF 在以最优调理剂投加量为中心点的一定范围内对于投加量变化的敏感性较低，无法准确确定调理剂最优投加量，然而，滤液黏度则会随聚合物调理剂的过量投加而明显增大，压滤脱水泥饼的最终含水率也相应较高，因此，Christensen 等人将 CST 修正为：

$$CST_{mod} = (CST - CST_f)/(w \cdot \mu_f) \tag{3-6}$$

其中，CST、CST_f 为污泥和相应滤液的毛细吸水时间实测值，w 为污泥含水率，μ_f 为滤液黏度，模化污泥毛细吸水时间 CST_{mod} 可以较好地预测工程脱水效果、指导污泥调理剂投加量的选择。近年来，污泥黏度与絮体抗剪切力及絮体稳定性的关系越来越多地引起学者关注，污泥流体黏度的下降往往伴随着弹塑性模量的降低，而弹塑性模量降低则反映出絮体颗粒间的相互作用力减弱，同时弹性模量又与分形维数呈正相关关系，两者均显著影响污泥离心脱水性能。

2. 粒径

固体组分颗粒粒径被认为是与污泥脱水性能最为密切相关的影响因素之一，同时，颗粒表面电性、絮体微观形貌等其他各类污泥脱水影响因素也会通过影响颗粒粒径，对污泥脱水性能的提升或恶化产生效应。现有研究通常将污泥固体颗粒按粒径划分为稳定可沉降颗粒（Rigid settable solid，$>100\mu m$）、絮凝可沉降颗粒（Fragile settable solid，$10\sim 100\mu m$）、临界胶体颗粒（Supracolloidal solid，$1\sim 10\mu m$）及稳定胶体颗粒（True colloidal solid，$0.001\sim 1.0\mu m$）。一般认为，大量长链状纤维的存在可以使得污泥颗粒凝聚，增大污泥颗粒粒径，进而有利于污泥中固体通过自然沉降或机械离心等手段分离。相反地，临界胶体颗粒、稳定胶体颗粒等细微颗粒易稳定悬浮于污泥液相中，同时在压滤脱水的过程中，细微颗粒会不断向滤布或过滤介质迁移，进而堵塞过滤介质孔径，增大污泥混合体系过滤阻力，对污泥水分脱除构成不利影响。此外，污泥颗粒粒径越小，分散度越大，小颗粒堆积形成毛细孔，表面张力作用使得更多水分赋存于毛细孔中，结合水含量也相应较高。

上述现象在已有研究中得到广泛证实。Philip R. Karr 等人发现，临界胶体颗粒与稳定胶体颗粒虽分别仅占污泥总固体浓度的 3.9% 和 0.2%，但通过筛分调整污泥颗粒粒径分布得知，临界胶体颗粒浓度增加 50% 会致使污泥比阻（SRF）提升 1 倍，而稳定可沉降固体及絮凝颗沉降固体对污泥 SRF 的影响较小。Rudolf 等人也报道，污泥淘洗可有效去除细微无机颗粒，有效改善污泥脱水性能；Logsdon 等人则认为冻融技术可以有效促进污泥颗粒团聚，降低固液分离难度。相反地，高强度搅拌则会导致污泥中细微颗粒物显著增加，进而恶化脱水性能并造成污泥滤出液悬浮物含量及浊度大幅升高。另外，混凝剂、絮凝剂作为广泛使用的污泥调理药剂，其作用机理即是通过中和污泥颗粒表面负电荷，降低颗粒间的排斥力以增加污泥固体颗粒粒径、提升脱水性能。生物处理同样影响污泥颗粒粒径与脱水性能，Rudolfs 和 Heukelekian 等人认为，短时厌氧消化会大幅降低污泥颗粒平均粒径，是厌氧消化污泥脱水性能恶化的主要原因之一。

3. 絮体微观结构、孔隙率及可压缩性

黏度和粒径作为污泥宏观物理性质对脱水过程具有显著影响。近年来，随着微观表征技术手段的发展进步，污泥固体组分的微观结构、孔隙率及可压缩性也得到进一步的观察与分析。Zhao 等学者认为污泥固体组分可压缩性与孔隙率对于污泥水分脱除性能至关重要，并将污泥 SRF 随不同抽滤压力的拟合斜率定义为压缩系数，用于表征污泥泥饼可压缩性，计算公式如下：

$$K = SRF_1/SRF_2 = (P_1/P_2)^s \tag{3-7}$$

另外，屈服应力曲线也可用作污泥可压缩性和渗透性表征指标，其定义为横向受约束泥饼在正向受压但无明显形变时的正向应力，屈服应力曲线则是压缩屈服应力与污泥泥饼固体体积的对应关系，污泥泥饼抗压缩性能越强，其渗透性也越大。屈服应力测试一般在压缩活塞中进行，活塞位置移动可用于监测脱水过程，在扣除侧向摩擦阻力的情况下，活塞施加压力即等于屈服应力。通常认为在污泥含水率降低、非流动性泥饼形成的情况下，较低的可压缩性会阻碍污泥泥饼的形变，维持孔隙结构，有利于污泥中水分的深度脱除。

因此，粉煤灰、褐煤、沸石、钢渣、石膏、木屑、稻壳等多种硬质多孔材料被用于提高污泥抗压缩性能、提升污泥水分脱除效率，但这类多孔材料调理剂的投加量通常高达污泥干重的 30%～50%，相应的 SRF 和压缩系数削减率分别可达 58%～88%和 22%～90%。在骨架材料投加的条件下，污泥过滤阻力（SRF）不会随压滤压力提高而显著增大，多孔材料调理剂在高过滤压力条件下维持了絮体内部孔隙、有利于污泥水分排出。

扫描电子显微镜（Scanning electron microscopy，SEM）和透射电子显微镜（Transmission electron microscopy，TEM）作为最常见的微观形貌观测手段，被广泛用于污泥脱水调理机制分析。Deneux-Mustin 等人利用 SEM 证实调理剂氯化铁和石灰的投加会在污泥絮体外表面上形成结块晶体，这类硬质无机析出物提高了污泥的抗压缩性，利于分担、转移污泥滤饼所受压力，避免污泥固体过度压缩，同时这些凝结物颗粒的聚集间隙也可作为水分流出孔道，助滤污泥水分脱除。

Thapa 等学者利用压汞孔隙度计定量测定了压缩泥饼的多孔性。孔隙率由在特定压力下浸入孔隙的汞含量决定，以低品位褐煤为代表的多孔性脱水调理剂被证实可显著提升泥饼孔隙率，介孔和大孔在污泥水分流出的过程中具有主要作用，而 SEM 观察发现，褐煤颗粒与污泥颗粒的明显差异可使得压滤泥饼中产生足够的水分流出孔道，提升污泥脱水性；相反，粒径过小的颗粒物投加则不足以形成足量刚性孔隙，反而会沉积在压滤脱水设备滤布表面形成泥状薄膜，堵塞滤布孔道，恶化脱水性能。Thapa 等人最终证实以褐煤为代表的多孔性调理剂投加可以使得污泥泥饼孔隙率为所投加多孔性材料孔隙率的（75±5）%，相应地，在 25%褐煤投加条件下，最大孔容可达 $0.11 cm^3/g$，污泥泥饼渗透性提高 5 倍，SRF 削减率达 80%。

Tenney 及 Liu 等学者分析了污泥颗粒与多孔调理剂的微观作用机制，他们认为污泥有机组成成分可通过化学键力或色散力作用吸附于粉煤灰表面，进而形成一个污泥依附于粉煤灰、水泥晶体等多孔框架的混合体系，通过这种微观结构的形成，粉煤灰的力学强度或刚度会传导给污泥—粉煤灰混合物。因此，在负压抽滤过程中，污泥有机组分会被固定于粉煤灰孔隙中，维系了污泥泥饼的多孔特性，促进了水分与污泥固体组分的有效分离。此外，无机多孔性材料与污泥组成成分的作用还能通过与磷酸盐的结合，降低污泥滤液中的磷含量及有机质含量。

4. 絮体表面电性及排斥能

表面电性决定了污泥絮体颗粒间的相互作用，并进一步影响颗粒的凝聚状态，进而决定颗粒粒径、影响污泥沉降性能及固液分离效率。包括海藻酸钠—蛋箱模型、DLVO 理论以及吸附架桥理论等在内的多种理论已被应用于阐明污泥颗粒表面电性与絮体结构变化的相关关系。其中，DLVO 理论是胶体结构稳定性的经典解释理论，其认为水中稳定的悬浮颗粒（胶核）表面带有正电荷或负电荷，水溶液中的水化反离子受之吸引，向表面靠近，热运动又使颗粒附近的带电离子趋于均匀，形成相对较为集中的反离子层；但反离子层外侧反离子受颗粒表面电荷的吸引力较弱，其受热运动和水合作用的影响较大，并趋于向溶液主体扩散，形成反离子扩散层，离带电离子核心距离越远反离子浓度越低，直至与溶液中的平均浓度相等。污泥悬浮固体的表面电性及电荷分布符合上述理论，反离子层表面的剩余电荷使得其与溶液主体产生电位，称之为 Zeta 电位。如图 3-2 所示，带电颗粒间既存在由分子间范德华力导致的吸引势能 W_A，又存在电性斥力产生的排斥势能 W_R，总势能 W 由两者的和决定，其中只有 W_R 受溶液离子强度、pH、电荷密度等因素的影响，Zeta 电位越低，排斥势能 W_R 越低，总排斥能垒越低，带电颗粒的热运动越容易突破此排斥能垒，使吸引势能占主导地位以及颗粒凝聚。凝聚的颗粒可增大固体组分密实度，提高固体—液体密度差，排除颗粒孔隙间隙水，降低结合水总量，进而有利于固液分离。污泥颗粒表面通常带负电性，因此，由表面电性决定的污泥颗粒相互作用及絮体结构均依赖于溶液正电荷密度、pH、正离子强度等因素对污泥脱水性能产生影响的本质机理均是影响了污泥固体颗粒间的排斥能，在调节 Zeta 电位的同时改变颗粒间排斥能垒，最终影响污泥絮体在水中的稳定性。

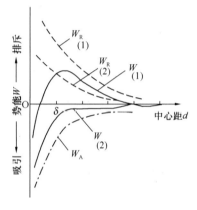

图 3-2　胶体颗粒间的排斥能曲线

上述为污泥絮体表面电性影响脱水性能的基本原理，目前已有大量研究具体分析了多价阳离子共存、pH 调节等条件下，污泥表面电性和脱水性能的变化特征及相关性。例如，Ca^{2+}、Mg^{2+} 等多价阳离子可促进密实絮体结构的有效形成，研究结果表明，Ca^{2+} 浓度增加可使得污泥絮体孔隙率下降，间隙水含量大幅降低。相反，单价阳离子，如 K^+、Na^+ 等则不会大幅提高污泥絮体强度。根据二价阳离子架桥理论，以 Ca^{2+} 为代表的多价阳离子可同时络合多个负电性 EPS 基体与污泥微生物细胞，进而实现污泥不同有机相组分的相互凝聚。Bruus 的报道也证实，增加 Ca^{2+} 与 EPS 比例可有效减少污泥上清液中的游离细胞含量，增大絮体尺寸，提高脱水性能；Bruus 还利用 EDTA 去除污泥絮体中的 Ca^{2+}，结果导致污泥絮体结构失稳，溶解性 EPS 和上清液游离细胞含量增加，污泥脱水性能恶化。Peeters 等人报道，污泥 Ca^{2+} 交换容量为 0.7meq/g MLVSS，过多 Ca^{2+} 则会导致其以碳酸盐形式沉积。在高浓度单价离子存在条件下，多价阳离子可被单价阳离子置换，进而弱化污泥絮体强度。有研究表明，单价阳离子与多价阳离子之比（以 meq/L 计）低于 2 时，污泥脱水性能较好，也有研究报道该比值应小于 4。因此，多数文献表明水相硬度也是影响污泥脱水性能的关键因素，应尽可能通过提高多价阳离子含量提升污泥水相电导率。有文献对北欧几座污水处理厂的研究表明，脱水性能良好的活性污泥电导率典型值为 $750\mu S/cm$。由于污泥絮体表面通常带负电，其外层组成物质（EPS）的等电点介于 2.6~3.6，因此 pH 对污泥脱水性能的影响也遵循上述阳离子对污泥表面电性的影响规律，即酸性 pH 有利于污泥脱水性能提升，pH＝3 时的提取 EPS 表面电荷为 $5.06×10^3 meq/g$，而 pH＝11 时为 $-14×10^3 meq/g$，相应的 SRF 是 pH＝3 时 SFR 的 2.25 倍。另外，过高的离子强度可能会增大细胞渗透压，使之溶胀破裂而释放出胞内水，提高机械脱水性能。

5. 胞外聚合物

污泥组成物质的官能团种类决定了其表面亲疏水性，进而影响污泥固相与水相的相互作用形式，污泥固—液混合体从而呈现出不同的流变特性与微观形貌。胞外聚合物（EPS）是一种聚集在污泥微生物细胞外的高分子有机聚合体，通常占污泥有机组分的 $50\%\sim60\%$，协助微生物抵抗外部不利环境条件的同时，作为污泥絮体的最外层包裹物与水分子直接接触，因此胞外聚合物被认为是决定污泥絮体亲疏水性的重要物质组成基础，也被认为是污泥水分分型和脱水性能的最重要影响因素。近年来，国内外学者主要从 EPS 角度分析污泥物质组成对脱水性能的影响方面开展了大量研究。

（1）EPS 含量

污泥脱水性能与 EPS 含量的相关性首先得到了大量分析研究。部分研究结果表明，污泥脱水性能与 EPS 含量呈正相关或负相关关系，但也有研究认为 EPS 与污泥脱水性能没有明显的相关性。例如，Houghton 等人曾对英国 8 座代表性污水处理厂污泥脱水性能进行研究，发现 35mg EPS/g DS 是最佳的 EPS 含量，高于或低于此含量均会对污泥脱水造成严重不利影响，但也有研究表明，增加的 EPS 含量可以降低污泥对于剪切力作用的敏感性，因此在一定范围内增加的 EPS 含量可通过强化细胞间的凝聚效应而提升污泥絮凝能力，但过度增加的 EPS 则会增加由于静电吸附和氢键作用而形成的结合水层，同时会在过滤介质表面形成一层污染薄膜，恶化机械压榨脱水工艺效果。

（2）EPS 空间分布

随着对不同层级 EPS 的进一步细化研究，不同分型 EPS 对污泥脱水性能的影响也得到进一步分析。松散附着性胞外聚合物（Loosely bound EPS，LB-EPS）含量增加会降低污泥脱水性能逐渐被学界所广泛认同，原因是由 LB-EPS 所组成的松散絮体缩小了固相组分与水的密度差异，造成污泥絮体稳定悬浮分散于水中，同时松散絮体还会使得间隙水含量增加，增大有机组分对水分的束缚阻力。此外，也有研究将 LB-EPS 和溶解性 EPS（Soluble EPS，S-EPS）统一定义为黏液层 EPS（Slime EPS），黏液层 EPS 通常占 EPS 总含量的 $18\%\sim40\%$，去除黏液层 EPS 可使得污泥 SRF 降低 40% 以上。S-EPS 和 TB-EPS 对污泥脱水性能的影响程度均小于 LB-EPS，S-EPS 可随滤液排出，而 TB-EPS 则可以保护细胞完整性，对 TB-EPS 的裂解通常会进一步破坏微生物细胞，促进胞内水的释放。同时，一定范围内增加的 TB-EPS 可提高污泥絮体的抗剪切性能，有利于水分脱除。

（3）EPS 组成成分

大量研究还报道了 EPS 不同组成对污泥脱水性能的影响。EPS 的主要来源是微生物衰亡细胞胞内物质的释放、污水基质的吸附以及细胞新陈代谢所释放的生物酶，其主要成分包括多糖（Polysaccharide，PS）、蛋白质（Proteins，PN）、核酸（Nucleic acid）等大分子聚合物。蛋白质被鉴定为污泥固相组成中的主要亲水性组分，因此降低 EPS 中的蛋白质含量有助于减少结合水含量，提升污泥脱水性能。此外，也有学者认为污泥亲疏水性由 EPS 中多糖/蛋白质比值决定（多糖和蛋白质分别为 EPS 正电荷和负电荷的提供者），因此多糖/蛋白质比值决定了污泥的表面电荷和疏水性，低表面电荷有助于提高污泥的混凝效应，促进污泥细小颗粒的聚沉，进而避免颗粒间孔隙水的赋存、提高脱水性能；EPS中腐殖质、核酸含量对污泥脱水性能并无显著影响。Yu 等人还定量化分析了不同层级EPS 中不同组成物质与脱水性能的相关关系，结果表明 CST 与 LB-EPS 中蛋白质含量及蛋白质/多糖比值的 Pearson 相关系数均达 0.72 以上（$p<0.01$），但是 CST 与 TB-EPS中蛋白质、多糖以及 LB-EPS 中多糖均无明显相关性（Pearson 相关系数<0.2），进一步表明 EPS 中蛋白质是影响污泥脱水性能的关键组分。三维荧光（Three-dimensional excitation-emission matrix fluorescence，3D-EEM）是最广泛采用的 EPS 组成特性光谱学分析方法，Chen 等人曾根据不同荧光物质的激发、发射波长特性将三维荧光光谱进行分区鉴定，结果如图 3-3 所示。大量研究发现，污泥脱水性能的提升主要受位于IV区的络氨酸蛋白类物质（Tyrosine&protein-like compounds）色氨酸蛋白类物质（Tryptophan &protein-like compounds）制约，而V区腐殖酸和III区富里酸荧光强度与脱水性能指标的关联性不大，各类以高级氧化为基础的污泥脱水调理技术研究均发现，削减络氨酸和色氨酸蛋白类物质对于提升脱水性能有明显促进作用，这两类物质是 EPS 中的主要持水性物质。

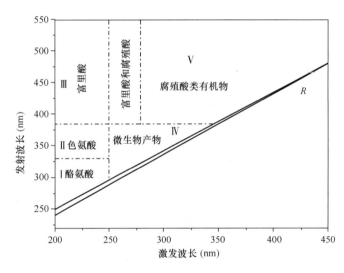

图 3-3　不同类型荧光物质的激发/发射波长分区图（Chen，2019）

（4）EPS 分子量

在 EPS 组成成分分析的基础上，部分研究还进一步分析了 EPS 聚合度对污泥脱水性能的影响。一般认为大分子量 EPS 的存在反映出污泥絮体中含有大量高聚物分子交织形成的稳定网状结构，由于该结构内部具有大量亲水基团，使得其内部束缚有大量结合水，同时也使以 EPS 为骨架结构的污泥絮体稳定悬浮于水中，进而不利于污泥固液分离。Niu和 Zhang 等学者认为，EPS 包括分子量大于 5000Da 的蛋白质和多糖组分，以及分子量集中分布在 1000Da 附近的腐殖酸组分，投加 PACl、PFC 等混凝剂可有效降低超声—离心提取所得 EPS 中的大分子物质比例，促进大分子聚合物更加稳定地团聚在污泥絮体中，避免 LB-EPS 在污泥压滤脱水滤布表面形成有机污染层。Cao 等人则利用分子排阻色谱（Size-exclusion chromatography organic carbon detection-organic nitrogen detection，LC-

OCD-OND）发现，EPS 包含大分子量的蛋白质、多糖（＞4000Da），中等分子量范围的腐殖质和多肽（1000～4000Da），低分子量有机酸（＜1000Da）等，在 60V 水平电场作用下，低分子量物质增加，而 1000～4000Da 分子量范围内的低聚合度物质含量大幅降低，反映出阳极氧化作用溶解 EPS，污泥稳定絮体结构得到破坏，最终脱水泥饼孔容也可提高 10％；Xiao 等人利用分子排阻色谱也得出了类似结果，低分子量蛋白质（3000～5000Da）及其他一些亲水性有机物是 EPS 的主要组成成分，过硫酸氢钾氧化处理会使得 LB-EPS、TB-EPS 中大分子量物质大幅减少，相应地 S-EPS 中小分子酸含量明显增加，相应地污泥抗剪强度下降 25％，黏滞性大幅减弱，脱水性能提升。此外，也有研究进一步分析了 EPS 分子量与污泥絮体稳定性的关系，在超声作用下，黏液层 EPS 含量增加，而污泥水相中不仅小分子溶解性有机物的浓度增加，某些低分子量蛋白质含量（＜20kDa）和低分子量中性物质（单寡糖、醇类、醛类和酮类等）也得以大幅提升，这说明超声作用使得微生物胞内物质大量释放溶出，因此 S-EPS 分子量的变化可以作为污泥絮体完整性是否遭受破坏的评价指标，而细胞裂解、絮体失稳会导致结合水含量降低 10％以上，有助于提升深度脱水工艺效果。

（5）EPS 官能团种类

近年来，在 EPS 物质组成成分及分子量分布研究的基础上，相关研究进一步采用各类光谱学方法分析 EPS 官能团特征与污泥脱水性能的相关性。X 射线光电子能谱（X-ray photoelectron spectroscopy，XPS）适用于 C、N、O 等只含一层内电子层元素的形态分析，其主要用于鉴定 EPS 中含 C、N、O 官能团的种类及相对含量。Wang 等人发现位于 284.8eV 的 C-H 峰是各类 EPS 中最为普遍存在的 XPS 官能团信号，约占全部碳原子的 60％，反映出多糖、侧边链氨基酸及脂质的存在，另外 20％～30％的碳原子则源自于蛋白质、多糖中的酰胺基（-CO-NR-）、醇基（CR_3-OH）及酯基（-CO-O-）官能团，少量处于 288.0eV 和 289.0eV 弱峰则是 EPS 杂多糖中的羧基（-COOH）、醛基（-CHO）、羰基（-CO-）等官能团；N1s 主峰可被划分为处于 400.1eV 的非质子化酰胺类氮（-NR_2）及胺基氮（-NH_2），两者均是 EPS 中蛋白质存在的直接证据。基于高级氧化的污泥脱水调理技术研究，通过 XPS 对 S-EPS、LB-EPS 和 TB-EPS 的分析发现，附着性 EPS 中胺基氮（-NH_2）的减少、氰基氮（-CN）的增加以及 S-EPS 中无机氮的增加往往伴随着脱水性能的提升，说明含氮官能团是 EPS 中的主要亲水性官能团。傅里叶变换红外光谱（Fourier transform infrared spectroscopy，FT-IR）对 EPS 的分析也得到与 XPS 类似的结论，6 段不同波数的红外吸收峰分别为：位于 3200～3650cm^{-1} 波数的 O-H 伸缩振动峰（主要来源于 EPS 中多糖），位于 1656cm^{-1} 波数的 C=O 和 C-N 伸缩振动峰（来源于 EPS 中蛋白质），位于 1543cm^{-1} 波数的肽键中 N-H 和 C-N 伸缩振动峰（来源于 EPS 中蛋白质），位于 1405cm^{-1} 波数的质子化羧基 C=O 对称伸缩振动峰（来源于 EPS 中蛋白质），位于 1032cm^{-1} 波数的 C-OH 伸缩振动峰和 C-O-C 环扭转振动峰（来源于 EPS 中多糖），以及位于 904cm^{-1} 波数的 O-P-O 伸缩振动（来源于 EPS 中少量核酸）。混凝剂的投加可以使得污泥干固体 FT-IR 图谱中 O-H 伸缩振动峰和 C-OH 伸缩振动峰强度加强，反映出电性中可使得污泥絮体更为密实，而高级氧化等处理作用可使得O-H伸缩振动峰、C-N伸缩振动峰强度相应减弱，表明EPS羟基（-OH）、胺基（-NH$_2$）等亲水性官能团减少，有利于污泥脱水性能提升。

综上所述，EPS对污泥脱水性能的影响研究仍集中于组成成分含量与脱水性能指标及结合水含量的相关性分析，鲜有研究实现EPS中蛋白质或多糖的精准鉴定，EPS组成物质的具体分子结构特征尚不明晰，且未能定量化分析EPS亲疏水官能团含量、分子结构特征参数与污泥絮体持水性能之间的相关关系。因此，如能将EPS对污泥脱水性能的影响机制分析引入分子结构尺度，则可以识别絮体亲水性形成的特定化学结构，避免EPS组成成分复杂多变对脱水机制研究造成不利影响，深入解析污泥持水性能的普适性机理。

3.2 污泥浓缩/脱水技术

城镇污水处理厂污泥物理脱水是指通过物理及机械的方法实现污泥水分的脱除，通常包括污泥浓缩和污泥脱水。和热化学方法相比，污泥物理脱除减量效率高，成本低，是污泥水分脱除减量的一种重要手段，主要包括污泥浓缩和污泥脱水工艺。污泥浓缩是指通过提高污泥固体浓度、排除不受固体影响的自由水以降低污泥含水率、减小污泥体积，常用方法有重力浓缩、气浮浓缩、离心浓缩、转鼓浓缩等。污泥脱水是指利用机械力（压滤力、真空吸力、离心力等），实现污泥的间隙水和结合水的去除。对应的脱水方式称之为过滤脱水和离心脱水，相应的设备为压力过滤机、真空过滤机和离心机等。

3.2.1 污泥浓缩/脱水调理技术

1. 化学调理

化学调理是指向污泥投加反应性调理剂，改变污泥理化性质，从而提高污泥脱水性能的技术方法。根据反应类型，现有污泥脱水化学调理剂可大体分为混凝剂、絮凝剂、酸/碱试剂、高级氧化试剂等几种。化学调理因其具有效果可靠、设备简单、操作方便、节省投资和运行成本等优点而得到国内外广泛应用。最初，国内外主要采用以石灰、铁盐、铝盐等无机絮凝剂作为调理剂，而近些年来，随着有机絮凝剂的快速发展，高分子絮凝剂也得到了较为普遍的应用。但化学调理也具有部分缺点，包括絮凝剂投加量多、产泥量大，并且调理后产生的化学污泥不易为生物所降解，限制了污泥的后续处理和利用，容易造成二次污染风险。

（1）混凝/絮凝

混凝剂主要通过增加污泥固液混合体系中的正电荷密度，促进污泥颗粒团聚增密，以排出颗粒间隙水并强化固体颗粒沉降分离性能。现有混凝剂主要包括铝盐、铁盐为代表的无机盐。Al$_2$(SO$_4$)$_3$和FeCl$_3$的对比研究发现，铝盐投加可以得到更大污泥絮体，实现相对较好的沉降性能。但Verrelli等人研究报道，在高投加量和较高pH条件下，投加铝盐污泥较投加铁盐污泥有更差的脱水性能，原因是较高 pH 会导致更高的 Al^{3+} 水解比例。前期研究还分析了不同形态含铝离子的脱水调理效果，结果发现较 Al_{mon}（单体铝离子），Al_{13}（中聚合度铝离子）和 Al_{un}（高聚合度铝离子）投加后污泥絮体粒径更小、抗压缩性更弱，但絮体更密实、稳定性较佳，Al_{13} 和 Al_{un} 对 EPS 中蛋白质类物质的凝聚去除能力更强，因此二者的脱水调理效果优于 Al_{mon}。Bratby 和 Lee 等人则认为，铁盐较铝盐具有毒性低、适用 pH 范围广、在低温条件下脱水调理性能强于铝盐等特点。铁离子与污泥中蛋白质类物质有更强的亲和能力，实现污泥主要亲水性组分的良好团聚。此外，较高的 Fe^{3+} 浓度还会减少污泥絮体中 $1\sim10$nm 孔隙的容积比，相应增大 10nm 以上孔径的比例，降低小孔隙中毛细水的含量。$FeCl_3$ 和 Na_2SiO_3 联合调理则可以重构污泥絮体网状结构，形成更高的机械强度与抗压缩性能，对于提升污泥压滤脱水性能有积极作用。近年来，钛盐、镁盐与碱性条件的联合使用也得到研究者的关注，该类方法具有环境友好型的污泥脱水调理属性。

聚合物多价无机盐具有较高的电荷密度和分子量，可以在低剂量下促进电荷平衡。聚合硫酸铁（Polymeric ferric sulfate，PFS）的投加可提高污泥胶状絮体的电荷中和比率至近乎 100%，而相同投加量的 $FeCl_3$ 电荷中和率只有 50%，说明了多聚无机盐更高的电荷密度与分子量更有利于电荷平衡。已有研究对比分析了聚合氯化铝（Polyaluminum chloride，PACl）、PFC 以及复合型混凝剂对于 S-EPS 的混凝去除作用，结果表明 S-EPS 含量、Zeta 电位绝对值、多聚无机盐投加量分别与 SRF 呈正相关关系，同时 PACl、PFC、HPAC 较相同投加量的 $FeCl_3$ 可得到更大颗粒粒径，但絮体结构却更疏松，总体上展现出更优的脱水调理效果。除聚合铁盐、铝盐外，最新研究还开发了共价结合的有机硅酸铝混凝剂合成方法，其具有更高的聚合度和分子量，较常规混凝剂表现出更强的混凝效果。

絮凝剂多是有机大分子絮凝剂，通过长链分子的吸附架桥作用团聚污泥颗粒、增大絮体粒径、创造水分流道。因污泥絮体通常带有负电，阳离子型聚丙烯酰胺（Cationic polyacrylamide，CPAM）及其衍生物是最为常用的絮凝剂。CPAM 具有电性中和脱稳污泥絮体颗粒和颗粒再团聚双重作用，通常由丙烯酰胺和阳离子单体共聚合而成，阳离子单体又包括 2-(丙烯酰氧基) 乙基三甲基氯化铵（2-(acryloyloxy)ethyl trimethylammonium chloride，DAC)、甲基丙烯酰氧乙基三甲基氯化铵（Methacryloxyethyltrimethyl ammonium chloride，DMC) 和二甲基二烯丙基氯化铵（Dimethyldiallyammonium chloride，DMDAAC) 等。此外，近年来，学术界还研发出一些具有特殊结构的阳离子型聚合物。例如，Chen 等人采用模板聚合法合成由丙烯酰胺和 DAC 单体构成的正电荷微团聚型聚合物，正电荷微团聚单元的存在增加了局部电荷密度，增强了负电性颗粒与共聚物的吸引能力，在 pH 7、投加量 40mg/L 的条件下，削减 SRF 至 1.99×10^{12} m/kg；Guo 等人合成了带有五元环结构的 CPAM，实现更高的阳离子聚合度与疏水性，在 60mg/L 投加量条件下，可降低污泥含水率至 77.7%。

为了最大限度地减少污泥处理的二次污染，天然有机聚合物因其生物可降解性和非毒性得以开发利用，主要包括向多糖类物质接枝 DMC 和 DMDAAC 形成的淀粉基聚合物（STC-g-DMC、STC-g-DMDAAC 以及壳聚糖基聚合物。天然有机聚合物还包括微生物絮凝剂，有研究采用碱热处理后污泥中分离的 Rhodococcus erythropolis 微生物絮凝剂降低污泥比阻至 3.4×10^{12} m/kg，经 30min、0.05MPa 抽滤后，含水率降低至 22.5%。近年来，还有研究使用植物源大分子絮凝剂改善污泥脱水性能的尝试，研究人员发现单宁酸等鞣酸类药剂可以诱导胞外蛋白质分子结构变性，进而凝聚污泥的胞外蛋白质，削减污泥固体表面亲水性的同时提高脱水性能，但单宁酸的投加量较高，占污泥干基质量的 20%～25%；单宁酸虽只含 C、H、O 三种元素，不影响污泥热值，但具有生物毒性；这两方面缺陷可能会限制单宁酸的广泛使用。

污泥混凝的关键是如何根据目标污泥的理化性质选择适宜的调理药剂。应根据理论依据而不是工程经验确定聚合多价无机盐和有机絮凝剂应联合使用还是单独使用。由于污泥的复杂性和可变性，有必要开发污泥脱水调理实时控制的可靠指标；目前仍缺乏调理药剂的动态用量调节指标，这可能会导致调节试剂的过量添加。广泛应用于混凝处理高浊度废水的商用仪器已经通过激光散射实现了对颗粒粒径分布的实时监测，这些仪器可以促进污泥处理的过程监测。此外，还应考虑混凝剂/絮凝剂的潜在环境风险，特别是常用的 PACl 和 PFC 所引入的氯可能会增加脱水污泥焚烧过程中二噁英形成的风险，但相关的系统分析还不够。

（2）酸/碱处理

NaOH、Ca(OH)$_2$ 和 CaO 是代表性的碱基条件反应试剂。一方面，碱预处理可以破坏污泥中的生物絮凝体和微生物细胞，实现结合水比例的降低。但另一方面，由于污泥组分中有机质的过度积累，可能会增加过滤阻力，导致脱水性能变差。因此，低剂量 NaOH 处理（10% DM）污泥脱水能力明显下降，而高剂量 NaOH 处理（10%～30% DM）污泥脱水能力可以在一定程度上得到恢复。Ca(OH)$_2$ 比 NaOH 更适合改善污泥脱水性，因为 Ca^{2+} 可以促进可溶性有机成分的再絮凝，这将抵消负面影响所带来的污泥过度解体。CaO 能通过放热水化反应降低污泥含水率，但可能存在预处理污泥体积增大的缺点。

酸性 pH 范围可以调节污泥颗粒的表面电荷，分解生物絮体，减少束缚水。然而，部分研究表明，过度酸化会使污泥絮体裂解，从而导致细颗粒释放到液相，造成过滤介质堵塞的风险。因此，对于不同类型的污泥，仍需确定提高污泥脱水性能的适宜酸度。此外，有文献发现游离的亚硝酸或硫酸可以降解 EPS，使其失去结合水的能力，使细菌细胞破裂，细胞内的水被释放。由于亲水/疏水基团的空间构象显著影响 EPS 基质的表面性质，一些有机酸包括鞣酸和过乙酸被用于诱导亲水性的类蛋白质物质变性或调节蓄水物质的空间分布，通过改变 EPS 分子结构来提高污泥脱水性能。

（3）高级氧化（AOP）

EPS 的存在是污泥结合水存在的主要原因。EPS 的大量裂解和释放有助于污泥絮体中细胞内水和间隙水的释放，因此以 AOP 为代表的旨在破坏细胞壁和 EPS 的方法被广泛用于改善污泥脱水性能。Fenton 反应被证实可以有效地消除 EPS 的持水能力。高活性和非选择性 $\cdot$OH(E_0($\cdot$OH,H^+/H_2O)=2.813VNHE)可以提高 EPS 的降解和解絮。与在酸性条件下发生的芬顿反应不同,热活化、过渡金属催化和电催化 $Na_2S_2O_8$、$NaHSO_5$(Peroxymonosulfate,PMS)和 $NaHS_2O_8$(Peroxydisulfate,PDS)可以在中性的 pH 范围内诱导自由基氧化。有学者研究了纳米级 CaO_2 在污泥调理中的性能,在接近中性的条件下,也有效地改善了污泥的脱水性能。此外,微波诱导过氧化和 TiO_2-光催化能够提高厌氧消化中污泥脱水能力和生物降解性,同时去除 Fe^{2+}。近年来,为了减少高级氧化调理试剂的用量,在污泥中应用了以零价铁为催化剂的非均相芬顿反应,这为非均相催化剂、零价铁的磁回收和再利用提供了可能。同样,Tao 等人将芬顿处理的污泥通过热解转化为富铁生物炭,所得富铁生物炭用于原污泥诱导非均相芬顿反应,从而建立了一个循环处理体系。

尽管已证实 AOP 可有效改善污泥的脱水性能,但大多数现有研究仅关注 AOP 引起的污泥絮体微观形态变化和不同 EPS 组分(S-EPS,LB-EPS 和 TB-EPS)的含量。根据 EPS 组分与脱水性之间的相关分析,人们广泛认为,细胞外蛋白质是污泥中的主要亲水性物质,在确定脱水性方面比多糖和腐殖质更重要。因此,有研究分析了 AOP 诱导的细胞外蛋白混合物亲水特性的变化,鉴定并相对定量了 AOP 前后污泥的细胞外蛋白,并揭示了 AOP 诱导的生物聚集亲水性的代表性细胞外蛋白分子结构改变。但是,关于 AOP 引起的脱水性能提高是由于大分子 EPS 的自由基氧化还是由于 AOP 的无机催化剂(例如亚铁盐)引起的凝结,仍存在一些争论,因为这些非均相催化剂的用量高达 10%~20% DM 的原泥。换句话说,AOP 在改善污泥脱水性能方面的机制可能存在一些误区。另外,自由基氧化是非选择性反应,一些添加的 AOP 试剂可能因不利的反应而被消耗。因此,AOP 在多大程度上影响 EPS 的分子组成,从而影响污泥的脱水性仍需进一步的研究,而傅立叶变换离子回旋共振质谱(FT-ICR MS)可能是追踪 EPS 变化的有用工具,例如不饱和度(双键当量和芳族指数)以及 C、H、O 和 N 的原子数,从而减少基于 AOP 的调理化学品的消耗。

2. 物理调理

物理调理是指向污泥投加非反应性调理剂或通过加热、冻融、超声、电场等形式向污泥输入能量以提高其脱水性能的技术方法。

(1)多孔性材料投加

非反应性调理剂主要是指提高污泥抗压缩性、提供水分流出通道的硬质多孔材料。粉煤灰、褐煤、沸石、钢渣、石膏、木屑、稻壳等均可被应用于提高污泥可压缩性、增强水分排除通透性,其中碳质多孔材料较矿物质材料更有优势,因为其在增加污泥内部孔道的同时不会影响污泥热值,使得脱水后污泥更适于焚烧处置。此外,所投加多孔材料的粒径范围不应过小(不小于 $10\mu m$),否则也会堵塞过滤介质,影响调理后污泥比阻的削减率。此外,无机多孔材料可以通过不溶性磷酸盐的形成,降低滤液中磷的含量,消除污泥颗粒上负电荷的积累,提高污泥絮凝性能。然而,多孔材料的加入会增加脱水污泥的最终体积，从而增加处理成本。

（2）汽蚀、超声及水力空化处理

除非反应性调理剂外，其他一些非药剂投加型的物理调理手段也可改善污泥絮体结构，以影响脱水性能。汽蚀是指污泥液相中局部位点的压力低于水饱和蒸汽压，因此一些微孔穴或微气泡在液相中产生并逐渐变大，当达到一定非稳定的尺度时会剧烈破裂。水相中微孔穴的生成和破裂会在液相相应的局部位点中产生长达数毫秒的高温（500～15000K）、高压（10～500MPa），在污泥液相中形成汽蚀微孔穴的常用方法包括水力空化和超声。

超声是指频率超过20kHz的声振动波，包括循环交替传播的正压和负压，伴随声振动波的局部负压可在污泥中形成汽蚀空穴，改变污泥粒径分布、上清液浊度、水相中S-EPS含量以及污泥中生物质对氧的消耗量，同时超声产生的水力作用会破坏细胞壁，导致胞内物质的释放，也会裂解污泥絮体结构，将大粒径有机颗粒分裂为小颗粒，最终会使得污泥固相组成呈现海绵状特性，促进水分子在振动作用下从污泥内部孔道中流出。然而，利用超声空化调理污泥的多个研究结论并不一致，Bien和Hoga认为超声预处理可以提高污泥脱水性能，但Wang等则认为超声作用下的细胞裂解和生物高聚物释放会恶化脱水性能。Feng等学者认为超声对污泥脱水性能的影响取决于能量投入，800kJ/kgTS被认为是最佳的超声能量输入，可取得最大幅度的CST和SRF削减率，但是过高的能量投入会过度释放污泥EPS，S-EPS和LB-EPS的增加会提高污泥黏度，同时增加过滤层表面附着的EPS含量，增大过滤脱水阻力。

水力空化是指通过设置孔板或文丘里管增加流动污泥的流速，根据伯努利定律，增加的流速会降低流体压强，因此处于突缩流道的流动污泥局部压力会低于相应操作温度下的水饱和蒸汽压，进而在污泥中形成汽蚀空穴。这种由水力作用形成的汽蚀空穴同超声空化相似，也能够破坏细胞膜，促进胞内水的释放，同时也可以缩短污泥厌氧消化处理的水解段停留时间，提高厌氧消化产气率。水流动态的优化是水力空化发挥调节作用的关键，水力空化虽不需要添加化学物质，但能耗可能高于其他污泥脱水调理技术。

（3）热处理

热处理也被广泛研究用于提高污泥脱水性能，通常采用高温热水解的方法。热水解是指在密闭加压条件下进行高温热处理技术手段，其可以实现污泥中脂质和碳水化合物的水解，同时破坏细胞壁，促进蛋白质的释放，在一定程度上提高污泥脱水性能。Watson等人发现热处理可以加速EPS中蛋白质和多糖的降解，通过加速EPS由固相至液相的溶出，破坏污泥胶体网状结构。絮体破解程度取决于温度和反应时间，最优工艺条件175℃、反应时间10～30min可有效增加液相中氨基酸、挥发酸、单糖浓度，降低固体的水分亲和力，处理后污泥黏度大幅降低，可过滤性能大幅提升。同济大学开展了热水解预处理和后置热水解对污泥脱水性能的影响研究，发现前置热水解＋机械脱水，或厌氧消化＋后置热水解＋机械脱水的工艺运行方式均可实现良好的脱水效果。

国内外研究及工程实践均证实水热处理（温度180～250℃，压力1～4MPa）可导致污泥组成物质发生水解、脱水、脱羧、芳香化等一系列反应，最终大部分污泥有机质的亲水性官能团得以脱除，污泥固体组分碳质化，持水能力大幅下降，但缺点是水热反应会产生高有机污染负荷的废水。此外，由于美拉德反应，水热处理会产生大量难处理的含杂环氮化合物的有机废水，设备腐蚀也是限制水热处理大规模应用的主要因素。

微波处理是指利用微波波段（波长 $0.1mm\sim1m$、频率 $300MHz\sim3THz$）电磁波进行污泥热处理的技术手段，Wojciechowska 和 Yu 等人均发现，碱性条件下的微波处理可提升污泥脱水性能。近年来，还有研究利用单腔膜构件突破管式微波反应器的工程放大瓶颈，通过微波提高 Fenton 反应效率，降低均相催化剂 Fe(Ⅱ) 的同时，大幅提高 Fenton 反应改善污泥脱水性能的处理效率。

（4）冻融处理

冻融处理是削减污泥结合水含量、改变絮体微观结构的有效手段，近年来得到广泛关注。冻融处理中，污泥首先在远低于水凝固点的温度下进行冷冻处理（通常为 $-15℃$），并保持一定时间，然后将冷冻污泥升温至常温。由于连续均一冰晶体的形成，水分子被吸纳到冰晶体结构中，而污泥固体颗粒则被排斥在冰晶体之外，实现污泥固体与水的有效分离；当冰晶体逐渐融化，水分即可排出，浓缩得到的固体组分被单独收集。Martel 等人将自然冻融处理技术用于好氧消化污泥、厌氧消化污泥及含铝矾泥，其中含铝矾泥通过冻融处理可以得到含固率 82% 的脱水产物。此外，Franceschini 等人研究了冷冻温度和冻融循环次数对脱水性能提升的影响，反复的冻融可以使细胞内水分结晶并引起体积膨胀，进而发生细胞的溶胀作用，破裂的细胞使得污泥中胞内水比例下降，也即减少了污泥中附着水的比例，有利于污泥的深度脱水。冻融脱水通常只适用于气候寒冷地区，能量消耗是冻融处理大规模应用的主要限制因素。

（5）污泥电脱水

电场与机械压滤相结合提高污泥脱水效果也是代表性的物理脱水调理方法之一。污泥有机组分由于含有羧基（-COOH）、胺基（-NH₂）等两性官能团，通常使得固体颗粒表面带负电，带电颗粒会在电场作用下定向移动，进而沉积在带有相反电荷的电极附近，实现污泥固体颗粒与水分的分离；同时，污泥水相中还含有大量水合离子，定向电场可实现水合离子的定向移动，水分子在随离子的定向移动中，可透过过滤介质的电场极板，这也强化了水分从污泥混合物中的脱除；再者，发生在正负电极表面的氧化和还原反应分别析出氢气和氧气，这一电化学反应也可以减少污泥中水分含量；电解作用还会促进污泥 EPS 和细胞的裂解，对于破坏稳定絮体结构、降低黏度有积极作用，也有助于絮体内部结合水的脱除。多种形式的污泥电脱水装置在近年来得以开发，单一使用 $10\sim60V$ 的直流电压通常可使污泥含水率将至 40% 以下，将机械压滤脱水与电场作用相结合则会得到更为快速的脱水速率，但高能耗（$1.5\sim3kWh/kgDS$）和电极板腐蚀是电脱水工程化应用的主要限制因素。

3. 生物调理

（1）生物浸沥法

生物浸沥法是利用氧化亚铁硫杆菌或氧化硫硫杆菌等嗜酸性硫杆菌进行生物氧化的过程。通过生物氧化和生物酸化作用，使原有污泥中持水力较强的以异氧菌为主的活性污泥菌体胶团逐渐死亡，将更多毛细水释放为间隙水或自由水，同时中和带有大量负电荷的污泥颗粒，提高污泥沉降性能。生物沥浸主要作用机制包括：生物破壁作用、电荷中和及吸附架桥作用、胞外聚合物的减量、微生物群落结构的转变及次生铁矿物的生成。生物沥浸法使污泥中重金属含量、病原体以及恶臭都有很大程度消除及改善，机械脱水后泥饼含水率可降至 60% 以下，无需脱水药剂；污泥干基有机物几乎不损失，便于后续资源化利用。但也存在生物沥浸反应池池体偏大的缺点，且由于该技术属于微生物改性处理技术，反应时间较长。与之关联的工艺主要包括生物沥浸深度脱水＋焚烧、生物沥浸深度脱水＋卫生填埋、生物沥浸深度脱水＋好氧发酵＋土地利用。

（2）酶处理

与 AOP 相似，水解酶可促进 EPS 降解，从而破坏黏性生物絮凝物并降低污泥的持水能力。但是水解酶的剂量通常比氧化剂的剂量低得多，因此相应地具有较小的环境风险。Lü 等人通过量化外层 EPS 中不同有机物（蛋白质、多糖、DNA、荧光有机物）的空间分布，准确地指出了包括淀粉酶、纤维素酶、蛋白酶、DNase 和聚半乳糖醛酸酶在内的各种酶的有效性。结果表明，聚半乳糖醛酸酶意外地使总 EPS 多糖增加了多达 7 倍，同时改善了脱水能力，纤维素水解导致各种有机物的大量释放。Ayol 等人、Lu 等人和 Wu 等人证实了复合水解酶对污水污泥和纤维素污泥进行脱水的可行性。Dentel 和 Dursun 从消化污泥的剪切敏感性角度评估了酶辅助脱水的性能。这些研究突出了复合酶在污泥处理中的优势，包括无毒、可生物降解和低剂量。但是，较长的保留时间和苛刻的反应条件可能会限制酶法污泥脱水处理规模化应用。另外，酶的特异性也是选择合适的酶进行污泥脱水调理的障碍。

3.2.2 污泥浓缩技术

污泥浓缩主要去除污泥中的间隙水，浓缩后污泥含水率约为 95%，剩余污泥体积大幅降低，对于降低后续处理处置的建设费用或运行成本、节省能源等具有积极的作用。

1. 重力浓缩技术

重力浓缩法的原理是利用污泥中固体颗粒的重力作用进行自然沉降与压密，从而形成高浓度污泥层，达到浓缩污泥的目的。通常不需要外加能量，是一种节能的污泥浓缩方法。

根据运行情况，重力浓缩池可以分为间歇式和连续式两种。当污泥量较少时，可采用间歇式浓缩池，这种形式的浓缩池运行管理较容易；当污泥量较多时，排泥池中的污泥连续排出，可采用连续式浓缩池。间歇式浓缩池主要用于小型污水处理厂等污泥量小的处理系统，连续式常用于大、中型污水处理厂。

污泥重力浓缩是一种传统的污泥浓缩工艺，具有工艺技术、构造和运行管理简单的特点，随着污水处理厂的环境要求提升，特别是污水处理厂均引入了生物脱氮脱磷的工艺，导致在浓缩池内可能发生污泥的厌氧反应，污泥上浮影响浓缩效果，这种厌氧状态还使污泥已吸收的磷释放，重新进入污水系统等问题，因此，目前重力浓缩池虽然还是城镇污水处理厂的主要设施，但主要用于污泥的储存缓存以及部分污泥浓缩脱水的功能，运行负荷一般为 $50\sim90kg/(m^2 \cdot d)$，污泥在池内停留时间由原来的 2d 缩短到 12h。

2. 气浮浓缩技术

污泥气浮浓缩是利用压缩空气从水中释放过程中形成的微细的气泡，污泥颗粒周围附着大量气泡，导致污泥颗粒的密度降低产生浮力，使污泥絮体及固体颗粒在此浮力作用下上浮，从而使其从水体中分离，达到污泥浓缩的目的。从污泥浓缩的基本原理来看，固体负荷、空气气泡的大小密度、污泥絮体的性质是影响浮泥浓度的主要因素。

相对于重力浓缩法来说，气浮浓缩法的优势在于其分离效率高、占地面积较省、浓缩污泥含水率较低，以上从 99% 可以降至 94%～97%。由于气浮浓缩、水力停留时间较短（一般为 30～120min）且污泥处于好氧环境，避免了厌氧腐败和释放磷的问题，因而分离液中磷含量低于重力浓缩。实践表明，在通常情况下，城镇污泥的气浮工艺也需要添加少量的絮凝剂，改变气体液体界面、固体液体界面的性质，提高气浮浓缩的效果。絮凝剂可选用铝盐、铁盐等无机絮凝剂，亦可选用聚丙烯酰胺（PAM）等有机高分子聚合电解质絮凝剂。所使用的絮凝剂种类和用量要根据污泥的性质及试验确定。

根据气泡的形成方式，气浮浓缩可以分为压力溶气气浮、生物溶气气浮、真空气浮、化学气浮、电解气浮等几种工艺类型。其中，压力溶气气浮（DAF）是最常用的一种方式。此类气浮工艺的污泥浓缩效果好、效率高，已有很多成功的工程应用案例。

3. 离心浓缩技术

离心浓缩工艺的原理是利用污泥中固体、液体之间存在密度差及惯性差，在离心力场内受到的离心力也不同，从而实现污泥中固体、液体的分离。由于离心机的高速旋转产生的离心力远远大于重力和浮力，一般是重力的 500～3000 倍，因此离心浓缩分离速度快，浓缩效果好。工程实践表明，对于城镇污水处理厂污泥的离心浓缩通常不加入絮凝剂调质。

目前，常用的离心机有卧螺式离心浓缩机和笼形立式离心浓缩机两种。其中，卧螺式离心浓缩机采用最为普遍。

4. 转鼓浓缩技术

转鼓式浓缩机的大体构造为一个以水平或者以较小倾角安装的圆柱形转鼓，工作原理是将经过化学絮凝调理后的污泥通过旋转推进和过滤的作用去除其中水分。

转鼓式浓缩机主要由转鼓、滤网、冲洗系统、框架、滤液收集槽和驱动装置等组成。滤网包裹于转鼓外壳，滤网表面有冲洗水装置，冲洗系统由冲洗水泵、截止阀、电磁阀和带喷嘴的管道组成。污泥在进入转鼓式浓缩机之前通过高分子絮凝剂的作用由微细颗粒迅速絮凝成为具有网状结构的大团絮凝体，经过调理后的污泥送入转鼓式浓缩机。浓缩机在一定的旋转转速下均匀转动，污泥在滤网内随着转鼓的转动被移动到转鼓滤网末端，在转鼓内行进过程中，污泥释放出水分（滤液）由转鼓表面滤网的过滤作用去除，从而实现污泥的浓缩。通过滤网分离出的水分（滤液）进入收集容器中，而在转鼓滤网末端即可得到浓缩良好的污泥。

污泥转鼓浓缩的主要影响因素有污泥预处理的絮凝效果、滤网的过滤效率以及反冲洗的水量。针对城镇污水处理厂的污泥，转鼓浓缩必须要添加高分子絮凝剂，通常为干固体的 $0.1\% \sim 0.3\%$，冲洗水量为处理量的 $5\% \sim 10\%$，浓缩后污泥的含水率低于 95%。

5. 带式浓缩技术

带式浓缩机主要利用污泥的过滤性能，把污泥均匀摊铺在滤布上，在重力作用下泥层中污泥的自由水大量分离并通过滤布空隙迅速排走，而污泥固体颗粒则被截留在滤布上，实现污泥浓缩。带式浓缩机主要由框架、进泥配料装置、滤布、可调整辊和犁耙等组成。带式浓缩机的主要影响因素有预处理的絮凝效果、进泥量、滤布走速、泥耙夹角和摊铺高度等。

3.2.3 污泥脱水技术

污泥浓缩主要去除自由水，但浓缩污泥体积仍然较大，且呈流态，考虑污泥的运输和后续处理，需要进一步去除污泥中水分。污泥脱水是通过脱除间隙水、部分吸附水和毛细水，将污泥的含水率进一步降低到 80% 以下。

常用的机械脱水设备有带式压滤、板框压滤、螺旋压榨、离心机和真空过滤机。脱水效果因污泥性质差异而不同，工程实践和大量的研究表明，污泥的脱水效率和污泥有机物含量呈线性关系，污泥有机物越高，脱水性能差。此外污泥经过厌氧消化处理，脱水性能会有一定的提升，在相同条件下可以提高 $5 \sim 10$ 个百分点。不同的脱水技术效果不同，衡量脱水系统性能的主要参数有：污泥含固率、固液分离率、药剂量和电耗等。离心或带式压滤脱水污泥含水率约为 80%，板框压滤深度脱水污泥含水率可降至 70% 以下。

1. 带式压滤脱水技术

带式压滤的脱水原理是依靠滤带自身的张力来产生对污泥层的压力和剪切力，挤压出污泥层中的毛细结合水，从而获得含固量较高的泥饼，最终实现污泥的脱水过程。

带式压滤脱水机具有工作稳定、操作便捷、管理控制相对简单、不产生噪声和振动、能耗少的特点，适用于城市生活污水处理厂产生的活性和消化污泥。目前市场上常见的主要有通用型带式污泥脱水机、强力型带式污泥脱水机、超强力型带式污泥脱水机等。

针对城镇污水处理厂污泥，采用带式压滤脱水机时，需加入高分子絮凝剂（通常为污泥干重的 0.5%），污泥脱水后的含水率一般可以降至 $75\% \sim 80\%$。

2. 离心脱水技术

离心脱水是利用离心力代替重力和压力实现污泥的脱水。利用离心原理开发的污泥脱水机有离心机和叠螺脱水机两种方式。离心机离心分离的效果一般用分离因数来表示，即离心力与重力之比。其关系式表示如下：

$$Z = \frac{m\omega^2 r}{mg} = \frac{\omega^2 r}{g} \approx \frac{N^2 r}{900}$$

$$(3-8)$$

式中　Z——分离因数；

　　　m——物体质量，kg；

　　　ω——旋转角速度，r/min 或 r/s；

　　　γ——旋转半径，m；

　　　g——重力加速度，9.8m/s^2；

　　　N——离心机转速，r/min 或 r/s。

当 Z 为 1000～1500 时，为低速离心机；Z 为 1500～3000 时，为中速离心机；Z 超过 3000 时，为高速离心机。

离心脱水机主要由转载和带空心转轴的螺旋输送器组成，污泥由空心转轴送入转筒后，在高速旋转产生的离心力作用下，污泥颗粒密度较大，因而产生的离心力也较大，被甩贴在转毂内壁上，形成固体层，固体层的污泥在螺旋输送器的缓慢推动下，被输送到转载的锥端，经转载周围的出口连续排出，液体则由堰口溢流排至转载外，汇集后排出脱水机。

离心脱水机为全封闭设计，运行中没有恶臭气味，可以改善操作人员的工作环境。污泥离心脱水机有多种类型，实际工艺中常用到的为卧螺式离心机、碟片式离心机。

针对城镇污水处理厂污泥，采用离心脱水机时，需加入高分子絮凝剂（通常为污泥干重的 0.5%～1.5%），污泥脱水后的含水率一般可以降到 75%～80%。

3. 板框压滤脱水技术

板框脱水技术是利用压滤的原理，在密闭状态下，经过高压泵打入的污泥经过板框式污泥脱水机中板框的挤压，操作压力数为 0.3～1.6MPa，使污泥内的水通过滤布排出，实现污泥脱水目的。

板框压滤脱水机主要由固定板、滤框、滤板、压紧装置、压紧板、自动气动闭合系统、侧板悬挂系统、滤板振动系统、滤布高压冲洗装置以及光电保护装置等组成。

隔膜式板框压滤机是一种间歇性加压过滤设备，脱水原理主要是通过高压进料及高压压榨。进泥后利用隔膜压榨泵往压滤机隔膜板中注入高压水。隔膜式板框压滤机处理的污泥干度与高压进料压力及压榨压力相关，综合考虑运行的经济性及设备的安全性，设计时选高压进料压力及压榨压力为 1.6MPa。

压滤机滤板通常为正方形，试验所用滤板为 800mm，示范工程采用的滤板为 1500mm。板厚为 30～45mm，滤饼厚度 20～30mm，过滤面积为 60～500m^2。滤板之间的压紧通过油压站提供的 20MPa 油压压紧，确保压滤过程不漏泥。

污泥板框脱水的主要影响因素有：压滤压力、滤布的透水性能、滤饼的厚度、药剂的种类和投加量及脱水污泥的含水率等。

与其他类型脱水方式相比，板框压滤脱水机脱水效率较高，根据污泥有机质含量及添加絮凝剂的种类和添加量不同，泥饼含水率最低可达 60%。但板框压滤脱水机存在占地面积较大、投资较大的缺点。

由于目前对泥饼含水率要求的大幅提高，和其他脱水技术相比，其低含水率的优势已逐渐显现，市场应用份额不断提升。

4. 螺旋压榨脱水技术

螺旋压榨脱水机的脱水原理是向圆锥状螺旋轴与圆筒形的外筒形成的滤室里压入污泥，利用螺旋轴上螺旋齿叶从污泥投入侧向排泥侧传送，在沿着泥饼出口方向容积逐渐变小的滤室内使脱水压力连续上升，从而实现对污泥的压榨脱水。

螺旋压榨主要在其他行业应用较多，对于城镇污水处理厂污泥由于其非压缩性流体效率受到限制。目前使用较多的是叠螺式污泥脱水机，其主要由固定环和游动环相互层叠而成，螺旋轴贯穿其中。前段为液缩部，后段为脱水部。从浓缩部到脱水部，固定环和游动环之间形成的滤缝以及螺旋轴的螺距逐渐变小，在推动污泥从浓缩部输送到脱水部的同时，旋转的螺旋轴也不断带动游动环清扫滤缝，防止堵塞。叠螺脱水机运转时，污泥在浓缩部经过重力浓缩后被运输到脱水部，在前进过程中随着滤缝及螺距的逐渐变小，容积不断缩小，再加上背压板的阻挡作用，从而产生极大的内压，达到充分脱水的目的。

叠螺脱水机最突出的优势在于其能耗和运行成本比其他污泥脱水机型均较低。由于该机型采用耐磨损无需保养的不锈钢筛网而非滤布，因此不易堵塞，而且不需要频繁更换，易于操作、维护和清洗。此外，它还具有占地面积较小、结构简单、可连续运行、清洗用水少、噪声或者震动较少、无臭气外逸等优点，并能通过调节螺旋旋转的速度来调节滤饼的含湿量和处理量。螺旋压榨脱水机的缺点是泥饼含固率低和固体物质捕获率低。

5. 真空过滤脱水技术

真空过滤机是根据污泥的真空过滤特性来降低污泥含水率的一种过滤脱水装置，通过真空，产生压差，导致污泥中水分释放，实现水分脱除的目的。

真空过滤机有多种形式，其差异在于泥饼的剥离方式不同，目前常用的有转鼓式真空过滤机和履带式真空过滤机两种。

转鼓式真空过滤机一般是由一部分浸在污泥中并不断旋转的圆筒转鼓构成。转鼓被分割成许多小室，并分为过滤区和脱水区两部分。过滤面分布在转鼓周围。滤鼓和滤布被抽成真空，污泥在过滤区和脱水区进行过滤，泥饼被截留在滤布上，而污泥中的水分被滤出而履带式真空过滤机滤布的大部分并没有紧包在转鼓上，而是随转鼓的旋转而离开转鼓表面并绕到直径较小的滚筒上，之前过滤得到的泥饼由于曲率和运动角速度剧增而从滤布上剥离下来。

履带式真空过滤机的滤布没有完全紧贴于转鼓表面，而是随着旋转离开转鼓并卷到直径较小的滚筒上。在此过程中，之前过滤得到的污泥滤饼由于曲率和运动角速度的剧增而从滤布上剥离下来。相对于转鼓式真空过滤机来说，履带式真空过滤机脱水性能较好，适用范围较广。

真空脱水机在其他行业应用较普遍，在城镇污水处理厂污泥脱水应用较少，单一利用真空原理处理污泥存在结构复杂、脱水效率低等缺点。

6. 电渗透脱水技术

电渗透脱水是一种新兴的污泥脱水技术，该技术结合固液分离技术和污泥自身具有的电化学性质的物理化学处理技术，利用外加直流电场增强污泥的脱水性能，实现污泥的脱水。

对于污泥电渗透脱水的机理，目前还没有统一的认识，存在着多种机理解释，数学模型也多种多样，目前，最主要的污泥电渗透脱水数学模型有基本模型和 Yukawa 模型，研究视角亦从直流电场延伸到交变电场，从均一电位延伸到非均电位，从一般物料电渗透脱水延伸到毛细管电渗透脱水，从平板型界面的电渗透脱水延伸到曲面型界面的电渗透脱水。而大部分学者都以电场对双电层（多采用 Stern 双电层理论）的影响来解释电渗透脱水过程。在外加电场作用下，颗粒固定、液体（如水）通过多孔性固体做定向运动称为电渗透，其中，液相不动而固相运动称为电泳，固相不动而液相移动称为电渗。在固体移动受到限制的系统中施加电场，扩散层中的反离子沿滑移界面向电极移动，同时带动水分子移动。

在机械脱水过程中，随着自由水和间隙水的脱除，颗粒首先堆积在过滤介质上并导致堵塞，从而影响最终的过滤脱水效果，因此仅经过机械脱水的污泥含水率仍比较高。而电渗透脱水过程中水的脱除发生在每一个絮凝体颗粒的内、外表面，毛细管水、间隙水和自由水同时被脱除，颗粒密度均匀地增大，因此该技术的污泥脱水性能优于机械方法，脱水率高，减量化效果非常明显。

影响电渗透脱水过程的因素主要有外加电压、污泥的 pH 等。随着外加电压的升高，电场强度增大，污泥的电渗透流量随之增加，进而加快其电渗透脱水速率。污泥的 pH 一般为 7.2～7.3，会影响污泥中细菌蛋白质氨基酸的电离，由此影响污泥颗粒的电位，pH 升高或降低均会导致污泥颗粒的 ζ 电位绝对值的减小。由于电渗透脱水速率与 ζ 电位直接相关。因此，ζ 电位绝对值减小，电渗透的驱动力减小，进而降低了污泥的电渗透流量，使脱水效果变差。

电渗透脱水大多是在传统的机械脱水工艺中引入直流电场，利用机械压榨力和电场作用力两种结合的方式进行深度脱水。电渗透脱水技术的效果受污泥有机质含量的影响，有机质含量越低，则脱水效果越好。在工程中可与现有的常规一次脱水设备直接衔接，使用过程中无需添加任何药剂，选择后续污泥处置方法时不受限制。该技术在国内外城镇污水、工业废水中均有成功使用的案例。

目前，较为成熟的电渗透脱水方法有串联式和叠加式。

串联式电渗透脱水系统处理污泥的主要工艺过程是先将污泥经机械脱水后，再将脱水絮体加直流电进行电渗透脱水。该脱水系统主要包括凝聚混合部、机械脱水部和电渗透脱水部等三部分。加入絮凝剂的污泥在凝聚混合部进行混合，以改善污泥的脱水性能，提高后续的脱水效果，包括凝聚混合容器、机械脱水装置、脱水污泥供给装置、加压装置、阳极板、直流电源装置、阴极板和滤布等构件。

叠加式电渗透脱水机处理污泥的主要工艺过程是将机械压力与电场作用力同时作用于污泥上进行脱水。叠加式电渗透脱水机主要由滤板（包括普通板和压榨板）、电极板、压榨膜滤布、污泥入口、滤液出口、压缩空气入口等部分组成。

电渗透脱水设备配套灵活，操作简便，无需任何化学药剂，脱水时不必施加高压力，还可以有效减少污泥中的病原菌及恶臭物质，控制污泥对环境的二次污染。但由于污泥组分复杂，性质差异大，在规模化应用还存在一定的瓶颈，主要是电极的制备、装备开发、能耗降低及系统的调控等问题。未来该技术是否能有突破，还需要深入研究。

3.2.4 我国污泥浓缩/脱水的应用现状

根据前期 62 座污水处理厂的调研，48%的污水处理厂污泥脱水前采用重力浓缩，29%的污水处理厂污泥采用机械浓缩，16%采用浓缩脱水一体化脱水机；7%的污水处理厂既有重力浓缩设施，又有机械浓缩设施。机械浓缩常采用离心机浓缩、带式浓缩机浓缩、转鼓机械浓缩等技术，国产和进口设备均有。

调研结果显示，污泥脱水常用脱水机包括带式压滤脱水机、离心脱水机和板框压滤脱水机，国产和进口设备均有；60%的污水处理厂建有污泥带式压滤脱水设施，32%的污水处理厂建有离心脱水设施，8%的污水处理厂建有板框压滤深度脱水设施；采用带式压滤脱水方式处理的污泥量占总污泥量的 32%，离心脱水处理的污泥量占总污泥量的 61%，采用板框压滤深度脱水的污泥量占总污泥量的 8%（见图 3-4）。

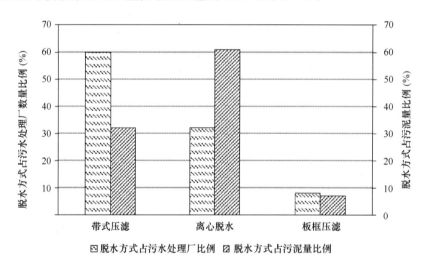

图 3-4 不同污泥脱水方式所占比例

1. 带式压滤脱水和离心脱水

调研范围中，采用离心脱水的污水处理厂平均污水处理规模为 31.75 万 m³/d，平均污泥产量为 36.08tDS/d，而采用带式压滤脱水的污水处理厂平均污水处理规模为 7.37 万 m³/d，平均污泥产量为 7.21tDS/d，中大型污水处理厂较多采用离心脱水。

所有污水处理厂污泥带式压滤脱水和离心脱水均采用阳离子 PAM 作为絮凝剂（见表 3-1），带式压滤脱水机平均药剂投加量为 4.37kg/tDS，脱水污泥含水率为 73.06%~82.50%；离心脱水机平均药剂投加量为 5.42kg/tDS，脱水污泥含水率为 68.50%~79.30%。

带式压滤和离心脱水比较　　　　表 3-1

项目	处理污泥量（tDS/d）		药剂投加量（kg/tDS）		脱水污泥含水率（%）	
	带式	离心	带式	离心	带式	离心
平均值	7.21	36.08	4.37	5.42	78.14	77.19
最大值	31.20	249.50	10.11	10.83	82.50	79.30
最小值	0.60	1.90	1.00	2.00	73.06	68.50

2. 板框压滤深度脱水

目前国内已经有超过 100 座污水处理厂采用了污泥药剂调理后板框压榨深度脱水的工艺，污泥含水率可降至 60% 以下，特殊条件下降至 50% 以下。部分典型工程见表 3-2。

我国部分已建成污泥深度脱水工程　　　　表 3-2

序号	工程名称	设计规模（t/d，含水率以80%计）	建成时间（年）
1	襄樊市污泥项目	200	2008
2	苏州污泥深度脱水项目	300	2011
3	呼和浩特市污泥深度脱水项目	100	2011
4	上海市白龙港污泥预处理应急工程	1500	2012
5	西安第六污水处理厂污泥干化项目	160	2013
6	西安市第四污水处理厂污泥深度脱水工程	150	2013
7	安徽省阜阳市颍南污水处理厂污泥深度处理项目	120	2014
8	宿州市城南污水处理厂深度脱水工程	100	2014
9	六安市城北污水处理厂污泥深度脱水项目	100	2014
10	深圳市南山污水处理厂污泥深度脱水工程	400	2015
11	扬州污泥深度脱水项目	300	2015
12	淮安市主城区污泥高干脱水项目	200	2015
13	凯里市污水处理厂污泥处置工程	100	2015
14	兰州污水处理厂污泥集中处置工程	400	2016
15	嘉兴市桐乡城市污水处理厂污泥深度脱水工程	200	2016
16	唐山市东郊污水处理厂污泥深度脱水工程	400	2017

调研范围中，污泥板框压滤深度脱水调理方式包括化学调理和生物沥浸。污泥化学调理药剂包括 PAM、钙盐（氢氧化钙/氧化钙）、铁盐（三氯化铁/聚合硫酸铁）、铝盐（三氯化铝、聚合氯化铝），常用的调理药剂组合为"钙盐＋铁盐""钙盐＋铝盐""PAM＋钙盐＋铝盐"，由于泥质差异，不同工程调理药剂投加比例相差较大，脱水泥饼平均含水率一般可降至 60% 以下，脱水泥饼处置方式包括填埋、电厂协同焚烧和水泥窑协同处置（见表 3-3）。污泥深度脱水设施工程投资 8 万～10 万元/t 污泥（80% 含水率），处理成本

80～120元/t污泥（80％含水率），其中药剂成本20～30元/t污泥（80％含水率），滤布更换周期一般为半年。

污泥深度脱水工程运行情况　　　　　　　　　　　　表3-3

序号	污水处理厂	药剂种类和投加比例	脱水泥饼含水率
1	嘉兴联合	氢氧化钙22.4％～54.8％，平均35.8％；三氯化铁0～6.5％，平均2.7％	40％
2	上海石洞口	氧化钙15.0％～37.1％，平均26.2％；三氯化铁9.6％～36.0％，平均20.2％	51％～59％，平均56％
3	上海天山	氢氧化钙24.5％～43.5％，平均33.4％；三氯化铁15.8％～32.2％，平均24.7％	43％～53％
4	上海白龙港	氢氧化钙22％～23％；三氯化铁7％～8％	54％～60％
5	太仓江东	PAM0.2‰～1.1‰，平均0.7‰；PAC1.6％～5.9％，平均4.0％；氢氧化钙8％～32％，平均21％	57％～59％，平均59％
6	无锡芦村	PAC；氧化钙	58.70％
7	无锡新城	PAM；生石灰；二氯化铁	48％
8	无锡梅村	PAM；氯化铝；氧化钙	66％
9	无锡锡山	PAM；氯化铝；氧化钙	52％
10	无锡惠联	聚铁；钙盐	55％

注：药剂投加比例＝药剂干重/污泥干重×100％。

此外，部分污水处理厂污泥化学调理药剂消耗呈现出季节波动规律。例如，石洞口污水处理厂深度脱水设备于2012年8月投入运行，采用$FeCl_3$＋CaO调理。$FeCl_3$投加比例为9.65％～35.98％（以DS计），波动较大，平均20.19％；CaO投加比例为15.04％～37.08％（以DS计），平均26.17％。深度脱水污泥含水率月平均值的变化范围为50.8％～58.8％，平均含水率55.7％。药耗和含水率均呈现出季节性波动，冬春季节脱水泥饼含水率较高，药耗也相应较高，其原因为冬春季节雨水较少，随雨水冲刷进入污水中的无机物较少，污泥有机物含量较高，脱水较为困难。

3.3　污　泥　干　化　技　术

污泥干化是通过向污泥干化设备中输入热量，利用水分蒸发相变原理，使污泥中水分进一步脱除，实现污泥干化的工艺过程。

污泥干化过程与其他介质相比，特点表现在：1）脱水污泥（80％）表现为非流动性，干化时传质传热是关键因素；2）污泥干化过程中呈现三个阶段，在湿区阶段，污泥含水率较高（大于60％），具有很好的自由流动性，因此可以很容易地流入干化装置，随着干化过程的进行，进入黏滞区，当污泥含水率在 40%～60%，具有一定的黏性，不易自由流动，该区域是污泥干化处理过程中需要避免的区域，最后进入粒状区，此阶段的污泥含水率降至 40% 以下，污泥呈现颗粒状，极易与湿污泥或其他物质混合；3）污泥含有机物质，当污泥颗粒表面温度超过 120℃ 时，部分可挥发性物质被热量分解，形成臭气；4）污泥干化过程中有细小颗粒，具有易燃、爆炸风险；5）污泥干化设备中产生的气体具有腐蚀性，所以对材质有一定要求。

污泥干化技术和设备起源于 20 世纪 70 年代欧美等发达国家，其技术核心沿用了其他行业的干化技术，根据污泥的特点，进行优化改进。目前干化技术已经是一项成熟的单元技术，已广泛用于污泥处理处置。

根据污泥与加热介质的接触方式，污泥干化技术可以分为直接加热式、间接加热式和热辐射加热式等。直接加热式是指加热介质与污泥直接进行接触混合，使污泥中水分蒸发，污泥得以干燥，属于对流干化技术。直接加热有转鼓式、带式、流化床、喷雾干燥等方式。间接加热式是通过加热介质（高温蒸气、重油、热风等）先把热量传递给加热器壁，加热器壁再将热量传给湿污泥，使污泥中水分蒸发，污泥得以干燥，属于热传导干化技术。间接加热有转盘式、桨叶式、薄层式、流化床等方式。热辐射加热式中，热传递是由电阻元件提供辐射能完成干燥。直接加热方式热能利用效率高，但对温度场的控制要求较高。和直接加热方法相比，间接加热式是依靠有效的热传导，热效率取决于器壁与污泥接触面传热效率，通常热效率相对较低。

根据污泥干化的温度可分为高温干化和低温干化，通常高温干化是指污泥颗粒表面温度高于 100℃，在热力干化过程中，当污泥表面温度高于 120℃ 会形成臭气。该过程形成的臭气具有污染性，蒸发形成的水蒸气采用冷凝形式捕集，废水 COD 的浓度增加 200～4000mg/L，SS 的浓度增加 20～400mg/L，废水需要进一步处理后达标排放。废气根据干化温度的不同，可采用生物过滤、化学洗涤等方式处理。通常低温干化，污泥表面温度低于 100℃，所以污泥停留时间较长，干化设备容积较大，但废气及冷凝水的污染负荷较低。

按干化设备进料方式和产品形态的不同，污泥干化技术可以分为干污泥返混式和湿污泥直接进料式。干污泥返混是指湿污泥在进料前先与一定比例的干泥混合，然后再进入干燥机，干化后的产品为球状颗粒，是一种集干化和造粒于一体的工艺。湿污泥直接进料式是指湿污泥直接进入干化装置，干化后的产品多为粉末状。

按最终获得的污泥产品的含水率的不同，污泥干化技术可以分为半干化和全干化。半干化工艺是指将污泥干燥至湿区的底部（通常 30%～40%），全干化工艺是指将污泥含水率降至 10% 以下。在全干化过程中，为了使混合后的污泥越过黏滞区的固态污泥（干燥率约为 65%），采用再循环混合技术，选取合适的比例将再循环混合污泥与湿污泥进行混合。

按设备形式的不同，污泥干化技术可以分为转鼓式、转盘式、带式、桨叶式、离心式、流化床、薄层式、喷雾式及真空干化脱水一体机等多种形式。

3.3.1 转鼓干化技术与设备

1. 原理

湿污泥从干燥机进料口进入壳体内主轴转子管束上，转子上的搅拌推动杆呈螺旋形状（分不同的角度，角度可调）布置于整个转子管束外圆周上，当主轴旋转时，在要求的控制时间下，污泥在搅拌推动杆作用下，被连续翻转、抛撒，作源源不断的螺旋输送运动，送至出料口。在整个过程中，加热后的热风进入干燥器内与污泥接触后进行传热传质交换，热风接触湿污泥后温度迅速下降，污泥吸收热量后把水分蒸发出来，尾气的细粉经旋风除尘由尾气风机排出室外。污泥由进料端进入干燥机，另一端排出，连续工作，整个过程包括物料预热过程、水分蒸发过程和物料升温过程。其工艺流程如图3-5所示。

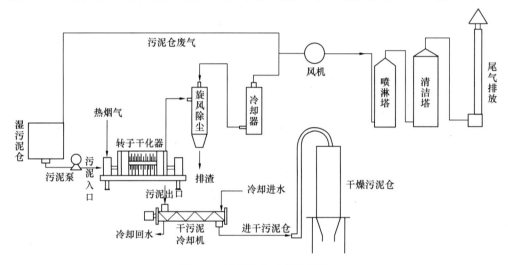

图 3-5 转子干化工艺流程图

2. 基本构成

干燥机由传动部分、密封头、转子、前后轴承、支承机架、暖风系统、进出料口、排尾气口及排尾气系统、旋风分离器及防火、防爆系统等组成。

3. 技术要求

对含水率80%的污泥进行全干化，应采用顺流转子干燥机。对含水率80%的污泥进行半干化，可根据实际情况采用顺流或逆流转子干燥机，主要性能指标应符合表3-4～表3-6要求。

顺流转子式干燥设备主要性能指标（全干化）   表3-4

污泥处理量（t/d）	容积（m³）	能耗（kJ/kg 水）	装机总功率（kW）
25	0.8	2750	10
50	8	3000	12
100	43	3250	24

注 1. 能耗（kJ/kg 水）指干燥污泥每蒸发1kg水所消耗的热量，单位 kJ；
　　2. 装机总功率指干燥设备、送风机等所有装置的总功率，单位 kW；
　　3. 全干化按产物含固率85%计，更高干度要求性能指标按实际计。

74

顺流转子式干燥设备主要性能指标（半干化）　　　　　表 3-5

污泥处理量（t/d）	容积（m³）	能耗（kJ/kg 水）	装机总功率（kW）
25	0.8	2750	10
50	8	3000	12
100	43	3250	24

注　1. 能耗（kJ/kg 水）指干燥污泥每蒸发 1kg 水所消耗的热量，单位 kJ；

　　2. 装机总功率指干燥设备、送风机等所有装置的总功率，单位 kW；

　　3. 全干化按产物含固率 85% 计，更高干度要求性能指标按实际计。

逆流转子式干燥设备主要性能指标（半干化）　　　　　表 3-6

污泥处理量（t/d）	容积（m³）	能耗（kJ/kg 水）	装机总功率（kW）
25	0.8	2750	10
50	8	3000	12
100	43	3250	24

注　1. 能耗（kJ/kg 水）指干燥污泥每蒸发 1kg 水所消耗的热量，单位 kJ；

　　2. 装机总功率指干燥设备、送风机等所有装置的总功率，单位 kW；

　　3. 半干化按产物含固率 60% 计，更高干度要求性能指标按实际计。

3.3.2　流化床干化技术与设备

1. 原理

进入流化床内的湿物料与热空气在布风板上方接触，物料颗粒悬浮于气流之中，形成流化状态，故称之为流化床干化机。

干化机通过流化床下部风箱将循环气体经换热器换热后送入流化床内。干湿污泥在床内流态化并同时混合，通过循环气体不断地流过物料层，达到干燥的目的。流化床干化工艺流程如图 3-6 所示。

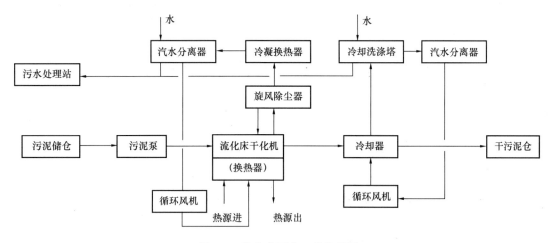

图 3-6　流化床干化工艺流程图

2. 基本构成

流化床污泥干燥机主要包括：

（1）风箱：在干燥机的最下面，用于将循环气体分送到流化床装置的不同区域，其底部装有一块特殊的气体分布板，用来分送惰性流化气体。

（2）中间段：安放内置热交换器，使脱水污泥水蒸发的所有能量均通过此热交换器送入。

（3）抽吸罩：循环气体带着污泥细粒和蒸发的水分离开干化机。

3. 技术要求

流化床干化设备适用于全干化大型污泥干化，其主要性能指标应符合表 3-7 要求。

表 3-7

流化床干燥设备主要性能指标（全干化）

污泥处理量（t/d）	流化面积（m²）	能耗（kJ/kg 水）	装机总功率（kW）
100	8	2800	90
200	9	3000	100
300	10	3200	120

注：1. 能耗（kJ/kg 水）指干燥污泥每蒸发 1kg 水所消耗的热量，单位 kJ；

2. 装机总功率指干燥设备、送风机等所有装置的总功率，单位 kW；

3. 全干化按产物含固率 85% 计，更高干度要求性能指标按实际计。

流化床干化机可以采用蒸汽、热油或其他具备一定热值的热介质作为热媒，床内干化温度不应超过 85℃。

3.3.3 带式干化技术与设备

1. 原理

脱水污泥首先进入带式干化机前端的破碎机，将污泥制成直径为 6~10mm 的面条状长条，然后均匀分布在一层或多层平行布置的传输带上，干化机通过鼓风装置使烘干气体穿流传输带对污泥进行干化，并在各自的烘干模块内循环流动进行污泥烘干处理。烘干气体热源可采用蒸汽，通过蒸汽加热空气，使进入干化机的烘干气体温度达到 100℃，污泥中的水分被蒸发，随同烘干气体一起被排出。带式干化工艺流程如图 3-7 所示。

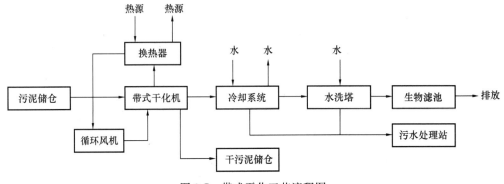

图 3-7　带式干化工艺流程图

2. 基本构成

带式干化机包括：传输带、隔热保护罩、切碎机、鼓风装置。

3. 技术要求

带式干化机主要性能指标应符合表 3-8、表 3-9 的要求。

带式干化机主要性能指标（全干化）　　　表 3-8

污泥处理量（t/d）	容积（m³）	能耗（kJ/kg 水）	装机总功率（kW）
25	30	1250	15
50	40	1300	20
100	50	1350	30

注：1. 能耗（kJ/kg 水）指干化污泥每蒸发 1kg 水所消耗的热量，单位 kJ；

　　2. 装机总功率指干燥设备、送风机等所有装置的总功率，单位 kW；

　　3. 全干化按产物含固率 85% 计，更高干度要求性能指标按实际计。

带式干化机主要性能指标（半干化）　　　表 3-9

污泥处理量（t/d）	容积（m³）	能耗（kJ/kg 水）	装机总功率（kW）
25	30	1250	15
50	40	1300	20
100	50	1350	30

注：1. 能耗（kJ/kg 水）指干燥污泥每蒸发 1kg 水所消耗的热量，单位 kJ；

　　2. 装机总功率指干燥设备、送风机等所有装置的总功率，单位 kW；

　　3. 半干化按产物含固率 60% 计，更高干度要求性能指标按实际计。

3.3.4　低温带式干化技术与设备

1. 原理

在结构组成和干燥原理方面，低温带式干化机与传统带式干化机相似。不同于传统带式干化，低温带式干化的干燥气体温度一般是 50～80℃，使用热泵系统提供冷热源，热泵系统工作时，蒸发器吸收干燥室排出的湿空气的热量，使湿空气中的水蒸气液化成冷凝水排出设备；经过除湿后的湿空气进入冷凝器吸收热量，再次升温至 50～80℃，重新进入干燥室。因此，低温带式干化技术是密闭式干燥，设备内部的空气循环不断地进行干燥、除湿、加热、干燥的过程，无废气排放，能源利用率高。

低温带式干化机也可以利用项目现场的余热（废蒸汽或烟气）作为干化机热源，先通过蒸汽或烟气制取 85～95℃ 热水，将热水通入干化机热水换热器，给循环空气加热升温；利用干净的冷却水（或中水）作为干化机冷源，将冷却水通入干化机冷水换热器，给循环空气降温除湿。这种情况下，干化机不需要配置热泵系统，运行电耗低。低温带式干化工艺流程如图 3-8 所示。

2. 基本构成

低温带式干化机由输送系统和热泵系统构成。输送系统包括：切碎机、传输带、传动

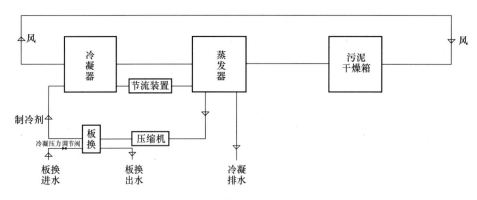

图 3-8　低温带式干化工艺流程图

装置。热泵系统包括：压缩机、蒸发器、冷凝器、风机、制冷剂。

3. 技术要求

低温带式干化机性能指标暂无国家标准或行业标准，行业内多数厂商产品的实际运行性能指标见表 3-10。

热泵型低温带式干化机主要性能指标　　　　　　　　　　　表 3-10

污泥处理量（t/d）	标称去水量（kg/d）	能耗（kg 水/kWh）
≤7	≤5000	≥2.5
>7	>5000	≥3.0

注：1. 标准工况：有机质含量 60% 的城镇污泥，环温 20℃，由含水率 80% 干化至 30%；

　　2. 去水量（kg/d）指在标准工况下连续运行时，24h 污泥减少的质量，即污泥去水量，单位 kg；

　　3. 能耗（kg 水/kWh）指干化污泥每消耗 1kWh 电量所除湿的水量，单位 kg。

3.3.5　离心气流干化技术与设备

1. 原理

离心干化器是能够同时进行脱水和干燥一体化的脱水干化装置。污泥自浓缩池或消化池进入离心干化机内，干化机内的离心结构首先对污泥进行脱水，经机械离心脱水后的污泥呈颗粒或细粉状从离心机卸料口处高速排出，高热空气以适当的方式引入到离心干化机的内部，遇到细粉状的污泥并以最短的时间将其干化到指定含固率（60%～90%）。干化后的污泥颗粒经气动方式以不高于 70℃ 的温度从干化机排出，并与循环干燥介质一起进入旋风分离器进行气固分离。大部分循环干燥介质经重新加热后循环利用，少部分湿废气进入洗涤塔。在洗涤塔中，湿废气中的大部分水分被冷凝析出，净化后的废气离开洗涤塔排放。离心干化工艺流程如图 3-9 所示。

2. 基本构成

离心脱水干化系统包括离心脱水干化一体机、热介质发生器、动力循环风机、旋风分离器、文丘里洗涤冷凝塔、废气风机等；离心脱水干化一体机包含转鼓、排渣卸料螺旋、差速器、干燥腔罩壳、基座、驱动电机、保护罩等。

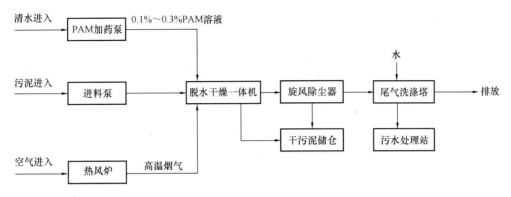

图 3-9 离心干化工艺流程图

3. 技术要求

离心气流干化机主要性能指标见表 3-11、表 3-12。

离心气流干燥机主要性能指标（全干化） 表 3-11

污泥处理量（t/d）	工作直径（mm）	能耗（kJ/kg 水）	装机总功率（kW）（含脱水设备）
12	250	3080	55
36	350	3140	123.5
72	550	3200	220
240	670	3265	386.5
300	900	3310	623

注：1. 能耗（kJ/kg 水）指干燥污泥每蒸发 1kg 水所消耗的热量，单位 kJ；

2. 装机总功率指干燥设备、送风机等所有装置的总功率，单位 kW；

3. 全干化按产物含固率 85％计，更高干度要求性能指标按实际计。

离心气流干燥机主要性能指标（半干化） 表 3-12

污泥处理量（t/d）	工作直径（mm）	能耗（kJ/kg 水）	装机总功率（kW）（含脱水设备）
12	250	2930	44.5
36	350	3000	100
72	550	3075	179
240	670	3160	336.5
300	900	3245	608

注：1. 能耗（kJ/kg 水）指干燥污泥每蒸发 1kg 水所消耗的热量，单位 kJ；

2. 装机总功率指干燥设备、送风机等所有装置的总功率，单位 kW；

3. 半干化按产物含固率 60％计，更高干度要求性能指标按实际计。

3.3.6 喷雾干化技术与设备

1. 原理

喷雾干化技术来源于食品和染料行业的物料干化处理，近年来通过技术的优化改进，也用于污泥的干化处理。其工作原理是热烟气或者空气经过滤和热交换加热后，进入干燥塔顶部空气分配器，热空气呈螺旋状均匀地进入干燥室，料液经塔体顶部的高速离心雾化器或高压雾化器，喷雾成极细微的雾状液珠，与空气并流接触，在极短的时间内可干燥为成品，成品连续地由干燥塔底部和旋风分离器中输出，微尘物料由脉冲布袋收集器收集，尾气通过风机排空。喷雾干化工艺流程如图 3-10 所示。

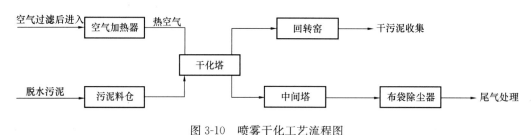

图 3-10 喷雾干化工艺流程图

2. 基本构成

喷雾干化塔包括雾化器，进、排风机及风量调节装置，仪表控制装置，PLC 控制系统，温度报警器，清扫清洗装置等。

3. 技术要求

喷雾干化设备只适用于全干化，其主要性能指标见表 3-13。

喷雾干燥设备主要性能指标（全干化）　　　　　　　表 3-13

污泥处理量（t/d）	能耗（kJ/kg 水）	装机总功率（kW）
100	＜2928	380
200	＜2928	660
300	＜2928	860
400	＜2928	1030
500	＜2928	1160

注：1. 能耗（kJ/kg 水）指干燥污泥每蒸发 1kg 水所消耗的热量，单位 kJ；

　　2. 装机总功率指干燥设备、送风机等所有装置的总功率，单位 kW；

　　3. 全干化按产物含固率 85% 计，更高干度要求性能指标按实际计。

进入喷雾干燥塔塔顶的高温烟气/空气温度不大于 800℃，压力为 −500Pa。

3.3.7 卧式转盘干化技术与设备

1. 原理

卧式转盘式干化技术既可对污泥进行全干化处理，也可进行半干化。该技术采用间接加热，热介质首选饱和蒸汽，其次为导热油（通过燃烧沼气、天然气或煤等加热）。卧式转盘式干化工艺设备，单机污泥处理能力为 25～100t/d（以含水率 80％计），适用于各种规模的污水处理厂。该工艺结构紧凑，传热面积大，设备占地面积较小。

2. 基本构成

转子中心轴是干化转盘的承载部件，所有的转盘焊接在中空轴上，每片转盘由两个对扣的圆盘焊接而成，中心轴内腔与所有转盘内腔相连通。为了提高转盘的坚固性，空心转盘内腔分布着许多支撑杆，支撑杆两端支撑着左右两个圆盘。根据所干化污泥性质的不同，转盘可以采用不锈钢或特殊合金钢制造。此外，在转盘边缘装有推进/搅拌器。卧式转盘干化工艺流程如图 3-11 所示。

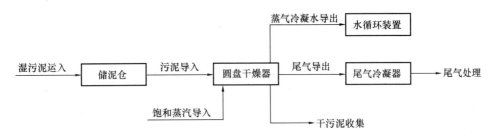

图 3-11　卧式转盘干化工艺流程图

3. 技术要求

卧式转盘干化设备主要性能指标见表 3-14、表 3-15。

卧式转盘干化设备主要性能指标（全干化）　　　　　表 3-14

污泥处理量 （t/d）	盘片传热面积/ 传热总面积（m²）	能耗（kJ/kg 水）	装机总功率 （kW）
25	85/103	3500	22
50	210/240	3500	55
100	370/411	3500	90

注：1. 传热面积指的是盘片传热面积，单位 m²；

2. 能耗（kJ/kg 水）指干燥污泥每蒸发 1kg 水所消耗的热量，单位 kJ；

3. 装机总功率指干燥设备、送风机等所有装置的总功率，单位 kW；

4. 全干化按产物含固率 85％计，更高干度要求性能指标按实际计。

卧式转盘干化设备主要性能指标（半干化）　　　　　表 3-15

污泥处理量 （t/d）	盘片传热面积/ 传热总面积（m²）	能耗 （kJ/kg 水）	装机总功率 （kW）
25	85/103	3500	22
60	210/240	3500	55
100	370/411	3500	90

注：1. 传热面积指的是盘片传热面积，单位 m²；

2. 能耗（kJ/kg 水）指干燥污泥每蒸发 1kg 水所消耗的热量，单位 kJ；

3. 装机总功率指干燥设备、送风机等所有装置的总功率，单位 kW；

4. 半干化按产物含固率 60％计，更高干度要求性能指标按实际计。

3.3.8 空心桨叶式干化技术与设备

1. 原理

桨叶式干化技术采用蒸汽和导热油作为热介质，进入干化机壳体夹套和空心叶片，同时加热机身和桨叶，污泥被叶片切割搅拌，通过夹套、空心轴和空心叶片的热传导进行干化。

空心桨叶式干化机内设置有空心轴，轴上密集排列着楔形中空桨叶。以热传导为主要手段的干燥器，依靠叶片、主轴或热壁的热量与污泥颗粒的接触、搅拌挤压进行换热，换热热量来自填充在其中的热介质，热介质经空心轴流经桨叶。空心桨叶干化工艺流程如图 3-12 所示。

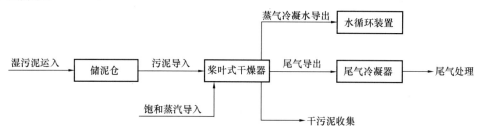

图 3-12　空心桨叶式干化工艺流程图

2. 基本构成

空心桨叶式干燥机（以下简称桨叶机）是一种结构紧凑、热效率较高的间接换热搅拌型设备，主要由上盖、旋转的桨叶轴、壳体（含夹套）、端盖及驱动装置等组成。桨叶轴主要由桨叶和具有特殊流道的空心轴组成。

3. 技术要求

桨叶式干化设备主要性能指标见表 3-16、表 3-17。

空心桨叶式干化设备主要性能指标（全干化）　　表 3-16

污泥处理量（t/d）	传热面积（m²）	能耗（kJ/kg 水）	装机总功率（kW）
25	29	3000	11
50	52	3250	30
100	110	3500	95

注：1. 能耗（kJ/kg 水）指干燥污泥每蒸发 1kg 水所消耗的热量，单位 kJ；
　　2. 装机总功率指干燥设备、送风机等所有装置的总功率，单位 kW；
　　3. 全干化按产物含固率 85% 计，更高干度要求性能指标按实际计。

空心桨叶式干化设备主要性能指标（半干化）　　表 3-17

污泥处理量（t/d）	容积（m³）	能耗（kJ/kg 水）	装机总功率（kW）
25	29	3000	11
50	52	3250	30
100	110	3500	95

注：1. 能耗（kJ/kg 水）指干燥污泥每蒸发 1kg 水所消耗的热量，单位 kJ；
　　2. 装机总功率指干燥设备、送风机等所有装置的总功率，单位 kW；
　　3. 半干化按产物含固率 60% 计，更高干度要求性能指标按实际计。

3.3.9　低温真空板框干化技术与设备

1. 原理

低温真空板框干化技术与设备是利用环境压强减小水沸点降低的低温（＜100℃）真空干化原理，将污泥的脱水与干化工序有机结合成一体，在同一设备（板框形式）上一次性连续完成脱水和干化。通过真空系统将腔室内的气压降低，使滤饼中水的沸点降低，同时通过滤板对滤饼加热，使水分蒸发的速度加快，比在常压下加热干化的效率更高，可将含水率90%～99%的污泥一次性脱水干化至含水率为60%～10%（出泥含水率可调）。真空低温干化工艺流程如图3-13所示。

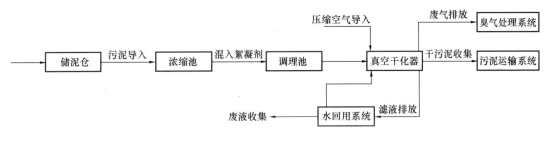

图 3-13　真空低温干化工艺流程图

2. 基本构成

低温真空板框式干化设备主机为基于板框压滤机的形式，配置了具有较好加热功能的过滤部件，并配置隔膜压滤、加热、真空、吹扫、卸料、除臭等辅助系统，实现脱水干化的一体化处理工艺，主要工艺流程包括进料过滤、吹气穿流、隔膜压滤、真空干化等步骤。

3. 技术要求

低温真空板框式干化设备主要性能指标见表3-18。

低温真空板框式干化设备主要性能指标　　　　　　　　　表 3-18

污泥批次处理量（tDS/批）	过滤面积（m²）	能耗（kJ/kg 水）	装机总功率（kW）
0.12～0.15	50	1450	80～120
0.18～0.22	75	1450	80～120
0.25～0.30	100	1450	100～150
0.35～0.40	150	1450	120～180
0.50～0.60	200	1450	120～180
0.70～0.80	300	1450	120～180
0.90～1.10	400	1450	150～220
1.20～1.30	500	1450	150～220
1.40～1.60	600	1450	150～220
1.70～2.00	800	1450	200～250

注：1. 过滤面积指的是滤板过滤面积，单位 m²；

　　2. 装机总功率指主机及所有辅助设备的总功率，单位 kW；

　　3. 出泥含水率可通过控制干化时间进行调节，针对具体需求可根据实际情况进行详细设计。

3.3.10 污泥干化系统粉尘爆炸和自燃的风险

污泥干化过程中会形成粉尘，而污泥有机物含量较高，易发生粉尘爆炸。粉尘爆炸的条件主要有：1）粉尘本身具有高分散性与可燃性；2）粉尘云悬浮在空气中，浓度大于最低爆炸下限浓度；3）有足以引起爆炸的点火能量。粉尘爆炸过程是与诸多因素有关的复杂过程，影响粉尘爆炸的因素见表 3-19。

污泥中有机物质在一定条件下，通常生物化学发生放热反应，当自热过程产生的热量大于散失的热量，热量不断积蓄，温度逐渐升高，当温度高于其自燃点时，即会发生污泥自燃现象。污泥自燃会产生大量的 CO，与空气混合时会剧烈爆炸，并有造成中毒的危险。污泥自燃（污泥自热的结果）和污泥燃烧（特殊工艺条件如加热的表面或大量粉尘层的作用结果）都会导致污泥起火或焖烧，均是粉尘爆炸的火源。影响自热过程与自燃危险的因素见表 3-20。

粉尘爆炸影响因素分析表　　　　　　　　　　　　　　表 3-19

类型	因素性质	因素名称	影响结果
粉尘化学因素	可燃性	燃烧热	燃烧热高，有利于燃烧与爆炸
		自燃点	自燃点低，有利于燃烧与爆炸
	化学组分	挥发分	挥发分含量高，有利于燃烧与爆炸
		水分	水分含量低，有利于燃烧与爆炸
	反应性	热分解	易于热分解，有利于燃烧与爆炸
	粒子	粒度与其分布	粉尘粒度越小，分散性越高，可提高爆炸的危险性
		形状与表面状态	形状及状态利于增大比表面积，则爆炸危险性就高
粉尘物理因素	浓度	粉尘浓度	在其浓度爆炸极限范围内，才能发生粉尘爆炸
	传热	比热容	比热容高，自燃性好，有利传热过程
		热传导率	热传导率大，有利于热的传播，提高燃烧速度
	电性	带电性	带电性好，分散程度就高，有利于燃烧与爆炸
		电阻率	电阻率高，带电性好，可提高燃烧与爆炸的危险性
外部因素	凝集	凝集性	易于凝集，可降低粉尘的混合程度与浓度
	粉尘云状态	温度	温度增高，有利于燃烧与爆炸
		压力	压强增加，爆炸传播的速度增加
		运动状态	运动状态紊乱，有利于混合程度与粉尘浓度提高
	组成	氧浓度	氧气浓度大于最小氧气浓度，才能引发燃烧与爆炸
		可燃气体浓度	混入可燃气体，可大大增加爆炸的可能性
		惰性气体浓度	惰性气体浓度高，不利于燃烧与爆炸
		灰分与阻燃性粉尘	灰分与阻燃性粉尘含量高，不利于燃烧与爆炸
		湿度	粉尘中湿度高不易着火，可降低燃烧与爆炸的危险
	混合	混合程度	混合程度高，可提高爆炸传播的速度
	容器	容器扩展性	容器的扩展性好，有利于燃烧与爆炸
	点火	点火源形态	明火比热壁易于引发燃烧与爆炸
		能量	点火能量高，有利于引发燃烧与爆炸

影响污泥自热过程和自燃危险的主要因素　　　表 3-20

影响参数	作用结果
湿度	污泥的湿度的增加，会使污泥自热趋势增加；但湿度增高，污泥不易燃烧
污泥体积	污泥体积增大，自热、自燃的危险增加
储存类型	V/S（体积/表面积）的比值低，则热量容易传递出去，可减小自燃的可能
污泥温度	污泥温度越高，则自热、自燃的可能性越大
干污泥粒度	粒度越细，自热、自燃的可能性越大
污泥停留时间	污泥停留时间越长，则自热、自燃的危险越大

污泥干化系统需要避免爆炸及火灾的发生，系统应设置相应的防护措施，如惰性气体系统，同时做到早期预警及控制，应检测污泥干化系统中温度、O_2 浓度及粉尘浓度。对于脱水污泥以及部分干化污泥在料仓中的中间堆置可能释放出沼气，应有足够的通风和沼气监测措施。

3.3.11　我国污泥干化技术的应用现状

污泥干化是基于水的相变蒸发原理，因此能量消耗大，同时涉及传质传热，对设备要求高，运维管理较复杂。直到 20 世纪 80 年代末，随着污泥干化技术在发达国家的成功应用，污泥干化设备性能逐步得到提高。

我国许多城市都相继建设了污泥干化的设施，部分已建成的污泥干化项目见表 3-21。总体来看，我国污泥干化技术近年来发展很快，装备实现了国产化，但是运行成本较高，主要用于经济发达地区。

我国部分已建成污泥干化焚烧工程　　　表 3-21

序号	工程名称	设计规模（t/d，以含水率 80%计）	建成时间（年）
1	上海石洞口（流化床/桨叶干化）	360	2004
2	杭州萧山（喷雾干化）	360	2009
3	深圳南山（带式干化）	400	2009
4	嘉兴新嘉爱斯（圆盘干化）	2050	2010
5	苏州工业园区（两段式干化）	300	2011
6	成都市第一城市污水处理厂（薄层干化）	400	2011
7	无锡锡山（深度脱水）	100	2011
8	佛山南海（桨叶干化）	300	2012
9	杭州七格（循环流化床一体化干化焚烧）	100	2013
10	上海竹园（桨叶干化）	750	2015
11	石家庄（桨叶干化）	600	2015
12	温州（桨叶干化）	240	2016
13	深圳上洋（二段式干化）	800	2016

第4章 污泥稳定化技术

污水污泥中含有大量的易腐物质和病原微生物，若不进行稳定化处理，极易腐败并产生恶臭。世界各国均对污水处理厂污泥稳定化有强制性要求，我国《城镇污水处理厂污染物排放标准》GB 18918—2002 也有相关规定，但该标准未能得到重视，污泥稳定化的要求未能得到实施。因此，和发达国家相比，污泥稳定化是我国污泥处理处置的短板。

污泥稳定化工艺有好氧消化、厌氧消化、好氧堆肥、碱法稳定和干化稳定等。好氧消化、厌氧消化和好氧堆肥这三种方式是利用微生物将污泥中的易腐有机组分转化，是应用最为广泛的传统的污泥稳定化方法；碱法稳定是通过添加化学药剂实现易腐物质的络合、提高 pH、降低微生物活性及杀灭病原微生物达到污泥稳定化，如投加石灰等；干化稳定则是通过高温杀死微生物，以遏制微生物活性，达到稳定化的目的。

4.1 污泥厌氧消化技术

4.1.1 概述

污泥厌氧消化也称污泥厌氧生物稳定，是在无氧条件下，由水解酸化菌和产甲烷菌将污泥中蛋白、多糖、脂质等易腐有机物降解的过程。厌氧消化在实现污泥稳定化的同时，还可以实现生物质能的回收，污泥的减量，病原微生物的灭活，脱水性能的改善，稳定化产物的土地利用。因此，污泥厌氧消化工艺特别适合高含水的污泥的稳定化处理，被认为是实现污泥稳定化、无害化、减量化和资源化的最佳途径。

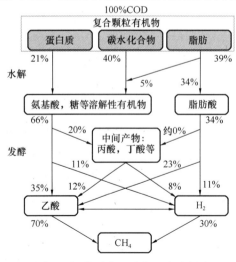

图 4-1 厌氧消化三阶段理论示意图

1. 污泥厌氧消化原理

污泥厌氧消化是一个复杂的多级生物反应过程，即在无氧条件下厌氧微生物把污泥中的有机质先水解分解为简单的小分子有机物，然后再酸化转化为小分子有机酸，最后转化为 CH_4、CO_2、H_2O、H_2S 等物质。在此过程中，不同微生物的代谢过程相互影响、相互制约，形成复杂的生态系统。

目前对厌氧消化的原理描述较为科学全面并被广泛接受的是 Bryant 提出的三段理论，三阶段厌氧消化理论如图 4-1 所示。

（1）水解发酵阶段：专性厌氧细菌和兼性厌氧细菌等水解发酵细菌，利用其胞外酶将污泥中的蛋白质、纤维素、脂肪等较复杂的有机物水解为氨基酸、单糖、甘油等较简单的有机物，随后进一步被产酸菌酵解为乙酸、丙酸、丁酸等简单脂肪酸和醇类。

（2）产氢产乙酸阶段：产氢产乙酸菌是这一阶段起主要作用的微生物菌，其将除乙酸、甲醇、H_2、CO_2 等外的有机酸（如丙酸、丁酸）和有机醇转化为乙酸，同时伴随有 H_2 和 CO_2 的产生。下列反应式描述了该阶段的部分物质变化：

$$C_3H_7COOH + 2H_2O OOH_3^+COOH + 2H_2 \tag{4-1}$$

$$C_2H_5COOH + 2H_2O OOH_3COOH + CO_2 + 3H_2 \tag{4-2}$$

$$C_2H_5OH + H_2OH_3^+COOH + 2H_2 \tag{4-3}$$

（3）产甲烷阶段：产甲烷菌将前两阶段产生的乙酸、H_2、CO_2 等转化为甲烷。化学式如下所示，其中以乙酸为基质产生的 CH_4 约占总 CH_4 产量的 70%：

$$CH_3COOH \longrightarrow CH_4 + CO_2 \tag{4-4}$$

$$CO_2 + 4H_2 \longrightarrow CH_4 + 2H_2O \tag{4-5}$$

上述三个阶段之间既相互联系又相互影响。有机物胞外溶解过程（包括分解和水解）为酸化阶段提供溶解性的可以被微生物细胞直接吸收利用的发酵基质，酸化阶段的产物又是产甲烷菌的底物，在一定的条件下可以将它们转化为甲烷气体。因此，只有每一阶段产生的中间产物可以被微生物迅速利用时，厌氧发酵过程才能够顺利地进行下去。反之，当微生物利用基质的速率低于基质产生的速率时就会发生中间产物的积累。

从基质到生物气体的转变途径由三种不同类型细菌的作用将其分为水解、酸化、乙酸化和甲烷化四个阶段。Zeikus 于 1979 年在三阶段理论的基础上提出四种群理论（四阶段理论），四种群理论增加了同型产乙酸菌，该菌群的代谢特点是能将氢气与二氧化碳合成为乙酸。

2. 污泥厌氧消化的功能

（1）污泥稳定化

厌氧消化过程，污泥易腐有机物在微生物作用下分解，转化为甲烷、水、CO_2 等。通过微生物的代谢过程来降低生污泥中易腐有机物的含量，使其不再成为厌氧微生物的"温床"，使得稳定后的污泥不再发生厌氧生物反应，不会对环境卫生造成危害。

（2）污泥减量化

通过污泥厌氧消化，根据生污泥有机质含量，可以分解污泥中 30%~60% 的有机质（见图 4-2）。同时，根据现有研究结果表明，污泥经过厌氧消化处理后，能提高污泥的脱水效率（污泥脱水效率根据有机质的不同，通常可以提高 5%~10%）。由于污泥有机物减量和污泥脱水效率的提高，使得经过厌氧消化后，污泥体积大约可以减少生污泥的 30%~50%，实现污泥稳定化的同时污泥减量化效果也十分显著。

（3）污泥消毒

污泥消化过程可以杀灭部分病原微生物、致病虫卵和病毒等，能有效提升污泥的卫生

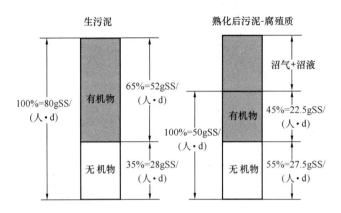

图 4-2 污泥厌氧消化过程有机质降解规律

化水平，防止病原体的传播。研究表明，在甲烷菌大量存在的环境里，其他微生物（细菌和原生动物）的数量会急剧降低，碱性消化能杀灭一些致病细菌，如伤寒、霍乱和黄疸等。结核杆菌虽然可以存活，但其毒性会大大降低，病毒类经过中温厌氧消化能减少1～2个数量级。通过中温厌氧消化，虽然大肠菌群减少了约 3 个数量级，很多病原体被消灭，但是要实现消化污泥真正意义上的消毒还需要通过高温热水解预处理或高温厌氧消化（55℃）等方式。

（4）促进腐殖化和增加肥力

研究和工程实践表明，当生污泥的有机物含量在 60％以上时，消化污泥仍然含有40％～50％的有机物质。经过厌氧消化过程，易腐有机物得以降解转化为甲烷和水，同时生成生物难降解的腐殖类物质，存留在污泥中，该类物质可以补充土壤的有机质，增加肥力。Tang 等人研究发现污泥厌氧消化可引起腐殖酸芳香化结构重聚，降低污泥的植物毒性。腐殖质中含有甾类、萜类、α 类萘乙酸、琥珀酸、肉桂酸、香豆酸、苯乙酸、阿魏酸等 13 类植物内源生长激素，可通过直接或间接的作用促进植物生长。它还能保持土壤疏松，增加土壤的空隙，同时储存营养物质和水分，保持 pH 的稳定。

（5）能量回收和沼气利用

污泥厌氧消化可以在高含水率的条件下实现生物质能的回收，产生的沼气由 60％～75％的甲烷和 25％～40％的二氧化碳组成，此外还有少量水蒸气和不超过 1％体积浓度的硫化氢。回收的沼气可通过沼气发电机、沼气锅炉或提纯制备天然气等，作为生物质能源，实现能量回收利用。

综上，污泥厌氧消化是污水处理系统的重要环节，特别是对大中型污水处理厂，优势主要表现在：1）将易腐的生污泥转化成稳定、无臭、低风险的消化污泥，降低污泥的二次污染风险，更有利于后续污泥处理处置；2）通过降解有机物和提高脱水性能使污泥体积减小，可以节省后续污泥处置的成本；3）产生的消化污泥在重金属不超标的情况下，可以土地利用，降低污泥处置的成本，实现污泥物质的循环利用；4）能回收大量沼气，作为生物质能源利用，对污泥处理处置碳减排具有重要意义。

4.1.2　污泥高含固厌氧消化技术

传统的污泥厌氧消化工艺处理物料为浓缩污泥，属于低含固厌氧消化工艺(进料含固率 TS 为 2%～5%)，处理效率较低[有机负荷 OLR 为 0.6～1.6 kgVS/(m^3·d)]，产能效益不明显。高含固厌氧消化技术通过提高厌氧消化进料含固率(≥10%)，提升系统有机负荷和产能效率，具有处理效率高[进料 TS 为 10%～20%，OLR 为 3.0～8.5 kgVS/(m^3·d)]、反应器体积小、加热保温能耗低等潜在优势。同济大学研究团队率先提出了高含固污泥厌氧消化的概念，并实现了反应器中含固率(TS)10%～20%稳定运行，污泥降解率和单位有机质产气率仍然能够达到传统污泥厌氧消化(TS 5%)的效果，容积产气率和净产能得到显著提高(达到传统污泥厌氧消化技术的 4～10 倍)。因此，在全球环境变化、资源能源短缺的背景下，高含固厌氧消化为污泥厌氧消化技术的效率提升提供了新的思路，对实现我国城镇污水处理厂污泥的稳定化和生物质能源的高效回收具有重要意义。

1. 污泥高含固厌氧消化工艺的潜在优势及存在问题

污泥高含固厌氧消化的潜在优势：1) 高含固厌氧消化提升了进料的有机质浓度，在同样的停留时间上，厌氧消化系统的有机负荷得到提升，有利于提高单位体积的沼气产量；2) 高含固厌氧消化进料污泥含水率的降低也将有利于降低物料保温所需的能耗，对于提升污泥厌氧消化的经济效能具有重要意义；3) 采用脱水污泥进行完全混合式高含固厌氧消化也是解决途径之一。高含固污泥具有较好的均质性，在厌氧消化搅拌系统中呈现半流态，不利于无机物的沉积，是我国污泥含砂量高引起的运行问题的解决途径之一。与此同时，污泥高含固厌氧消化也存在一些工艺难点和未知科学问题。

(1) 脱水污泥的含固率是浓缩污泥的 4～10 倍，这意味着，污泥高含固消化系统中的有机底物浓度、潜在有毒有害物质浓度以及无机颗粒浓度都将提高至传统污泥厌氧消化工艺的 4～10 倍。固体含量、有机负荷、潜在抑制性物质浓度对污泥高含固厌氧消化系统造成的影响程度，是考察污泥高含固厌氧消化可行性的重要因素。

(2) 脱水污泥是一种半塑性非流动态的固体废弃物，其黏度比浓缩污泥大 3 个数量级。在高含固厌氧消化过程中，脱水污泥的生化水解速率和流变特性也是影响高含固厌氧消化的重要因素。采用适宜的预处理技术有助于提高水解酸化速率和流动性。

(3) 污泥在脱水过程通常会加入化学调理药剂聚丙烯酰胺 (PAM) 来提高其脱水性能，PAM 在后续的高含固厌氧消化系统中是否会对污泥传质产生影响，其代谢产物对沼液沼渣的处置有何风险，也有待研究。

目前，高含固厌氧消化的研究对象主要涉及市政、工业、农业等多个领域，包括餐厨垃圾、农业废弃物、城市生活垃圾中的有机部分等，主要应用集中在城市生活垃圾中的有机部分，而关于城市污泥的高含固厌氧消化研究较少。

2. 污泥高含固厌氧消化系统的降解性能和理化特征

为考察城市污泥高含固厌氧消化的可行性，并为工程推广提供设计及运行依据，笔者所在的研究小组对比考察了含固率为10%、15%和20%的脱水污泥在完全混合反应器中的运行效果，反应器分别标记为R1、R2、R3。采用半连续进出料、中温消化（35℃±1℃）的运行条件。所采用的厌氧消化反应器为内置卧式螺带搅拌器，可实现脱水污泥的充分混合（见图4-3）。

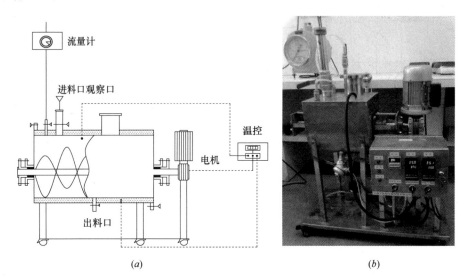

(*a*)　　　　　　　　　　　　　　　(*b*)

图 4-3　反应器构造示意图及实物图

(*a*) 构造示意图；(*b*) 实物图

（1）高含固厌氧消化系统的降解和产气性能

启动阶段结束后，三个反应器的进料 TS 均稳定在一定的浓度水平，各反应器在不同负荷及停留时间下的运行参数见表 4-1。

R1、R2 和 R3 反应器的污泥有机质降解和产气性能参数　　　表 4-1

反应器	进料污泥 VS/TS (%)	OLR^a [kg VS/($m^3 \cdot d$)]	SRT^b (d)	pH	VFA^c (mg/L)	CH_4 (vol. %)	VSr^d (%)	甲烷产率 [LCH_4/($gVS_{加入} \cdot d$)]	单位体积甲烷产率 [LCH_4/($L \cdot d$)]
R1 进料 TS 10%	60	2.0	30.0	8.0±0.1	291±45	72±1	41.7±1.6	0.27±0.02	0.55±0.03
		2.4	25.0	7.9±0.0	175±33	71±2	37.6±0.8	0.24±0.01	0.56±0.03
		3.0	20.0	7.8±0.1	384±38	68±1	33.3±1.2	0.23±0.01	0.68±0.04
		3.5	17.1	7.8±0.1	194±21	68±1	34.7±0.6	0.24±0.01	0.87±0.05
	52	4.0	13.1	7.6±0.0	151±40	67±2	23.0±1.5	0.18±0.01	0.71±0.05
		5.0	10.5	7.6±0.1	229±68	65±2	23.6±0.5	0.18±0.01	0.90±0.05
		6.0	8.7	7.3±0.1	300±43	64±1	22.4±0.3	0.16±0.01	0.99±0.06
	51	8.5	6.0	7.4±0.1	573±89	64±2	20.5±0.3	0.15±0.00	1.25±0.05
		12.8	4.0	7.3±0.1	1475±142	61±2	18.6±0.3	0.12±0.02	1.49±0.12

反应器	进料污泥VS/TS(%)	OLR[a][kg VS/(m³·d)]	SRT[b](d)	pH	VFA[c](mg/L)	CH₄(vol. %)	VSr[d](%)	甲烷产率[LCH₄/(gVS加入·d)]	单位体积甲烷产率[LCH₄/(L·d)]
R2进料TS15%	60	3.0	30.0	8.2±0.1	1267±124	68±1	39.2±0.9	0.25±0.01	0.75±0.02
		3.5	25.7	8.1±0.1	675±77	67±1	37.6±1.3	0.25±0.01	0.87±0.04
	52	4.0	19.6	8.0±0.1	218±56	66±1	21.7±1.3	0.19±0.02	0.78±0.07
		4.5	17.5	7.8±0.0	102±18	66±2	24.5±0.8	0.22±0.01	1.00±0.05
		5.0	15.7	7.6±0.1	159±36	66±1	28.2±0.5	0.20±0.01	1.01±0.06
	51	6.4	12.0	7.8±0.1	212±52	67±1	30.0±0.4	0.19±0.00	1.22±0.03
		8.5	9.0	7.7±0.1	250±20	66±1	28.1±0.5	0.19±0.01	1.61±0.07
R3进料TS20%	60	2.0	59.1	8.3±0.1	2246±188	66±2	40.4±1.4	0.24±0.01	0.49±0.03
		3.0	40.0	8.3±0.1	3579±165	66±1	38.7±1.0	0.22±0.01	0.67±0.03
	52	3.0	24.8	8.2±0.1	2015±224	66±1	19.8±1.5	0.21±0.01	0.63±0.02
		4.0	26.1	8.1±0.1	1005±140	66±2	23.6±1.5	0.20±0.01	0.81±0.04
		5.0	20.7	7.9±0.0	813±163	64±1	28.6±0.7	0.18±0.00	0.92±0.02
	51	6.8	15.0	8.0±0.0	892±172	66±2	29.7±0.9	0.18±0.01	1.24±0.07
		8.5	12.0	7.9±0.1	750±126	65±1	29.0±0.3	0.19±0.01	1.63±0.05

a. OLR 为有机负荷率;

b. SRT 为固体停留时间;

c. VFA 为挥发性脂肪酸;

d. VS 为降解率。

随着有机负荷的升高和停留时间的缩短,各反应器内 pH、甲烷含量、VS 降解率和甲烷产率呈下降趋势,单位体积甲烷产率呈上升趋势。进料 VS/TS 为约 60% 时,VS 降解率为 33%～40%,甲烷产率为 0.22～0.27LCH₄/(gVS加入·d);进料 VS/TS 为约 52% 时,VS 降解率为 20%～30%,甲烷产率为 0.16～0.21LCH₄/(gVS加入·d),均略低于国外的文献报道[OLR 为 0.64～1.6kgVS/(m³·d)、SRT 为 20～60d 时,甲烷产率为 0.3～0.5LCH₄/(gVS加入·d)、VS 降解率为 50%～65%]。这可能与污泥泥质具有重要关系,研究表明不同 VS/TS 会对污泥厌氧消化性能产生影响。我国污泥的特征之一是有机质含量低,大部分污泥的 VS/TS 为 30%～50%,低于发达国家 65%～75% 的水平。

研究表明在相同负荷下,随着物料 TS 的升高,VS 降解率和甲烷产率呈上升趋势,但 TS 为 20% 时可能受高氨氮的影响,甲烷产率比 TS 为 15% 时略有降低。这说明,在有机负荷相同的条件下,提高进料 TS 可延长厌氧消化的停留时间,从而提高 VS 降解率和甲烷产率。

比较 R1 和 R2 在 SRT 为 30d 时的参数,R1 的有机负荷、VS 降解率、甲烷产率和单位体积甲烷产率分别为 2.0kgVS/(m^3·d)、41.7％、0.27LCH$_4$/(gVS$_{加入}$·d)和 0.55LCH$_4$/(L·d)；而 R2 的相对应参数值为 3.0kgVS/(m^3·d)、39.2％、0.25LCH$_4$/(gVS$_{加入}$·d)和 0.75LCH$_4$/(L·d)。可见，在相同的 SRT 下，R2 的 VS 降解率和甲烷产率略低于 R1，但其有机负荷和单位体积产气率均显著大于 R1。显然，在相同的 SRT 下，提高进料 TS 对 VS 降解率和甲烷产率影响不大，却使系统能够承受更高的负荷，显著提高系统的单位体积甲烷产率。

比较 R2 和 R3 在 SRT 接近 20d 时的参数（R2 为 19.6d、R3 为 20.7d），R2 的有机负荷、甲烷产率和单位体积甲烷产率分别为 4.0kgVS/(m^3·d)、0.19LCH$_4$/(gVS$_{加入}$·d)和 0.78LCH$_4$/(L·d)；而 R3 的相应参数值为 5.0kgVS/(m^3·d)、0.18LCH$_4$/(gVS$_{加入}$·d)和 0.92LCH$_4$/(L·d)。与上文中 R1 与 R2 在相同 SRT 下的结果类似。

比较 R2 和 R3 在 SRT 为 12d 时的消化性能参数，R2 的有机负荷、甲烷产率和单位体积甲烷产率分别为 6.4kgVS/(m^3·d)、0.19LCH$_4$/(gVS$_{加入}$·d)和 1.22LCH$_4$/(L·d)；而 R3 的相应参数值为 8.5kgVS/(m^3·d)、0.19LCH$_4$/(gVS$_{加入}$·d)和 1.63LCH$_4$/(L·d)，这表明 R3 具有与 R2 相同的甲烷产率。

综上，在停留时间相同的前提下，若高含固厌氧消化的进料 TS 为 20％，低含固厌氧消化的进料 TS 为 2％~5％，则高含固厌氧消化可承受的有机负荷是低含固厌氧消化的 4~10 倍。

表 4-2 比较了低含固厌氧消化系统和高含固厌氧消化系统的性能，在两个系统（1）污泥的 VS/TS 均为 60％，（2）SRT 为 20d，VS 降解率均为 40％，单位降解 VS 产气率为 0.9 m^3/kg，（3）沼气中甲烷含量为 65％，甲烷热值为 35822kJ/m^3 的条件下，污泥高含固厌氧消化工艺在提高单位体积处理量和产能效率方面具有显著的优势。

污泥高含固厌氧消化系统与传统消化系统的比较　　　　表 4-2

比较参数	高含固厌氧消化工艺	传统消化工艺
进料含固率(TS, w/w, ％)	20	2~5
有机负荷[kgVS/(m^3·d)]	6.0	0.6~1.5
体积沼气产率[m^3/(m^3·d)]	2.2	0.2~0.5
单位体积产能	50294kJ/(m^3·d)　14kWh/(m^3·d)	5029~12574kJ/(m^3·d)　1.4~3.5kWh/(m^3·d)

综上所述，采用高含固厌氧消化工艺处理城市污水处理厂污泥是可行的。当含固率分别为 10％、15％和 20％的系统在 SRT 相同时，OLR 与进料 TS 成比例，高含固消化系统可达到同等或略低于低含固系统的 VS 降解率。与传统厌氧消化工艺（TS 为 2％~5％）的系统相比，脱水污泥进行高含固厌氧消化（TS 约 20％）的 OLR 和单位体积甲烷产率可达到传统工艺的 4~10 倍。

（2）高含固厌氧消化系统的理化特征

与污泥低含固厌氧消化工艺相比，高含固厌氧消化工艺在进料浓度方面存在显著差异，由此引起 VFA、氨氮、碱度、pH 等参数的变化。在不同运行工况条件下，高含固厌氧消化系统理化参数的变化情况如图 4-4~图 4-6 所示。

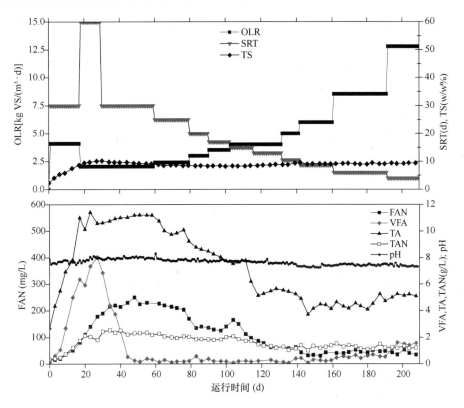

图 4-4 反应器 R1（进料 TS10％）运行参数随时间的变化

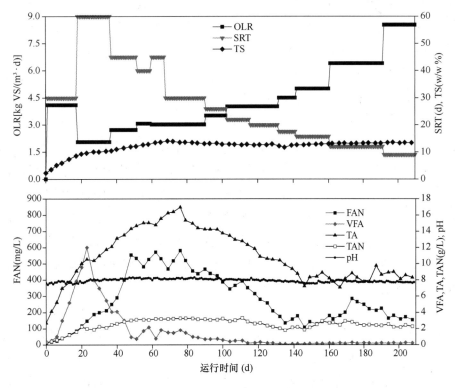

图 4-5 应器 R2（进料 TS15％）运行参数随时间的变化

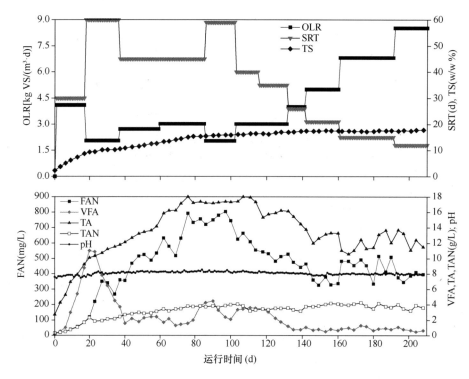

图 4-6　反应器 R3（进料 TS 20％）运行参数随时间的变化

研究表明，总碱度（TA）、总氨氮（TAN）和 pH 与含固率呈正相关关系。在相同的停留时间下，系统的总碱度（TA）和总氨氮（TAN）的比例关系也与系统的含固率呈现正相关。而 VAF 的浓度可能受 SRT（固体停留时间）、游离氨浓度和系统含固率的多重影响，未呈现明显的比例关系。

3. 污泥高含固厌氧消化工艺的发展趋势

（1）污泥高含固厌氧消化工艺在我国的适用性

相对于传统厌氧消化技术，进行高含固污泥厌氧消化可以有效减少污泥体积，缩小反应器容积，提高容积产气率，减少消化后沼液量，降低进料预热和消化过程保温所需的能耗，进而降低运行和基建成本，同时与传统的厌氧消化过程具有相似的甲烷产率。此外，目前我国污水处理厂的剩余污泥多经过脱水处理，形成了含固率为 18％～20％ 的脱水污泥，直接采用脱水后的污泥进行厌氧消化具有更好的优势，不仅有利于实现一个城市不同污水处理厂污泥的集中处理，而且可以大幅降低污泥处理与处置的成本。因此，高含固污泥厌氧消化更具有经济性，更符合我国国情。

从工艺稳定性的角度考虑，影响城镇污水处理厂污泥高含固厌氧消化工艺稳定性的主要潜在因素为氨抑制，而氨氮主要来自含氮有机质蛋白质的降解，因此，进料污泥的 TS、VS/TS、有机质的蛋白质含量以及污泥厌氧消化的 VS 降解率共同决定了系统的 TAN 浓度。VS/TS 偏低的污泥（如我国的城镇污水处理厂污泥），采用高含固厌氧消化工艺时受到氨抑制的风险低，采用较高的含固率不会影响系统的稳定性。

以研究数据为例，该实验中出现氨抑制的工况为：进料 TS 为 20％，污泥 VS/TS 为 60％，SRT≥40d，VS 降解率≥39％。在进料污泥 VS/TS 低于 60％，或者 SRT＜30d 的情况下，所运行的高含固厌氧消化系统 FAN 浓度均低于 600mg/L，能够稳定运行。对于我国的城市污泥，VS/TS 水平基本不高于 60％，采用高含固厌氧消化工艺时适合在较高的含固率下（TS 20％）运行，该技术已经在中试水平得到验证（见图 4-7）。

图 4-7　污泥高含固厌氧发酵中试装置

（2）污泥高含固厌氧消化工艺适合的运行温度

由于城镇污水处理厂污泥高含固厌氧消化工艺的主要潜在抑制性因素为游离氨，而游离态氨氮 FAN 在总氨氮 TAN 所占的比例受温度的影响较大 ［式（4-6）］，高含固厌氧消化工艺在高温 55℃ 运行时，与中温 35℃ 相比，其 FAN 浓度将是中温系统的约 2.8 倍，如图 4-8 所示。因此，若高含固厌氧消化工艺在高温段运行，其进料 TS 将受到限制。考虑系统的稳定性，城市污泥高含固厌氧消化工艺更适合在中温条件下运行。若在高温 55℃ 运行，要维持低于 600mg/L 的 FAN 浓度，污泥进料 TS 应低于 10％。若考虑高温条件下产甲烷菌对 VFA、抑制物等敏感度上升，实际运行的污泥含固率还需降低至更安全的 TS 水平。

$$\frac{[\text{FAN}]}{[\text{TAN}]} = \left(1 + \frac{10^{-\text{pH}}}{10^{-\left(0.09018 + \frac{2729.92}{T}\right)}}\right)^{-1} \tag{4-6}$$

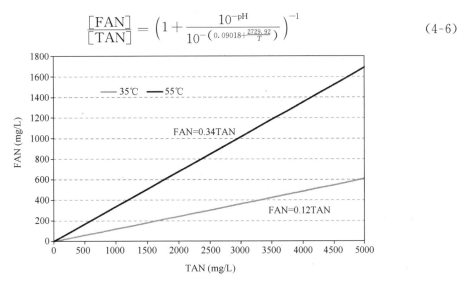

图 4-8　高温和中温条件下游离氨氮（FAN）浓度随总氨氮（TAN）浓度的变化情况（假设消化液 pH 为 8.0）

（3）污泥高含固厌氧消化工艺适合的运行工况

对于某一特定的污泥高含固厌氧消化工艺，从降低氨抑制风险的角度，其运行的 SRT 不宜太长。因为 SRT 越长，系统 pH 越高，游离氨的比例越高。

SRT 较长时系统 pH 高的原因如下：

1）SRT 较长时 VS 降解率较高，含氮有机质降解释放出氨，使总氨氮的浓度上升，氨浓度上升使碱度上升：

$$RCHNH_2COOH + 2H_2O \longrightarrow RCOOH + NH_3 + CO_2 + 2H_2 \quad (4\text{-}7)$$

$$NH_3 + H_2O + CO_2 \longrightarrow NH_4^+ + HCO_3^- \quad (4\text{-}8)$$

2）SRT 较长时 VFA 的代谢较完全，乙酸浓度较低，中和乙酸消耗的碱度减少，也促使碱度升高：

$$HCO_3^- + HAC \longrightarrow H_2O + CO_2 + Ac^- \quad (4\text{-}9)$$

可见，SRT 较长时，碱度升高，而 CO_2 分压降低，导致 pH 升高。

4.1.3 基于热水解的污泥高级厌氧消化技术

世界上采用较多的传统污泥中温厌氧消化，进泥浓度都相对较低，其体积较大，加之我国泥质特性，有机质含量相对较低，含砂量较高，厌氧消化的整体效率不高。通过将热水解和消毒除砂预处理技术与高含固污泥厌氧消化技术结合，可以优化污泥的生物降解性能，有效提高污泥的产气量，实现更大的减量化，有机负荷得以提高，可节约厌氧发酵罐体积 50% 以上，通过高温高压预处理，实现污泥彻底的卫生化，为其最终处置提供良好的前提。

1. 污泥热水解预处理

在众多预处理技术中，热水解被公认为是具有良好经济效益且可实施性强的预处理措施。早在 1978 年已有研究表明经热水解后活性污泥的降解性能（以甲烷产量计）得到了提高，原因在于复杂有机物组分的水解和溶出。Bougrier 等人研究发现随着热水解温度的提高，污泥的厌氧消化性能也随之提高，然而当温度升高到 200℃ 以上时，由于热水解过程中发生的美拉德反应，活性污泥的厌氧消化性能反而会降低。为了提高污泥的降解性能以及产甲烷量，同时缩短污泥在反应器中的停留时间，大量学者采用了 190℃ 以下的温度对污泥进行热水解以提高污泥的厌氧消化性能，这些研究评估了热水解前后污泥的厌氧消化性能如产气量、COD 降解量、TS 减少量、VS 降解率以及产甲烷量等。

热水解对污泥的作用一般有四个过程：1）污泥受热时，污泥絮体内部及表面的胞外聚合物（EPS）在热处理过程中首先溶解，转移到液相中，同时絮体结构中的氢键遭到破坏，使间隙水释放为游离水；2）随着温度的升高，污泥微生物的细胞结构（包括细胞壁和细胞膜）遭到破坏，细胞内的有机物释放出来，转化为溶解性有机物，45～65℃时细胞膜破裂，rRNA 被破坏，50～70℃时 DNA 被破坏，65～90℃时细胞壁被破坏，70～95℃时蛋白质变性；3）从污泥中溶解出来的有机化合物，在热处理过程中会发生水解，生成溶解性的中间产物，如蛋白质水解为多肽、二肽和氨基酸，氨基酸进一步水解为低分子有机酸、氨和 CO_2，碳水化合物水解为小分子多糖或单糖，脂类水解为甘油和脂肪酸，核酸发生脱氨和脱嘌呤等反应等；4）还原糖水解后生成的醛基和氨基酸水解后生成的氨基会发生美拉德反应，生成一种难降解的褐色多聚物，这种反应在低温时有发生，但是在200℃以上产生最明显。

总的来说，高温热水解的相对优势在于提高污泥在厌氧过程中的降解率（与未经预处理的原污泥相比），提高污泥生物可降解性能，提高甲烷产量；改善污泥脱水性能，减少后续脱水过程中的能量和药剂投入，减少剩余污泥量，有利于运输；去除病原菌；且以单位投入能量计，是非常经济有效的预处理方法，拥有大规模工程应用的技术优势。

污泥的"热水解—厌氧消化"联合工艺在美国、德国、英国、挪威、丹麦等国得到了重视并进行了工程应用。以往关于污泥的热水解—厌氧消化的研究多以含水率大于95%的浓缩污泥为对象，将污泥加热到约170℃，热水解30 min，再经过高温或中温厌氧消化处理，使得有机物分解率大大提高，实现了污泥减量化、无害化的目的。但由于污泥含水率高，而水的汽化潜热大，加热时大部分能量消耗在加热污泥中大量的水分上，造成"热水解—厌氧消化"工艺的能耗较大。如果对含固率大于10%的高含固率污泥进行热水解—厌氧消化处理，则整个工艺的能耗将大大降低。

2. 热水解对污泥高含固厌氧消化产甲烷潜能影响

Xue 的研究表明，对污泥进行不同温度和时间热水解预处理，再耦合序批式厌氧消化进行产气研究，污泥的产气速率呈现不同的趋势。总体而言，中温 60℃、70℃、80℃、90℃预处理对厌氧消化产气速率的提升在 8.8%～12.3%；120℃、140℃、160℃和180℃高温预处理时，厌氧消化产气速率的提升在 16.8%～36.4%。其中在反应第 15d 的时候，经 60℃、70℃、80℃、90℃、120℃、140℃、160℃和180℃预处理处理后，污泥累计产气量相比原泥对照组分别增加了 11.3%、9.3%、12.3%、8.8%、26.6%、36.4%、25.6%和16.8%。可见，热水解对后续厌氧消化产气速率有不同程度的促进作用，且高温热水解预处理比中温热水解预处理的效果更明显。在热水解温度达到 180℃时，热水解对厌氧消化产气速率的提升较其他高温降低，这与污泥 180℃热水解时产生美拉德反应有关，热水解使得溶出的有机物重新反应形成难降解有机物，从而影响了厌氧消化速率的提升。

因此，同济大学研究团队选取各有机物整体溶出速率最快的处理时间进行厌氧消化研究，中温预处理的时间为24h，高温预处理的时间为30min。由于探索性研究时中温热水解预处理对厌氧消化的影响趋势较为相近，因此中温预处理选择对照原泥、污泥经 60℃处理24h样品，高温热水解预处理选择 120℃、140℃和160℃处理 30 min 的样品，不再考察180℃热水解对厌氧消化速率的促进作用，编号分别为 A、B、C、D、E。

经不同工况热水解预处理后，污泥含固率和 VS 含量见表 4-3。

不同工况热水解预处理后污泥含固率和 VS 含量　　　　表 4-3

参数	原泥	60℃	120℃	140℃	160℃
TS 含量(%)	13.5	13.5	12.6	13.2	12.3
VS/TS(%)	57.4	54.6	56.8	56.2	55.2

BMP 小试研究过程中，在进入到第 42d 时，大部分反应器的甲烷产生量已经在检出限下，判断厌氧消化已基本结束，停止实验。小试研究主要参数见表 4-4。

热水解污泥厌氧消化性能　　　　　　　　　　　表 4-4

编号	实验组				
	原泥	60℃	120℃	140℃	160℃
	A	B	C	D	E
进泥参数					
TS 含量(%)	10.4	10.3	10.0	10.3	9.9
VS/TS(%)	51.2	49.8	50.7	50.6	49.9
I/S(VS/VS)	9/10	9/10	9/10	9/10	9/10
TS 量(g)	25.92	25.65	25.11	25.65	24.84
VS 量(g)	13.27	12.78	12.73	12.97	12.40
出泥参数					
TS 含量(%)	8.4	8.6	8.5	8.0	8.2
VS/TS(%)	41.0	41.8	41.2	41.1	39.5
TS 量(g)	20.73	21.24	20.99	19.74	20.24
VS 量(g)	8.50	8.88	8.65	8.11	7.99
VFA(mg/L)	66	75	104	82	67
SCOD(mg/L)	3758	4725	5043	5260	6828
VS 降解率(%)	35.9	30.5	32.1	37.4	35.6
生物产气性能					
甲烷产率(mL/gVS降解)	398.1	475.1	458.9	395.3	437.8
总产气量(mL)	1897	1854	1876	1919	1931

表 4-4 显示，A、B、C、D、E 共 5 个不同样品污泥的进料含固率为 9.9%～10.4%，在 42d 厌氧消化后，污泥样品的 VFA 浓度分别降至 66mg/L、75mg/L、104mg/L、82mg/L 和 67mg/L，VFA 的浓度也显示厌氧消化已进行得较为充分，且其产气也基本结束。污泥甲烷产率分别为 398.1mL/gVS降解、475.1mL/gVS降解、458.9mL/gVS降解、395.3mL/gVS降解 和 437.8mL/gVS降解。污泥 VS 降解率分别为 35.9%、30.5%、32.1%、37.4% 和 35.6%。

厌氧消化结束后，样品中 SCOD 浓度分别为 3758mg/L、4725mg/L、5043mg/L、5260mg/L 和 6828mg/L。该浓度分布与热水解可能产生的难降解有机物相关，可能在热水解的过程中产生了美拉德反应，导致部分难降解有机物残留在最后的液体中。

不同热水解预处理污泥厌氧消化产甲烷情况如图 4-9 所示。研究表明，接种污泥本身在厌氧反应过程中产甲烷的速率很低，基本接近稳定化。从原泥和不同热水解后污泥的厌氧产甲烷曲线来看，120℃、140℃和160℃高温热水解处理后的污泥，总体产甲烷速率明显超过原泥对照样品和60℃中温须处理的污泥样品。60℃中温预处理的污泥样品产甲烷速率在初期超过原泥对照样品。可见，热水解对促进污泥产甲烷速率的提高有积极影响，

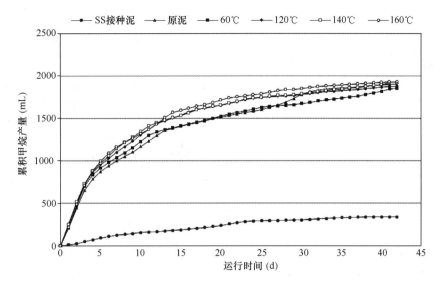

图 4-9 热水解对污泥厌氧消化累计产甲烷量的影响

且高温热水解对污泥产甲烷速率的提高幅度明显高于中温热水解。

120℃、140℃ 和 160℃ 高温热水解处理后的污泥样品厌氧消化时，160℃ 高温热水解后污泥样品的产甲烷速度最快，120℃ 和 140℃ 高温热水解预处理的样品在厌氧产甲烷速度的提升上基本接近，仅略低于 160℃ 高温热水解预处理的样品。

在厌氧消化 42d 后，厌氧消化基本趋于结束，A、B、C、D 和 E 等 5 种污泥的厌氧产甲烷总量较为接近，分别为 1897mL、1854mL、1876mL、1919mL 和 1931mL，标准偏差为 28mL。由此可见，热水解主要改变了污泥厌氧消化产甲烷的速度，导致产甲烷速率增加，但并不会显著提高污泥的甲烷产量。

不同热水解预处理污泥厌氧消化每日甲烷产量如图 4-10 所示。结果表明，总体上污泥厌氧消化产甲烷趋势是前段时间高、后段时间低，前 15d 是产甲烷的高峰期。图 4-10 上显示出三个凸起的波峰，根据出现时间可以推测，第一个波峰主要是由于降解碳水化合

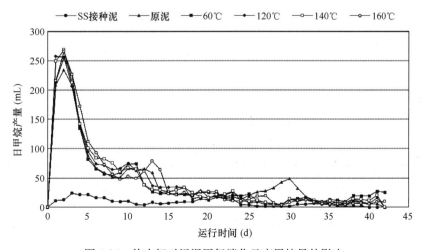

图 4-10 热水解对污泥厌氧消化日产甲烷量的影响

物产生的，时间为第 2～5d；第二个波峰主要是蛋白质降解产生的，时间为第 9～14d；第三个波峰主要是脂类降解产生的，时间为第 25d 左右，原泥由于水解限速原因，三个降解波峰的出现较热水解预处理后有一定的时间滞后。

经热水解处理后的污泥，在 BMP 产甲烷性能方面有一些特征，通过分析不同样品的产甲烷特征，发现原泥和中温热水解以及高温热水解污泥的产气特征都有相应的规律。

为了更好地分析热水解对污泥 BMP 产甲烷性能的影响，对各累计产甲烷量进行数值模拟，如图 4-11 所示。采用三次多项式对产气特征曲线进行模拟，保证 R^2 值在 0.98 以上，有较好的拟合度，可以通过式（4-10）来表达：

$$y = ax^3 - bx^2 + cx + d \tag{4-10}$$

式中　　　y——产气量；

x——消化时间（<45d）；

a、b、c、d——常数。

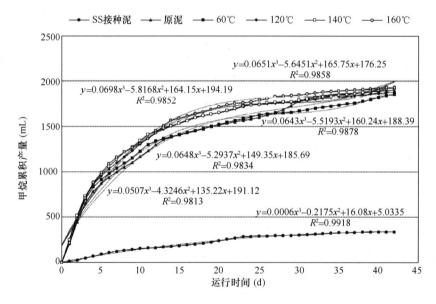

图 4-11　热水解污泥厌氧消化累计产甲烷量拟合方程

根据上述公式可以推算，对 y 进行一次求导即为产甲烷速率，其表达式为：

$$y = 3ax^2 - 2bx + c \tag{4-11}$$

污泥 BMP 产甲烷性能具体拟合方程见表 4-5。

污泥 BMP 产甲烷性能拟合方程　　　　　　　　　　　　　　表 4-5

样品	拟合方程	R^2 值	a
接种污泥	$y=0.0006x^3-0.22x^2+16.08x+5.03$	0.99	0.0006
原泥	$y=0.051x^3-4.32x^2+135.22x+191.12$	0.98	0.0507
60℃	$y=0.065x^3-5.29x^2+149.35x+185.69$	0.98	0.0648
120℃	$y=0.064x^3-5.52x^2+160.24x+188.39$	0.99	0.0643
140℃	$y=0.070x^3-5.82x^2+164.15x+194.19$	0.98	0.0698
160℃	$y=0.065x^3-5.65x^2+165.75x+176.25$	0.98	0.0651

经分析可知，接种污泥产气较少，其产甲烷曲线模拟方程中 a 值非常低，为 0.0006，说明其较为稳定。

原泥 a 值较其他样品都较低，为 0.0507，说明受热水解预处理后的污泥产甲烷特性与原污泥有一定的差异。60℃、120℃、140℃和 160℃ 热水解后的污泥产甲烷特性接近 a 值，分别为 0.0648、0.0643、0.0698 和 0.0651。特征值 a 值的差异，可较好地用于指示消化污泥是否经热水解预处理。

考虑到接种污泥 VS 降解率很低，若进行计算，对整体降解率的影响较大。因此若将接种污泥 VS 降解的影响因素去除后，可以得到表 4-6。

热水解污泥厌氧消化性能（去除接种污泥 VS 降解） 表 4-6

参数	实验组				
	原泥	60℃	120℃	140℃	160℃
进泥					
TS 含量（%）	10.4	10.3	10.0	10.0	9.9
VS/TS（%）	51.2	49.8	50.7	50.6	49.9
I/S（VS/VS）	9/10	9/10	9/10	9/10	9/10
TS 量（g）	12.15	12.15	11.34	11.88	11.07
VS 量（g）	6.97	6.63	6.44	6.68	6.11
出泥					
TS 含量（%）	8.4	8.6	8.5	8.0	8.2
VS/TS（%）	41.0	41.8	41.2	41.1	39.5
TS 量（g）	20.73	21.24	20.99	19.74	20.24
VS 量（g）	8.50	8.88	8.65	8.11	7.99
实际 VS 量（g）	2.73	3.11	2.88	2.34	2.22
VFA（mg/L）	66	75	104	82	67
SCOD（mg/L）	3758	4725	5043	5260	6828
VS 降解率（%）	60.8	53.2	55.4	64.9	63.6
生物产气性能					
甲烷产率（mL/gVS降解）	367.7	429.8	431.7	365.2	410.0
总产气量（mL）	1560	1516	1539	1582	1594

从表 4-6 可以看出，热水解预处理对污泥 42d 后最终累计产甲烷量未产生显著影响，甲烷产率分别为 367.7mL/gVS降解、429.8mL/gVS降解、431.7mL/gVS降解、365.2mL/gVS降解 和 410.0mL/gVS降解，VS 降解率分别为 60.8%、53.2%、55.4%、64.9% 和 63.6%。

3. 不同热水解工艺对污泥厌氧消化影响的比较

为了探讨不同热水解工艺对污泥厌氧消化影响，笔者对比三种运行条件下厌氧消化性能的差异，即 1）AD 反应器，采用传统污泥厌氧消化工艺；2）THP-AD 反应器，采用前置 160℃ 热水解预处理—厌氧消化工艺；3）AD-THP（脱氮）反应器，采用后置 160℃ 热水解—沼液脱氮回流—厌氧消化工艺。其中运行条件 2）、3）每次热水解的时间均为

30min。三种厌氧消化反应器的运行情况如图 4-12 所示。

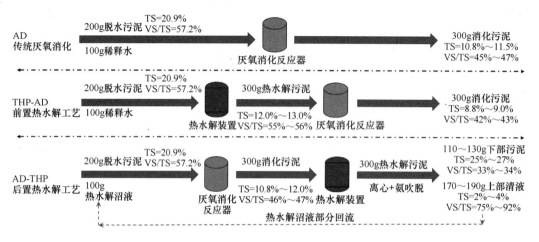

图 4-12　不同工艺反应器运行情况示意图

（1）不同污泥厌氧消化工艺的运行条件

三组反应器有效容积均为 6L，设置污泥停留时间（SRT）均为 20d，均经过 30d 的启动期并连续稳定运行至 100d，其中 AD 反应器和 THP-AD 反应器每日进泥量均为 200g 脱水污泥（TS 为 20.4%～21.5%，VS/TS 为 56.4%～61.1%）+100g 稀释水，AD-THP（脱氮）反应器则为 200g 脱水污泥+100g 反应器出料沼渣热水解离心脱水上部液体（脱氮后）。其中出料沼渣热水解后离心脱水条件为：8000r/min，10min；上部热水解沼液脱氮条件为：加碱（4mol/LNaOH 溶液）调节沼液 pH 至 10.0，后于 70℃水浴条件下微孔曝气 30min。

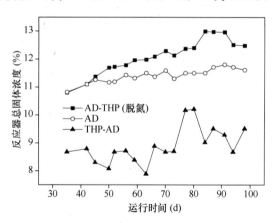

图 4-13　不同工艺半连续反应器运行期间内部物料 TS 变化

三种反应器运行期间内部物料 TS 变化如图 4-13 所示。稳定运行期内，THP-AD 反应器由于进料污泥经过热水解预处理，其 TS 最低，约为 9.0%。而 AD 反应器稳定在 11.0% 左右，AD-THP（脱氮）反应器由于回流的热水解沼液中有少量的 TS（3.0% 左右），最终稳定在 12.0% 左右。

（2）不同热水解处理下污泥厌氧消化工艺运行性能的比较

对三种反应器基础运行性能指标（pH、每日产气性能、单位添加 VS 产甲烷性能、总 VS 降解率、有机物等）进行分析，具体结果如下所述。

1）反应器内 pH

如图 4-14 所示，在 100d 运行期内，AD 反应器内 pH 稳定在 7.8 左右，而 THP-AD

反应器及 AD-THP（脱氮）反应器受进料影响较大，pH 大致稳定在 8.0 左右，稍高于 AD 反应器。

根据文献中报道，厌氧消化过程中最适宜的产甲烷 pH 范围为 6.8～7.2。其中产甲烷古菌活性对系统 pH 波动极为敏感，其活性在 pH7.0 附近达到最高，而当 pH 低于 6.6 时，则随之显著下降。而产酸菌对 pH 敏感性较弱，其可以适应 4.0～8.5 的 pH 范围，而水解及酸化过程最适宜的 pH

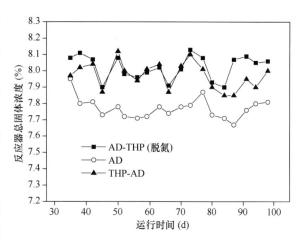

图 4-14　不同工艺反应器内 pH 变化

为 5.5～6.5。结合图 4-14 可知，三个反应器均为高含固反应器，进料有机物浓度均较高，故而导致三个反应器系统 pH 均较高于 7.0。

对于 THP-AD 反应器，由于污泥经过热水解后，会促进蛋白质的溶解，从而提高系统中总氨氮的浓度，进一步导致系统内 pH 较高于 AD 反应器。而 AD-THP（脱氮）反应器，由于出料沼渣含氮有机物分解，热水解沼液本底 pH 较高，达到 9.0 以上。且其在后续脱氮的过程中进行了加碱处理，故导致该反应器实际进料 pH 高于 AD 反应器，进而使得反应器内 pH 稍高于 AD 反应器。

2）产气性能

如图 4-15、图 4-16 所示，AD 反应器每日产沼气量大致稳定在 7.5L/d，产甲烷量约为 4.5LCH₄/d。THP-AD 反应器及 AD-THP（脱氮）反应器每日产沼气量大致稳定在 11.2L/d，产甲烷量约为 7.0LCH₄/d，相对于 AD 反应器，每日产沼气量提升 49.3%，每日产甲烷量提升 55.5%。

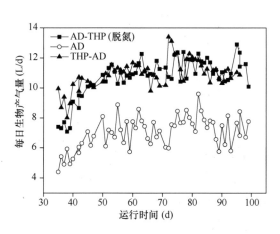

图 4-15　不同工艺反应器每日产沼气性能

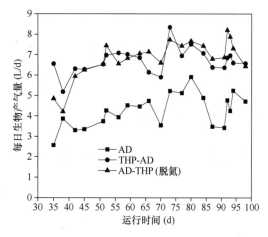

图 4-16　不同工艺反应器每日产甲烷性能

值得注意的是，AD-THP（脱氮）反应器每日出料 300g，经过 160℃ 热水解后，离心脱水可以获得 170～190g 热水解沼液，其中 TS＝2％～4％、VS/TS＝75％～92％。当每日常规进料回流 100g 热水解沼液时，其回流比（定义为回流至反应器内沼液含量占沼渣总热水解沼液含量）为 52.6％～58.8％。其中，在第 92d，进料回流 150mL 沼液，回流比为 78.9％～88.2％。从图 4-15 和图 4-16 可知，第 92d 及第 93d，AD-THP（脱氮）反应器每日沼气产量分别为 12.9L/d 和 12.4L/d，产甲烷量分别为 8.2LCH$_4$/d 和 7.9LCH$_4$/d，以第 92d 为例，相对于 THP-AD 反应器分别提升 11.9％和 17.1％。

从 THP-AD 反应器及 AD-THP（脱氮）反应器的产气性能对比可以得出，后置高温热水解工艺在前置热水解工艺基础上进一步提升产气性能的原因主要有：1）回流的热水解的沼液具有较高的 SCOD 浓度（20000mg/L 左右），而这部分有机物较容易被消化罐内微生物转化为沼气。2）将回流的热水解沼液有机物负荷核算至进料有机物负荷的一部分时，AD-THP（脱氮）反应器整体有机物负荷为 4.4kgVS/(m^3·d)（回流比约为 55％），当回流比达到约 83％时，其有机负荷达到 4.6kgVS/(m^3·d)。而 THP-AD 反应器及 AD 反应器仅为 3.9kgVS/(m^3·d)。文献中报道，在达到最佳有机负荷之前，系统的产气性能会随着有机负荷的增加而上升。且 Ehimen 等人报道，最有效的污泥厌氧消化有机负荷为 5.0kgVS/m^3。因此，AD-THP（脱氮）反应器整体产气性能均优于 THP-AD 反应器及 AD 反应器。

3）单位添加 VS 产沼气及产甲烷性能

如图 4-17、图 4-18 所示，AD 反应器单位添加 VS 产沼气量大致稳定在 300mL/(gVS$_{加入}$·d)，单位添加 VS 产甲烷量约为 180mLCH$_4$/(gVS$_{加入}$·d)。THP-AD 反应器及 AD-THP（脱氮）反应器每日产沼气量大致稳定在 455mL/(gVS$_{加入}$·d)，产甲烷量约为 285mLCH$_4$/(gVS$_{加入}$·d)，相对于 AD 反应器，单位添加 VS 产沼气量提升 51.7％，单位添加 VS 产甲烷量提升 58.3％。

其中，在第 92d，进料回流 150mL 沼液，回流比大致为 78.9％～88.2％。由图 4-17 和图 4-18 可知，第 92d 及第 93d，AD-THP（脱氮）反应器单位添加 VS 产沼气量分别为 544.6mL/(gVS$_{加入}$·d) 和 536.0mL/(gVS$_{加入}$·d)，单位添加 VS 产甲烷量分别为 357.0mLCH$_4$/(gVS$_{加入}$·d) 和 342.0mLCH$_4$/(gVS$_{加入}$·d)，以第 92d 为例，相对于 THP-AD 反应器分别提升 19.7％及 25.3％。

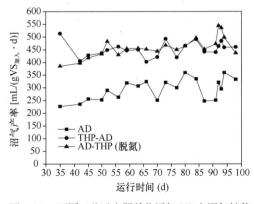

图 4-17　不同工艺反应器单位添加 VS 产沼气性能

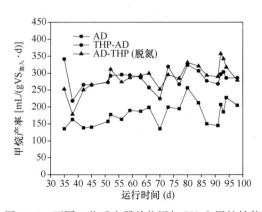

图 4-18　不同工艺反应器单位添加 VS 产甲烷性能

由于回流热水解沼液的高 SCOD 浓度及系统较高的有机物负荷，使得 AD-THP（脱氮）反应器稳定运行并具有高于 AD 反应器及 THP-AD 反应器的产气性能。

4）总 VS 降解率

AD 反应器及 THP-AD 反应器的总 VS 降解率均以整个系统进料脱水污泥 VS 含量与出料沼渣 VS 含量计算总 VS 降解率。AD-THP（脱氮）反应器以整个系统进料脱水污泥 VS 含量及出料沼渣热水解后离心脱水下部固体 VS 含量计算总 VS 降解率。

如图 4-19 所示，AD 反应器总 VS 降解率大致为 36%，THP-AD 反应器约为 48%，而 AD-THP（脱氮）反应器稳定在 62%。结合批次后置热水解温度对沼渣热水解离心脱水后上部热水解液 VS 含量的影响，可以看出，对于 AD-THP（脱氮）反应器，其出料沼渣热水解后大部分 VS 存在于上部热水解回流液中，降低了真实出料下部固体中的 VS 含量。

根据文献中报道，前置高温热水解工艺由于可以促进污泥中有机物的水解，增

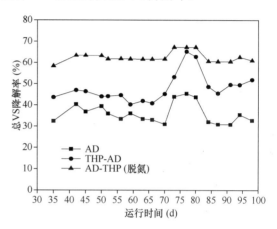

图 4-19　不同工艺反应器总 VS 降解率变化

加单位质量污泥中易被降解有机物的含量并进一步提升厌氧消化过程中产甲烷的效率，从而使得 THP-AD 反应器的 VS 降解率高于 AD 反应器。而对于 AD-THP（脱氮）反应器，其总 VS 降解率高于 THP-AD 反应器主要体现在以下两个方面：1）回流的热水解沼液从来源上分析，其经过了两次厌氧消化＋一次高温热水解，相对于 THP-AD 反应器而言，其多利用了一次微生物对有机物的生物降解作用；2）AD-THP（脱氮）反应器出料沼渣经热水解处理后脱水性能优于 THP-AD 反应器，故其出料沼渣热水解后可以将大部分溶解性有机物转移至上部热水解液体内，从而降低下部真实出料沼渣 VS 含量。

5）有机物含量变化

笔者前期研究发现脱水污泥经长期中温厌氧消化后所降解的 VS 中主要成分为蛋白质，其降解量高达系统 VS 降解量的 72.24%。因此对于 AD-THP（脱氮）反应器，主要以其出料沼渣中有机物组成中的多糖为研究对象。笔者主要测定三台不同工艺反应器中总多糖及溶解性多糖的含量变化，用以揭示并表征后置高温热水解工艺产气性能及 VS 降解率提升的原因。

由于进泥泥质影响，三种反应器出料多糖浓度均有所波动，其中 AD-THP（脱氮）反应器由于还受回流热水解沼液中多糖浓度

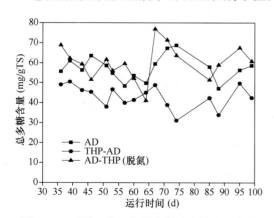

图 4-20　不同工艺反应器出料总多糖含量变化

影响，故波动最大。从图 4-20 可以看出，AD-THP（脱氮）反应器和 AD 反应器出料总多糖浓度几乎一致（约 60mg/gTS），THP-AD 反应器大致为 45mg/gTS。如图 4-21 所示，AD、THP-AD 及 AD-THP（脱氮）三种反应器出料溶解性多糖浓度分别为 1.20g/L、1.60g/L 和 2.25g/L。

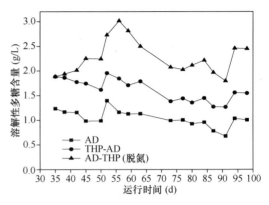

图 4-21　不同工艺反应器出料溶解性多糖含量变化

文献报道，热水解预处理对主要有机化合物水解的影响效果依次为：糖类＞蛋白质＞脂肪。这说明，AD-THP（脱氮）反应器出料沼渣中多糖在经过高温热水解处理后，能够得到充分水解并转化为更易被微生物利用的溶解性多糖。因此，尽管回流的热水解沼液中含有较高浓度的多糖（约 3.54g/L），但回流的沼液均能够在反应器内被微生物充分利用，这可以为微生物产甲烷过程提供一个良好的底物基础，并经过一系列生物过程转化为沼气。

4.1.4　低有机质污泥厌氧消化性能研究

1. 低有机质污泥厌氧消化的性能参数

我国污泥泥质的显著特点是有机质含量低、含砂量高。国外污泥干基中的有机质含量（VS/TS）为 60%～70%，我国污泥为 30%～50%。目前，高含砂对污泥厌氧消化的影响主要在以下几方面：1）有机负荷较低导致产气效能低下；2）无机颗粒沉积导致生化反应的有效容积减小，厌氧微生物的实际停留时间缩短，导致降解率和产气率的下降；3）微细无机固体沉积、板结，影响消化池和配套设备的稳定运行；4）加剧设备磨损。上述几点中，除了砂沉积导致的设备问题，就厌氧消化过程本身来说，最直接的影响是厌氧消化效率，即厌氧消化系统进泥的高含砂、低有机质含量导致系统有机负荷较低，直接影响厌氧消化单元单位体积的处理量和产气量。

除了含砂量高，我国污泥泥质的另一个特征中所含砂粒（更确切地说应为惰性无机颗粒）的平均粒径小于 60μm，虽然其主要成分是硅氧化物，但其表观密度远低于大粒径砂砾，极难从污泥絮体中剥离。目前，在工程案例和实验研究中已经发现了这样的迹象：大量惰性无机颗粒的存在，除了降低厌氧消化有机负荷、直接影响厌氧消化效率外，还将影响污泥厌氧消化过程的主要性能参数，如：导致污泥厌氧消化的 VS 降解率降低、单位有机质的产气率降低等。

（1）不同 VS/TS 污泥厌氧消化的性能差异

在世界范围内的厌氧工程实例中已经发现厌氧消化降解率或单位投加有机质的产气率与物料的 VS/TS 水平具有一定的相关性。随着有机质比例的降低、无机颗粒含量的升高，物料降解率呈下降的趋势（见图 4-22）。一般而言，厌氧消化系统中污泥的停留时间相差不大，多为 20～25d。物料降解率的差异，表明物料厌氧降解率与物料中有机质含量

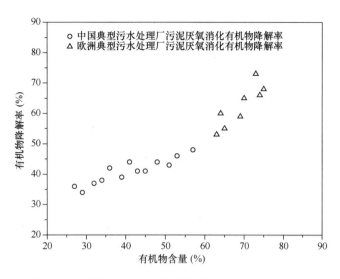

图 4-22　不同 VS/TS 含量污泥厌氧消化有机质降解率

有一定关系。

对于污泥厌氧消化，不同国家和地区的有机质含量不同，其厌氧消化性能参数也体现了类似的规律。表 4-7 列举了近年来文献中报道的一些城市污泥厌氧消化的性能参数，其停留时间均为 20d 左右，污泥多为剩余污泥或剩余污泥与初沉污泥的混合物。随着污泥中有机质含量（VS/TS）的降低，VS 降解率、产气率和甲烷产率均呈下降趋势。对于 VS 比例高于 70% 的污泥，其厌氧消化降解率多为 40%～50%，个别案例可高于 50%；对于 VS 比例低于 70% 的污泥，其厌氧消化降解率多低于 40%。我国污泥的有机质含量极少高于 70%，因此，现有的污泥厌氧消化工程中 VS 降解率多数低于 40%。

需要说明的一点是，表 4-7 中的污泥来自不同国家和地区，污泥的来源和所含易降解有机质比例的差异也是影响污泥厌氧消化性能的原因之一，前端污水处理流程的进水水质和处理工艺均会影响污泥泥质。

污泥中温厌氧消化的 VS 降解率和单位添加 VS 的产气率和甲烷产率　　　　表 4-7

VS/TS (%, w/w)	VSr[a] (%)	产气率[L/ (gVS加入·d)]	甲烷产率[L/ (gVS加入·d)]	SRT (d)	运行方式	污泥种类	国家	参考文献
80	53	—[b]	0.30	20	连续	WAS[c]	加拿大	Wahidunnabi 和 Eskicioglu，2014
77	50	—	—	20	连续	PS[d] 和 WAS	美国	Lee 等人，2011
75	49	0.57	0.34	20	连续	PS 和 WAS	瑞典	Nges 等人，2010
73	39	—	—	37	批次式	—	中国	Yuan 等人
74	38	0.38	0.24	30	连续	WAS	日本	Wu 等人，2016
68～75	37	0.27	0.17	15～20	连续	WAS	意大利	Braguglia 等人，2015
69	34～40	—	—	16	连续	WAS	澳大利亚	Ge 等人，2011
60	33	0.34	0.23	20	连续	PS 和 WAS	中国	Duan 等人，2012

VS/TS (%, w/w)	VSr[a] (%)	产气率[L/(gVS加入·d)]	甲烷产率[L/(gVS加入·d)]	SRT (d)	运行方式	污泥种类	国家	参考文献
58	—	—	0.15	22	批次式	PS 和 WAS	中国	Zhang 等人，2014
58	22	0.16	—	21	连续	WAS	意大利	Bolzonella 等人，2005
57	32	0.29	0.19	20	连续	PS 和 WAS	中国	Dai 等人，2013
52	29	0.28	0.18	20	连续	PS 和 WAS	中国	Duan 等人，2012

a. VS 降解率；

b. 文献中未提及；

c. 剩余污泥；

d. 初沉污泥。

（2）污泥在不同 VS/TS 条件下的消化性能差异

Duan 等人采用人为添加惰性无机颗粒调节污泥 VS/TS 的方法证实了相同泥质污泥含砂比例差异对厌氧消化性能的影响。为了避免不同来源污泥之间泥质差别造成的消化性能差异对实验结果产生影响，该研究通过向同一批次收集的脱水污泥中添加梯度比例的无定型粉末 SiO_2 和去离子水来得到四种相同固体含量、不同 VS/TS 的污泥（分别为 61.4%、45.0%、30.0% 和 15.0%），分别作为 R1～R4 四个平行反应器的进料基质，在相同的停留时间下连续运行至少三个周期，以获得稳定、可信的消化性能参数。

对于污泥中有机质性质相同，无机颗粒含量不同的连续运行系统，运行稳定后，其产气率、VS 降解率、甲烷含量、单位降解 VS 的产气率（SBP）和系统中 VFA 浓度如图 4-23 所示。

如图 4-23 所示，随着进料污泥 VS/TS 的降低，消化系统的产气率、VS 降解率和甲烷含量均呈下降趋势，而单位去除 VS 的产气率未呈现显著变化。当 VS/TS 从 61% 降至 15% 时，产气率、VS 降解率和甲烷含量分别下降了 29%、29% 和 4%。产气率和 VS 降解率的降低表明污泥中无机颗粒含量较高时可能影响有机质的降解速度（换言之，影响系统内微生物的增殖速度）。当 VS/TS 低于 30% 时，产气率呈现较大波动，推测可能与无机颗粒含量较高的系统传质过程受到影响有关。从图 4-23（e）中可以看出，VS/TS 低于 30% 后，系统内乙酸和丙酸浓度升高，而乙酸是产甲烷过程最重要的前体物，这可能预示着产甲烷过程或产酸过程受到了影响。

显著性分析显示，产气率、VS 降解率和甲烷含量均与污泥 VS/TS 水平具有显著相关性（$P_{0.05}$ = 0.000、0.000 和 0.000）。相关性分析表明其具有很好的对数相关性（R^2 = 0.854、0.941 和 0.924），产气率和 VS 降解率分别与 VS/TS 的对数拟合曲线如图 4-24 所示。

上述研究验证了关于污泥中无机砂粒影响厌氧消化性能的猜测。之后，为了考察不同无机颗粒含量的系统内污泥降解过程中有机质降解速率的差异，笔者通过静态批次式实验

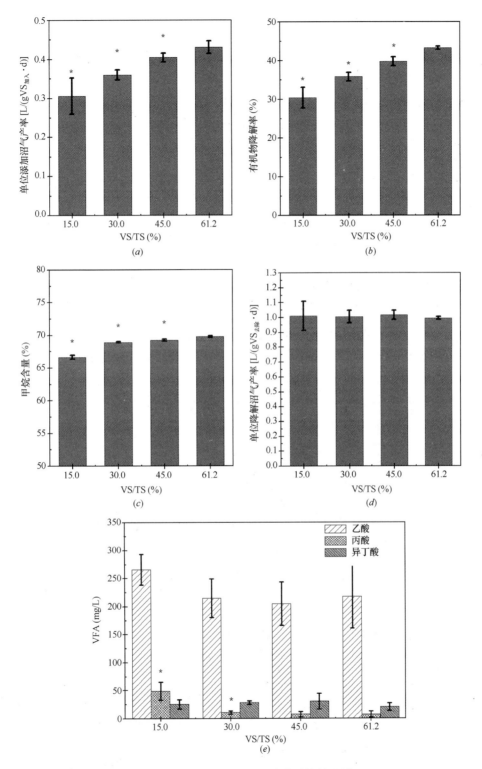

图 4-23　不同 VS/TS 污泥消化系统的差异

(a) 产气率；(b) VS 降解率；(c) 甲烷含量；单位降解 VS 的产气率；

(d) 单位降解 VS 的产气率；(e) VFA 浓度

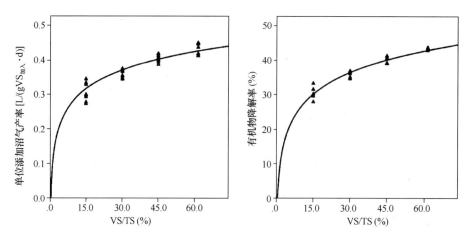

图 4-24 产气率和 VS 降解率分别与 VS/TS 的对数拟合曲线

进行进一步的验证。不同无机颗粒添加量下，R1～R5 的累积甲烷产率（基于单位添加的 VS 质量）和瞬时产甲烷速率的变化如图 4-25 所示。随着无机颗粒含量的升高，污泥序批

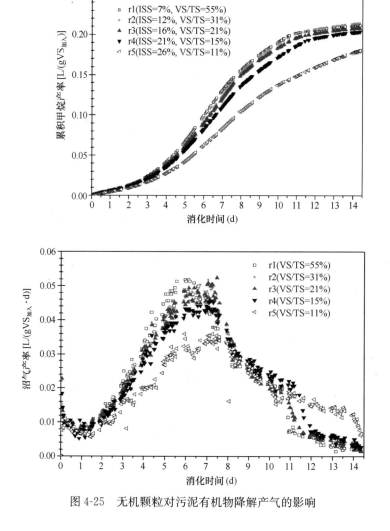

图 4-25 无机颗粒对污泥有机物降解产气的影响

式厌氧消化的累积甲烷产率和最大产甲烷速率整体呈下降趋势。由 Gompertz 模型拟合的参数值也显示最大产甲烷速率 R_{max} 随着无机颗粒含量的提高而降低，R1～R5 分别为 0.031LCH$_4$/（gVS$_{加入}$·d）、0.030LCH$_4$/（gVS$_{加入}$·d）、0.029LCH$_4$/（gVS$_{加入}$·d）、0.027LCH$_4$/（gVS$_{加入}$·d）和 0.020LCH$_4$/（gVS$_{加入}$·d）。

上述研究初步证实了微米级无机颗粒的存在确实会影响污泥厌氧消化的降解过程，这涉及微米级惰性无机颗粒对厌氧消化生化反应的影响机制。

2. 低有机质污泥厌氧消化的效能提升

（1）提升低有机质污泥厌氧消化效能的主要途径

低有机质污泥厌氧消化效能低下的直接原因可以概括为以下几个方面：1）有机质比例低造成厌氧消化系统有机负荷低；2）无机颗粒存在影响污泥厌氧消化速率；3）无机颗粒与污泥絮体有机质的结合提高了有机质降解的能量位垒，降低了污泥有机质的生物可降解性。

因此，提升低有机质污泥的厌氧消化效能主要要有以下几条途径：1）通过提高进料有机质含量来提高系统有机负荷，如高含固厌氧消化、污泥与其他有机质废弃物协同厌氧消化；2）通过提升厌氧消化温度或改善物料性能来提升有机质厌氧降解速率，如高温厌氧消化、污泥改性预处理后进行厌氧消化；3）通过污泥除砂技术去除无机颗粒，提高有机质比例及厌氧可降解性。

（2）污泥除砂技术的发展现状

根据砂在污泥絮体中的存在方式（见图 4-26），对于其中的游离状态的砂，可考虑直接进行砂与污泥絮体的分离；而潜入絮体中的砂，需先考虑砂与絮体的剥离，然后进行砂与污泥絮体的分离。除砂单元可以设置在污水处理系统中，也可设置在厌氧消化系统中。

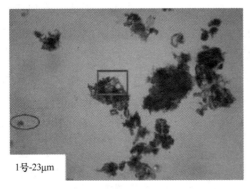 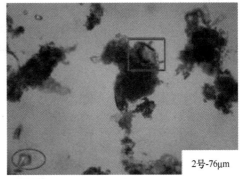

图 4-26　细微沙与污泥絮体的混合形态（×100 倍）

污水处理厂内除砂通常在沉砂池内污水的除砂，对于不采用沉砂池和容许砂在初沉池中沉降的情况下，可通过将稀污泥泵入水力旋流除砂器的方式实现。砂及密度较大的重颗粒在旋流作用下分离并与较轻的颗粒和液体分开排出。其余工艺单元并不涉及除砂问题。污泥除砂问题相关研究较少，均为采用水力旋流分离器对回流污泥的除砂，基本流程如图 4-27 所示。

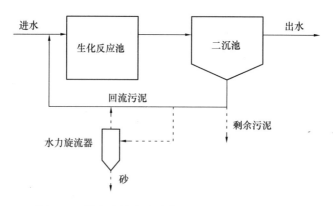

图 4-27　带旁路旋流除砂装置的活性污泥处理工艺

水力旋流分离器是一种分离非均匀相混合物的设备，它是在离心力的作用下根据两相或多相之间的密度差来实现两相或多相的分离，由圆柱体、锥体、溢流口、底流口与进料口组成。溢流口在圆柱体的上端与顶盖连接，进料口在圆柱体上部沿侧面切向进入圆柱腔内。混合物料（如回流污泥等）沿切向进入旋流器时，在圆柱腔内产生高速旋转流场。混合物中密度大的物料在旋转流场的作用下同时沿轴向向下运动、沿径向向外运动，在到达锥段沿器壁向下运动，并由底流口排出，形成外旋涡场；密度小的物料向中心轴线方向运动，并在轴线中心形成一向上运动的内旋流，然后由溢流口排出，达到了两相分离的目的。

Majdala 等人在实验室内采用一直径为 13mm 的水力旋流分离器对来自 8 个不同污水处理厂生化池混合液及回流污泥进行除砂实验，采用底流浓度与进料浓度的比值作为浓度因数（CF），表征旋流分离器对进料中总固体、有机质和无机质的分离程度。该旋流分离器对总固体、有机质和无机质的浓度因数分别为 1.4、1.3、1.5，对总固体、有机质和无机质的分离效率分别为 9%、8% 和 13%。证明了水力旋流分离器对回流污泥除砂的可行性，但尚须更大规模实验验证以及对提高无机质分离效率的改进。

王建伟等人对普通旋流分离器进行了加装中心固棒，改直锥为抛物线锥、在旋流筒体内焊接螺纹内勒线等改造，以提高污泥除砂效果。将直径为 100mm 的水力旋流分离器安装在团岛污水处理厂二沉污泥回流廊道处，对回流污泥进行除砂试验。改进后的旋流分离器分离效率和修正分离效率均有大幅度提高，溢流产物有机质提高率优于传统水力旋流分离器，新型水力旋流分离器溢流产物有机质最大提高率约为 8%。对于底流有机质含量，新型水力旋流分离器稍优于传统型，但整体底流浓度有机质含量仍较高，最低有机质含量约为 36%。旋流分离器需要进一步优化。

吉芳英等人采用直径为 75mm 的水力旋流分离器对取自重庆市某污水处理厂的二沉池回流污泥进行除砂试验，试验表明设计的污泥旋流分离器可以实现污水处理厂污泥淤砂的分离和富集。通过改变旋流分离器溢流口直径、底流口直径、锥角、工作压力等参数，比较不同状况下的除砂效果，给出旋流分离器最佳设计和运行参数。结果表明：溢流口直径和底流口直径比值 K 是影响分离效果最重要的结构参数。比值 K 越大，分流比和除砂效率越大，底流 VSS/TSS 越高，砂在底流中的富集程度以及有机质在溢流中的富集程度越小，各指标之间存在显著的线性相关关系，建议中试规模的旋流分离器 K 值设计为 0.4～0.6。提高水力旋流分离器的工作压力可以提高砂的分离效果、提高单位时间的处理能力，建议工作压力控制在 0.15～0.20MPa。用锥角为 20°、溢流口直径 22mm、底流口直径 13mm 的旋流分离器，在工作压力为 0.15～0.20MPa 的情况下，对浓度为 15～23.5g/L，VSS/TSS 为 0.28～0.40 的污泥进行除砂，产生的溢流污泥 VSS/TSS 为底流污泥的 3 倍，底流污泥 ISS/TSS 为溢流污泥的 1.5 倍。

前期实践已经初步证实了旋流除砂在分离无机颗粒方面的可行性。根据污泥中无机颗粒的存在状态可以推测，除砂的目标重点在于结合态无机颗粒，除砂技术的发展需要考虑通过一定的预处理手段减小污泥中有机质与无机颗粒的结合力，将结合态无机颗粒释放出来。目前已有研究采用热水解预处理破坏污泥有机质与无机微细砂的络合交联，通过旋流分离技术实现无机微细颗粒高效分离，并在长沙污泥厌氧消化工程中得到应用（见图 4-28）。

图 4-28　污泥水热预处理改性强化旋流除砂工程应用

4.1.5　污泥与城市有机固体废弃物协同厌氧消化技术

1. 污泥共消化技术特征

（1）共消化技术的优势

共消化一般指两种或两种以上物料混合后共同进行厌氧处理。在提高消化系统的性能方面，共消化的优势主要有：1）实现有机负荷的提升（见图 4-29），提高甲烷产率；

图 4-29　污泥厌氧消化有机负荷提升潜力

2）提高系统的稳定性；3）废弃物能够得到更好的处理；4）便于进行集中式规模化处理，发挥规模效应。

一般来说，共消化发挥优势的关键在于可平衡厌氧消化的物料参数，如 C/N（基于可降解碳和总氮的质量比）、pH、常量营养元素、可降解有机物比例、含固率等。C/N 是衡量营养元素是否平衡的一个参数，合适的 C/N 和稳定适宜的 pH 是厌氧消化工艺稳定运行的必要条件。高 C/N 将导致氮素缺乏，系统缓冲能力不足，而低 C/N 易导致氨抑制。氮素缺乏可通过与富含氮素的废弃物共消化来解决，氨抑制可通过稀释液相氨浓度或者调整进料 C/N 来缓解，对于易转化为 VFA 的消化物料，VFA 积累常导致 pH 过度下降而引起系统酸败，可通过添加缓冲性能较强的消化物料来增加系统的抗冲击能力。当单独消化系统存在潜在的有毒物质时，共消化不仅能够通过简单的稀释作用降低有毒物质浓度，还有可能因为共消化物料的加入产生解毒作用。添加易降解物料除了能提高经济性，还被证实有利于增强系统的稳定性，这可能与系统中活性微生物量增多、抗冲击和抑制性增强有关。另外，研究表明，物料的某些无机组分，如黏土、含铁化合物等分别有利于降低氨抑制和硫化物抑制。

（2）污泥共消化技术的应用

在共消化技术中，与污泥共消化的物料主要有厨余垃圾、餐厨垃圾、动物粪便以及一些工业城市有机废弃物等。这些有机垃圾先通过碾磨机粉碎后进行分选，其他干扰物质通过筛子去除，再和一定量的城镇污泥混合加入消化池中进行厌氧发酵；产生的沼气用于发电。其工艺流程如图 4-30 所示。主要设备包括预处理系统、消化池、沼气收集系统、沼气发电系统等。

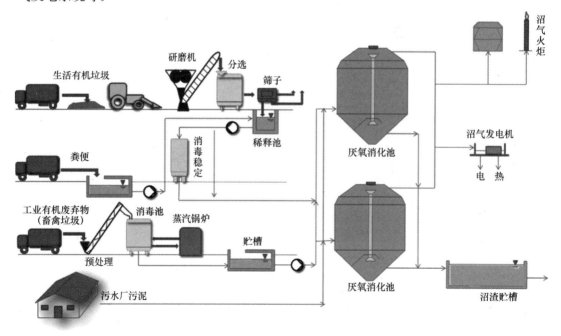

图 4-30 污泥与城市有机质废物厌氧共发酵工艺流程图

2. 与低有机质污泥共消化的潜在物料

（1）城镇生活垃圾

在共消化系统中，污泥和有机垃圾在物料组成方面的差异有利于两者的协同互补。对于厌氧消化微生物来说，污泥中的常量和微量营养元素含量较高，C/N 较低，易生物降解有机质比例较低，浓缩污泥含固率较低；相对应的，有机垃圾营养组成较为简单，C/N 较高，易降解有机质比例较高，含固率较高。

向污泥厌氧消化系统中添加餐厨、厨余等有机垃圾可提高系统的含固率。反之，对于有机垃圾厌氧消化系统来说，添加污泥可提高系统的稳定性，已有研究表明污泥（以挥发性固体含量计）添加比例在 8%～20% 时，有利于提高共消化系统的稳定性。

在 20 世纪 90 年代之前，关于污泥和有机垃圾共消化的研究多基于低含固厌氧消化系统，系统含固率通常为 4%～8%。此后，高含固厌氧消化一直是有机生活垃圾的主流厌氧消化工艺，其处理有机生活垃圾的含固率通常在 15%～50%。与此同时，共消化系统也越来越多地采用高含固厌氧消化工艺。共消化的高含固厌氧系统含固率可达到 25%～35%，C/N 为 22～30。

（2）餐厨垃圾

将污水处理厂污泥和餐厨垃圾进行混合厌氧发酵是一种有效的减量化、资源化处理方法。

高含固率污泥单独厌氧消化时，当游离氨浓度低于 600mg/L 时发酵装置稳定性良好，但当其浓度在 600～800mg/L 时，发酵会受到严重抑制。而餐厨垃圾单独厌氧消化在较高有机负荷下运行时常出现由于系统酸化、氯化钠浓度过高等引起的运行失败现象。将污泥和餐厨垃圾联合厌氧消化，不仅能够稀释有机物浓度，促进物料中营养物质的平衡，避免有机负荷过高，而且可以提高系统的缓冲能力、可生化物料利用率以及产气率，还可以稀释有毒物质，减弱对产甲烷菌的毒害作用，另外由于不需要额外投资，还能降低单位投资及运行维护费用。通过厌氧消化，把城市有机废物转化成高品位的生物燃气和有机肥料，符合我国国情和循环经济的要求，是未来城市有机废物处理和资源化利用的发展方向之一。

城镇污水处理厂污泥和餐厨垃圾中含有丰富的有机质，适合进行资源化处理。此外，餐厨垃圾占生活垃圾的比重大、含水率高，若将其从生活垃圾中分流出来进行集中式资源化处理，既有利于资源化利用，也有利于生活垃圾的减量和后续处理处置。考虑共消化在稀释抑制物、提高系统稳定性方面的优势，以及高含固厌氧消化技术在提高厌氧消化效率和工程效能方面的优势，城市污泥和餐厨垃圾采用高含固厌氧消化工艺进行共消化有望成为其高效资源化利用和稳定化处理的新途径。

污泥和餐厨垃圾采用高含固技术的优势：高含固消化的特点是消化物料的含固率较高，我国脱水污泥和餐厨垃圾的含固率在 15%～24% 波动，便于运输，适合进行集中式高含固厌氧消化，若按其平均含固率为 20% 计，与传统厌氧消化工艺中消化物料的含固率为 2%～5% 相比，高含固工艺的含固率是传统消化工艺的 4～10 倍。这意味着，在同样的停留时间下，高含固厌氧消化工艺可承受的有机负荷是传统消化工艺的 4～10 倍，从而使得相同处理量的反应器容积以及加热保温能耗都得以大大降低。

单一物料高含固消化易产生的问题和共消化的优势：当采用高含固厌氧消化工艺时，与传统系统相比，高含固系统内的潜在抑制性物质浓度也显著升高，容易对系统的稳定性产生影响，单一物料进行高含固厌氧消化时，这种作用更显著。

Dai 等人研究表明，脱水污泥和餐厨垃圾（含固率 TS 均为 20％左右）进行共消化时，餐厨垃圾添加比例（以湿重比例计）占 20％～60％，共消化系统的 VFA 的浓度显著低于污泥和餐厨垃圾分别单独厌氧消化的系统。污泥厌氧消化系统中 VFA 浓度略高的主要原因是游离氨的抑制，因为其系统内 TAN 浓度为 4.1g/L，FAN 浓度约为 600mg/L，对系统有一定的抑制作用。而餐厨垃圾系统中 VFA 积累严重并最终导致系统运行失败，可能的原因为含盐量较高，Na^+ 浓度高达 4000mg/L。有研究表明，中温条件下，Na^+ 浓度达到 3.5～5.5g/L 时对甲烷菌有中等抑制作用，由于实验中餐厨垃圾单独消化反应器的有机负荷较高，且餐厨垃圾属于易水解酸化物料，甲烷化速率一旦受到影响将导致 VFA 的快速积累，从而严重影响系统的稳定性。

污泥单独消化系统中的氨氮浓度和游离态氨氮的浓度均较高，对甲烷菌产生了一定影响，引起 VFA 浓度偏高。餐厨垃圾单独消化系统则存在 Na^+ 抑制问题，Na^+ 浓度过高影响了甲烷菌的活性，使 VFA 持续积累最终导致系统酸化。这体现了污泥和餐厨垃圾分别单独进行高含固消化的缺点，而共消化能够很好地解决这一问题。一方面，与单独消化相比，混合消化降低了单一物料中抑制性物质的浓度，能够有效提高系统的稳定性；另一方面，污泥的主要组成部分是微生物残体，餐厨垃圾则含有更多易降解的有机物，污泥和餐厨垃圾进行共消化，为系统内微生物提供了更为均衡的营养条件，因而更有利于提高系统的各方面性能。

脱水污泥和餐厨垃圾（含固率 TS 均为 20％左右）进行共消化时，餐厨垃圾添加比例（以湿重比例计）占 20％～60％，随着进料中餐厨垃圾比例的增大，单位体积的甲烷产率和产气率明显提高。例如，脱水污泥与餐厨垃圾以 4∶1 比例进行共消化后，与污泥单独厌氧消化相比，在同样的停留时间下，不但系统内 VFA 浓度下降了 40％，反应器单位体积产气率还提高了 57％。相比城市污泥，餐厨垃圾中有机质含量高、易降解，因此污泥中添加餐厨垃圾有助于在利用原有消化罐容积的前提下提高有机负荷和体积产气率。

（3）植物类废弃物

植物类废弃物如菜场垃圾、农业作物废弃物、园林植物废弃物等富含纤维素、半纤维素等碳水化合物类物质，具有较高的 C/N，将污泥与其进行协同共消化，可潜在提高污泥厌氧消化的产气效率和甲烷产率。

王凯丽研究发现城市污泥与加拿大一枝黄花（简称"黄花"）进行联合厌氧消化可以提高系统的有机负荷，增加单位体积厌氧消化罐的甲烷产率。"黄花"与污泥的 VS 比例为 1∶1、SRT 为 13d 时，厌氧消化系统的体积甲烷产率最高，可以达到 1.22m³/(m³·d)，与污泥单独厌氧消化相比，增幅达到 61.6％。随着"黄花"添加比例的增加，厌氧消化进料基质的 C/N 逐渐增加，C/N 和有机负荷的增加均有利于厌氧消化甲烷的产生。随着

"黄花"添加比例的增加，共消化系统的缓冲性能相对于污泥单独消化系统有所下降，具体表现为共消化系统的 pH、PA/TA 和总碱度逐渐下降。总碱度（TA）包括部分碱度（PA）（重碳酸盐和碳酸盐碱度）和中间碱度（IA）（非游离的 VFA 碱度）。系统的缓冲能力和重碳酸盐的浓度是成正比例的，因此，可以用 PA/TA 来评估系统应对显著和快速 VFA 和 pH 变化的能力。但从 VFA/TA 的值来看，脱水污泥单独消化时的 VFA/TA＞0.1，添加"黄花"后 VFA/TA 均低于 0.1，表明添加"黄花"后系统的稳定性更好。同时随着"黄花"的添加，系统的游离氨浓度逐渐下降，表明污泥与"黄花"协同共消化可减少游离氨对厌氧消化系统的抑制性作用。

同时研究表明"黄花"机械预处理过程的粒径大小会对整个联合厌氧消化性能产生影响。与 5～10cm 和 48～75μm 的粒径相比，当"黄花"的粒径为 1～3cm 时，其与污泥共消化的沼气产量最高，与前两种粒径相比，分别提高了 27% 和 19%。与脱水污泥和"黄花"单独处理处置相比，两者进行协同共消化可以大大减少整个过程的温室气体（GHG）排放量。当"黄花"的 VS 添加比例达到 70% 时，整个工艺可以实现负碳排放。在污泥和"黄花"的 VS 比例为 3∶1、1∶1 和 3∶7 时，其碳减排量分别为 24%、78% 和 194%。在污泥厌氧消化系统中添加"黄花"后，1t 干污泥每年可以减少 910Mg 的 CO_{2-eq}。添加"黄花"后的 GHG 减排主要来自沼气的热电联产利用，"黄花"焚烧 GHG 减排量，以及减少的化学肥料的生产和使用，这些对减轻温室效应有非常积极的贡献。笔者综合考虑联合处理处置的能耗和厌氧消化效能，建议污泥与"黄花"协同共消化的条件为：SRT 20d、污泥与"黄花"的 VS 比例 1∶1、"黄花"的投加粒径为 1～3cm。

（4）其他有机质废物

对于共消化来说，C/N 是十分重要的参数。文献报道一般有机固废厌氧消化最佳的碳氮比（C/N）为 20∶1～30∶1，尽管研究者们对于厌氧消化最适宜的碳氮比（C/N）存在分歧，但是污泥厌氧消化系统中控制碳氮比（C/N）为 20∶1 较适合于厌氧消化系统中微生物水解、产酸、产甲烷。污泥的碳氮比一般为 7∶1，如果可以将污泥与碳含量较高的废弃物进行混合发酵，则可能同时提高厌氧消化的水解与产酸效率，从而最终获得较高的甲烷产量。从这个角度考虑，碳水化合物含量较高的食品加工废弃物、酒糟、居民粪便等也是适合作为污泥共消化物料。

目前，污泥与有机质废弃物共消化领域，有机垃圾的共消化方面应用较为成熟，与其他有机质废弃物的共消化仍然处于研究阶段，工程实践相对较少。低有机质污泥与其他有机质共消化有利于提高厌氧消化系统的产气效率，但共消化沼液和沼渣的最终处理处置是值得关注的问题。

4.1.6　我国污泥厌氧消化应用现状及存在问题

我国自"九五"期间开始推广污泥厌氧消化技术，然而较早建成的污泥厌氧消化设施中能够稳定运行的比例却较低。在"十一五"和"十二五"期间陆续颁布了多项政策和指南，鼓励城镇污水处理厂采用厌氧消化工艺进行污泥稳定化，厌氧消化工程建设逐渐增多。近年来，以提升污泥厌氧消化效率为目标，我国在污泥改性、处理效率和资源化产物品质提高、产物资源化利用等方面进行了诸多有益探索，储备了系列原创技术和引进再创新技术，形成了一批代表性示范工程，为污泥问题的解决提供了必要的技术支撑。其中，污泥高级厌氧消化成为最近几年来污泥处理领域内一个明显的发展方向，在长沙、镇江、襄阳、北京、西安等地已得到工程化应用。我国"十一五"和"十二五"期间建成的部分污泥厌氧消化工程见表 4-8。

我国部分已建成的污泥厌氧消化设施分布情况 表 4-8

序号	项目名称	设计规模（t/d，以含水率80％计）	建成时间（年）
1	石家庄桥东污水处理厂厌氧消化工程	400	2007
2	青岛市麦岛污水处理厂污泥处理处置工程	240	2008
3	郑州王新庄污水处理厂污泥厌氧消化工程	500	2008
4	重庆鸡冠石处理厂污泥厌氧消化工程	600	2009
5	上海白龙港污水处理厂污泥处理工程	1020	2009
6	大连夏家河污泥厌氧消化项目	600	2009
7	内蒙古乌海污泥厌氧处理项目	200	2009
8	新疆乌鲁木齐河东污水处理厂污泥厌氧消化及热电联产升级改造项目	395	2010
9	长沙市污水处理厂污泥集中处置工程	500	2011
10	襄樊市污水处理厂污泥综合处置示范项目	300	2011
11	浙江宁海县城北污泥处理处置项目	150	2011
12	西安市第五污水处理厂污泥处理项目	330	2012
13	平顶山市污泥处置项目	200	2012
14	昆明主城区城市污水处理厂污泥处理处置项目	500	2012
15	广东省中山市污泥处理厂	300	2012
16	天津津南污泥处理厂	800	2013
17	海口混合有机垃圾污泥协同消化项目	500	2014
18	北京高碑店污水处理厂污泥高级消化工程	1358	2014
19	合肥小仓房污水处理厂污泥处置项目	200	2014
20	山东唯亿低碳环境园二期工程	200	2014
21	邵阳市启动污泥集中处置工程	200	2014
22	合肥污泥资源化利用工程	200	2015
23	天津津南污泥处理厂项目	800	2015
24	北京小红门污水处理厂泥区改造工程	900	2015
25	北京高安屯污泥处理中心工程	1836	2015
26	北京槐房再生水厂泥区工程	1220	2015
27	北京清河第二再生水厂泥区工程	814	2015
28	威海市临港区污水处理厂工程污泥及有机质固废资源化利用项目	200	2015
29	秦皇岛北戴河新区污泥处理工程	300	2016

污泥厌氧消化工艺按照运行温度的不同可分为常温/低温厌氧消化（15～20℃）、中温厌氧消化（33～35℃）和高温厌氧消化（52～55℃）。常温/低温消化对外加能源的需求率低，但较低的温度使其消化时间延长、对病原菌的杀灭率低、消化效率低且容易受到外界环境的影响；高温消化能缩短消化时间、杀灭约 99％的病原菌，但需要外界提供大量的能量来维持其反应温度；相对而言，中温消化在无需提供过多能量的条件下，仍能保证较高的厌氧消化效率，使其成为目前研究应用最为广泛的消化方式。我国绝大多数污泥厌氧消化系统均采用中温厌氧消化。

污泥厌氧消化工艺按照处理物料含固率的不同可分为低含固厌氧消化工艺（含固率＜10％）和高含固厌氧消化工艺（含固率≥10％）。传统的污泥厌氧消化工艺处理对象一般为浓缩污泥，含固率为 2％～5％，属于低含固工艺。低含固厌氧消化工艺启动较简单，但过高的含水率大大增加了处理设备的占地面积，增加了投资成本，且有机负荷相对较低，产气率不高，使得能量回收率低。相对而言，高含固厌氧消化由于污泥含固率高，处理负荷高，其处理设备的体积可以大大减小，加热保温能耗也得以降低，工程效能得以显著提高。近年来发展迅速的高级厌氧消化工艺多属于高含固厌氧消化工艺，部分工程在此基础上添加易降解有机废弃物如餐厨垃圾进行协同处理，进一步提升了厌氧消化效率。

我国污泥厌氧消化初期的工程项目主要依赖国外进口的技术和装备，消化池的形状以卵形消化池为主，其典型的工程有杭州四堡污水处理厂和济南盖家沟污水处理厂，分别已建成 3 座容积为 10500m³ 的卵形池；济宁污水处理厂于 2004 年设计建成了 2 座当时国内容积最大的卵形消化池，单体容积为 12700m³；福建漳州东区污水处理厂新建成 2 座容积为 11000m³ 的卵形池。上海白龙港有亚洲总体规模最大的卵形消化池，共八座，单池容积 12400m³，为预应力混凝土结构。单体规模亚洲第一的消化池在武汉三金潭污水处理厂，共两座，单体容积 13900m³，其外高为 46m，池体最大内径 26m，为无粘结预应力钢筋混凝土结构。另外厦门、重庆、石家庄、北京和宜昌等城市也先后建造有卵形消化池。

"十二五"以来通过技术的创新，污泥厌氧消化得到了快速发展，表 4-9 所示为运行较好的典型案例。通过近几年的工程实践，我国污泥厌氧消化技术发展迅速，特别是针对我国泥质特征的厌氧消化技术已达到了世界先进水平。随着污泥稳定化处理日益受重视及碳中和目标的提出，污泥厌氧消化作为减污降碳的重要技术，在我国具有广泛的市场前景。

厌氧消化典型案例的主要技术信息对比 表 4-9

项目地点 工程概况	北京高碑店	北京小红门	大连夏家河	上海白龙港	郑州王新庄	青岛麦岛	长沙
进泥含固率（％）	8～10	8～10	10	5	5	4	10～12
进泥有机质比例（％）	65	62	62～67	53	50～70	＞65	50 以下

项目地点 工程概况	北京高碑店	北京小红门	大连夏家河	上海白龙港	郑州王新庄	青岛麦岛	长沙
运行温度 （℃）	40	40	37	33～35	35±1	35±2	53～55
停留时间 （d）	18	18	22～25	24～25	25	22～23	22
搅拌方式	机械搅拌	沼气搅拌	机械+水射	机械搅拌	沼气搅拌	机械搅拌	沼气搅拌
搅拌强度 （W/m³）	1.4	6.2	19.5	4.7	—	0.9	—
容积沼气产率 [m³/(m³·d)]	1.2	1.0	1.12～1.20	0.45	0.50	0.59	1.12
脱硫方式	干式脱硫	干式脱硫	干式脱硫	湿式—干式 串联	干式脱硫	浓缩污泥添 加 $FeCl_3$	干式脱硫 方式
沼气用途	沼气发电	沼气拖动鼓 风机	市政燃气	消化池加热 保温和污泥 干化	市政燃气	沼气发电、 余气燃烧	沼气发电， 余气干化
污泥最终出路	土地利用	土地利用	土地利用、 水泥窑协 同处置	填埋	填埋、堆 肥后土地 利用	填埋、堆肥 后土地利用	填埋覆盖土

4.2 污泥好氧生物处理技术

4.2.1 污泥好氧消化技术

污泥好氧消化是通过对可生物降解有机物的氧化产生稳定产物，减少质量，缩小体积，灭活病原菌，改善污泥特性，以利于进一步资源化利用及处置。好氧消化技术通常分为独立好氧消化或延时好氧消化两种形式。独立好氧消化用于处理能力较大的且有初沉池的城镇污水处理厂。延时好氧消化技术是通过污水处理厂延长污泥泥龄，实现有机物的深度降解，达到污泥稳定化的目标，在国外小型污水处理厂利用广泛，要求污泥泥龄在 25d 以上。

1. 污泥的好氧消化机理

好氧消化是基于微生物的内源呼吸原理，即当污泥系统中的基质浓度很低时，微生物将会消耗自身原生质以获取维持自身生存的能量。消化过程中，细胞组织内的物质将会被氧化或分解成二氧化碳、水、氨氮、硝态氮等小分子产物。同时，好氧氧化分解过程是一个放热反应，因此在工艺运行中会产生并释放出热量。好氧消化反应完成以后，剩余产物的生物能量水平低，在生物学意义上比较稳定，适于各种最终处置途径。

2. 污泥好氧消化的优缺点

污泥好氧消化的优点：1）产生的最终产物在生物学上较稳定，稳定后的产物没有气味；由于反应速度快，构筑物结构简单，所以好氧消化池的基建费用比厌氧消化池低；2）工程实践表明，好氧消化所能达到的挥发性固体去除率与厌氧消化大体相同；好氧消化上清液中的 BOD_5 浓度比厌氧消化的低，一般为 $50\sim500mg/L$；而厌氧消化高达 $500\sim3000mg/L$；3）运行简单，操作方便；4）好氧消化的污泥肥料价值比厌氧消化的高；5）运行稳定，对毒性不敏感；环境卫生条件好。

污泥好氧消化的缺点：1）由于供氧需要动力，特别是污泥浓度高，自身产热，导致好氧消化供氧效率低，因此好氧消化池的运行费用较高；2）某些经过好氧消化的污泥，污泥脱水困难；3）无生物质能源如甲烷的回收。

3. 污泥好氧消化工艺

好氧消化最常用的是 ATAD 自热式高温好氧消化工艺，对该工艺的研究最早可追溯到 20 世纪 60 年代的美国，在德国 20 世纪 80 年代考虑到该工艺高温灭菌的效果也开展了深入研究，开发了好氧消化和厌氧消化组合工艺等。其设计思想产生于堆肥工艺，所以又被称为液态堆肥。自从欧美各国对处理后污泥中病原菌的数量有了严格的法律规定后，ATAD 工艺因其较高的灭菌能力而受到重视。

ATAD 的一个主要特点是提高反应器的污泥有机物浓度，依靠 VSS 的生物降解产生热量，可以将反应器的温度升至高温范围内（$45\sim60℃$）。由于在大多数生物反应系统中，升高温度意味着增加反应速率。为了提供足够的热量，减少水分引起的不必要的热损失，因此 ATAD 工艺的进泥首先要经过浓缩使 MLSS 浓度达到 $4\times10^4\sim6\times10^4mg/L$ 或 VSS 浓度最少为 $2.5\times10^4mg/L$，这样才能产生足够的热量。各种不同类型的物料分解产生的热量见表 4-10。同时，反应器要采用加盖封闭式，其外壁需采取隔热措施以减少热损失。另外，还需采用高效氧转移设备以减少蒸发热损失，有时甚至采用纯氧曝气。通过采取上述措施可使反应器温度达到 $45\sim65℃$。

不同的废弃物中每 1kgVSS 去除释放的热量   表 4-10

物料	释热（kJ/kgVSS 去除）	资料来源
城市固体废弃物有机部分	$29500\sim30900$	Wiley，1957
蘑菇堆肥基质	$15400\sim22000$	Harper 等人，1992
污水污泥	23000	Haug，1993
污水污泥	21000	Andrews and Kambhu，1973

维持 ATAD 反应器内较高温度有以下优势：1）抑制了硝化反应的发生，使硝化菌生长受到抑制，因此其 pH 可保持在 $7.2\sim8.0$；2）有机物的代谢速率较快，去除率一般可达 45%；3）污泥停留时间短，一般为 $5\sim6d$；4）NH_3-N 浓度较高，故对病原菌灭活效果好。研究结果表明，ATAD 工艺可将粪便大肠杆菌、沙门氏菌、蛔虫卵降低到"未检出"水平，将粪链球菌降到较低水平。

为了强化 ATAD 的传质以及工程应用中消毒的要求，对传统 ATAD 进行了改进，改进型的 ATAD 消化池一般由两个或多个反应器串联而成，反应器内加搅拌设备并设排气孔，其操作比较灵活，可根据进泥负荷采取序批式或半连续流的进泥方式，反应器内的溶解氧 DO 浓度一般在 1.0mg/L。消化和升温主要发生在第一个反应器内，其温度为 35~55℃，pH≥7.2；第二个反应器温度为 50~65℃，pH≈8.0。为保证灭菌效果应采用正确的进泥次序，即首先将第二个反应器内的泥排出，然后由第一个反应器向第二个反应器进泥，最后从浓缩池向第一个反应池进泥，以保证足够的污泥消毒时间，并且不发生短流。

为了解决传统曝气在 ATAD 工艺中传氧效率低的难题，ATAD 工艺采用射流曝气系统，水力紊流条件好，单位体积的氧传质效率高，能将系统的溶解氧维持在一个较为稳定的水平上，并控制温度变化。

污泥的性质对系统的处理能力也有相当的影响，大规模 ATAD 系统中对不同来源的污泥的 VSS 去除率效果见表 4-11。

在大规模 ATAD 中对于不同来源的污泥的 VSS 去除率　　　　表 4-11

污泥来源	VSS 去除率(%)	参考源资料
延时曝气	25~35	Schwinning 和 Cantwell，1999
初沉污泥＋剩余污泥	30~56	Schwinning 和 Cantwell，1999
初沉污泥＋剩余污泥＋滴滤池污泥	43~66	Schwinning 和 Cantwell，1999
剩余污泥	25~40	美国环境保护署，1990

20 世纪 80 年代，德国波鸿鲁尔大学 U. Moeller 教授提出了两段高温好氧/中温厌氧消化（AerTAnM）工艺，其以 ATAD 作为中温厌氧消化的预处理工艺，并结合了两种消化工艺的优点，在提高污泥消化能力及对病原菌去除能力的同时还可通过厌氧段回收污泥中的生物质能。

预处理 ATAD 段的 SRT 一般为 1d，有时采用高效曝气，温度为 55~65℃，DO 维持在(1.0±0.2)mg/L，后续厌氧中温消化温度为(37±1)℃。该工艺将快速产酸反应阶段和较慢的产甲烷反应阶段分离在两个不同反应器内进行，有效地提高了两段的反应速率。同时，可利用好氧高温消化产生的热来维持中温厌氧消化的温度，进一步减少了能源费用。

目前，欧美国家已有多个污水处理厂采用 AerTAnM 工艺，工程实践表明，该工艺可显著提高对病原菌的去除率，消化出泥达到美国 EPA 的 A 级要求，后续中温厌氧消化运行稳定性良好，具有较低 VFA 浓度和较高碱度。

4.2.2　污泥好氧堆肥技术

堆肥是利用污泥中的微生物进行发酵的过程，在污泥中加入一定比例的膨松剂和调理剂（如秸秆、稻草、木屑或生活垃圾等），利用微生物群落在潮湿环境下对多种有机物进行氧化分解并转化为稳定性较高的类腐殖质。污泥经堆肥处理后，一方面植物养分形态更有利于植物吸收，另一方面还消除臭味，杀死大部分病原菌和寄生虫（卵），达到无害化目的，且呈现疏松、分散、细颗粒状，便于储藏、运输和使用。

由于好氧堆肥占地面积大，容易产生臭味，环境卫生条件差，近年来，世界范围内污泥堆肥的发展趋势是向集约化及自动化方向发展，从露天敞开式转向封闭式发酵，从半快速发酵转向快速发酵，从人工控制转向全自动化智能控制。

传统的污泥堆肥工艺如图 4-31 所示。

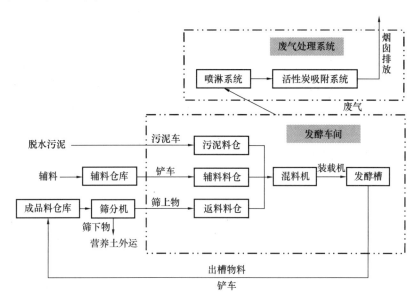

图 4-31　污泥堆肥的基本工艺流程图

工业化堆肥过程的发展是通过 1）加速自然生物过程；2）控制工艺进程中的水分、碳源、氮、氧气、臭气及颗粒物以改善周围环境；3）减少占地，获取质量稳定的产品三个方面提高堆肥的效率。

根据堆肥过程的机械化程度，可分为露天堆肥和快速堆肥两种。条垛式的垛断面可以是梯形、三角形或不规则的四边形，它通过定期翻堆来实现堆体中的有氧状态。强制通风静态垛式是在条垛式基础上，通过强制通风向堆体中供氧。反应器是密闭的发酵仓或塔，占地面积小，可对臭气进行收集处理。

在所有工艺构型中，污泥好氧堆肥均需添加调理剂以增加空隙率便于曝气，同时也减少了混合物含水率，调理剂由粗糙颗粒构成，同时可以补充碳源以及提供能量平衡。

1. 污泥好氧发酵新工艺

（1）智能好氧发酵工艺

智能好氧发酵，即基于污泥传统好氧发酵的原理，采用隧道式发酵槽等形式，对污泥好氧发酵关键工序涉及的混料机、布料机、翻抛机等关键设备进行集成，并结合好氧发酵过程温度、氧气和臭气等关键工艺参数的在线监测和反馈控制，实现工艺混料、输送、布料、发酵、供氧、匀翻、监测、控制和除臭等功能的集成设计和自动高效运行。

相比传统好氧发酵，智能好氧发酵提高了污泥稳定化、无害化和减量化的效率，解决了传统好氧发酵工程常见的臭气收集和处理难题。

（2）超高温好氧发酵工艺

普通高温堆肥工艺存在占地面积大、发酵周期长（30d 以上）、堆肥过程二次污染严重、低品位堆肥产品出路受限等缺点，极大限制该工艺进一步的应用。近几年，超高温堆肥（又称超高温好氧发酵）作为一种新型好氧发酵技术，被成功应用于城镇污水处理厂污泥等有机废物处理与资源化利用工程实践中。该工艺基于富含极端嗜热微生物的超高温好氧发酵菌剂，使堆肥温度在不依赖于外加热源的前提下快速提升至80℃以上（最高温度可达到100℃），这也是传统高温堆肥所不能达到的温度。与传统高温好氧发酵工艺相比，该技术的优势包括：1）促进腐殖质前体大量产生，加快堆肥腐殖化进程；2）促进有机物降解、高效杀灭病虫卵等有害物质；3）抑制硝化和反硝化反应速率，减少 N_2O 排放和堆肥氮素损失；4）显著影响堆肥细菌群落组成和多样性，削减抗生素残留及 ARG 和 MEG 等污染；5）增强生物氧化酶活性，加速微塑料等高分子有机污染物的降解；6）促进富含羧基等不饱和基团的富里酸和腐殖酸组分产生，提高堆肥产品的土地利用附加值。

（3）膜覆盖高温好氧发酵工艺

膜覆盖高温好氧发酵是将一种具有特制微孔的功能膜作为脱水污泥好氧发酵处理的覆盖物，这种膜具有选择性半渗透功能，由聚四氟乙烯（PTFE）微孔膜与织物复合而成，微孔的平均孔径为 $0.18\sim1.3\mu m$，为水分子团直径（$20\sim100\mu m$）的几百分之一，比水蒸气分子（$0.0003\sim0.0004\mu m$）和 CO_2（$0.00033\mu m$）大几万倍，所以嗜氧菌分解污泥中有机物产生的水蒸气和 CO_2 能够借助功能膜的微孔结构扩散出去，维持了发酵堆体膜内外的气流平衡，进而实现了较好的防水透湿功能。将功能膜覆盖在堆体上，通过鼓风机鼓风，发酵体内形成一个相对稳定的微高压内腔，使堆体内任意部位基本处于相同的压力下，并和氧气充分、均匀地接触，为嗜氧菌构建了一个适宜的微环境。该工艺成功运用于上海市奉贤区污泥处理工程，日处理规模155t/d。

2. 污泥好氧发酵废气处理技术

污泥好氧发酵过程中会产生大量的恶臭气体，环境条件差，是限制好氧发酵工艺推广应用的关键因素之一。近年来通过技术攻关，在恶臭控制与处理方面取得了显著的成效，主要在以下几个方面：

（1）减少发酵过程中臭气的释放

发酵过程有害气体的产生与多种因素有关，对于特定的堆肥厂，其污泥来源相对稳定，与特定的辅料混合发酵，其主要影响因素是发酵过程中的参数：温度和通风曝气状况。

温度是影响发酵效果的主要因素，是微生物生长繁殖的重要参数，适宜的温度可以使堆体中的微生物快速分解有机质，保证了发酵腐熟的效果。因此，温度也影响了发酵过程中臭气的产生。如氨、硫化氢、乙硫醇、二甲基硫和乙醛的沸点都低于发酵的普通温度，所以发酵过程中产生的这些物质会以气态挥发出来。而温度过高会导致更多的 VOCs 释放，同时不利于微生物的生长。因此控制合适的温度有利于减少有害气体的释放。

通风具有供氧、调节温度和水分的作用，通常被认为是发酵过程中最重要的控制手段。常见的通风方式有翻堆、自然通风、强制通风、强制抽风、强制通风加翻堆。通风方法影响了微生物生长状况，并最终影响发酵效果。较低的通风量会导致堆体供氧不足，局部缺氧，从而促使大量含硫化合物的产生，充足的氧气能使微生物好氧降解完全，最终产物以氨气和含氮化合物为主。但过度的通风量不利于堆体保温，因此发酵过程中需要保证合适的通风量。

（2）末端处理，减少有害气体的排放

末端治理主要有生物法、化学法、物理法及组合法。物理和化学法具有见效快、针对性强等特点，但其设备工艺复杂，难再生，投资成本高；生物法能够处理复杂的臭气，具有投资运行费用低、维护管理简单等优点，但也存在不适用于高浓度臭气处理、见效慢、缺乏行之有效的监控手段等缺点。因此针对好氧发酵臭气成分复杂、性质多样的特点，单一的除臭方法很难达到较高的除臭效率，在实际工程中往往采用多级处理的方法进行除臭。

4.2.3 我国污泥好氧发酵的应用现状

环境保护部 2010 年颁发了《城镇污水处理厂污泥处理处置污染防治最佳可行技术指南（试行）》，推荐将好氧发酵作为污泥处理污染防治最佳可行技术之一，目前我国部分已建成的污泥好氧发酵工程见表 4-12。其中，重点流域污水处理厂污泥采用好氧发酵技术进行处理的比例为 7.40%。

我国部分已建成污泥好氧发酵工程　　　　　　　　　　表 4-12

序号	工程名称	设计规模（t/d，以含水率80%计）	建成时间（年）
1	秦皇岛绿港污泥处理工程	200	2009
2	山东安绿能源科技有限公司污泥处理处置项目	150	2009
3	洛阳市污泥无害化处理改造工程	170	2010
4	长春北郊污泥堆肥处理与制肥工程	400	2010
5	上海朱家角脱水污泥应急工程	120	2010
6	唐山西郊污泥好氧发酵工程	400	2011
7	沈阳振兴污泥好氧发酵工程	1000	2011
8	北京排水集团庞各庄污泥堆肥项目	250	2011
9	上海青浦区污泥处理处置工程	200	2011
10	寿光污泥堆肥与资源化利用工程	300	2011
11	日照市污泥生物处理厂	120	2011
12	南阳污泥处理处置工程	200	2012
13	哈尔滨污泥集中处置工程	700	2012
14	娄底市城市污泥无害化处理与综合利用工程	200	2012
15	上海松江污泥好氧堆肥工程	120	2012
16	山东威海安绿肥业污泥有机肥项目	150	2012

序号	工程名称	设计规模（t/d，以含水率80%计）	建成时间（年）
17	广东东莞市污泥处理处置项目	200	2012
18	无锡市芦村污水处理厂污泥处理工艺改造项目	220	2012
19	天津张贵庄污泥处理处置工程	300	2012
20	新乡污泥处理处置工程	300	2013
21	洛阳市污泥无害化资源化工程	228	2013
22	内蒙古通辽污泥处置中心项目	150	2013
23	包头市城市污水处理厂污泥利用工程	300	2013
24	常熟市污泥资源化项目	300	2013
25	湖北武汉污泥处置项目（陈家冲一期）	175	2014
26	哈尔滨污泥处理厂项目	650	2014
27	青岛小涧西垃圾堆肥改造工程	150	2014
28	长春串湖污泥生物沥淋法干化处理项目	275	2015
29	郑州污泥处置利用工程	100/600	2009/2015
30	贵港市污泥集中处理与处置工程项目	100	2015
31	武汉汉西污水处理厂污泥项目	435	2016

污泥好氧发酵技术在国内污水处理厂的应用情况见表4-13。其中13项工程有明确的出厂泥自检和送检项目。自检率最高的5项指标的依次为含水率、有机质或挥发性有机物、pH、N/P/K、种子发芽率等。其中含水率自检的有13座，自检率100%；有机质或挥发性有机物，自检的8座，自检率61.5%；pH，自检的6座，自检率46.2%；N/P/K，自检的4座，自检率30.8%；种子发芽率，自检的3座，自检率23.1%。

污泥好氧发酵项目工艺概况　　　　　表4-13

工艺名称	工艺类型	发酵时间（d）	物料运行方式	发酵堆体结构形式	供氧方式	反应温度（℃）	发酵温度
UTM超高温生物干化技术	一步发酵	12～15	间歇动态发酵	槽式	移堆/强制通风	平均85	超高温
圆柱多棱多层污泥生物干化处理装置	二步发酵	4/4	动态发酵	立式仓	强制通风	45～70	高温
污泥固态膜覆盖高温好氧发酵工艺	二步发酵	12/12	静态发酵	槽式/膜覆盖	强制通风		高温
CTB智能控制好氧发酵	一步发酵	20	间歇动态发酵	槽式	翻抛/强制通风	7d＞55	高温
好氧曝气＋机械翻抛	二步发酵	14～18/20	间歇动态发酵	槽式	翻抛/强制通风	55～65	高温
UTM超高温生物干化技术	二步发酵		间歇动态发酵	槽式	移堆/强制通风		超高温

工艺名称	工艺类型	发酵时间 (d)	物料运行 方式	发酵堆体 结构形式	供氧方式	反应温度 (℃)	发酵温度
IPS 好氧生物干化 工艺	一步发酵	21	间歇动态 发酵	槽式	强制抽风	50～80	高温
槽式高温好氧发酵	一步发酵	21	间歇动态 发酵	槽式	翻抛/强制 通风	55～70	高温
IPS 好氧生物干化工 艺（SACT 高温好氧 隧道仓式发酵工艺）	一步发酵/ 冬季二步发 酵（机科： 二级发酵未 棚式晾晒）	22/30～45 （机科： 18～20/ 15～20）		SACT 高温 好氧隧道仓 式发酵工艺	仓式	强制通风	55（60）	高温
全机械化隧道仓好 氧堆肥工艺 （SACT 工艺） （双层）	二步发酵/ 第二步为堆 棚式发酵	14～16/ 20	间歇动态 发酵	仓式	强制通风	60	高温
槽式高温好氧发酵 工艺	二步发酵	15/15	间歇动态 发酵	槽式	强制通风	>50	高温
SACT 污泥动态好 氧仓式发酵工艺	二步发酵/ 静态堆酵	15～18/ 15～20	间歇动态 发酵	槽式	翻抛/强制 通风	60	高温
传统条垛式 动态发酵	一步发酵＋ ·陈化	45	间歇动态 发酵	条垛式	翻抛	55～75	高温
自然堆肥	一步发酵	3～6 个月	静态发酵	自然堆放	自然通风		
好氧发酵快速干化	一步发酵	7	静态发酵	槽式	强制抽风	55～70	高温
全封闭仓式好氧堆 肥技术	一步发酵		间歇动态 发酵	仓式	强制抽风	55～70	高温

　　辅料常用的有稻壳、秸秆、锯末（木屑）、木块、花生壳、稻草、酒渣等；返混料一般为陈化的产品。以进场污泥为基数，以重量比计，辅料添加量 0～20%；以体积比计，辅料添加量 0～100%。以进场污泥为基数，以体积比计，返混料添加量 0～100%。

　　污泥好氧发酵的相关设备可分为供氧设备、配料设备、回返堆肥设备、后处理设备、除臭设备五类。供氧设备包括德国 BACKUS 翻抛机、国产翻抛机、铲车等翻抛设备，以及罗茨风机、离心风机等强制通风或强制抽风设备。配料设备部分工程有单独的配料机、投料机、布料机，也有工程以铲车替代。回返堆肥设备有的工程设置了筛分机和皮带机，也有工程以铲车替代。大多工程设有除臭设施，以生物滤池比例最高，超过半数。此外还有喷淋除臭、离子除臭等方式。

　　污泥的最终出路是好氧发酵项目的关键，以上工程项目污泥处置出路主要是园林绿化利用、土壤改良、制肥。

4.3 污泥石灰稳定技术

石灰稳定法的主要作用是通过降低易腐污泥的臭气、杀死病原菌等实现污泥后续处理处置的良好环境卫生状况。污泥的臭气是由于含有氨化合物和硫化物，这些化合物在厌氧生物过程散发，是污泥臭气的主要来源。投加石灰于污泥中，造成强碱性的环境条件，使参与产生这种臭气反应的微生物活动受到强烈的抑制，甚至被灭活。同样，病原菌也由于强碱性条件而失去活性或死亡。

石灰稳定法是一种简单的污泥稳定化方法，所需的基建费用不高。石灰稳定法实际上并没有直接降解有机物，不仅不能使固体物的量减少，反而使固体物增加。由于固体物增加，因此最终处置的费用往往要比其他的污泥稳定方法要高。

4.3.1 石灰稳定的工艺原理

1. pH

石灰稳定依赖于在足够的时间内维持 pH 在较高水平，使污泥中微生物群体失活，阻止或大幅度延迟了臭素和细菌污染源产生的微生物反应。

石灰稳定过程涉及大量的改变污泥化学组成的化学反应。由于污泥的多介质复杂体系，过程机理还没有得到详细阐述。总体来说，以下是可能发生的反应类型：

与无机组分有关的反应：

钙：$Ca^{2+}+2HCO_3+CaO\longrightarrow CaCO_3+H_2O$

磷：$2PO_4^{3-}+6H^++3CaO\longrightarrow Ca_3(PO_4)_2+3H_2O$

二氧化碳：$CO_2+CaO\longrightarrow CaCO_3$

与有机组分有关的反应：

酸：$RCOOH+CaO\longrightarrow RCOOHCaOH$

脂肪："脂肪"$+CaO$ 脂肪酸

如果加入石灰量不够，随着这些反应的发生，会消耗石灰，导致 pH 下降，污泥中生物的活性未得到有效抑制，达不到污泥稳定化效果，工程上要求过量的石灰（5～15 倍于达到初始 pH 的需要量）用以保持较高 pH。

2. 产热

如果将生石灰加入污泥，它首先同水形成水合石灰。这一过程是放热反应，释放约 15300cal/(g·mol) 的热量，同时生石灰和 CO_2 之间的反应也是放热的，释放约 4.33×10^4 cal/(g·mol) 热量。这些反应导致温度大幅度升高，例如，按每克污泥投加 45g 生石灰，加入含 15%TS 的污泥中会导致温度上升 10℃以上。

4.3.2 石灰稳定的工艺控制参数

在设计石灰稳定设施中，有三个关键参数：pH、接触时间和石灰的剂量。

在设计中，要求保持 pH 在 12 以上 2h，其目的是使病原菌确实被杀死和保持足够的碱性使 pH 能在 11 这个水平上维持几天。从而即使无法立即对污泥进行最终处置和利用，不发生腐败现象。

具体石灰的添加量应根据化学计算和现场实验来确定，例如：对于含固率为 3%～6% 的初沉污泥，其初始 pH 约为 6.7，为使 pH 到 12.7 左右，平均 $Ca(OH)_2$ 量应为干固体的 12%，对于剩余污泥，固体的含量为 1%～1.5%，起始 pH 约为 7.1，投加 $Ca(OH)_2$ 量为干固体的 30% 可使 pH 达 12.6；对于经厌氧消化的混合污泥，含固率为 6%～7%，起始 pH 为 7.2，投加 $Ca(OH)_2$ 量为干固体的 19%，可使 pH 达 12.4。

第5章 污泥热处理技术

污泥的热处理技术是利用不同热处理工艺实现污泥的减量化、无害化和资源化。根据热处理工艺的不同，可以分为焚烧、协同焚烧、热解和气化、水热处理等。

污泥焚烧是一种常见的污泥热处理方法，污泥中的有机物在高温条件下与充足的氧气发生燃烧反应后彻底转化为 CO_2 和 H_2O 等产物，从而实现污泥减容、减量和无害化处理。当污泥自身的燃烧热值较高、城市卫生要求较高或因污泥有毒有害物质含量高不能被综合利用时，可采用焚烧处理。污泥焚烧设备包括多膛式焚烧炉、流化床焚烧炉、回转窑焚烧炉等，其中流化床焚烧以气固混合效果好、焚烧彻底及污染物排放低等优点被广泛用于污染处理。

污泥协同焚烧是指污泥与煤、生活垃圾或水泥原料粉等进行混合焚烧，达到协同处置的目的。通常利用现有的燃煤发电厂、垃圾焚烧处理厂、水泥窑等设施协同处置污泥，以节省污泥单独焚烧设施建设和运行成本。目前该技术在国内外已实现工程应用。由于污泥具有高含水、污染物复杂等特性，考虑到工业窑炉热量的平衡和环境要求，通常需要对污泥进行预处理，同时需要注意协同处置过程污染物的排放和最终产物的品质。

污泥热解技术是一种新兴的污泥热化学处理工艺。污泥热解是指在无氧条件下，将污泥加热到一定温度，使污泥有机质发生热裂解和热化学转化反应，生成热解油、可燃气体和热解炭三种产物的过程。

污泥水热处理技术是指在密封的压力容器中，在高温高压条件下进行一系列复杂化学反应的过程。污泥水热处理不需要对脱水污泥进行干化处理，可以避免水分蒸发潜热的损失，具有反应快、能耗低的特点，但由于高温高压条件，对设备要求较高、系统复杂、运行和维护成本高。根据水热温度的不同，污泥水热处理可以分为热水解、水热炭化、水热液化等技术，不同的水热处理过程发生的反应不同，污泥转化产物也不相同。

5.1 污泥焚烧技术

5.1.1 污泥焚烧原理

污泥焚烧是在一定温度、氧气充足的条件下，利用污泥的热值发生燃烧反应，并将污泥有机质转化成 CO_2、H_2O、N_2 等气相物质的综合传质传热的物理和化学反应过程，包括蒸发、挥发、分解、烧结、熔融和氧化还原等反应。

污泥组成复杂，主要含有 C、H、O、N 四种元素，少量 S、Cl、P 和多种金属，以及其他惰性物质。在进行焚烧过程分析时，需要对这些元素的去向（气相、液相、固相）进行分析。在典型的氧化性燃烧环境中，各物质元素的迁移转化如下：

单质或有机碳：$C + O_2 \longrightarrow CO_2$

在规模化实际系统中，一部分碳会不完全氧化，以未燃烧的可燃物或炭的形式存在于固相，或以碳氢化合物和 CO 的形式存在于气相。

无机碳（碳酸盐或碳酸氢盐）可分解释放为 CO_2 或留在灰分中，取决于温度。例如，碳酸钙的分解温度为 825～897℃，在污泥焚烧过程中可能产生分解；碳酸钠的热分解温度为 1744℃，在污泥焚烧过程中不会分解，但在 851℃会发生熔融。

单质或有机氢：$H + O_2 \longrightarrow H_2O$

无机化合物中的氢可以多种形式释放出来，取决于温度。例如，500～600℃ 时，$Ca(OH)_2 \longrightarrow CaO + H_2O$。

与非金属元素（C、H、P、S 或 N）或金属结合的氧通常假设其化学反应规律与 O_2 相同，反应后形成氧化物。

氮通常以 N_2 的形式释放出来（伴随痕量的 NO 和 NO_2）。

还原态有机、无机硫或单质硫：$S + O_2 \longrightarrow SO_2$，一小部分可继续氧化为 SO_3。

氧化态有机硫（例如，磺酸盐）$\longrightarrow SO_2$ 和 SO_3。

氧化态无机硫（SO_4^{2-}，SO_3^{2-}）可能以 SO_2 或 SO_3 的形式释放出来，取决于温度。

有机磷（例如，在某些农药中）$+ O_2 \longrightarrow P_2O_5$

无机磷可以多种形态残留，取决于温度。

有机态的氯或溴易作为氧化剂发生反应与氢结合 $\rightarrow$ HCl，HBr（HBr 可能进一步转化 $\rightarrow H_2 + Br_2$）

无机态的氯和溴（氯化物和溴化物）一般比较稳定，但氧化态（如氯酸盐、次氯酸盐）会降解为卤化物、氧气和水等。

根据质量守恒定律，输入的物料质量应等于输出的物料质量，即：

$$M_a + M_f - M_g - M_r = 0 \tag{5-1}$$

其中，M_a 为进入焚烧系统助燃空气的质量；M_f 为进入焚烧系统污泥的质量；M_g 为排出焚烧系统烟气的质量；M_r 为排出焚烧系统飞灰的质量。

从能量转换的观点来看，焚烧系统是一个能量转换设备，它将污泥燃料的化学能通过燃烧过程转化成烟气的热能，烟气再通过辐射、对流、导热等基本传热方式进行热量回收，反应过程释放的热量则维持反应系统的温度，使处理过程能持续地进行。在稳定工况条件下，焚烧系统输入输出的热量是平衡的，即：

$$Q_f + M_a h_a - M_g h_g - M_r h_r = 0 \tag{5-2}$$

其中，Q_f 为污泥燃烧放出的热量；h_a 为废气冷却质量流率；h_g 为烟气的质量流率；h_r 为飞灰的质量流率。

焚烧处理的产物是烟气和炉渣/灰。污泥焚烧的烟气，以对环境无害的 N_2、O_2、

CO_2、H_2O 等为主要组成，所含常规污染物为：悬浮颗粒物（TSP）、NO_x、HCl、SO_2、CO 等，其中 CO 与烟气中 CO_2 的比值可用于检定污泥焚烧气相可燃物的燃烬率，以燃烧效率（η_g）定义：

$$\eta_g = \frac{[CO_2] - [CO]}{[CO_2]} \times 100\% \tag{5-3}$$

式中　η_g——燃烧效率，%；

$\quad\quad$ [CO_2]——烟气中二氧化碳的体积百分含量，%（V/V）；

$\quad\quad$ [CO]——烟气中一氧化碳的体积百分含量，%（V/V）。

烟气中的微量毒害性污染物包括：重金属（汞、钙、锌及其化合物）和有机物（前述耐热降解有机物和二噁英等），因此焚烧烟气处理是污泥焚烧工艺的必要组成部分。

炉渣主要由污泥中不参与燃烧反应的无机矿物质组成，同时也会含一些未燃尽的残余有机物（可燃物），炉渣对生物代谢是惰性的，因此不存在腐败、发臭、致病菌污染等产生环境卫生的风险。污泥焚烧的另一部分固相产物是在燃烧过程中，被气流挟带存在于出炉烟气中，通过烟气除尘设备（如旋风分离器、静电除尘器或袋式过滤器）被分离的固体颗粒，这种固相产物称为飞灰。

干化焚烧是污泥无害化处置的一个重要方式，它具有以下优点：

（1）去除了水分和挥发性固体，实现了污泥的充分减量；

（2）处理速度快，集约高效，节省占地；

（3）杀死污泥中病原体，产物充分稳定化和无害化；

（4）不属于危废的灰渣可进行建材综合利用；

（5）焚烧是利用污泥热值的过程，产生的热量可回收利用（如用于污泥热干化）。

但是，污泥焚烧也存在以下局限性：

（1）由于脱水污泥的含水率较高，焚烧前需进行干化处理，干化过程能源消耗较高。同时，我国污泥有机质比例和干基热值低于发达国家，从焚烧过程中回收的热能尚无法补足污泥热干化的热能消耗，根据污泥的有机物含量需要额外的热能补充；

（2）焚烧系统较复杂，建设投资成本较高；

（3）系统运行和维护需要受过培训的专业人员；

（4）烟气净化过程需要消耗能源、药剂和材料等，运行成本较高；

（5）焚烧灰根据具体情况可能会被界定为危废，处理成本高；

（6）污泥焚烧的公众接受程度有待提高，易受到"邻避效应"制约。

5.1.2　污泥焚烧工艺

1. 单独焚烧技术

污泥焚烧常用的焚烧炉类型为鼓泡流化床焚烧炉、立式多膛炉和回转窑焚烧炉，其中鼓泡流化床是国内外污泥焚烧最为常用的工艺类型。

（1）鼓泡流化床焚烧炉

鼓泡流化床焚烧炉由圆柱形带耐火内衬的壳体、耐热床料、布风分配板、喷水减温装置、排渣阀、燃烧器、燃烧室等构成。当足量的空气从下部通过床料颗粒时，空气渗透并充满在颗粒之间，引起颗粒剧烈混合运动并开始形成流化床，随着气流的增加，空气将对流动砂施加更大的压力，从而减少了因砂颗粒本身的重力而引起的颗粒间的接触摩擦，随着空气流量的进一步增大，空气对颗粒的压力将与颗粒的重力相平衡，因此砂粒可以悬浮在空气流中。当空气流量进一步增加时，流化床不再均匀，鼓泡床开始形成，同时床内活动变得非常剧烈，空气/流动砂占用的容积将明显增多。干燥破碎的污泥投入炉中，与灼热的砂剧烈混合而燃烧。流化床温度通常控制在 $750\sim950℃$，污泥在焚烧炉内停留数十秒，焚烧飞灰与烟气一起从炉顶离开焚烧炉。

鼓泡流化床焚烧炉的优点主要包括：1）流化态使物料与空气接触较好，所需过量空气较少，燃烧均匀彻底，燃尽率高；2）燃烧温度适中，NO_x 生成量低；3）砂床热容量大，对冲击负荷和污泥含水率波动的适应性较高；4）炉渣呈干态排出，无渣坑废水；5）炉内可投加石灰等药剂进行酸性气体脱除；6）结构简单（没有活动的机械部件）、操作方便、运行可靠、稳定。

流化床焚烧炉的缺点是动力消耗大，飞灰量大，需配套较复杂的烟气净化工艺。

（2）立式多膛炉

立式多膛炉由圆柱形带耐火内衬的外壳、内部水平的多层耐火炉膛和中心可旋转垂直轴支撑的多个齿耙等构成。耐火炉膛通常有 6～12 层，各层都有同轴的旋转齿耙，一般上层和下层的炉膛设有四个齿耙，中间层炉膛设两个齿耙。泥饼从顶部炉膛的外侧进入炉内，依靠齿耙翻动向中心运动并通过中心的孔进入下层，进入下层的污泥向外侧运动并通过该层外侧的孔进入再下一层，如此反复，使得污泥呈螺旋形路线自上向下运动。冷空气自中心轴下端通入，使轴冷却的同时空气得到预热，经过预热的部分或全部空气从上部的空气管进入最底层炉膛，作为燃烧空气再向上与污泥逆向运动，供污泥焚烧。整体上，立式多膛炉可分为三段，顶部几层起污泥干化作用，称为干化段，温度为 $300\sim400℃$，污泥的大部分水分在这一段被蒸发。中部几层主要起焚烧作用，称为焚烧段，温度升高到 $850\sim900℃$。下部几层主要起冷却灰渣并预热空气的作用，称为冷却段，温度为 $200\sim350℃$。

立式多膛炉的优点主要包括：1）结构紧凑，操作弹性大，对物料性质和负荷适应性强，长期运行连续性和可靠性较高；2）炉内热回收理想，辅助燃料消耗少（尾气不进行燃烧的情况下）。

立式多膛炉的缺点主要包括：1）废气温度低，易产生臭气和挥发性气体；2）炉内活动部件较多，搅拌杆、搅拌齿、炉床、耐火材料均易受损，维护保养费用高；3）当尾气需再燃烧时，燃料消耗较高。

（3）回转窑焚烧炉

回转窑焚烧炉主体是一个缓慢旋转的圆筒，筒体与水平线平行或略倾斜，其内壁可采用耐火砖砌筑，也可采用管式水冷壁，以保护滚筒。回转窑直径为 4～6m，长度为 10～

20m。运行过程中转筒低速旋转，污泥经供料装置从回转式转筒的上端送入，通过滚筒连续、缓慢转动，利用内壁耐高温抄板带动污泥翻滚、下滑，并与热烟气充分接触混合，一直到筒体出口排出灰渣。在回转窑旋转过程中，污泥依次经过干化、热解、燃烧和灰冷却过程。

污泥在回转窑焚烧炉的停留时间通常约为一至数小时，停留时间决定于窑体转速（0.5～8r/min）、炉膛长度与直径的比值及炉体的倾斜角。操作温度通常为800～1000℃。污泥在回转窑炉中焚烧所产生的气体可能含有部分未完全燃烧的气体产物，因此，回转窑须配备二次燃烧室。未燃烧的可燃气体在二次燃烧室内完全燃烧。二次燃烧室一般需投加辅助燃料，故运行成本较高。二次燃烧室的燃烧温度为800～1000℃。

回转窑焚烧炉的优点主要包括：1）操作弹性大，对物料性状（黏度、水分）、发热量等条件变化的耐受力强；2）回转窑焚烧炉机械结构简单，运行稳定性较高。

回转窑焚烧炉的缺点主要包括：1）转窑热效率较低，仅35％～40％。污泥在回转过程中形成球团，外部被烧结而内部难以充分燃烧；高黏度污泥在干燥区易粘附、结块。上述问题均影响传热效率；2）从回转炉体排出的尾气需进行二次燃烧或采用其他方式脱臭。

（4）其他污泥焚烧炉类型

炉排式焚烧炉、旋风焚烧炉、立式清洁焚烧炉、基于循环流化床的改进型焚烧炉等在污泥焚烧中也有应用。其中，炉排式焚烧炉，根据炉排结构不同，可分为阶梯往复式、链条式、栅动式、多段滚动式和扇形炉排，污泥焚烧中常使用阶梯往复式。阶梯往复式炉排焚烧炉一般由9～13块炉排组成，前几块为干燥预热炉排，后为燃烧炉排，最下部为出渣炉排。固定和活动炉排交互配置，活动炉排由液压缸或机械方式推动进行往复运动，对污泥起到搅拌和输送作用。

2. 协同焚烧技术

（1）污泥与燃煤电厂协同焚烧

目前，关于利用热电厂实现污泥协同焚烧已有较多工程案例。由于污泥具有高含水率特性，且污泥在焚烧过程容易产生二次污染物，因此，污泥协同焚烧的核心在于综合考虑工业窑炉热量的平衡和环境要求，需要重点关注污泥预处理和污染物的排放。

德国是最早使用燃煤锅炉焚烧处理处置污泥的国家之一，Berrenroth电厂和Weisweiler电厂在燃煤循环流化床焚烧炉中掺烧含水率为70％的脱水污泥，污泥与煤的质量比为1：3，燃烧后烟气排放指标符合德国国家标准，BASFAG循环流化床燃煤电厂掺烧经絮凝调节压滤脱水之后的污泥滤饼，掺烧比例为25％。

（2）生活垃圾协同焚烧

现有的垃圾焚烧厂大都采用了先进的技术，配有完善的尾气处理装置，可以在垃圾中混入适当的污泥一起焚烧。将污泥与生活垃圾按一定比例掺混入炉焚烧，在炉膛高温作用下，可将有毒有害有机物氧化分解，污泥焚烧产生的热量还可回收用于发电。污泥与垃圾混烧，可采用湿污泥（含水率80％）直接混烧、半干污泥（含水率约50％）或干污泥

（含水率 10%～20%）混烧等不同方式。污泥热值较低，含水率较高，对垃圾焚烧电厂的发电效率影响较大。

利用垃圾焚烧厂炉排炉混烧污泥，需安装独立的污泥混合和进料装置。垃圾焚烧炉烟气出口温度不低于 850℃，烟气停留时间不小于 2s，在此条件下可控制焚烧过程中二噁英的形成，高温烟气经余热锅炉吸收热能回收发电。由于污泥是一种酸性介质，余热锅炉充分考虑了烟气高温和低温腐蚀，从余热锅炉出来的烟气在喷雾塔中经石灰除酸、活性炭吸附、除尘器除尘等烟气净化措施后从烟囱排出。

利用垃圾焚烧厂协同处理污泥，其优势在于利用现有的垃圾焚烧设施实现污泥的无害化处置，但是由于掺入污泥后飞灰量的增加，以及炉排炉工艺的特点，掺入污泥后灼减率会受到影响。

（3）水泥窑协同焚烧

城镇污水处理厂污泥成分中硅、铝、铁元素含量比例满足水泥生产黏土质原料指标要求，可作为水泥生产原料使用。研究发现污泥经干化处理后进入水泥窑内能大大减少窑内热量损失，具有明显经济效益，所以水泥窑处置工艺一般以"先干化，后处理"为主。常规的水泥窑协同处置城镇污泥系统流程如图 5-1 所示。

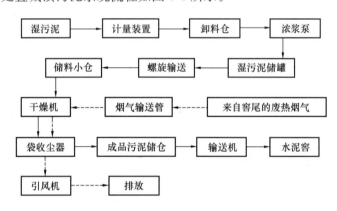

图 5-1　水泥窑协同处置城镇污泥系统流程图

如图 5-1 所示，污泥干化热源来自窑尾的废热烟气，一方面降低了废气排出温度，另一方面利用废气余热预干化污泥实现了废气资源化利用。与其他污泥处理处置技术相比，该技术存在如下优点：1）水泥生产过程中，窑内物料温度一般高于 900℃，气体温度高于 1200℃，且在窑内的停留时间大于 4s，回转窑内的物料状态为高度湍流态，混合均匀性极好。当污泥与水泥原料同时被输送进入窑炉后，污泥以燃料形式被利用，污泥中有害有机物能得到充分燃烧去除并能稳定、高效抑制二噁英的形成。2）城镇污水处理厂污泥无机灰分替代部分水泥生产原料进入水泥窑与原有生料原料混合焚烧后，对水泥熟料各成分比例影响很小，对熟料品质负影响可忽略，节省了原料消耗，降低了水泥熟料生产成本。3）城镇污水处理厂污泥被输送至窑炉后，在水泥烧成生产过程中，污泥中的重金属被牢牢固化在水泥熟料的晶格中，且固化效果稳定，从而有效避免重金属浸出造成二次污染。4）与焚烧、混合焚烧工艺技术相比，该技术将城镇污水处理厂污泥焚烧后的废气粉尘在窑尾布袋收尘器集中收集后再返回至水泥回转窑内煅烧，几乎不产生飞灰。5）水泥生产量大，可处置的污泥量多，且水泥回转窑热容量大、工作状态稳定，处理污泥简便高效。

目前，我国陆续建设了规模化的水泥窑协同处置污泥项目，见表5-1。

我国水泥窑协同处置污泥项目 表5-1

建成时间（年）	项目地点	项目名称	污泥处置规模（t/d）
2008	重庆	拉法基瑞安（南山）水泥有限公司水泥窑共处置城市污泥项目	100
2009	辽宁本溪	工源水泥有限公司利用水泥窑处理城市污泥项目	1500
2009	广东广州	越堡水泥有限公司水泥窑无害化处置污泥项目	600
2009	北京	金隅集团新北水水泥有限公司处置污水厂污泥工程项目	500
2009	湖北宜昌	华新水泥（宜昌）有限公司水泥窑协同处置污泥项目	150
2010	安徽铜陵	海螺水泥有限公司城市生活垃圾焚烧处理项目	600
2010	江苏苏州	华新金猫水泥有限公司污泥水泥窑煅烧资源综合利用项目	100
2013	广西柳州	鱼峰集团柳州市污水处理厂污泥处置工程项目	500
2013	湖北黄石	华新水泥窑协同处置黄石市政污泥项目	100
2013	广西南宁	华润水泥（南宁）有限公司利用水泥窑无害化协同处置生活垃圾及污泥项目	1700
2014	浙江兰溪	浙江红狮水泥窑协同处置城市污泥项目	700
2018	江苏常州	盘固水泥集团有限公司水泥窑协同处置污染土壤、干化污泥项目	550
2017	湖北武汉	湖北亚东水泥有限公司水泥窑协同处置污泥项目	440

北京金隅水泥厂水泥回转窑协同处置污泥是国内首座工程化示范项目，污泥干化技术属于间接干化工艺，热源采用水泥窑系统的烟气。广州越堡水泥厂的水泥窑协同处置城市污泥的生产线，掺入半干污泥后在水泥窑进行煅烧，日处理污泥能力为600t，将干燥后的污泥作为燃料进行焚烧处理。

5.1.3 污泥焚烧烟气净化

1. 烟气污染特性和控制方法

（1）颗粒物

《固定污染源排气中颗粒物测定与气态污染物采样方法》GB/T 16157—1996 中对颗粒物的定义为：燃料和其他物质在燃烧、合成、分解以及各种物料在机械处理中所产生的悬浮于排放气体中的固体和液体颗粒状物质。污泥焚烧烟气中的颗粒物主要为焚烧产生的飞灰，即矿物质、多种非金属（硅、磷等）和金属（钙、铁、镁等）的氧化物，此外，由于挥发到烟气中的大部分重金属及其化合物在受冷时易凝结附着于其他固体颗粒物上，也作为颗粒物对待。

颗粒物的不良影响主要包括：颗粒物普遍会对人体呼吸系统造成危害；烟气中的焚烧飞灰和不完全燃烧产生的烟会加剧烟羽的产生；烟气中的重金属类颗粒物在较小的剂量下即会产生毒性或不良的健康影响。

对于流化床焚烧炉，在非控制状态下，98％以上的飞灰均进入烟气，并携带少量床料。流化床焚烧炉进入烟气中的颗粒物比例可按进料污泥干基灰分的100％估算。

烟气中颗粒物的控制设施主要包括：旋风分离器、文丘里洗涤器、塔板洗涤器、湿式或干式静电除尘器（ESP）、袋式除尘器等。

一些重金属单质或化合物，如汞、砷、镉、硒、锌和铅，在焚烧温度下均有可能挥发，取决于其挥发性、焚烧温度、是否共存易结合生成挥发性化合物的其他元素，如氯。通常，当重金属或其化合物的沸点比焚烧温度高90℃以下时，即有可能在焚烧过程中挥发出来。此外，污泥中氯的存在会显著提高镉、锌、铅和铜的挥发性。挥发到烟气中的重金属或化合物，有些会在湿式洗涤时凝结附着在洗涤器收集的细小颗粒物上。其中，汞会100％挥发到烟气中，且无法被湿式洗涤器截留。非挥发性重金属类如铍、钴、铬、铜、锰、镍多以飞灰的形式离开焚烧炉，经过湿式洗涤系统处理后得到控制。因此，截留颗粒物的设施可有效地控制除汞之外的其他重金属类。汞可通过在袋式除尘器上游喷入粉末活性炭进行吸附，粉末活性炭被袋式除尘器截留。

（2）气态污染物

气态污染物主要来源于污泥中硫、氮和氯的氧化和挥发，以及烃类或其他有机化合物的不完全燃烧。比较受关注的气态污染物包括酸性气体 SO_2、HCl、CO、挥发性有机物（VOCs，包含多环有机物 POM）和氮氧化物（NO_x）。

1）酸性气体

污泥焚烧过程主要产生两种酸性气体：SO_2 和 HCl，还可能有少量 HF 和 SO_3。硫主要以三种状态存在于污泥中：硫酸盐（SO_4^{2-}）、还原态硫（S^{2-}）和有机硫。其中，还原态硫和有机硫占95％以上（质量含量），还原态硫和有机硫在焚烧过程中被氧化为 SO_2。污泥中的硫元素约占2％（干基质量含量），当估算 SO_2 的产生量时，可假设污泥中的硫全部被氧化为 SO_2。污泥中的氯可能以有机结合态存在，如氯代烃，也可能以无机态存在，如 NaCl。污泥中氯的含量通常较低（0.1％～0.4％）。但脱水时 $FeCl_3$ 的投加量较高、沿海区域排水管道受海水侵蚀等情况可能造成污泥中氯含量较高。在焚烧过程中，氯元素与氢结合生成 HCl。

酸性气体的不良影响主要包括：危害人体健康；因酸性较强，易腐蚀下游设备和设施。因其腐蚀性，湿式洗涤系统以及下游烟道均宜选用316不锈钢材质。

美国的调研结果显示：在非控制状态下，污泥焚烧生成的 SO_2 在烟气中的浓度大约为 $600～1700 mg/Nm^3_{dv11}$（dv_{11}：基准含氧量排放浓度，指以干烟气计、校准至11％含氧量时的排放浓度）；生成的 HCl 在烟气中的浓度为 $100～350 mg/Nm^3_{dv11}$。

污泥焚烧烟气中酸性气体的去除通常采用湿式洗涤，也可采用干式洗涤。

以污水处理厂出水作为洗涤液的传统湿式洗涤器（文丘里、塔板洗涤器等）对 SO_2 的去除率为 $80\%\sim85\%$，对 HCl 的去除率可达 95% 或更高。污水处理厂出水通常有较高的碱度，可用于吸收酸性气体。对酸性气体的去除有更高要求时，应增加碱性洗涤液，设计时通常采用两级洗涤，即一级水洗，二级循环碱性洗涤液。碱性洗涤液可去除 95% 的 SO_2，对 HCl 的去除率更高。若存在少量 HF，经湿式或干式洗涤后可去除 98% 以上。湿式洗涤的缺点是对 SO_3 的去除有限，仅 $25\%\sim40\%$。

干式洗涤用于污泥焚烧烟气酸性气体去除的常见组合包括："干式喷射＋袋式除尘器""喷雾吸收＋ESP"和"喷雾吸收＋袋式除尘器"。在干式喷射系统中，吸收剂如石灰被喷射进干式颗粒收集装置（袋式除尘器或 ESP）的上游烟道，石灰与烟气中的酸性气体反应生成难溶的盐类如 $CaCl_2$ 和 $CaSO_4$，被收集装置截留，对 SO_2 的去除率约为 50%。在喷雾吸收（SDA）系统中，石灰乳被喷入袋式除尘器或 ESP 上游的吸收器中，石灰乳中的水分使烟气降温并促进中和反应。通常，喷雾吸收对 SO_2 的去除率约为 90%。SDA 与袋式除尘器组合可有效去除 SO_3。

2）一氧化碳和挥发性有机物（VOCs）

CO 和 VOCs 是污泥中的有机物不完全燃烧的产物，其成因主要包括：温度未达到预期；气体停留时间未达到预期；混合或湍流不足影响可燃物与氧气充分接触。

VOCs 包含多种化合物：烃类，如甲烷、乙烷、乙炔；含氧碳氢化合物，如有机酸、醛类、酮类；氯代碳氢化合物，如四氯乙烯、三氯乙烷；饱和或不饱和环类，如苯、甲苯、酚类。其中，多环有机物 POM 因其高致病风险而备受关注，如多氯联苯 PCBs、多氯代二苯并呋喃 PCDD/Fs（即二噁英）。

VOCs 具有毒性、刺激性及致畸、致癌性，对人体危害较大。

CO 和 VOCs：流化床焚烧炉运行时可提供完全混合、高度湍流的状态，污泥的干燥和燃烧几乎在几秒内完成，污泥、生成的气体与氧气进行充分接触，燃烧气体向上经过稀相区并停留足够长的时间使 CO 和其他挥发性有机物得到充分燃烧。美国的调研结果显示，流化床焚烧烟气中 CO 和 VOCs 的含量一般较低。CO 低于 $45mg/Nm^3_{dv11}$，很多情况下低于 $9mg/Nm^3_{dv11}$；总碳氢化合物含量（以丙烷计）低于 $14mg/Nm^3_{dv11}$。

二噁英：在垃圾焚烧、污泥焚烧领域，众多研究均以 S/Cl 作为衡量二噁英生成的重要因素。研究表明，S/Cl 为 $1\sim5$ 即可大大降低二噁英生成；S/Cl$\geqslant$10 时抑制 90% 二噁英的生成。污水处理厂污泥 S/Cl 一般为 $4\sim50$，大多数情况远大于 10，因此，二噁英生成风险较低。经过烟气处理系统中活性炭的吸附，排放浓度通常可低于 $0.1ngTEQ/Nm^3_{dv11}$。

CO 和 VOCs 主要通过焚烧系统的正常稳定运行来控制，即通过燃烧温度、充足的氧气和充分的湍流控制来实现充分燃烧。此外，在烟气降温阶段，为了降低烟气中残存的大分子含碳有机物与氯元素再次合成二噁英的风险，宜尽量缩短烟气在 $200\sim500℃$ 温度区间的停留时间。

烟气处理过程中在袋式除尘器上游喷入活性炭可对烟气中可能存在的二噁英进行末端控制。

3）氮氧化物（NO_x）

在焚烧过程中，NO_x的生成主要有两种机制：第一种是燃料中的有机结合态的 N 在高温氧化过程中生成 NO_x，生成速率受燃料与空气混合速率、氧浓度和温度的影响较大。第二种是 N_2 和 O_2 在高温状态下生成 NO_x，生成速率主要取决于温度，通常在 1200～1300℃；其次是氧气浓度。污泥焚烧烟气中的 NO_x 主要来源于第一种。

污泥流化床焚烧温度通常不超过 900℃，过量空气较少，因此，污水处理厂污泥中所含的氮（干基质量含量一般为 3％～6％），在焚烧过程中只有少量会转化为 NO_x。美国调研数据显示，正常运行时流化床焚烧烟气中 NO_x 含量通常低于 147mg/Nm³_dv11。

流化床焚烧炉控制 NO_x 的主要方式为：1）控制焚烧温度不高于 900℃，在保证燃烧效率的基础上控制过量空气；2）采用选择性催化还原技术（SCR）或非选择性催化还原技术（SNCR）。我国对于焚烧温度的要求为不低于 850℃，焚烧温度通常不高于 900℃，理论上可有效控制 NO_x 大量生成。可在焚烧炉预留还原剂喷入口，运行时根据需要进行脱硝处理。

2. 烟气净化设备

污泥焚烧烟气净化系统通常是多种设施的组合，常见的设施主要包括：旋风分离器、干式静电除尘器、湿式静电除尘器和袋式除尘器。其功能可归纳为以下两方面：1）分离烟气中的固体颗粒；2）通过吸收、吸附和（或）化学反应去除烟气中的气态污染物。

烟气处理后，排放的污染物浓度应符合现行国家标准《生活垃圾焚烧污染控制标准》GB 18485 及相关地方标准的有关规定。

（1）旋风分离器

旋风分离器的工作原理为：靠气流切向引入造成的旋转运动，使具有较大惯性离心力的固体颗粒或液滴甩向外壁面分开。

旋风分离器的尺寸取决于烟气流量、拟去除的颗粒量和颗粒尺寸，烟气通过旋风除尘器的压降。当流量较大时，可安装多个旋流分离器的并联组合设施。除尘性能取决于分离器的三维尺寸关系、粉尘黏性、旋流圈数、入流和出流速率、颗粒物和气体密度、粉尘浓度系数。

对于流化床焚烧炉，几乎全部的飞灰均进入烟气，故烟气颗粒物负荷较高。旋风除尘器是用于降低流化床焚烧炉烟气中颗粒物负荷的常用设施，现在常被更为高效的设施代替。旋风分离器适用于烟气中含大颗粒粉尘的情况，其主要作用是降低下游设备的负荷。例如，在余热锅炉前设置旋风分离器，降低锅炉的烟尘负荷。旋风分离是一种干式除尘技术，需要收集干燥飞灰时，可在湿式洗涤系统前设置旋风分离器。

旋风分离器具有如下优点：结构简单，无活动部件，维护需求低，价格低廉；与湿式洗涤相比气流压降小。旋风分离器的局限性在于：适用于去除大颗粒粉尘，一般用于去除粒径在 10μm 以上的颗粒物。

（2）静电除尘器

静电除尘器由两大部分组成：一是电除尘器本体系统，二是提供高压直流电的供电装置和低压自动控制系统。电除尘器本体的负极由不同断面形状的金属导线制成，称为放电电极；正极由不同几何形状的金属板制成，称为集尘电极。高压供电系统为升压变压器供电，连接金属正极和负极，通过高压直流电，维持一个使气体电离的电场，除尘器集尘极接地。低压电控制系统用来控制电磁振打锤、卸灰电极、输灰电极以及几个部件的温度。电除尘器的基本原理是利用电力捕集烟气中的粉尘，主要包括以下四个相关的物理过程：1）气体的电离；2）粉尘的荷电；3）荷电粉尘向电极移动；4）荷电粉尘的捕集。含尘气体通过电场时被电离，气体电离后产生阴离子和阳离子，尘粒与阴离子结合带上负电后，趋向正极表面放电而沉积并被收集。静电除尘器按沉淀极板上粉尘的清除方法分为干式静电除尘器和湿式静电除尘器。干式静电除尘器通过振打收集阳极沉积的颗粒物；湿式静电除尘器用喷水或溢流水等方式使集尘极表面形成一层水膜，实现极板清灰。

静电除尘器的除尘效率主要受粉尘性质（粉尘比电阻、颗粒密度、粒径分布等）、设备构造（密封状态、收尘板间距、电晕线间距）和烟气气流（流速、气流均匀性、烟气温度）三方面因素的影响。静电除尘器可设置多个电场，以便根据需求调节工作的电场数量。干式静电除尘器的灰斗应设置加热装置，使收集的飞灰保持一定温度、处于松散状态，避免其冷却吸水而粘结，产生堵塞或使控制排灰的旋转阀发生故障。

静电除尘器适用于去除烟气中 $0.01 \sim 50 \mu m$ 的粉尘，去除率通常可达到 99% 及以上。干式静电除尘器适用于以干式除尘为主的烟气处理系统中，近年来较为常用；湿式静电除尘器适用于颗粒物负荷较小的情况，可用于文丘里等湿式洗涤之后，对残余的颗粒物进行处理。

与其他烟气净化设施相比，静电除尘器的优势主要包括：1）净化效率高，能够捕集 $0.01\mu m$ 以上的粉尘；2）除尘效率高，在设计中可以通过不同的操作参数，来满足所要求的净化效率；3）压力损失小，通常小于 $0.2kPa$，能耗低；4）可完全实现操作的自动控制；5）对于干式静电除尘器，由于除尘过程不使用水，省去了洗涤水的使用和处理环节；湿式静电除尘器用水量也显著少于湿式洗涤；6）湿式静电除尘器采用湿式清灰，可避免粉尘飞扬散逸，除尘效率高。因无振打装置，运行较稳定。

静电除尘器的局限性主要包括：1）投资成本较高；2）基于运行对飞灰特性的要求，可能会对污泥或污水上游处理环节的药剂使用有限制，如三氯化铁、铝盐、石灰、甲醇；3）如果采用炉内脱酸工艺，增加的碱性粉尘使飞灰粉尘比电阻升高，可引起静电除尘器产生反电晕，使除尘性能大幅下降，故炉内脱酸时不宜采用静电除尘；4）干式静电除尘器对气态污染物没有去除作用，下游需设置其他烟气净化设施；5）干式静电除尘的入口烟气需冷却至一定的温度，根据除尘性能的设计要求以及材质差异，温度限值通常为 $300 \sim 400℃$；6）烟气含水率高时，会加剧干式静电除尘器放电，使颗粒表面达不到足够的电荷积累，影响除尘效果；7）湿式静电除尘器存在腐蚀、湿灰和污水处理问题；8）当进入湿式静电除尘器的颗粒负荷较高或尘极表面水膜受到破坏时，易产生灰尘积聚、粘附，影响稳定运行。

（3）袋式除尘器

袋式除尘器是一种干式滤尘装置。滤袋采用纺织的滤布或非纺织的毡制成，利用纤维的过滤作用对含尘气体进行过滤。含尘气体进入袋式除尘器后，颗粒大、密度大的粉尘，因重力作用沉降下来，落入灰斗，含有较细小粉尘的气体通过滤料时，粉尘被阻截，使气体得到净化。需要特别注意的是污泥焚烧布袋飞灰通常需要进行危废鉴定，属于危废的飞灰需要按危废进行安全处置。

袋式除尘器包含三个尘密性单元：下部为灰斗；中部包含多个长圆柱形滤袋，每个滤袋内部为防止塌陷的刚性支撑网；上部为设有出气口的腔室。含尘烟气从中下部进气口进入滤袋单元，通过布气装置由各滤袋外部均匀进入各滤袋，过滤后的烟气从滤袋上部排出。由于筛滤、碰撞、滞留、扩散、静电等效应，滤袋外表面积聚了一层粉尘，这层粉尘称为初层，滤袋与初层共同形成了过滤层，发挥截留颗粒物的作用。

袋式除尘器设计时涉及的因素主要包括风量、进出口含尘量、气体成分、粉尘性能（如粒径、附着性、凝聚性、静电性）、温度等。设计时需要特别注意使用温度，不同滤料材质所允许的最高承受温度不同，合成纤维滤料耐温 200～260℃，玻璃纤维滤料耐温 280℃。当烟温高于材质耐受的温度限值时，必须采取措施先降低烟气温度，可与余热利用设施相配合，必要时应设置其他换热冷却设施。此外，清灰系统对袋式除尘器的除尘性能影响较大，应充分重视清灰方式的选择和设计。

袋式除尘器适用于捕集细小、干燥、非纤维性粉尘；除尘效率较高，一般在 99％ 以上。袋式除尘器上游可喷入石灰或石灰乳，同时去除酸性气体。当喷入石灰乳时，石灰乳中的水分使烟气降温并促进中和反应。粉末活性炭也是常见的喷入介质，以有效控制重金属汞和可能存在的二噁英。喷入的石灰和活性炭一同被袋式除尘器截留。

袋式除尘器的优势主要包括：1）目前常见的颗粒物去除装置中，袋式除尘器去除效率最高，且性能稳定，不易受粉尘荷电性和导电性的影响；2）电耗低于中高压降的文丘里洗涤器，略高于静电除尘器；3）不需用水，不产生污水，颗粒物以干灰状态收集，比湿式除尘易处理；4）处理风量的范围较广；5）在保证同样高除尘效率的前提下，造价低于静电除尘器。其局限性主要包括：1）承受的温度有限；2）烟气含水分较多时，易导致滤袋粘结、堵塞。

5.1.4　污泥干化焚烧各单元的匹配衔接原则

1. 预处理（脱水或干化）、余热利用与焚烧单元的匹配方式

国内外广泛采用的污泥独立焚烧工艺为鼓泡流化床焚烧，其一般工艺流程如图5-2所示，主要包括污泥储存与输送、污泥预处理（脱水或干化）、污泥焚烧、余热利用、烟气

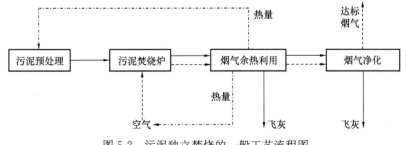

图 5-2　污泥独立焚烧的一般工艺流程图

净化、飞灰收集和储存、电气仪表自控及辅助系统。

储存与输送系统的作用是接收、储存和输送湿/干污泥，以及必要时进行湿污泥和干化污泥的混合，主要包括湿污泥接收仓、湿污泥储存仓、干污泥暂存仓，以及柱塞泵、螺杆泵、皮带输送、混合螺旋等设备。污泥预处理系统的作用是降低污泥含水率，使污泥能够自持焚烧，主要包括污泥常规脱水或深度脱水，当脱水无法满足后续焚烧对含水率的要求时，通常还进行污泥热干化处理；污泥焚烧系统的作用是使污泥充分燃烧，主要包括流化床焚烧炉及配套的进料、燃烧器、排砂等设施，是整个系统的核心单元；余热利用系统的作用是回收焚烧烟气的热量以降低辅助燃料的消耗，主要包括空气预热器、余热锅炉和烟气再热等换热设施；烟气净化系统的作用是控制焚烧烟气的污染物排放，主要包括静电除尘、袋式除尘、湿式或半干式洗涤等设施；飞灰收集和储存系统的作用是收集燃烧后产生的固态产物并输送至储存单元，以待处置。飞灰收集和储存系统主要包括飞灰输送、储存、加湿等设施；电气仪表自控系统的作用是实现运行过程的实时监视和控制，主要包括满足系统监测和控制要求的电气和控制设备；辅助系统包括辅助燃料储存和输送、床料分离和循环、碱液、锅炉给水、冷却水循环、压缩空气和公用系统等。

在上述组成单元的协同运行下，污泥经脱水或干化后进入流化床焚烧炉，燃烧后的飞灰在焚烧烟气的携带下从焚烧炉上部排出，高温焚烧烟气中的热量经空气预热器或余热锅炉回收一部分用于预热焚烧所需的空气或用于前端的污泥预处理，经一次换热的烟气进入烟气净化系统以去除烟气中的飞灰、酸性气体、重金属等污染物，余热锅炉和烟气净化各节点收集的飞灰输送至飞灰储存设施，运输至最终处置点或进行资源化利用。

在上述系统组成中，预处理系统决定了焚烧系统的燃料特性（污泥热值），是整个系统能量消耗的主要环节，对整个工艺的能量分布起决定性作用；此外，由于焚烧后热量的主要载体为焚烧烟气，烟气余热利用的方式也将影响焚烧炉的能量输入（如燃烧空气温度）。因此，预处理和烟气余热利用系统是污泥独立焚烧工艺设计的核心内容，也是相关国内外工程工艺路线的主要差异所在。

根据预处理、焚烧和余热利用子系统的不同匹配组合，污泥干化焚烧系统主要包括全干化＋焚烧、半干化＋焚烧以及深度脱水＋焚烧三种方式。

（1）全干化＋焚烧

国内石洞口污水处理厂最早采用该工艺，其工艺路线如图5-3所示。污泥采用流化床干化工艺，热介质为导热油，干化后污泥含水率不低于10%。干化污泥进入流化床焚烧炉焚烧，温度不低于850℃。焚烧产生的热量通过余热锅炉和空气预热器进行能量回收。

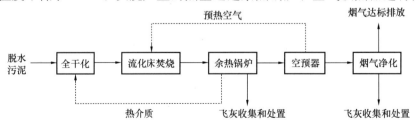

图5-3　石洞口污水处理厂污泥焚烧工艺路线示意图

该余热利用系统为热油载体锅炉，与流化床焚烧炉设计为一个组合体，由炉内盘管、省煤器和空气预热器组成，热油经加热至 250℃作为热介质用于污泥干化，加热污泥后冷却至 220℃再回到余热利用系统，如此循环使用；焚烧所需的空气在空预器由 20℃加热至 140℃后进入焚烧炉。

采用全干化工艺，入炉污泥的含水率不高于 10%，热值较高，可达 9～13MJ/kg，接近贫煤的发热量。一方面，入炉污泥的性质较稳定，有利于焚烧炉保持良好稳定的燃烧状态，污泥自身燃烧放热量足以达到焚烧温度，焚烧过程不需要辅助燃料；另一方面，对燃烧空气携带热量的需求降低，只需预热空气至较低的温度。此外，由于入炉污泥含水率较低，烟气量较小，烟气处理设施的体积也相应较小；烟气中水蒸气的比例较低，约占烟气总体积的 10%，降低了酸腐蚀风险，以及对烟气处理设施材质和寿命的不良影响。该工艺的局限性在于全干化的能耗较高，对干化工艺及干污泥处理环节的防燃爆要求也较高。

（2）半干化＋焚烧

在国外有较多应用，也是国内的主流工艺。竹园一期、石洞口完善工程新线、石洞口二期、成都一厂等均采用该工艺路线，但在余热利用方式上有所差异。

一种工艺类型以空气余热器为焚烧烟气的一次换热器。竹园一期、成都一厂等采用这种形式，如图 5-4 所示。污泥预处理环节采用间接热干化工艺，热介质为蒸汽，干化后污泥含水率为 30%左右，干化污泥与部分脱水污泥混合至含水率 55%～65%，进入流化床焚烧炉焚烧。焚烧后的烟气首先用于预热焚烧空气，将一次风加热至 300～400℃，一次换热后的烟气再经余热锅炉回收热量，产生的蒸汽用作前端半干化的热源。

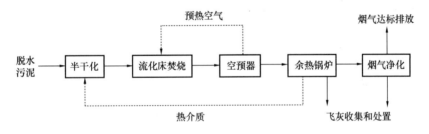

图 5-4 竹园一期、成都一厂污泥焚烧工程工艺路线示意图

另一种工艺类型以余热锅炉为焚烧烟气的一次换热器。石洞口完善工程新线、石洞口二期工程等均采用这种形式，如图 5-5 所示。污泥预处理环节采用间接热干化工艺，热介质为蒸汽，干化后污泥含水率为 30%～40%，干化污泥与部分脱水污泥混合至含水率

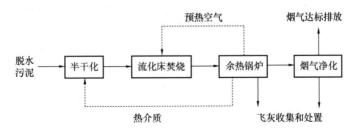

图 5-5 石洞口完善工程新线、石洞口二期工程工艺路线示意图

55％～65％，进入流化床焚烧炉焚烧。焚烧后的烟气经余热锅炉回收热量产生蒸汽，用作前端半干化的热源，同时将一次风加热至100～120℃。

相比全干化，半干化的能耗较低，燃爆风险也显著降低。经半干化后，污泥的入炉含水率一般有两种情况，一种是达到自持燃烧的临界含水率，该值与污泥干基热值和燃烧空气预热温度相关，我国污泥的临界含水率通常为55％～65％；另一种是进一步降低至30％～40％，同时越过了污泥黏滞区，便于输送。前者理论上整体能耗接近最低，但由于运行时不可避免的泥质波动，焚烧时经常需要添加辅助燃料，此外，该含水率条件下自持燃烧的必要条件之一是预热空气至300℃左右，也有工程在一次换热时将一次风的温度加热至600℃以上，因此，余热利用系统回收的热量首先用于预热空气。后者的入炉热值显著高于前者，故无需预热空气至较高温度即可自持燃烧，同时，干化段的能耗更高，蒸汽需求更大，故烟气热量主要通过预热锅炉回收后产生蒸汽，用作干化热源并预热焚烧空气。

国外采用"半干化＋焚烧"工艺时与国内工艺的区别主要在余热利用和前端的污泥处理环节。烟气余热利用形式更为丰富，部分工程对干化环节也进行了余热利用；前端污泥处理环节相比国内的脱水和热干化，常常还有厌氧消化单元。

由于国外污泥干基热值较高，其自持燃烧对应的含水率也较高，干化的能量消耗相对较低，焚烧过程也无需预热至较高的空气温度，且焚烧烟气热量回收用于热干化后尚有富余，故余热常常还可用于发电。例如，瑞士最大污泥热处理厂苏黎世污泥处理中心，处理量为每年10万t脱水污泥（含水率70％～78％），脱水污泥经圆盘干化后含水率降至55％～65％，进入流化床焚烧炉焚烧，除启炉过程，正常运行时无需辅助燃料，焚烧温度为870～950℃，烟气余热主要通过余热锅炉产生蒸汽用于污泥半干化、发电和预热空气，锅炉系统由过热器、蒸发器、省煤器和空气预热器组成，烟气经过静电除尘、袋式除尘和两段洗涤后排放。整个厂区可实现能量（包括用电）的自给自足。

在前端污泥预处理方面，国外很多污水处理厂设有厌氧消化设施，污泥经厌氧消化处理的同时回收沼气能源，然后再进行脱水、半干化后焚烧。前端产生的沼气能源既可作为焚烧炉的辅助燃料，也可用于污泥热干化的热源，或者用于厂内其他热量供应。例如，德国汉堡Köhlbrandhöft污水处理厂，即采用了"厌氧消化—脱水—半干化—焚烧"技术路线，浓缩污泥经厌氧消化后，离心脱水至含水率75％～78％，再经盘式干化至可自持燃烧的含水率（58％左右）后进入流化床焚烧炉中焚烧。焚烧的热量回收产生400℃的蒸汽，剩余热量用于预热燃烧空气和锅炉用水，400℃蒸汽用于驱动发电机和作干化热源；厌氧消化产生沼气用于发电并产热供厂区使用。类似的，德国斯图加特Mühlhausen污水处理厂，是德国第一个采用焚烧工艺的污水处理厂，也具有厌氧消化设施，65％的厌氧消化污泥与35％的剩余污泥脱水至含水率75％后经盘式干化至含水率50％～55％，进入流化床焚烧炉自持焚烧。沼气可通入焚烧炉，必要时使用，烟气经余热锅炉进行热量回收，产生0.9MPa的饱和蒸汽用于污泥干化。干化时蒸发的水分热量经废气冷凝器收集后回用，一部分作为工厂厂房的直接热源；一部分用于预热消化污泥，将到达离心脱水机的液态污泥预加热至 50℃，可达到提高脱水污泥的含固率（约 2％）和节省絮凝剂（10％）的作用；还有一部分热量通过热交换器用于消化池加热。除上述工程外，丹麦哥本哈根的 Lynetten 污水处理厂、波兰格但斯克的 Dębogórze 污水处理厂、日本横滨市南部污泥处理中心等均采用干化焚烧工艺处理厌氧消化后的污泥。总之，污泥经厌氧消化后进行干化焚烧，其优点主要包括：整个系统能量回收更具效益；消化单元显著减小了脱水、干化和焚烧设备的规模；燃烧沼气产生的有害物质少；在后续热处理设施出现问题进行维护时，由于前端已经过厌氧稳定化处理，污泥应急处置更为容易。

（3）深度脱水＋焚烧

根据污泥性质，可采用深度脱水至含水率 60％，然后直接采用焚烧的处置方式。目前该工艺在国内外已有部分案例，但是需要从能量平衡的角度进行系统分析。这种工艺多用于美国、日本等污泥有机质含量较高的国家，如美国明尼苏达 Metropolitan 污水处理厂、日本藤泽市污泥资源化中心和花见川污泥处理厂等项目。早期，国外许多案例采用脱水后直接进行焚烧的工艺，焚烧炉运行需要添加辅助燃料，为了降低运行成本，大多通过空气预热器回收焚烧烟气的部分热量（见图 5-6）。后来，余热利用逐渐成为热处理工艺的重要组成部分，大部分工程通过优化设计尽量提升烟气的余热利用水平，例如，美国明尼苏达 Metropolitan 污水处理厂，其初沉污泥和二沉污泥采用一种高速逆流的离心机脱水至含水率 70％～72％后进入流化床焚烧炉焚烧，焚烧过程可无需或仅需少量辅助燃料，焚烧烟气首先经过高温空预器回收部分热量预热进入焚烧炉的燃烧空气，之后通过余热锅炉产生蒸汽用于厂区供热，夏季厂区不需供热时则可用于发电。经余热利用后，烟气采用喷入活性炭、布袋除尘、湿式洗涤和湿式静电除尘处理后达标排放，整体工艺流程如图 5-7所示。

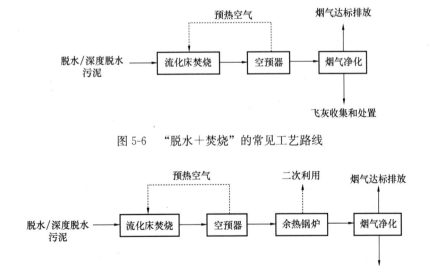

图 5-6　"脱水＋焚烧"的常见工艺路线

图 5-7　美国明尼苏达 Metropolitan 污水处理厂污泥焚烧工艺路线

2. 各单元的匹配原则分析

（1）预处理（脱水、干化）方式及程度

对于某特定的污泥来说，预处理工艺决定了入炉污泥的状态，包括含水率、热值和物理状态（如半塑性、固体颗粒状、固体粉末状等），而热值决定了污泥焚烧的放热量，含水率决定了烟气量和组成，物理状态则对燃烧状态有影响。因此，预处理工艺的选择需要综合考虑对应于设计泥质的入炉污泥状态需求、能够实现该入炉污泥状态的可选预处理方式及对应的能耗、其他可利用的资源如干化补充热源等信息，合理确定。

国内外常见的入炉含水率通常有三种选择：10％，30％～40％，55％～65％，分别以10％、30％和60％为例估算将80％的污泥经干化后进行焚烧的热量和烟气情况，见表5-2。

不同入炉含水率对应的主要物流和能量参数[①]　　　　表5-2

入炉含水率	10％	30％	60％
适用的预处理方式	全干化	半干化	半干化
入炉污泥湿基低位热值(MJ/kg)	11.00	8.00	3.50
入炉污泥干基低位热值(MJ/kgDS)	12.22	11.43	8.75
烟气量(N·m³/kgDS)	5.7	6.1	7.4
烟气中水蒸气体积百分比(％)	11.9	17.6	32.4
烟气温度850℃时的焓值(MJ/kgDS)	7.6	8.2	10.1
蒸发水量(kg/kgDS)	3.65	3.33	2.26
干化耗热量(MJ/kgDS)	12.77	11.65	7.91

① 估算假设污泥含水率为80％，干基低位热值为12.5MJ/kg，干基元素含量为C33.0％，H4.1％，O11.9％，N5.0％，S1.0％；焚烧空气过量系数为1.4；干化蒸发吨水耗热量为3500kJ/kg。

随着入炉含水率升高，处理1kg污泥干基的干化耗能随之下降。在污泥热干化和焚烧的组合系统中，污泥热干化通常是耗能的主要单元。在保证污泥在焚烧炉中可自持燃烧至850℃的情况下，热干化单元决定了整个干化焚烧系统的能耗水平。在一定的处理规模下，入炉/干化污泥含水率越高，干化过程需要蒸发的水量越小，能耗也越低。此外，全干化通常还需要考虑干化工艺、干化污泥输送和存储的燃爆风险。

随着入炉含水率升高，入炉污泥热值和污泥焚烧的放热量均随之下降。污泥焚烧的放热量取决于入炉污泥的低位热值。同样的干基处理量，当入炉含水率较高时，污泥干基部分焚烧产生的热量部分用于所携带的水分的汽化，故总的放热量降低。干化传热过程不可避免会有一定的热损失，且很多干化工艺采用载气，也会带走部分热量，虽然不同类型干燥机的能耗水平有所差异，但通常来说，蒸发同样水量，在干化单元产生的能耗会高于在焚烧炉损失的热量，如图5-8所示，随着入炉含水率的升高，干化耗热量下降的趋势大于入炉污泥放热量的下降趋势。因此，当不具备便捷经济的热源时，从降低干化焚烧系统能耗、提高运行经济性出发，在保证焚烧炉稳定燃烧的前提下，宜尽量降低热干化单元的能耗，即尽量选择接近污泥自持燃烧的入炉含水率。

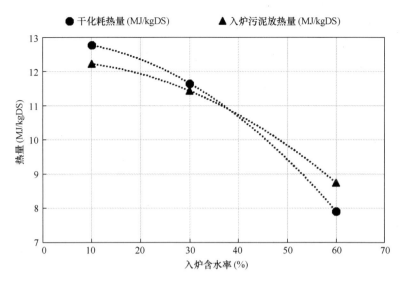

图 5-8 干化耗热量和入炉污泥放热量随入炉含水率的变化

此外，随着入炉含水率升高，处理 1kg 污泥干基产生的烟气量随之上升，上升的烟气量即为入炉污泥带入水分产生的水蒸气，入炉含水率 10％时，烟气中水蒸气体积含量为 11.9％；入炉含水率 60％时，烟气中水蒸气体积含量升至 32.4％。由于水蒸气比例升高，则后续经余热利用后因洗涤产生的烟气热量损失也会随之增大。因此，从降低烟气处理设施投资和运行成本、尽量回收烟气热量的角度出发，宜适当提高污泥的入炉含水率。

综合考虑上述因素，大部分污泥干化焚烧工程选择 30％～40％或 55％～65％的入炉含水率，具体范围的确定，还需考虑污泥干化设备对黏滞区的敏感性、输送等配套设施对污泥含水率的要求、入炉含水率的控制范围及调节方式等情况。例如，当污泥泥质较稳定，自持燃烧对应的含水率为 55％～60％，则选择该含水率为入炉含水率，同时，由于该含水率处于污泥的黏滞区（通常为含水率 40％～60％），干化设备和输送设施运行不利，可采用部分污泥干化至含水率 30％，与其余部分湿污泥混合至入炉含水率的方式；当污泥热值的波动范围较大，采用自持燃烧对应的入炉含水率在运行中可能控制难度较大，则可选择含水率 30％～40％为入炉含水率。

当具有便捷经济的干化热源时，如污泥经厌氧消化后进行干化焚烧，厌氧消化沼气作为污泥干化热源且可提供全干化所需热量，则可因地制宜地选择全干化作为焚烧的预处理工艺。全干化最常采用的干化工艺为流化床或转鼓式，可将脱水污泥干化到含水率不高于 10％。干化污泥呈 1～5mm 的颗粒，在流化床焚烧炉中可稳定燃烧。当采用其他干化工艺时，还需考虑干化污泥的颗粒性状是否适合后续流化床焚烧。

上述几种方式均采用干化作为焚烧的预处理工艺。当污泥有机质比例较高时，其干基热值较高，如挥发性固体含量 70％以上、干基低位热值高于 16MJ/kg，可考虑不进行热干化预处理，经充分脱水后直接进行焚烧，焚烧时通过辅助燃料补足热量缺口。由于我国污泥有机质比例较低，目前没有工程采用这种工艺。

（2）余热利用方式的选择

焚烧烟气的热量涵盖了焚烧系统输入的绝大部分热量。焚烧烟气的设计温度通常为850~870℃，当烟气温度低于175℃时，低温下酸性气体的露点腐蚀导致不再适合进行热量回收，因此焚烧系统进行烟气热量回收的低温限值通常为175~200℃，该温度时的烟气焓值约为870℃烟温时的一半，即污泥焚烧烟气中接近50%的热量是易回收利用的（见图5-9）。

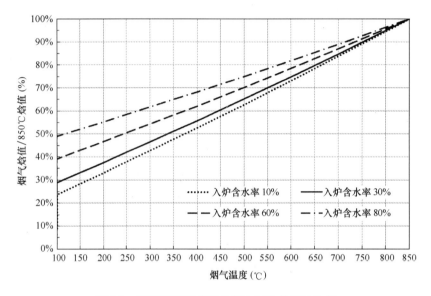

图5-9　不同温度时烟气焓值占初始焓值的比例

热能回收有多种形式，按回用后的用途一般可分为一次利用和二次利用。一次利用指回收的热量用于该焚烧工艺以减少辅助热源/燃料消耗的情况，如用于预热燃烧空气或污泥脱水/干化。二次利用指回收的热量用于该焚烧工艺以外的情况，如加热外部介质、发电、季节性空间加热等。目前，一次利用是国内污泥焚烧余热利用的主要方式，即预热燃烧空气或回用于污泥干化。

预热燃烧空气是最早应用也是最为常见的污泥流化床焚烧余热利用方式。绝大部分污泥焚烧工艺会将燃烧空气进行一定程度的预热，区别在于预热的程度，主要分为600~675℃、300~400℃和100℃三个区间。

当采用"脱水/深度脱水＋焚烧"工艺时，由于入炉污泥含水率较高，入炉热值较低，需要通过辅助燃料补足热量缺口。此时，焚烧烟气的能量多用来预热燃烧空气，以增大入炉热量，降低辅助燃料消耗。例如，当挥发性固体含量为70%、入炉含水率为72%、空气过量系数为1.4时，预热空气至650℃可实现焚烧炉内850℃自持燃烧。

当采用"半干化＋焚烧"工艺时，若入炉含水率按所能自持燃烧的最高含水率设计，则烟气余热系统宜设置高温空预器，将燃烧空气预热至300~400℃，也有工程预热到600℃以上，如深圳上洋污泥干化焚烧工程，加热至650℃。通过预热空气，可以补足入炉热量，有利于维持燃烧的稳定性，在泥质有所波动时，可通过污泥入炉状态和预热空气的调节同时进行焚烧过程控制。若入炉含水率按远低于临界含水率设计，如30%~40%，此时污泥焚烧放热量足够，无需预热空气至较高温度，则通常不再设置高温空预器，可直接通过余热锅炉回收热量加热或产生热介质，用于干化环节，产生的热介质也可对空气进行一定程度的预热（加热至 100℃ 左右），有利于维持焚烧条件的稳定。

当采用"全干化＋焚烧"工艺时，入炉含水率为 10% 左右，污泥焚烧放热量一般高于 850℃ 燃烧的热量需求。如表 5-2 所示，入炉含水率 10% 时，入炉污泥放热量折算为单位干基为 12.22MJ，而其对应的烟气温度 850℃ 的焓值为 7.6MJ，故通常在焚烧炉内设置换热面回收热量同时降温，否则燃烧温度将高于焚烧控制温度。炉内换热回收的热量可用于加热热介质（如导热油）或产生热介质（如蒸汽）并回用于干化单元，换热后，烟气可进一步回收热量预热燃烧空气。

5.1.5　我国污泥焚烧的应用现状和存在问题

1. 我国污泥焚烧的应用现状

近年来，我国对污泥处理处置的要求不断提高，《水污染防治行动计划》（2015）、《"十三五"生态环境保护规划》（2016）中均提出了地级及以上城市污泥无害化处理处置率在 2020 年底前达到 90% 的要求；加上相关收费政策逐步完善以及污染控制技术的发展，污泥干化焚烧技术呈现出快速发展的势头。在上海白龙港、上海石洞口、上海竹园、成都一厂、杭州七格、深圳上洋等多个城市成功进行了规模化示范。

《城镇污水处理厂污泥处理处置及污染防治技术政策（试行）》指出，"经济较为发达的大中城市，可采用污泥焚烧工艺。鼓励采用干化焚烧联用的方式，提高污泥的热能利用效率；鼓励污泥焚烧厂与垃圾焚烧厂合建；在有条件的地区，鼓励污泥作为低质燃料在火力发电厂焚烧炉、水泥窑或砖窑中混合焚烧。"

污泥焚烧作为城镇污水处理厂污泥处理的主流技术之一，可集约、高效地实现污泥的减量化、稳定化和无害化，焚烧灰渣可填埋或资源利用，适合经济较发达、人口稠密、土地成本较高的地区或者污泥产物不具备土地消纳条件的地区，近年来在我国越来越多的城市得到工程化应用。我国许多城市都相继开展了污泥干化焚烧的尝试，尤其是"十一五"和"十二五"期间，在污泥干化＋单独焚烧、干化＋水泥窑协同焚烧、干化＋电厂掺烧、干化＋垃圾协同焚烧等技术路线方面均进行了工程尝试，部分已建成的污泥干化焚烧项目见表 5-3。

我国部分已建成污泥焚烧工程　　　　　　　　　　　　　　　表 5-3

序号	工程名称	设计规模（t/d，含水率以 80% 计）	建成时间（年）
1	上海石洞口（流化床焚烧）	360	2004
2	杭州萧山（回转窑焚烧）	360	2009
3	深圳南山（电厂掺烧）	400	2009
4	嘉兴新嘉爱斯（电厂掺烧）	2050	2010
5	苏州工业园区（电厂掺烧）	300	2011

序号	工程名称	设计规模（t/d，含水率以80％计）	建成时间（年）
6	成都市第一城市污水处理厂（流化床焚烧）	400	2011
7	无锡锡山（流化床焚烧）	100	2011
8	佛山南海（垃圾协同焚烧）	300	2012
9	杭州七格（循环流化床一体化干化焚烧）	100	2013
10	上海竹园（流化床焚烧）	750	2015
11	石家庄（回转窑焚烧）	600	2015
12	温州（流化床焚烧）	240	2016
13	深圳上洋（流化床焚烧）	800	2016

污泥单独焚烧主要是将干化后的污泥（含水率<50％）投入焚烧炉进行焚烧，使其维持自持燃烧。对于污泥焚烧，在不考虑辅助燃料的情况下，焚烧炉所能达到炉温等运行情况决定于入炉污泥的泥质特性，特别是入炉污泥含水率、污泥的热值及灰分等。污泥的热值越大，其挥发分和固定碳所占比例越高，灰分也越少，在焚烧过程中产生的能量越多，灰渣量越少，排渣能量损失也越少。入炉污泥含水率越低，进入焚烧炉的水分越少，水分汽化在炉内吸收的热量越少，由水蒸气造成的排烟能量损失也越少。

污泥掺烧发电工艺多用于热电厂，少数用于垃圾焚烧厂。热电厂协同处置污泥主要有两种方式，即湿污泥直接掺煤混烧和烟气余热干化后掺煤混烧。这两种污泥处理方式都是利用现有的电厂锅炉混烧污泥和煤，释放出热量，产生蒸气用于汽轮机组发电。

湿污泥直接掺煤混烧：湿污泥（含水率约为80％）直接掺煤混烧技术对锅炉系统改造少，因而初期投资低，但由于污泥中含有大量的水分，对锅炉燃烧的影响较大，燃烧组织困难，使得锅炉热效率降低。

烟气余热干化后掺煤混烧：污泥中含有大量的有机物，热值可以得到利用，但由于脱水污泥含水率很高，直接利用时对燃烧工况干扰较大而且掺混比更低。利用热电厂烟气余热来干化污泥可以解决这一问题。热电厂烟气温度大约为200℃，在适宜的温度下进行污泥干化预处理，可以保留污泥90％以上的热值，干化污泥含水率降为20％～40％，并可以形成质地坚硬的颗粒用于焚烧。污泥热干化有直接加热和间接加热两种方式。直接加热方式是利用锅炉烟道抽取的高温烟气或锅炉排烟直接加热湿污泥。烟气与污泥直接接触，低速通过污泥层，在此过程中吸收污泥中的水分。干污泥与热介质进行分离后，排出的废气一部分进行热量回收再利用，剩余部分经无害化处理后排放。常用的干化设备有转鼓干化机、流化床干化机、闪蒸干化机等类型。直接加热干化费用较低，效率较高，但烟气抽取易对焚烧系统产生干扰，焚烧—干化联动，显著增大了控制难度，且烟气处理是弱项。间接加热方式是利用低压蒸汽作为热源，通过热交换器将烟气热能传递给湿污泥，使污泥中的水分得以蒸发。干化过程中蒸发的水分在冷凝器中冷凝，一部分热介质回流到原系统中循环利用。典型的间接干化机有顺流式干化机、垂直多段圆盘干化机、转鼓干化机、机械流化床干化机等。这种技术可以利用大部分烟气凝结后的潜热，热效率利用率较高，不易产生二次污染，对气体的控制、净化及臭味的控制较容易，无爆炸或着火的危险。

2. 我国污泥干化焚烧工程存在的问题

我国污泥干化焚烧工程存在的主要问题如下：

（1）泥质控制

干化焚烧的运行成本和运行性能与污泥进泥含水率关系密切。进泥含水率高于设计值会影响整个系统的处理量、热工参数、烟气状态。此外，含砂量对设备性能和寿命影响较大，一旦投入运行，很多情况下不得已为延长设备寿命而降低标准运行，间接影响处理效率和二次污染控制水平。此外，部分单位的污泥中混有石块、木块、金属、布条等杂物，而这些杂物一旦混入污泥就无法辨认，进入污泥干化设备后就非常容易造成污泥干化设备的损坏。

（2）二次污染问题

从投资和运行成本看，污泥进入水泥窑或电厂协同焚烧比单独焚烧更具优势。但我国尚无协同焚烧相关标准，协同焚烧的烟气稀释排放、监测和处理等问题仍未解决，尤其是电厂掺烧。电厂烟气处理系统与专门处理废弃物的焚烧厂烟气处理系统差别迥异，在污染物捕捉对象、捕捉能力和捕集效率方面有着本质区别。电厂锅炉不等于焚烧炉，首要区别就是烟气处理。污泥焚烧所涉及的污染物种类繁多，相当部分污染物利用电厂的烟气处理系统无法进行捕捉。例如：汞、镉、铅、二噁英、多环芳烃，以及一些未知的或尚无法检测的"三致"污染物。若没有严格健全和可行的技术、标准和监管手段，污泥掺烧无疑将变相地变成将污染物释放回环境的手段，造成的环境和社会影响不可想象。

（3）单元匹配协同

同一生产线上不同设备的协同难度主要体现在两方面：一是同一生产线上不同设备的处理能力保持一致难度大，容易出现部分设备满负荷或超负荷运行，部分设备却"吃不饱"的现象，易存在关键单元处理能力短板。例如，干化设备、焚烧设备或者中间的污泥输送环节，任何单元的处理能力达不到设计水平，整条焚烧线的处理能力都将受到制约，其中，处理能力欠缺最大的设备即为整条生产线的处理能力短板。二是不同设备基于工况波动的协同难度大。例如，当污泥干基热值高于设计值时，干化单元的处理量或蒸发水量可以减少，系统对干化单元处理能力的要求降低，但对焚烧炉热容量要求却提高了，当焚烧炉热容量不能满足升高的污泥热值需求时，还需降低进料量。因此，泥质变化时，系统对不同单元的处理能力需求发生了变化，单元间的协同关系也受到影响。

不同生产线的互相协调难度主要体现在：干化焚烧工程通常具备至少两条生产线，不额外设置备用线。日常运行过程中，两条生产线虽然是互相独立的，但必要环节（如接收污泥的分配）和情况（如轮流检修）下需要协调两条线的泥量、泥质、运行方式。

（4）运行连续性

运行连续性对年运行时长影响较大，关系处理量的实现；此外，运行连续性与生产线停启、设备运行状态密切相关，也影响运行的经济性。污泥干化焚烧工艺较为复杂，设备较多，且许多设备没有备用，同一生产线上任何未备用的设备发生故障时，均会引起全线停车。除大修外，干化焚烧系统因不同单元的设备故障导致的计划外停线直接影响系统运行的连续性。因此，工艺设备的质量和性能对于提升运行连续性特别重要。故障频率较高同时又会引起全线停机的设备主要包括：焚烧炉、输送设备（链板提升机、柱塞泵、输送/给料/卸灰螺旋）、风机（一次风机、引风机）、烟气洗涤设施（烟气洗涤塔、碱液循环泵）。根据实证情况，上述设备故障引起计划外停线的时长比例占总计划外停线的85%及以上。

焚烧炉是整个焚烧线的核心设备，通常一条焚烧线设置一台焚烧炉，故焚烧炉停炉必然要全线停车。焚烧炉计划外停炉的常见原因有：流化效果不佳、硫化故障、炉内发生结焦需要清除、某些部件受损需要更换等。

除焚烧炉外，焚烧工艺的另一个重要单元为热干化。通常，一条焚烧线会对应多台干燥机，有时还会备用一台干燥机。因此，干燥机故障通常不会引起焚烧线停车，当无备用时可能引起处理量下降（仍干化至设计含水率，干化处理量下降），或辅助燃料使用量增加（干化污泥量不变，干化污泥含水率高于设计含水率）。

相比焚烧炉和干燥机两大核心设备，附属设施更易引起全线停车，如湿污泥、干化污泥输送设备、风机、烟气洗涤设备等。输送设备的常见故障包括：柱塞泵异物堵塞、漏泥、流量过低；干污泥输送变频减速器故障、部件脱落、阀门卡异物等；链板提升机刮板变形、链条垂直度偏离等。风机的常见故障包括：变频器故障、定子高温跳机、轴承故障等；烟气洗涤设备的常见故障包括：洗涤塔喷嘴堵塞、碱液循环泵漏液、流量异常等。

（5）运行经济性

运行成本主要包括固定成本和可变成本。固定成本主要包括人员工资和福利、固定资产综合折旧、修理、无形和递延资产摊销成本。可变成本主要包括动力、药剂、处置、管理等成本，如：蒸汽使用（或赊购）、用电、供水和排污、燃料、化学药剂（烟气处理、水处理药剂）、副产品抵消成本、处置费。这里主要讨论与工艺运行密切相关的可变成本，如蒸汽消耗、电耗、辅助燃料消耗等。目前，污泥干化焚烧的上述成本通常高于设计预估，有的工程甚至远远高于设计预估。

经济性主要取决于以下几方面：

1）设计和设备选择的合理性：工艺设计和设备选择是否合理是影响运行成本的首要因素。首先，设计所采用的泥量、泥质参数（包括峰值、谷值、均值）必须能够代表实际工况，如果偏离较大，那么实际运行时大部分工况会偏离各设备的最佳工况，核心设备如干燥机、焚烧炉长时间不在最佳工况下运行，势必会影响运行的经济性。例如，实际热值明显低于设计热值时，若干化单元已经无法继续增加处理能力，则按设计入炉含水率入炉的污泥可能无法实现设定温度下自持燃烧，需要投加辅助燃料，运行成本则相应增加。反过来，当实际热值明显高于设计热值时，由于焚烧炉的热负荷有限，需要降低进泥量，则污泥处理量会受到影响，单位处理量的电耗成本会增加。其次，工艺设计过程应充分考虑运行成本，根据实际情况进行优化分析。例如，当具有便捷经济的热源如废热蒸汽时，可充分利用蒸汽作为热介质进行干化、预热空气、再热烟气。

2）设备故障率：设备故障率是运行成本的重要影响因素。首先，当设备发生故障并引起全线停车时，由于干化焚烧是一种高温热处理工艺，停车均伴随降温过程，释放的热量白白浪费；启动又伴随加热升温过程，对于干燥机，加热升温需要消耗蒸汽，对于焚烧炉，启炉过程需要消耗辅助燃料，故频繁停车会额外增加大量热损失，这些损失的热量则表现为增加的蒸汽用量、辅助燃料用量。其次，即便个别设备故障不会导致全线停车，也会额外增加能量消耗。短时间的设备维修、更换，如柱塞泵堵塞维护、风机部件更换等，需要停止进料，此时一般尽量不停炉，为了维持炉内温度，则需要在这段时间内持续投加燃料维持炉温，额外增加了辅助燃料消耗和单位处理量的电能消耗。

3）运行调控对泥质波动的响应：在工程建成后，影响运行成本的主要因素在于调控策略是否合理以及调控响应是否及时。首先，运行人员应密切关注并掌握来泥的泥质情况，如含水率、热值，根据往年泥质的月波动情况进行预判，并针对可能产生的变化情况做好运行调控策略。运行过程中，根据来泥的含水率和热值情况，及时调整干化、焚烧的运行工况。例如，污泥热值通常在夏秋季较低、冬春时较高，随着污泥热值升高，能够达到自持燃烧的临界入炉含水率也随之升高，若不及时调节干化单元的处理量或干化污泥含水率，本可以节省的干化蒸汽量无法得到节省，且污泥在焚烧炉内燃烧温度可能会超温，临时启动炉内喷水降温则浪费了焚烧热量。

5.2　污泥热解技术

5.2.1　污泥热解原理

热解是在无氧或缺氧的条件下，利用高温使固体废物有机成分发生裂解，从而脱出挥发性物质并形成固体焦炭的过程。热解可以用以下的方程式来表示：

$$C_xH_yO_z + Q \longrightarrow 热解炭 + 热解油 + 热解气 + H_2O \tag{5-4}$$

其中 Q 表示的是热解过程中需要加入的热量，热解工艺主要产物有热解炭（炭黑、炉渣）、焦油（焦油、芳香烃、有机酸等）、热解气（CH_4、H_2、CO、CO_2 等）。

不同温度热解产物差异较大。热解温度 $650\sim1000℃$，污泥热解产物为可燃气和炭；热解温度 $400\sim550℃$，产生可燃气、重油和炭；热解温度 $250\sim300℃$，压力 $5\sim10MPa$，污泥热解产生炭。

污泥热解的基本流程如图 5-10 所示。

目前比较公认的污泥热解的转化途径可以大致分为三个阶段：产生水分阶段、产生易挥发物质阶段和热解无机物阶段。在第一阶段，污泥中结合水和少量游离水挥发，所以污泥失重较少；在第二阶段，污泥中含有

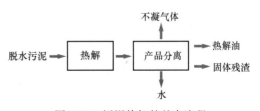

图 5-10　污泥热解的基本流程

大量的生物质，存在很多易挥发物质，同时污泥中含碳化合物的键会断裂，污泥在这一阶段失重最多；第三阶段主要是无机物质的分解阶段，这一阶段的失重主要是由碳酸盐引起的，失重最少。

污泥中有机物的裂解过程首先是 C-C 及 C-H 键的断裂，形成的游离基再进行重新组合，形成小分子化合物。由于 C-C 键能（346.9kJ）小于 C-H 键能（413.8kJ），因此 C-C 键易断裂。含 C 原子数较多的烷烃断裂的趋势一般在 C 键的一端，形成的短碎片成为烷烃，而较长的碎片成为烯烃。简单的裂解过程可用以下反应方程式表示：

$$CH_3 + CH - CH_2 \longrightarrow \cdot CH_3 + \cdot CH_2CH_3 \tag{5-5}$$

形成的游离基可相互结合或由一个游离基转移一个氢原子给另一个游离基：

$$\cdot CH_3 + \cdot CH_3 \longrightarrow CH_3 - CH_3 \tag{5-6}$$

$$\cdot CH_3 + \cdot CH_2CH_3 \longrightarrow CH_4 + CH_2 = CH_2 \tag{5-7}$$

当温度升高到一定程度时，甲烷等小分子气体在污泥中重金属催化下也会发生反应：

$$CH_4 + H_2O \xrightarrow[998K]{Ni} CO + 3H_2 \tag{5-8}$$

污泥热解后产生的不凝结气体主要由 H_2、CO、CH_4、CO_2、C_2H_4、C_2H_6 等几种成分构成，除 CO_2 外均为可燃气体，此外，热解气中还含有 C3、C4、C5 等气体，但含量较少。气体则可提纯氢气以及烃类，用作化工原料或者输送给电厂作为发电燃料等。液相产物主要是生物油，经过改性可做燃料油或化工原料，由于污泥中含有大量的脂肪、蛋白质及氨基酸等，热解油中主要成分为碳、氢、氧，污泥低温热化学转化过程中形成的衍生油主要成分为脂肪酸、脂肪氰、沥青烯、硬脂酸甲脂、苯系物、酰胺及烃类。热解油中主要成分为十五烷和十七烷，大部分为重油。重油只在低温阶段下产生，在温度高于450℃和较长的停留时间下重油发生二次裂解，产生轻质油。由于热解油具有很高的热值，因而十分适合作为液体燃料供工业生产使用。在污泥热解所得的三相产物中，固相产物孔隙较多，可作为吸附剂或建材等。

5.2.2 污泥热解工艺

1. 污泥热解制炭

污泥热解中有机物分解产生了大量的热解炭，其中含有大量的碳成分。Musta-faK. Hossain 等人发现温度对污泥热解产生的生物炭的性质有显著影响，在低温（300℃、400℃）下废水污泥的生物炭呈酸性，而高温（700℃）下则呈碱性。其中 AnnaZielińska 等人在研究生物炭特性的过程中发现，污水来源和热解温度对生物炭的性质起着重要作用，随着温度的提升生物炭中灰分含量增加，同时还发现污泥中某些结晶相的存在会降低生物炭的表面积。

由于污泥热解炭具有独特的理化特性，可以用于各个方面，例如能量回收（通过燃烧）、土壤改良或作为垃圾填埋场的日常掩护。近年来，已经报道了热解炭或类似的材料如活性炭（AC）般具有对烃类重整或开裂的催化活性。当放置在汽化器下游时，这些材料已经显示出减少焦油生成和提高合成气产量的效果。另外，热解炭还被用作不同金属（Ni、Fe）的载体，并且这些催化剂已经用于重整生物质焦油和焦油替代物。

2. 污泥热解制取富氢气体

温度对热解过程起着决定性作用，从动力学的角度而言，温度影响了反应的活化能，从而改变了化学反应速度；从热力学角度而言，温度影响了过程中吉布斯自由能的变化，从而影响了反应进行的方向，决定了产物的分布和组成。温度越高，越容易促进有机质的一次和二次裂解，提高气相产物的总量。刘秀如采用流化床热解装置研究了污泥在不同热解温度下产气规律，得出污泥在高温下热解产物以热解气为主，并且随着热解温度的升高（400～950℃），H_2 和 CO 气体体积百分比含量增加，H_2 含量变化尤为明显；A. Domínguez 等人研究发现，利用含水率为 70%～80% 的污泥作为原料进行热解时，温度越高（1000℃），升温速率越大，气体在反应器中的停留时间越长越有利于 H_2 的产生，由此产生的热解气体具备更高的热值，燃烧性能更好。熊思江在对污泥热解制取富氢燃气时发现，将污泥放入温度已经升至设定温度的热解设备，可以使污泥热解产生的大分子有机化合物特别是碳氢化合迅速发生二次裂解，不仅使产气量增大，H_2、CO、CH_4 等高质燃气的产量也更高。常风民等人采用两段式热解装置对污泥进行催化热解实验发现，热解终温超过 500℃，热解液产率减少，热解气增多，热解气体组分主要为 H_2、CO、CH_4 等小分子非冷凝性气体，且在污泥二段热解（900℃）中热解液中的烯烃等物质裂解生成甲烷和 H_2，提高富氢气体产量。2006 年李海英等人采用固定床热解装置对污泥在热解终温在 250～700℃ 进行三相产物分布研究发现，热解终温在 450℃ 以上时，热解气的产率在持续增加到 20%，而热解液中有机物发生二次裂解，使得热解液持续下降，有利于热解气的提升。郑莹莹采用石英管式热解炉研究了污泥在不同热解温度下热解产气分布规律，随着热解温度的升高（200～850℃），热解气相产物产率从 0.91% 大幅提升至 37.43%，热解固相产率逐渐降低，固相物质硬度逐渐增大，使得其中大分子有机物发生一系列复杂的分解的反应，挥发性物质逐渐析出，并产生大量的气体，提升热解产气量。

综上，影响污泥热解产取富氢气体影响因素主要分为三类：催化剂的种类掺杂比例方式、污泥热解温度和污泥的含水率。为实现污泥热解产氢的工业化利用，还需开展深入研究。

5.2.3　污泥热解污染物迁变规律

1. 污泥热解持久性有机污染物分布特性

持久性有机污染物（Persistent Organic Pollutant，POPs）是对众多具有持久性的有机合成污染物的专用名词。POPs 具有生物蓄积性、长期残留性、半挥发性和高毒性，能够在大气和水环境中累积或通过迁徙沉积，对人类健康和环境产生严重危害。POPs 污染是近年日益突出的环境问题，在全球的大陆、沙漠、海洋和南北极地区等都有 POPs 物质的存在。

胡湛波等人采用单段炉和两段炉分别热解二噁英富集的干化底泥。单段炉以 10℃/min 升温到 800℃，保持氮气 30min，发现底泥中的二噁英大约 99.45% 转移到了挥发分中，其中冷凝油分中占 53.72%，不冷凝气体占 45.73%。如果用空气作为冷却气氛，在 800～500℃ 的温度区间内，PCDFs 的毒性当量增加到 1732.3～2455.15 倍，而 PCDDs 和 PCBs 的毒性当量只增加到 11.09～81.18 倍。在单段热解炉的基础上让挥发分进入恒温 1000℃ 的石英管内停留 300s，发现二噁英总浓度及其当量毒性总量去除率分别为 99.9661% 和 99.9739%。其中 PCDD/Fs 几乎 100% 分解，但 PCBs 的破坏率仅为 9.0297%，比单段炉还低。Conesa 等人进行管式炉热解和焚烧污泥的对比，检测到干污泥（二噁英含量为 5ng I-TEQ/kg）热解和焚烧的二噁英产率分别达到 232ngI-TEQ/kg 和 1700ng I-TEQ/kg。

热解过程中 PAHs 的产生和存在会引起环境问题，因而受到的广泛关注。污泥热解过程中 PAHs 的释放途径有两种：1）污泥样品中存在的 PAHs 在热解时析出到气体或热解油；2）热解时发生一系列的聚合、分解反应从而导致环化物生成 PAHs。M. E. Sánchez 等人研究了温度对污泥热解油分的影响，发现油中的多环芳烃在 450℃ 达到最多。Conesa 等人研究了多种垃圾热解和焚烧的对比，发现热解工况中，聚乙烯在 850℃ 的多环芳烃产率最大。在 850℃ 条件下，污泥热解产生大量多环芳烃，而焚烧产生量少很多。

2. 污泥热解重金属污染物分布特性

随着热解过程的进行，热解初期，金属的弱酸提取态由于脱水固结作用逐渐分解，转化为可氧化态或残渣态；随着温度的升高，可氧化态伴随着有机质的裂解缩合进而分解，部分释放到环境中，部分形成可还原态；高温热解阶段，由于自由能增大，残渣态晶格破碎，释放金属一部分逸出到环境中，另一部分形成可还原态。热解过程中，不同金属各形态的转化温度和比例不同。热解过程中，铁的主要形态为残渣态和可还原态，随温度的升高，残渣态逐渐向可还原态转化。锌和锰的4种金属形态都占有相当比例，且迁移规律相似，随热解温度的上升，残渣态含量和比例显著上升，但达到 500℃ 后，残渣态含量和比例部分降低，向可还原态转化。金属镍的主要形态为残渣态，随温度的上升，生物炭表面可与重金属配体结合的官能团增加，使转化形成可氧化态。总体来说，热解过程中污泥中的大多数重金属仍残留在生物炭中，限制了污泥生物炭的进一步应用。Devi 等人的研究发现，造纸厂污泥生物炭富含重金属，主要金属种类为镉、铬、铜、镍、铅和锌等。而 Kistler 等人通过对热解过程中重金属的迁移行为研究发现，生物炭的碱性使其内源重金属具有很高的固定性，从而降低了其施用过程中的环境风险。在环境效应的评估方面，重金属浓度可以指示污泥中金属的总体水平和迁移率。但重金属的生物利用度及相关的生态毒性，很大程度上取决于其特定的化学形式或化学结合方式。有研究发现，污泥热解过程中重金属形态会发生迁移，促进不稳定形态转化成更稳定的形态。Jin 等人的实验表明热解温度的升高有利于金属稳定，热解过程中弱酸提取态和可还原态百分比显著下降，而可氧化态和残渣态百分比显著增加，并以可氧化态和残渣态存在于生物炭中。Li 等人也证实在污泥热解过程中，污泥中大量重金属可以从生物可利用组分迁移到相对稳定组分中。和原污泥相比，污泥生物炭的环境风险总体较低。

5.2.4　污泥热解过程物质能量平衡分析

污水污泥低温热解技术的工业化不仅取决于热解工艺系统的研发，还取决于热解过程中能源的合理化消耗。由于污泥种类繁多、成分复杂，污泥热解能量产率的研究较为复杂。目前，国内外有关污泥热解技术的研究大多集中在固定床和流化床内的热解动力学、热解特性以及产物特征等方面。胡艳军、宁方勇等人针对一次给料稳定运行污泥热解系统制取三相产物的工艺展开分析，并基于能流图、能源回收率、能耗比等方法和衡算指标讨论该工艺的能量平衡关系。王慧中、陈德珍等人对污水厂污泥热解进行研究，通过能量平衡计算证明，污泥热解可获得 13.11MJ/kg 的能量收益，回收焦油、焦炭、可燃气，实现无害化、资源化、减量化。湿污泥的热解反应热 Q_p 远高于干污泥，其中有超过 70% 的能量被用于水分蒸发和水蒸气的升温，而实际热裂解工艺热 $Q_{pyrolysis}$ 则明显低于干污泥。污泥含水率对能耗的影响十分重要，含水率越高，能耗越大，相应的热解成本也越高；污泥干化能耗主要取决于污泥初始含水率。初始含水率对污泥干化能耗具有重大影响，因此提高污泥脱水效率，控制污泥初始含水率是控制污泥干化能耗的主要手段。污泥机械深度脱水含水率约为 60%，整个污泥热解系统能耗大约为 5500kJ/kg，且绝大部分能量消耗在前期的干燥好样品升温阶段，而主要的污泥热解反应热相对较少，占不到 10%。对不同有机物污水处理厂污泥热解反应热和污泥有机物关系进行拟合，可以发现，当污泥样品有机物含量为 52.5% 时，污泥所需热解反应热为 0，污泥自身可以满足热解反应所需热量。

5.2.5　污泥热解炭化的应用

污泥热解炭化技术作为一种新兴的技术路线在我国已有工程实践，在处理成本上，污泥热解炭化技术虽然与污泥干化焚烧相比处理成本较低，但和其他污泥处理处置的技术路线对比成本仍然较高。热解炭化技术烟气总量小于焚烧工艺，但烟气处理不当，也会带来环境问题，存在投资运营、尾气处理、环评要求高等制约性因素，在二次污染控制机制和方法、设计和运行的合理性、整体集成化水平等还有待提升。此外，在炭渣的最终处置方面，虽然有土壤改良、园林利用等资源化利用途径的可行性研究，但还缺乏相关标准的支撑，缺乏以"资源化"为导向的政策和可借鉴的产业模式。

5.3　污泥水热处理技术

污泥具有高含水率特性，特别适合采用水热处理的方式，实现污泥的改性、活化或定向转化。根据水热温度的不同，污泥水热处理可以分为热水解、水热炭化、水热液化等技术（见图 5-11）。

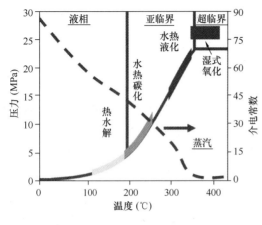

图 5-11　不同温度水热预处理技术分类

5.3.1　热水解预处理技术

高温热水解预处理工艺采用高温、高压对污泥进行热水解与闪蒸处理，使污泥中的胞外聚合物和大分子有机物发生水解，并破解污泥中微生物的细胞壁。热水解预处理通过破坏污泥微生物结构，使污泥絮体瓦解，EPS 结构破坏，细胞溶胞，大大降低污泥黏度，进而提高进泥含固率和有机负荷，减小消化体积；通过溶解颗粒有机质，以及长链大分子有机物水解，提高污泥厌氧消化性能，缩短停留时间；通过改变污泥水分分布，结合水释放，进而提高污泥脱水性能，减轻后续运输处理费用，并能实现病原菌灭活。

热水解技术的雏形是 20 世纪 30 年代出现的热处理技术，该技术早在 1939 年就有人开始面向应用开展研究。在 20 世纪六七十年代，污泥的热处理技术成为当时的热点。Porteus 和 Zimpro 是当时典型的高温热水解工艺，温度都在 200～250℃，但这两种工艺存在着一些缺点和弊端，如产生臭气，产生高浓度废液以及腐蚀热交换器等，因此在 20 世纪 70 年代初不再被采用。通过调整操作条件，在低温下进行预处理，Zimpro 工艺仍被应用于改善污泥的脱水性能。到 20 世纪 80 年代，一些与酸、碱处理相结合的热处理开始出现，用于污泥消毒，但是这些处理措施不能提高污泥的降解性能，经济效益较差，因此都没有得到商业应用。20 世纪 90 年代初，挪威的 Cambi 工艺开始出现，将热水解工艺成功地应用于提高污泥厌氧消化性能和提高最终产物的卫生化水平。威立雅的 Biothelys 工艺从 2006 年起开始得到应用。这两种工艺都是典型的高效热水解处理工艺，在工程上得到了应用。

热水解预处理技术已经成为国内外污泥高级厌氧消化的首选技术，目前全球已经有超过 80 个污泥厌氧消化工程采用该技术路线。在我国新建的污泥厌氧消化工程中，也几乎全部采用了不同温度的热水解预处理高级厌氧消化技术路线，例如长沙、北京和西安污泥处理处置工程。尽管在热水解预处理后厌氧消化的沼气产量提高，但沼气增加量能否满足热水解的能耗需求，很大程度上取决于进泥的有机质含量。

5.3.2　水热炭化技术

水热炭化（HTC）是指在一定的温度（180～350℃）和密封的压力容器中，以生物质或其组成为原料，以液体（水等）作为溶剂和反应介质，经过水解、脱羧、缩聚等一系列复杂的化学反应生成气态、液态、固态产物的过程。

水热炭产物的性状主要取决于水热炭化温度。在较高温度（>180℃）的条件下，污泥脱水率才能达到较高水平。这是因为污泥中的有机物经过水热炭化脱除羟基和羧基后，其产物亲水性与原始污泥相比较低，从而使得高温水热条件下的脱水脱羧反应更彻底，污泥的脱水性能得到较大改善。Park 等人研究发现在 200℃的条件下对污泥进行水热炭化处理，可提高污泥的稳定性和可分散性。Wang 等人利用水热处理耦合机械压滤装置对剩余污泥的深度脱水性能进行了研究，结果显示，当温度超过阈值温度（120～150℃）时，脱水开始显示出积极的作用。并且在 180～210℃的水热炭化处理后，剩余污泥的含水率从52％降至 20％。Meng 等人在 160～200℃的水热条件下，研究了各种污水处理厂的污泥组分对水热脱水、干燥的影响，发现经水热处理脱水后污泥的含水率降低到 20％以下。Yoshida 等人发现污泥的含水率在 191℃水热条件下降低至 30％，并根据重金属洗脱结果推断该生物炭可以用于改善土地性状。

在提高污泥脱水性能的同时，高温水热炭化还能够产生芳构化程度较高的炭材料或 O/C、H/C 比较小的富碳燃料。Peng 等人研究污泥在温度 180～300℃、反应时间 30～480min 内进行水热炭化处理，结果发现当温度为 260℃、反应时间为 30～90min 时，水热炭的热值为原始污泥的 1.02～1.10 倍。污泥水热炭化在得到性能良好的固体产物的同时，还会产生液体产物。污泥水热炭化的液体产物作为重要的副产物，是一种略有特殊气味、可自由流动的黑褐色液体，大多将其视为废水排放，进而会对环境产生二次污染。

5.3.3　水热液化技术

水热液化技术是在密封的压力容器中，以水为溶剂，在高温高压的条件下进行化学反应的各种技术的统称，在化工、冶金等领域被广泛应用。在水热反应体系中，水的性质发生强烈改变，蒸汽压变高、密度变低、表面张力变低、黏度变低、电离常数增大，离子积变高。利用水的这些性质变化，无需添加药剂即可对污泥进行改性。

污泥中含有一定量的有机质，可经过水热液化（Hydrothermal Liquefaction，HTL）处理把有机物转化成为碳氢化合物，该化合物性质与柴油相似，因此污泥被认为是一种潜在的生物质能源。水热液化工艺一般在惰性气体环境下，直接在高温（200～400℃）、高压（5～25MPa）条件下进行热化学反应，将污泥转化为高热值的液体产物，该过程无需对原料进行干燥，在外加气体的压力下可以提高水的沸点，减少蒸气的生成量，进而节约热能，有利于生物质大分子有机物水解，产物分离方便，且清洁环保，无毒害副作用。

随着温度及压力等条件的变化，水的许多性质将随之改变。随着温度的升高，水的密度和介电常数持续降低，而水的离子积先升高后降低，约在 300℃达到最大值。室温下，水的介电常数约为 80，在 300℃时接近 20，超过临界点后介电常数小于 5。这意味着水在较低温度下为极性溶剂，能溶解可溶性盐类，而有机物和气体溶解度很低；而高温时情况相反，超过临界点后，水将类似弱极性有机溶剂而溶解有机物和气体。高温下对气体和液体的高溶解度有利于消除气体和液体的相间界面，从而有利于反应。另外，300℃下水的离子积达到极大值（$>10^{-12}$），这意味着水本身相当于弱酸或者弱碱的环境，本身就相当于一种供氢溶剂和酸碱催化剂，很适合有机物水解的反应。

污泥水热液化制油过程，主要反应是脂肪族化合物的蒸发、蛋白质肽键断裂和基团转移反应。污泥中 40％的有机物转化为生物油，主要包含脂肪族、脂肪酸、单环芳烃和多环芳烃化合物，热值达 33MJ/kg。但高温过程中会产生大量难闻的气体及氮氧化物，影响大气环境，需要采取相应措施加以控制。

污泥直接水热液化技术起源于美国，与热解技术相比，不需要干燥，降低了成本，处于亚临界或超临界状态的水溶剂性质发生显著变化见表 5-4，在一系列热化学反应（水解、脱羧）中起到重要作用，有利于大分子降解和小分子聚合成生物油。水热液化所得到的生物油比快速热解得到的生物油中氧元素含量更低，由于反应介质的特殊性质，生物油中的氢元素含量较高，所以水热液化生物油有更高的热值。

不同温度和压力下水的物理特性　　　　　　　　　　　　　　　　表 5-4

项目	常态水	亚临界水		超临界水	
温度(℃)	25	250	350	400	400
压力(MPa)	0.1	5	25	25	50
密度(g/cm³)	1	0.8	0.6	0.17	0.58
介电常数(F/m)	78.5	27.1	14.07	5.9	10.5
热容[kJ/(kg·K)]	4.22	4.86	10.1	13.0	6.8
运动黏度(MPa·s)	0.89	0.11	0.064	0.03	0.07

5.3.4 湿式氧化技术（WAO)

湿式氧化技术（Wet Air Oxidation，简称 WAO）是在高温（125～350℃）和高压（0.5～20MPa）条件下，以空气中的 O_2 为氧化剂（也可使用其他臭氧、过氧化氢等氧化剂），在液相中将污泥中有机污染物氧化为 CO_2 和水等无机物或小分子有机物的化学过程。

湿式氧化技术最早应用于处理造纸黑液，在温度为 150～350℃，压力为 5～20MPa条件下，使黑液中的有机物氧化降解，处理后的 COD 去除率达 90％以上。随后 WAO 在处理造纸黑液及城市污泥方面得到了商业化的发展，并建立了城市污泥的 WAO 处理厂。

与常规的处理方法相比，WAO 有以下几个特点：1）应用范围广，处理效率高，几乎可以无选择地有效处理各种污泥；2）氧化速率快，大部分的 WAO 所需的反应停留时间为 30～60min，且温度、压力低于超临界氧化，因此装置比较小，且相对易于管理；3）二次污染较少，大部分被氧化为 CO_2、各种有机酸、醇、NH_3、NO_3^- 等，而 SO_2、HCl、CO 等有害物质产生很少；4）可以回收能量和有用物料，例如，系统中排出的热量可以用来产生蒸气或加热水，反应放出的气体用来使涡轮机膨胀，产生机械能或电能，有效回收磷等。其缺点是反应在高温高压的条件下进行，设备要求高，系统复杂，成本较高，运行维护复杂。

我国有关污泥湿式氧化的技术研究和装备开发还处于起步阶段，在系统的稳定性，污染物控制，装备集成及成本控制方面还需开展深入研究。

第6章　污泥产物安全处置及资源化利用技术

污泥处理产物的最终出路，也就是污泥处置的方式，目前一般可分为三类，即卫生填埋、土地利用、建材利用等（见图 6-1）。其中，污泥填埋只是临时过渡性的技术路线，不符合"无废城市"建设的理念和未来发展趋势，而且面临着现有填埋场将满负荷运行、无地可埋的困局。干化焚烧建材利用是污泥减量效果最好的处理方式，但是存在能耗成本高、环境要求高、物质循环利用率低、公众接受度低的问题。从全链条的角度考虑，焚烧更适合作为污泥末端处理。污泥资源化利用被认为是污泥未来发展方向，而土地利用是实现污泥资源化的最佳处置方式，美国及欧盟土地利用比例均达到 70% 以上，但由于我国目前污泥处理水平较低，特别是污泥稳定化的短板，导致污泥土地利用受到限制。总的来说，目前我国污泥处理和处置严重脱节，由于污泥土地利用出路受阻、干化焚烧成本高、资源效率低、填埋不可持续，导致污泥技术路线选择存在不明确的困境。

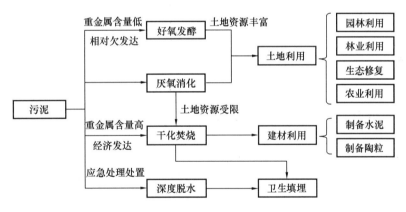

图 6-1　污泥产物安全处置与资源化利用方式

6.1　污泥卫生填埋

污泥卫生填埋是目前我国普遍采用的污泥处理处置技术路线，其优点是投资少、处理量大、效果明显，对污泥的卫生学指标和重金属指标要求比较低。但也存在一些问题，如场地资源受限，污泥运输和填埋场建设费用较高，填埋容量有限，有害成分的渗漏可能会造成地下水污染，填埋场的卫生、臭气会造成二次污染，污泥中含有的营养物质会使大量病原菌繁衍等。同时，从碳排放的角度分析，污泥填埋会释放大量无组织排放的 CH_4、N_2O 等温室气体，最终产生大量的碳排放。随着无废城市的建设以及碳减排的要求，污泥填埋只能作为一种阶段性的应急处理处置方式。

由于污泥填埋容易造成渗滤液对地下水的污染和城市用地减少等，世界各国对污泥填埋处置技术标准要求越来越高。例如，所有欧盟国家在 2005 年以后，有机物含量大于 5％的污泥都已禁止填埋。在这样的形势下，全世界污泥填埋的比例正在逐步下降，美国和德国的许多地区已经禁止了污泥的土地填埋。据美国环境保护局估计，美国 6500 个填埋场则将有 5000 个被关闭，英国污泥填埋比例则已经由 1980 年的 27％下降到 2005 年的 6％。

我国污泥处理处置起步较晚，污泥填埋方式和生活垃圾填埋处理一样，还会有一定的过渡时间。与生活垃圾混合填埋是污泥传统的填埋方式，值得注意的是污泥混合填埋比例过高或填埋污泥自身含水率过高对填埋场具有较大影响，其主要原因是：1）由于脱水污泥颗粒细小，极易堵塞渗滤液收集和排水管道，在填埋区积存大量渗滤液，清理疏通的费用昂贵；2）脱水污泥具有流变性，使得场内垃圾填埋体容易变形、滑坡，给场区带来了极大的安全隐患；脱水污泥的高含水率和高黏度，大大增强了填埋渗滤液产生量，并导致进入填埋垃圾运输车辆、推土机、挖掘机等打滑、陷车，造成填埋操作困难；3）由于污泥吸水特性，造成填埋垃圾难以压实，直接影响填埋场的使用年限。

污泥填埋前需进行稳定化处理，处理后泥质应符合《城镇污水处理厂污泥处置　混合填埋用泥质》GB/T 23485—2009 的要求。污泥以填埋为处置方式时，可采用石灰稳定等工艺对污泥进行处理，也可通过添加粉煤灰或陈化垃圾对污泥进行改性处理。污泥填埋处置应考虑填埋气体收集和利用，减少温室气体排放。

6.2　污 泥 土 地 利 用

6.2.1　概述

污泥中含有丰富的有机质和氮、磷、钾等营养元素，经过稳定化和无害化处理，可以作为营养土或改良剂进行土地利用。土地利用主要包括以下三个方面：一是作为农作物、牧场草地肥料的农用；二是作为林地、园林绿化肥料的林用；三是作为沙荒地、盐碱地、废弃矿区改良基质的土壤改良。土地利用可以改善土壤的性质，实现营养物质的循环利用，对于碳减排也具有重要的意义。

土地利用是国外污泥主要的资源化利用方式，其中美国污泥土地利用比例约为 60％，丹麦、挪威污泥土地利用比例约为 70％，而英国污泥土地利用比例高达 79.1％，欧洲污泥土地利用比例整体在 50％以上。不同国家对于土地利用有着不同的倾向性，很大程度上取决于各国政府有关的法律法规、自然条件、经济发展水平、环境质量要求等，同时也与国家的大小和农业发展情况有关。一些欧盟成员国，如法国、葡萄牙、西班牙和英国，进行农业利用的污泥量一直在持续增加。但也有一些国家出于经济发展水平、环境质量等方面的要求，主要考虑污泥末端焚烧的处置方式，例如德国鼓励从污泥焚烧飞灰进行磷回收，因此焚烧比例有所增加；瑞士考虑到当地环境容量敏感性，更多采用焚烧处置方式。

我国比较重视污泥的土地利用，在不同阶段发布的指南规范均鼓励稳定化的污泥进行土地利用，并且针对不同土地利用方式均制定了相关的标准规范。但是在实际应用过程中，由于存在工业废水的混入，导致污泥中重金属含量超标，此外我国污水处理厂污泥大部分没有经过稳定化、无害化处理，和国际上污泥的品质差距较大。随着城市工业废水的控制排放及清洁生产技术的应用，城镇污水处理厂污泥重金属含量发生了显著的变化，国内外城市污泥中的重金属含量都呈现出逐年下降的趋势。2006 年，中国科学院地理科学与资源研究所从全国范围选取了 107 个城市污水处理厂的污泥样品，测定其重金属含量。结果表明，中国城市污泥中砷、镉、铬、铜、汞、镍、铅和锌的含量，与 2001 年以前的调查结果相比总体上呈明显下降趋势，为污泥土地利用特别是农业利用创造了有利的条件。

随着国家对污泥处理处置和资源化利用的重视，污泥土地利用具有很好的应用前景，目前国内已经有部分成功案例，如高级厌氧消化沼渣经干化后用于"移动森林"培育、好氧发酵产物制成多种园林绿化基质等，但在全国范围内尚未形成顺畅的机制。由于受跨行业认识水平和可接受程度的限制以及政策法规、产品出路、风险评价与控制等问题的困扰，目前较为敏感的农用仍未"解禁"，主要还是用于园林绿化、土壤修复改良等方向。随着未来稳定化产物的产品化技术和相关标准的完善，支持性政策和管理办法的出台，以及业内外对于污泥产品土地利用认知的转变，"厌氧消化/好氧发酵＋土地利用"技术路线将有望得到更大范围的推广应用。

6.2.2　土地利用途径

污泥土地利用的主要方式是园林绿化、林地施用、农田施肥和土壤修复改良等。污泥中有机质经过厌氧消化、堆肥、炭化等方式稳定处理后可以转化为植物易于吸收利用的营养成分，提高土壤肥力、改善土壤结构和性质、促进植物生长。

1. 农业应用

我国城镇污水处理厂污泥的氮、磷、钾含量高，平均可达 48.3g/kg，与纯猪粪和猪厩肥相比，全氮含量分别高 31％和 188％，全磷含量分别高 59％和 204％，钾的含量相对较低，比纯猪粪和猪厩肥分别低 38％和 62％。城镇污水处理厂污泥中有机质含量丰富，能改良土壤结构，在一定范围内土壤结构系数、孔隙率、透水率和持水量均随污泥施用量的增大而增大，土壤重度和表土抗剪力则随之减小。此外，污泥在增加土壤有机质和矿质养料的同时，土壤中的微生物数量和活性也有显著提高，从而提高土壤酶活性，促进土壤中的生物化学过程。因此，将城镇污水处理厂污泥应用于农作物的生产，可显著提高产量和品质。在早期，将污泥直接应用在农地是我国污泥的主要利用方式，但由于污泥中含有重金属与多环芳烃（PAHs）等有毒有害物质，施用于耕地时，会增加土壤中这些有害物质的含量，并进入作物中，危害人类健康，因此，国家环保部门已明文禁止处理处置不达标的污泥进入耕地。所以污泥的农用必须要健全监管体系，同时要强化污泥无害化处理要求，保障土地不受污染。

2. 园林应用

将污泥用在农地上，存在有害物质进入作物食物链的风险，如果应用在园林绿化与生态恢复上，就能避免食物链污染风险，是极有前景的污泥土地利用途径，相关的研究与应用也逐年增加。研究表明，随污泥或污泥堆肥施用量增加，黑麦草、紫羊茅、无芒雀麦、马尼拉草和白三叶等的盖度、密度和生物量均显著增加，无芒雀麦总根量连续 3 年增加。施用 5%～10% 污泥堆肥后，草坪草叶片叶绿素含量均显著提升，且随着用量的增加而增加，这对提高草坪草的成坪性与观赏价值极为有利。因此，城镇污水处理厂污泥在草坪草生产和草地方面的应用受到关注，包括家庭草坪、公园草坪、公共绿地、高尔夫球场及足球场等运动场草坪等，同时也可用于生产草坪基质，直接用于草坪草生产。将污泥堆肥施用于月季、美人蕉、旱荷花等观赏性花卉植物时，花卉的花径增大，花期延长，花量增加，显著提升了观赏价值，当污泥施用量不超过 $90t/hm^2$ 时，不会造成环境污染。

3. 林地利用

在林地利用方面，由于林地很少像农用耕地一样大量施肥，林地土质条件差区域种植的树木常因土壤贫瘠、缺乏营养导致生长缓慢，若能有效利用污泥中营养物质补充林地所需养分，则是实现污泥资源化利用的重要途径。据报道，国内速生林对有机肥料需求量巨大，高达 $1.2 \times 10^7 t/a$。Vaitkute 等人将一定量的污泥施加在种植了桦树与松树幼苗的绿化区，发现绿化区土壤的有机质含量明显增加、pH 降低，桦树和松树在十年内长势良好并且显著优于对照。据报道，华南农业大学与广州市园林研究所合作，将污泥和木屑（绿化公司修剪下来的树枝粉碎）混合堆肥，作为育苗和花卉基质，效果与利用泥炭土开发的花卉基质基本相当。而在经济方面，由于不需要再购入高价的泥炭土，代之以污泥为原料，变废为宝，经济效益更佳。目前，基于城镇化建设的飞速发展和居民对改善生态环境的需求，园林绿化和林地施用展现出其独特的优势，且园林、林地等面积大、植被多、人口稀少，更有利于开展污泥土地利用。研究还表明，将污泥堆肥用于城市园林绿地建设，控制污泥中污染物浓度和污泥施用量，并且科学合理地进行施用，通常不会引起土壤、地表水和地下水的污染，因而不会对环境和人体健康造成危害。

4. 生态修复

污泥作为一种良好的有机肥源和土壤改良剂，还可被用于修复遭受污染、生态破坏、荒漠化和沙化的土地，包括各类矿区、垃圾填埋场、森林采伐场以及沙漠、戈壁等。在矿山以及其他工程方面，如道路边坡等，由于缺乏土壤或土壤贫瘠，立地条件差，在进行生态恢复时一般需要大量客土，有些项目直接挖取耕地土壤，对周边土壤资源造成破坏。将污泥应用在生态恢复中，可部分解决客土来源不足问题。在对山西省塔山煤矿煤矸石山生态修复实验中发现，将污泥、粉煤灰、煤矸石和土壤按比例混合，混合基质有效氮、磷、钾含量均高于对照土壤，显著促进了恢复植物柠条、紫穗槐和二色胡枝子的生长。由于城市污泥中氮和磷含量丰富，在缺氮和磷的土壤恢复中效果更好，如利用城市污泥对科尔沁沙地土壤进行改良，显著增加了退化沙地中的氮、磷含量。城市污泥的施用不仅能增加矿山贫瘠土壤的养分进而促进植被恢复，并且污泥自身的黏性、持水性和保水性等能显著改善矿山废弃地的土壤的结构稳定性和持水保水能力，明显减少水土流失。

6.2.3　土地利用泥质要求

污泥中含有丰富的有机物质和营养成分，如氮、磷、钾等以及植物所需的各种微量元素，包括钙、镁、铜、锌、铁等，是一种有价值的有机资源。另外，污水污泥中含有大量病原菌、寄生虫（卵）和生物难降解物质，特别是含工业废水时，污水污泥可能含有较多的重金属离子和有毒有害化学物质。这些物质随污泥土地利用进入土壤，可能会对土壤－植物系统、地表水、地下水系统产生影响，造成环境和人类健康风险。

不同土地利用方式对于污泥泥质要求存在一定的差异，但总体来说未经稳定化处理的污泥不能直接进行土地利用，而是需要经过稳定化和无害化处理。欧美国家普遍采用厌氧消化和好氧发酵技术对污泥进行稳定化和无害化处理，实现易腐有机物的稳定，并采用有效的施用控制手段，降低其进入土壤所带来的风险至最低并且可控。对于污泥含水率，主要受到运输距离、施工条件等方面的影响，通过需要保证含水率小于 60%，以降低运输成本，方便后续土地施用。对于污泥有机质含量，主要需要实现易腐有机物的稳定和腐殖化，同时根据土地利用的方式，综合考虑营养物质（氮、磷、钾元素）的含量。对于污泥中的污染物，其中重金属主要由原水带入，现有污泥处理技术无法去除，因此土地利用主要针对重金属含量低的生活污水处理厂污泥。对于持久性有机物和抗性基因，在污泥稳定化处理过程会得到部分削减，根据土地利用规范的要求，可以进一步强化去除，但要考虑经济成本。

欧美国家对城镇污水处理厂污泥土地利用制定了详细的标准规范，同时对其污染风险开展定期监测和跟踪评估。其中美国《Part 503 污水污泥规则》对施入土壤的污泥所含重金属、病原体都设有浓度标准，确保任何施入土壤的污泥病原体与重金属含量低于规定的水平。欧盟制定了污泥堆肥的质量标准《欧洲污泥农用标准 Directive86/278/EEC》，对施用污泥后土地的锌、铜、镍、镉、汞、铅等金属浓度及 pH 都作了规定。在污泥再利用方面，日本的金属限值标准比较严格，以规范污泥作为农地利用。

从国内的城市污泥土地利用技术政策与法规现状来看，目前尚未制定强制性法规，在城镇污水处理厂污泥进入土地仍处在比较敏感的时期，在监控法规方面显得比较缺位。目前已制定和颁布了城市污泥的农用/林地用/园林绿化/土地改良等系列泥质标准，以及综合性城市污泥处理处置技术指南（如《城镇污水处理厂污泥处理处置技术指南》）或污染防治技术指导（如《城镇污水处理厂污泥处理处置污染防治最佳可行技术指南》《城镇污水处理厂污泥处理处置及污染防治技术政策》）。这些偏重技术性或环境风险预防的规范文件，仅提出了控制城市污泥进入土地的重金属限值，或在前处理以及后端环节的风险控制上做出定性要求；但是均未给出污泥土地利用过程中污泥的具体施用方法（如施用方式、施用季节、施用频率等）。从土地利用的视角纵观上述标准，目前，在全链条推广的技术支撑方面，主要不足在于稳定化产物产品化环节缺乏指导，现有的处理标准与处置泥质标准间还缺乏衔接和融合。

6.2.4 污泥土地利用环境污染风险分析及控制

城镇污水处理厂污泥土地利用的潜在风险主要有重金属、持久性有机物、抗性基因等，所以对污泥土地利用需要进行风险分析和控制。

1. 潜在风险

（1）重金属风险

污泥发酵产物在土地利用过程中，重金属会在土壤及植物体内累积，还可通过径流和淋洗作用污染地表水和地下水，因此污泥发酵产物土地利用会增加重金属污染风险。研究表明，短期施用污泥发酵产物不会造成土壤重金属污染，但长期施用重金属含量高或污泥发酵产物施用过量会造成土壤表层重金属超标。马利民等人的植物种植试验表明，污泥土地利用会显著增加土壤重金属含量及其活性。李文忠等人的小区种植试验结果表明，施用污泥发酵产物会增加土壤及高羊茅的重金属含量，其中高羊茅中重金属铜增幅为 9.5%～31%、重金属锌增幅为 8.7%～44.9%。李雅嫔等人的长期定位试验结果表明，在北京市庞各庄农田中连续 5 年施用城市污水处理厂污泥，表层土壤重金属锌和铜分别累积增加86.3%、63.0%，小麦籽粒中的锌和铜显著高于对照。在土壤中添加污泥发酵产物后，植物富集重金属能力与土壤性质、重金属形态及植物类型有关。因此，应该根据土地的环境容量及承受能力、植物耐受重金属程度、植物需肥量等因素综合考虑，科学合理地确定污泥发酵产物施用的土壤类型、施用量、施用年限。

（2）有机污染物风险

城镇生活污水中的大部分有机污染物在污水污泥处理过程中得以降解，但少量的难降解有机污染物（如多环芳烃、可吸附有机卤化物等）会残留在污泥发酵产物中，污泥发酵产物土地利用可能会对环境产生一定的影响。有机污染物具有高毒性和生物富集性特点，当污泥发酵产物施用于土壤后，有机污染物会通过挥发、吸附、淋滤、微生物降解、植物吸收等方式进一步减少，少量的有机污染物会在土壤中累积，进而影响土壤质量、土壤微生物群落、植物生长等。赵晓莉等人对长江三角洲 41 家代表性城市污水处理厂的污水污泥中 PAHs 含量进行了分析，污泥中普遍含有 PAHs 化合物，其浓度为 8.543～55.807mg/kg，生活污水污泥中的 PAHs 浓度为 24.691mg/kg，PCBs 的浓度在 0～0.720mg/kg。一般而言，污泥中的有机污染物经过稳定化、无害化处理后可以满足土地利用的要求。

2. 安全施用量

对于含有重金属、有机污染物和病原菌等的污泥，进行土地利用时如果施用不当就可能导致土壤、地下水受到污染。因此，污泥土地利用的关键在于污泥土地利用的土壤环境容量的确定，即土壤对污泥中的营养元素、重金属和有机污染物等的容纳能力的确定。目前，主要是根据重金属的环境容量和植物对氮素的需求量来决定污泥的施用量，而重金属的环境容量是处于一定区域和期限内的土壤所能容纳污染物的最大负荷量，包括静态容量和动态容量。

　　以北京高碑店污水处理厂的污泥为例，虽然污泥中铜、锌的含量接近或超过污泥农用标准，但在北京大兴区庞各庄乡农田中施用时，污泥安全施用率为 $0.62t/$（亩·年）。在此情况下，只要确保污泥施用量不高于安全施用率，施用场地土壤中重金属的累积量就不会超过土壤环境质量标准，即意味着可以长期安全使用。张增强等人利用污泥发酵堆肥产物施用于几种草本植物，结果发现当污泥堆肥产物施用量小于 $90t/hm^2$ 时，不会造成地下水中硝态氮的超标，也不会因径流而污染下游水域。曹仁林实验结果也发现，园林绿地施用污泥量控制在 $50t/hm^2$ 以下时，不会导致硝酸盐和磷对地面水和地下水的明显不良影响。钟熹光等人研究表明，在脱水干化污泥施用量为 $30t/hm^2$ 的条件下，作物体内的重金属元素含量均未超过国家食品卫生标准。因此，只要适当控制污泥施用量和施用方式，可以避免污泥土地利用对于环境产生的不良影响。

6.2.5　技术应用案例分析

　　（1）污泥多样化产品市场化园林利用——重庆案例

　　重庆市风景园林科学研究院对污泥处理产物园林利用开展可行性分析、市场需求分析和调研、污泥及污泥处理产物园林利用试验、污泥处理产物园林利用示范工程建设和利用模式探索、污泥处理产物园林利用系列产品的研发和销售等一系列的研究和应用推广，实现了污泥处理产物的产品化和市场化园林利用，提出了污泥多样化、产品市场化园林利用的方案。

　　该成功案例是从园林市场对土壤、基质和肥料的三大需求方向入手，针对园林的特点，开发产品调配技术、精深加工技术和质量控制技术，形成了多样化系列产品，包括园林工程系列、园林栽培基质系列、园林土壤改良系列、家庭园艺系列的园林栽培基质、园林土壤改良基质、园林专用肥、立体绿化基质、园林营养土等产品。市场销售的网络覆盖园林工程建设、园林苗圃繁育、园林绿地管护、家庭花卉栽培等。代表性的应用项目有重庆园博园、重庆中央公园、重庆白云山公园、垫江县牡丹大道、渝北区庐山大道等土壤改良应用。

　　2012 年，污泥处理产物园林利用方式被重庆市政府纳入《重庆市城镇生活污水处理厂污泥处理处置实施方案》，成为重庆主城区城镇污水处理厂污泥主要的处置方式之一。目前，重庆市风景园林科学研究院已编制完成重庆市《城镇污水处理厂污泥园林绿化用产品质量标准》等标准，从而促进以园林利用为处置方式的污泥处理企业建立污泥处理产物园林用产品的质量管理体系，严格把关污泥处理产物质量，规范管理污泥处理和处理产物加工过程，确保园林利用产品的质量。此外为园林等相关管理部门提供污泥产物园林利用产品质量监管和产品利用监督方案，以促进污泥处理产物园林利用产业健康、有序、协调发展。

　　（2）污泥处理产物用于"移动森林"苗木栽培——镇江案例

　　镇江市水业总公司利用污泥与餐厨协同厌氧消化产物作为基质，并采用通气性控根器栽植分批建设"移动森林"苗圃示范基地。基于污泥与餐厨协同厌氧消化工程,对脱水沼渣进一步发酵,通过太阳能干化达到含水率40%的要求。干化产物满足《城镇污水处理厂污泥处置 园林绿化用泥质》GB/T 23486—2009 的要求,干化后的沼渣用作园林绿化或林地用土。生物碳土与黄土按照1:1和1:1.5(重量比)进行配比,每个控根器中加入混配土约120kg,每次种植可消纳生物碳土约120t。采用根快速育苗容器(直径60cm,高度60cm)提高苗木成活率与生长率,种植苗木1550棵(横向2.5m,竖向2.5m)。品种包括桂花、枇杷、女贞、榉树、海棠、红枫、紫薇、樱花,实现了污泥稳定产物的资源化利用。

(3)污泥处理产物林地和园林利用——北京案例

目前,北京市已形成了高碑店、小红门、槐房、高安屯和清河二期五个污泥处理中心,采用"污泥热水解+厌氧消化+深度脱水+土地利用"技术路线,总规模6128t/d(含水率80%)。经过高级厌氧消化后,污泥的有机质降解率可达到50%~60%,经深度脱水后含水率达60%以下,污泥卫生学指标和重金属含量满足园林绿化、土地改良和林地利用的相关泥质标准要求。在污泥土地利用处置方面,2015年,北京城市排水集团有限责任公司按《国家发展改革委办公厅关于同意环境污染第三方治理试点工作的复函》(发改办环资〔2015〕2075号)要求,在北京市开展实施污泥资源化苗圃种植项目,该项目得到了北京市发展改革委、水务局正式同意批复。选取大兴区榆垡镇和礼贤镇的平原造林林地开展了高级厌氧消化产物土地利用的实证,通过长期的监测结果表明,高级厌氧消化产物的林地利用未造成施用区土壤重金属污染,经大气降雨淋溶和自然下渗迁移的污染物,未对地下水和地表水造成重金属和细菌污染,通过施用期间翻耕和施用后自然通风稀释,施用地块场界各恶臭因子均低于北京市地方标准《大气污染物综合排放标准》DB11/501—2017 中的"单位周界无组织排放监控点浓度限值",整个项目对环境影响可接受。此外,以大兴区污泥高级厌氧消化产物林地利用相关数据为基础,利用3S技术建立了污泥高级厌氧消化产物林地利用数据管理系统。

6.3 污泥建材利用

6.3.1 概述

随着减污降碳、循环经济、无废城市等一系列绿色高质量发展的目标提出,污泥处理处置正朝着全量资源化利用的方向发展。污泥主要由有机物和无机物组成,其中无机物以二氧化硅为主,因此从污泥资源化处置的角度来看,污泥土地利用主要是利用污泥中有机物和营养物质,而污泥建材利用主要是利用污泥中二氧化硅等无机物质。目前的污泥建材利用主要包含干化污泥或焚烧灰渣用于制备水泥添加料、干化污泥用于制备陶粒等。污泥经焚烧处理后,其产物污泥焚烧灰富含大量硅、铝、钙等元素。这与各类建材中的黏土质原料非常相似,故污泥焚烧灰经过处理后可用于各种建筑材料的制备。但是,由于污泥含有大量有机物同时具有高含水特性，污泥建材利用首先需要实现有机物的降解、臭味的消除以及脱水减量。因此，污泥建材利用与干化焚烧工艺相结合，利用污泥焚烧灰渣进行建材利用更具有应用前景。

目前，污泥建材利用已经在日本、德国等国家开始进行规模化生产应用。其中日本对污泥建材利用研究最早，并且应用最广泛。例如北九州市的污泥在 2002 年已经实现100％资源化利用，其中建材利用是污泥的主要利用方式，主要用于制水泥原料等。日本还不断投入大量资金对利用污泥进行玻璃化、熔渣化以及制造纤维板等技术进行研究与开发。但是，由于污泥中含有重金属等污染物质，因此需要关注污泥及其产物在建材利用过程中污染物的迁移转化和风险控制。

6.3.2 污泥建材利用主要途径

污泥建材利用的方式主要包括焚烧灰渣用于制备建筑材料以及干化污泥用于制备陶粒等。

1. 污泥制水泥添加料

污泥用于水泥制备的添加材料有两种方式，即利用污泥焚烧灰作为水泥制品的原料，以及利用干化污泥进行水泥窑协同处置烧制水泥熟料。污泥制水泥主要是通过水泥窑协同处置的方式，是将满足入窑要求或者预处理后达到入窑标准的污泥以及焚烧灰渣投入水泥窑，利用水泥窑中的高温将污泥焚烧，并通过一系列物理化学反应使焚烧产物固化在水泥熟料的晶格中，在生产水泥熟料的同时实现对污泥的无害化和资源化处置。利用水泥窑协同处置干化或半干化后的污泥时，在窑尾分解炉加入；外运来的污泥焚烧灰渣，可通过水泥原料配料系统处置。

水泥回转窑内的高温环境（通常可达 1450～1800℃）实现对污泥和灰渣在高温条件下与水泥其他组分的部分熔融，冷却后形成烧结水泥熟料。熟料经快速冷却后，研磨成细水泥粉，并添加石膏等添加剂改善其凝结性能，最终获得水泥成品。污泥焚烧灰等再生材料作为水泥生产的部分替代材料，一方面可降低水泥生产中碳酸钙分解产生 CO_2 的排放量，另一方面利用污泥或焚烧灰渣等废弃物代替了水泥生料中部分硅、铝、铁等元素，实现了污泥资源化。

由于污泥焚烧灰渣中的主要氧化物组成及比例与水泥生料非常相似，可以利用污泥焚烧灰渣作为水泥制品的原料。由污泥制造出的水泥，与普通硅酸盐水泥相比，在颗粒度、密度、波索来反应性能等方面基本相似，而在稳固性、膨胀密度、固化时间方面较好。污泥干化焚烧灰渣作为水泥生料、水泥辅料的资源化应用，降低水泥生产过程中对石灰石、含铁矿物和含磷矿物的消耗。在污泥焚烧灰渣作为替代原料利用之前，应仔细评估硫、氯、碱等物质可能引起系统运行稳定性有害元素总输入量对系统的影响。污泥灰渣中含磷量较高，在水泥窑协同焚烧工艺中需要考虑添加量，当添加量过高时会影响水泥质量。

2. 污泥制备陶粒

污泥是一种黏土质资源，可以用作配料生产陶粒或轻质骨料混凝土等。

由于污泥有机质含量相对较高，不宜作为单独原料烧制陶粒，需要根据不同类型污泥的化学成分与特性，通过与黏土、粉煤灰、页岩等其他原料混合配料。由于污水处理厂污泥含水率较高，污泥制陶粒需要进行烘干预处理或控制添加量，含水率80%的污泥添加量不宜超过30%。

在污泥制陶粒的生产过程中，应控制好预热和焙烧这两道关键工序。预热可避免直接焙烧导致陶粒炸裂，并可利用污泥中有机质的燃烧热值。陶粒焙烧工序直接影响陶粒产品的性能，烧制温度在1100～1200℃为宜。在高温焙烧过程中污泥有机质得到稳定，并固化了污泥中的重金属，但应当限制其中的重金属含量和浸出毒性。

污泥焚烧灰还可以用于制备轻质骨料或混凝土混料的细填料，得到的产品可用于部分替代混凝土制作中所需要的轻质材料，污泥轻质材料的低密度、热绝缘性能、抗高温性能以及抗压强度完全可以与普通的轻质材料相媲美甚至优于普通的轻质材料，能完全符合中等强度混凝土制作中对轻质材料性能的要求。

6.3.3 污泥建材利用案例分析

1. 日本污泥建材利用案例

日本开展污泥建材利用研究较早同时技术应用也很成熟。北九州市在2002年已经将污泥建材利用作为污泥主要利用方式，其用途有制水泥原料，运动场地面材料等。在京都，以污泥焚烧灰制造的建筑材料在该城市中已广泛采用，例如城市广场中的各种长椅，这些环保型建材受到市民的广泛欢迎（见图6-2）。

图6-2　京都市政府广场前污泥灰所造市政建材

日本东京都和神户市还开始用下水道污泥焚烧灰代替沥青细骨料，所制沥青可用作铺路材料，在传统的铺路沥青制造工艺中，为了提高沥青混合物的黏度、稳定性和耐久性等，要向其中添加细骨料。目前一般多用石灰石粉末做细骨料，由于污泥燃烧后的焚烧灰比较细腻，可作为铺路沥青原料，碎石和砂的胶粘剂以及石灰岩粉末的替代物。神户市早在1992年就开始在道路维修工程中进行试验，试验中通过改变污泥灰的含量并检测由此带来的沥青强度变化，从而最终确定沥青中所需污泥灰的最佳配比。东京都则从1997年开始探讨改用下水道污泥灰的可行性，经分析加入了污泥灰的沥青混合物，其各方面性能和传统材料制成的混合物相同。

2. 上海污泥焚烧灰建材利用

上海城投污水处理有限公司将产生的污泥进行焚烧，残渣经预处理后与其他原辅材料按配方进行混合复配，加工成的产品为铁质校正料和复合粉煤灰，产品作为水泥生料添加剂、熟料混合材和掺和料，应用于水泥厂、粉磨站及搅拌站，相关产品符合《通用硅酸盐水泥》GB 175—2007、《粉煤灰在混凝土中应用技术规程》DB31/T 932—2015、《用于水泥和混凝土中的粉煤灰》GB/T 1596—2017 等技术标准。

2020 年度，石洞口污水处理厂产生污泥焚烧残渣资源化利用总量已达 12000 余吨。竹园污泥厂也进行了污泥焚烧残渣资源化利用的探索。2020 年 12 月，竹园污泥厂将污泥焚烧残渣 319t 作为原料送往相关环保企业进行资源化处理。经与其他原辅料进行预处理、计量、按配方复配、烘干混磨、选粉等工艺加工成复合粉煤灰产品，产品经检测指标合格，外观性状及理化指标均达到产品标准，送往上海市内搅拌站进行资源化综合利用。

第 7 章　我国污泥处理处置技术路线碳足迹分析

7.1　绪　　论

7.1.1　污泥处理处置碳核算的意义

全球变暖是当今人类可持续发展面临的全球性重大挑战。为应对气候变化，1992 年 5 月，联合国环境与发展大会通过了《联合国气候变化框架公约》，2015 年 12 月，缔约方在巴黎气候大会上达成《巴黎协定》，提出将全球平均气温上升幅度控制在 2℃ 以内。2020 年 9 月，习近平主席在第七十五届联合国大会上郑重承诺中国二氧化碳排放力争于 2030 年前达到峰值，努力争取 2060 年实现碳中和目标。实现碳中和目标，既是我国积极应对气候变化的承诺，也是加强生态文明和美丽中国建设的必然要求。

我国是目前全球碳排放第一大国，排放量占到全球的 25% 以上。其中，污水处理行业碳排放量占全社会总排放量的 1%～2%，此外，由于污泥污水涉及民生，是不可忽视的减排领域。随着我国城镇化的推进和污水处理设施的完善，城镇污水处理规模超过 2 亿 m^3/d，位居世界第一，由此产生的污泥量突破 6000 万 t/a（以含水率 80% 计）。污泥是污水处理过程中的副产物，富集了污水中大量有机物、污染物质与营养物质，具有污染和资源的双重属性。污泥处理过程会消耗大量的药剂和能源，同时以填埋为主的处置方式还会造成大量温室气体的排放，因此，污泥处理处置过程碳减排对污水处理行业的碳中和具有重要意义。

基于污泥特性与处理处置技术特征，从碳中和的角度，污泥处理处置工艺路线的选择应考虑污泥处理处置过程节能降耗、逸散性温室气体排放，以及能量回收和产物利用形成的碳补偿三个重要因素。其核心在于通过现有技术提升与绿色低碳技术开发，实现过程能耗降低、化学药剂替代、逸散性温室气体控制，以及生物质清洁能源回收等。如欧美国家通过污泥生物质能资源回收，可满足污水处理厂 60%～80% 的能耗需求，对污水污泥处理过程碳中和起到了积极的作用。

7.1.2　污泥处理处置碳核算方法研究进展

在研究碳排放的过程中，制定碳排放清单和构建碳排放计算方法是主要的研究内容。目前许多国际组织或国家都编制了温室气体清单核算的方法，不同的核算方法编制的目的、其系统边界的确定、清单内容等方面不尽相同。这些方法对污泥处理处置工艺的碳足迹核算都有指导性的意义。联合国政府间气候变化专门委员会（IPCC）方法核算的主体是国家，系统边界是国家内所有的人类生产生活。世界可持续发展商会/世界资源研究所（WBCSD/WRI）提出的碳核算方法的边界，囊括了企业运营的相关产业链，产业链延伸的范围内的温室气体排放。据此，污泥等废弃物处理处置的温室气体排放应纳入企业的核算清单中。英国水工业研究协会（UKWIR）提出的"碳审计工作手册"，被水行业视为碳核算的基础，是以水处理厂为核算的系统，系统边界要小于上述两种方法。该模型包括了多种污泥处理过程中的温室气体排放方法，其缺陷在于只把污泥当作水处理系统的一个单元来进行分析，核算的范围有限，并未包含所有的污泥处理处置全过程，且未考虑沼气利用或土地利用等资源化利用方式带来的 CO_2 减排量。国际水协会（IWA）提出的碳核算方法也是以污水处理厂为系统，把污泥处理处置的温室气体排放纳入其核算的清单范围内。

1. IPCC 方法

IPCC 从 1996 年就开始颁布一些温室气体清单估算的方法。1997 年颁布的《1996 年 IPCC 国家温室气体清单指南修订本》界定了国家清单在气体和源排放与碳汇类别方面的范围。2000 年颁布的《国家温室气体清单优良做法指南和不确定管理》（IPCC，2000）及 2003 年颁布的《土地利用、土地利用变化和林业优良做法指南》（IPCC，2003）对其估算方法的选择和改进进行了补充。2006 年发布的《2006 年 IPCC 国家温室气体清单指南》（IPCC，2006）扩充了以往的方法，简化了估算排放量和碳汇量时的检索。其包括五卷：第一卷描述了编制清单的基本步骤，就温室气体的排放和碳汇估算提供了一般指导。第二至第五卷为不同经济部门的估算提供了指导。IPCC 制定温室气体清单估算方法所核算的对象是国家或区域内的温室气体排放，其以经济部门（能源、工业、农林和其他土地利用部门、废弃物）为单位进行温室气体排放清单的收集与分析，最终构成一个国家或地区的温室气体排放清单，其核算的系统以国家或地区为边界，边界范围广，各经济部门是系统内的子系统，各子系统又有其核算的相应边界，在清单分类整合归纳时各子系统的清单中重复的部分应予以相应扣除。例如化石燃料若为燃料使用，则其使用中排放出的温室气体应在能源部门中进行统计，若其作为化工原料的非能源使用，则应计入工业部门的温室气体排放清单中。

基于第五卷（废弃物）提及的方法，可以计算：1）填埋场中甲烷产生量及填埋中的碳积累量；2）废弃物堆肥处理、厌氧分解及废弃物的机械—生物处理过程中散逸的 CH_4 和 N_2O；3）废弃物焚化和露天焚烧过程中的 CO_2、CH_4 和 N_2O；4）废水处理过程排放的 CH_4 和 N_2O。

随着新的工艺、技术不断涌现，出现了新的排放特征。经过严密论证后，IPCC 在 2016 年 11 月的第 44 次全会上确定了修订大纲，最终形成了《2006 年 IPCC 国家温室气体清单指南 2019 修订版》，类似增补件，和 2006 年指南合并使用，不是独立的内容。章节的安排都与 2006 年指南保持一致，新的产品使清单指南的完整性、准确性得到提高，在涉及污泥的废弃物这一卷，新增加了 4 个指南，更新了 14 项，有 11 项澄清，6 项属于更新和澄清之间的说明。

第二章是废物的产生、组成和管理数据，该部分主要有两个更新，更新了废弃物产生、管理部分，增加氮含量，还有污泥当中 COD、BOD 内容。

第三章是填埋处理，更新了 DOC 的不确定性，更新了不同废弃物的 DOC 成分，增加了新指南，阐述了填埋场活性曝气的 FOD 衰减方法。

第四章是堆肥，无更新。

第五章是焚烧和露天焚烧。更新了关于露天焚烧的氧化因子，增加了新的焚烧技术。《2006 年 IPCC 国家温室气体清单指南》没有对焚烧技术进行划分，仅根据焚烧垃圾量及相关的碳含量计算，此次更新增加了目前世界上使用的三种新技术：气化、热解和等离子技术，同时细化了等离子技术。根据现有文献，对不同的焚烧技术排放因子进行了补充和更新。

第六章是污水处理，指南更新针对废水部分的改动较大。从整个国家清单里，废弃物的填埋是第一位，水处理是第二位，二者基本上在各个国家都是关键源。首先，对适合于不同类型化粪池系统的处理程序作了更新，包括厌氧、缺氧、好氧系统。其次，澄清了管理不完善或超负荷的集中好氧处理厂指南、大型集中处理厂的化粪池系统排放估计指南等。另外，2006 年以前认为氧化亚氮主要来自生活污水，新的指南增加了工业废水当中的氧化亚氮排放。从废水处理的流程来看，分不受控和受控两种方式。如家庭、厕所、化粪池、工厂产生的废水或不经过处理直接排到河流、湖泊的废水，属于不受控废水。其他受控废水，也分处理和不处理两种情况。在 2006 年指南里有关于废水处理流程中排放甲烷和氧化亚氮的分析，2019 年指南对该部分进行了进一步细化，将不受控和受控废水的流程进行了新的阐释。

2. UKWIR 的碳审计方法

UKWIR 提出的"碳审计工作手册"的模型被视为水行业碳核算的基础。该方法里包含的温室气体排放有：1）填埋气的产生量；2）污水处理厂的甲烷排放；3）从厌氧消化过程中逸散出的甲烷排放；4）从污泥热处理排放的氧化亚氮；5）当污泥施用于土地时排出的甲烷和氧化亚氮（原污泥、消化污泥和堆肥污泥都有不同的排放系数）。

虽然该"碳审计工作手册"提供了温室气体核算中所需的相应参数，但是这些参数多数并未考虑到具体工艺参数变化带来的不确定性。如厌氧消化如果在高固体含量的状态下运行的温室气体排放量比低固体含量低，且其温室气体的排放量还受有无沼气收集处理系统、有无前处理单元、消化池的类型等多种因数的影响。以该"碳审计工作手册"模型为基础，拓宽该模型的核算范围和参数的选取，其根据具体核算的工艺情况，选取不同的核算参数，对比了多种不同的污泥处置工艺的温室气体排放。其选取的研究对象为 6 种经过不同消化处理的污泥（消化后都经过脱水处理），具体见表 7-1。

其核算的结果表明：1）当污泥的处置方式为土地利用时（其中 A 进行土地利用前需加碱稳定处理），A~F 等 6 个污泥处理处置系统的碳足迹大小依次下降，其中系统 A 的碳足迹最高，约 $0.8t\ CO_{2-eq}/t\ DM$；2）污泥不同消化处理方式会影响污泥干化单元的碳足迹大小，污泥 A 干化的碳足迹约 0.62t $CO_{2\text{-}eq}$/t DM，污泥 B 和 C 都略大于 A，而污泥 D、E 和 F 都远远小于 A；3）当污泥土地利用前经过干化处理时，A～F 等 6 个污泥处理处置系统的碳足迹也依次降低，约 1.1～0.2t $CO_{2\text{-}eq}$/t DM；4）A～F 等 6 个污泥焚烧的处置系统的碳足迹依次顺序减小，从约 0.9t $CO_{2\text{-}eq}$/t DM 降到 0.22t $CO_{2\text{-}eq}$/t DM。从减小温室气体排放的角度出发，污泥经过深度消化后再土地利用是最好的工艺选择，污泥深度消化、干化后土地利用或直接焚烧也是碳足迹较小的工艺。

六种不同的污泥消化方式　　　　　　　　　　　　表 7-1

消化单元	A	B	C	D	E	F
含固率	3.0	5.0	6.5	5.0	6.5	11.0
水力停留时间（d）	—	16	16	16	14	14
挥发性有机物降解效率（一次消化）	—	45	45	45	52	60
挥发性有机物降解效率（二次消化）	—	11.4	11.4	11.4	2.4	2.4

3. WRI/WBCSD 的温室气体协议及计算手册

由 WBCSD 和 WRI 制定的温室气体协议是最广泛使用的国际计算工具，它帮助政府和商业领导人理解、定量、管理温室气体排放。它为世界上几乎每个温室气体标准和计划提供了计算框架，从国际标准机构（ISO）到美国气候注册署（TCR），以及上百个由单独的公司编写的温室气体清单。

该协议适用的范围以企业为主，其从产业链出发，对企业的生产行为进行碳足迹核算，并编制出企业的温室气体排放清单，各清单汇总后就代表了该企业在某段时间内的温室气体排放行为。该协议评价企业在温室气体减排上的成绩就是通过对比该企业前后两个阶段的温室气体清单汇总。该协议规定企业的温室气体核算报告中至少应包括直接的温室气体排放（如下范围 1）和间接的温室气体排放（如下范围 2）。

范围 1：直接的温室气体排放是指可在该企业直接进行测定，企业可控的那部分温室气体排放。可造成直接的温室气体排放的企业行为包括：电能、热能和蒸汽的生产；物理或化学生产过程：如水泥、乙二酸和氨的生产过程；生产原材料、产品、废弃物的运输及员工交通出行等过程。

散逸的温室气体：无论是可控的还是不可控的温室气体散逸，如从设备接口或密封处逃逸的温室气体、煤矿中逃逸的甲烷、空调使用过程中排放的 HFC 或是天然气运输时的甲烷泄漏。

范围 2：间接的温室气体排放是指如企业生产所输入的原料或输出的废弃物，这些原料生产或废物处理所带来的温室气体排放。需计入间接的温室气体排放清单的温室气体至少应包括企业消耗的外购的电能、热能或蒸汽的生产过程造成的温室气体排放。

范围 3：其他间接的温室气体排放

特定情况下，根据企业温室气体核算的目的和企业自身发展的需要，温室气体清单中还需要包括一些其他类型的间接的温室气体排放：企业员工出差等乘坐交通工具所造成的温室气体排放；合约制造的产品在生产过程中的温室气体排放；企业生产的产品或服务在消费过程中发生的温室气体排放等；产品原材料生产过程的温室气体排放。

企业生产过程所产生的废弃物在处理处置过程中排放出的温室气体，如填埋气。这部分温室气体一般不受该企业的控制，而受废弃物处理处置企业的控制。

值得一提的是，该协议不仅计算企业系统边界内的碳源，还包括碳节省量的计算。如果企业有使用一些生物质能源替代化石燃料使用等行为，该行为所带来的碳节省量应计入企业的温室气体清单中。同时，如果一个企业参加了《京都议定书》中提出的3种减排机制：排放贸易、联合履约和清洁发展机制，则相应的温室气体减排行为应列入该企业的碳核算报告中。

WRI/WBCSD还为许多行业和部门制定了相应的温室气体核算导则和EXCEL计算手册，各企业或部门根据手册的计算步骤就可以计算出温室气体排放清单。WRI/WBCSD制定的温室气体核算工具涵盖的行业或部门包括：热电厂、制冷和空调制造业、固定燃烧装置、交通、氨制造厂、水泥厂、钢铁厂、石灰厂、铝制造厂、HCHC-22制造厂、乙二酸制造厂、硝酸制造厂等。

该协议中，废弃物的温室气体（如废物运输产生的温室气体排放、填埋产生的填埋气等）排放是纳入产生该废弃物的企业的温室气体排放清单中，未提出独立的废弃物处理场所的温室气体清单的计算手册。

4. 加拿大BEAM模型—生物质温室气体评估方法

2010年，加拿大环境部长理事会开发了BEAM模型（Biosolids Emissions Assessment Model，BEAM），用于市政单位评估及对比不同污泥管理过程中的温室气体排放，为管理者提供决策辅助。该模型把污泥管理的过程分为固体处理和稳定化及最终处置等几个不同的阶段分别进行温室气体核算。其处理和稳定化过程包括：污泥好氧消化（活性污泥处理、好氧塘、滴滤池）、氧化塘（好氧塘和厌氧塘两种）、厌氧消化、浓缩、调理及脱水、热干化、加碱稳定、堆肥；最终处置包括：填埋、焚烧及土地利用。核算中涉及的参数来源于加拿大实际运营的9个污泥处理处置场所的运行数据或文献资料等。各处理单元核算的温室气体清单范围详见表7-2。

BEAM模型各污泥处理单元包含的温室气体清单　　　　　　　　表7-2

处理单元	清单	备注
好氧消化	CH_4、N_2O	生物降解
	CO_2	曝气和搅拌中的电耗
氧化塘	CH_4	生物降解
	CO_2	鼓风机或机械搅拌器的电耗
厌氧消化	CH_4（总量）	生物降解
	CH_4逃逸量	沼气焚烧时逃逸
	N_2O	沼气不完全燃烧
	CO_2	消化池温度控制、泵及搅拌器能耗（沼气热能回用量应予以扣除）

续表

处理单元	清单	备注
浓缩、调理及脱水	CO_2	絮凝剂和混凝剂的生产过程
	CO_2	电耗
热干化	CO_2	电耗
	CO_2	能耗
加碱稳定	CO_2	石灰生产过程
堆肥	CO_2	堆肥过程（混合、曝气和气味控制）燃料消耗
	CH_4，N_2O	生物降解
填埋	CH_4（已考虑填埋气收集处理量）	生物降解
	N_2O	生物降解
焚烧	CO_2	能量消耗（焚烧热能回用量相应予以扣除）
	CH_4	不完全燃烧
	N_2O	生物质燃烧
	CO_2替代量	焚烧灰回用（基于石灰或磷的替代量）
土地利用	CO_2	运输或施用时的能耗
	N_2O	相当于等量化肥施用时的排放量
	CO_2替代量	减少了替代的化肥生产过程的温室气体排放

Sally Brown 等人用该模型对比了加拿大九种污泥处理设施的温室气体排放情况，结果显示了脱水污泥直接焚烧的处理方式的温室气体排放最高，达到 144t $CO_{2\text{-}eq}$/t 生物质（干重），而污泥消化后土地利用的处置方式排放量最低，为 $-26\sim-23$t $CO_{2\text{-}eq}$/t 生物质（干重）。运输的油耗是系统的所有温室气体排放源中影响最小的。CH_4 和 N_2O 是系统最主要的温室气体排放。

5. IWA 的 BSM2G 模型

IWA 开发的 BSM2G（the I WA Benchmark Simulation Model No2）模型，用于核算污水进入污水处理厂内处理到达标排放及污泥处理的全生命周期的温室气体排放。其核算的系统边界及清单包括：1）污水处理过程中生物降解产生的 CO_2、N_2O 及硝化作用产生的 CO_2；2）污水处理能量消耗（用于曝气、搅拌和泵的运行等）带来的 CO_2 排放；3）污泥消化处理过程中污泥中有机物降解产生的 CH_4、CO_2，如果污泥厌氧消化产生的沼气回用利用，则 CH_4 转化为 CO_2；4）污泥处置和资源化利用的温室气体排放，包括污水处理厂处理后的污泥运输至处置或资源化利用场所时运输油耗所产生的温室气体排放；5）沼气可回收进行发电或进行热能利用，生产或使用相当量的这部分电能或热能而排放的温室气体也应予以计算，其用负值表示；6）消耗的化学药剂的生产过程的温室气体排放。

Xavier Flores-Alsina 等人运用 BSM2G 模型分析对比了不同参数控制条件（溶解氧投加量、污泥停留时间及化学需氧量/氮）下，污水处理厂的温室气体排放量，为管理者提供了从温室气体减量的角度进行污水处理参数调控的依据。

6. 生命周期分析方法

在 40 多年的发展中，SETAC 和 ISO 等国际组织积极推进着生命周期评价的方法论研究，并且在各国的工业企业的生产和实践中得到了广泛的应用。自 1989 年荷兰政府引入生命周期评价到"国际废弃物管理计划"，经过 20 多年的发展，固体废弃物的生命周期评价逐步成为生命周期评价的一个重要应用研究方向。生命周期评价在固体废弃物管理中的作用将越来越重要。

生命周期分析方法用于污泥处理处置系统的温室效应分析，与前述的几种方法不一样的是，生命周期分析方法是系统分析方法，温室效应只是其分析结果中的一小部分，还有如酸雨、臭氧层破坏等环境问题的分析结果。清单中不仅包括污泥自身降解排放的甲烷、氧化亚氮，还包括处理处置过程中能源消耗产生的温室气体排放以及堆肥、消化气等回用而替代的化学肥料、电能的生产等过程排放的温室气体。因为温室效应只是污泥处理处置系统表现出的环境问题之一，所以用生命周期评价（LCA）分析出污泥处置系统更全面的环境问题，为管理者提供更全面的依据。

国内外运用生命周期方法对污泥处理处置场所进行碳足迹分析的案例很多。这些案例多是根据具体的某个污泥处理厂的实际运行数据进行碳核算。Houillon 等人的研究表明，污泥焚烧处理方式的温室气体排放量小于污泥填埋。污泥厌氧消化（沼气利用）处理方式的温室气体排放量小于污泥堆肥处理的方式。污泥厌氧消化—脱水—土地利用、污泥脱水—焚烧（热能回用）、污泥脱水—热干化—热解（物质回用）的温室气体排放量（不包括生物质降解排放的 CO_2）分别达到为 $0.25t\ CO_{2\text{-eq}}/t$ 干污泥，$0.3t\ CO_{2\text{-eq}}/t$ 干污泥和 $0.45t\ CO_{2\text{-eq}}/t$ 干污泥。

随着生命周期分析方法在环境管理中运用的不断推广，基于生命周期思想开发的用于固体废弃物管理的评价工具也不断增多。有的评价工具是基于生命周期影响清单模型开发的，如废弃物综合管理生命周期清单模型（IWM）、ISWMDST 模型；有的评价工具是基于完整的生命周期评价开发的，如 WISARD 模型、EASEWASTE 模型；还有的评价工具是综合了生命周期评价方法和物质流分析的思想开发的，如 ORWARE 模型。

（1）2001 年英国发表的 IWM-2 模型是对 1995 年提出的 IWM-1 模型的改进。IWM 评价包括废弃物的收集、运输、废物回收资源化利用、堆肥及堆肥的利用、厌氧消化及消化气的利用及填埋处置等多个过程，其结果以电子表格的形式输出生命周期清单。其具有易于操作、使用方便的优点，但是不够灵活，例如在废弃物填埋的模块中未对填埋阶段进行划分且渗滤液和填埋气的组分不能被改变。

（2）美国国家环境保护局开发的 ISWMDST 模型，用于评估废弃物综合管理系统。该模型的生命周期清单分析结果包含环境影响、能源消耗和经济成本分析三方面内容，可帮助管理者优化某个特定的废弃物管理系统，寻求环境效益和经济成本的最优的方案。

（3）加拿大 CSR/EPIC 模型最初建立是为了帮助市政府建立完善、可持续发展的废弃物管理系统。该模型综合考虑了环境、经济、社会及政治因素，可用于评价已存在或将要设计的固体废弃物管理系统的各个环节的环境影响，为管理者提供决策依据。

（4）英国环境保护局开发的 WISARD 模型综合了环境影响分析及成本和效益分析，用于城市固体废弃物的不同管理方法及不同处理方法的评价或对比，为决策者提供支持。该模型的优点是灵活性较强，用户可以根据需要修改输入的废弃物的性质（该模型把输入的固体废弃物以 41 种物质表示，如餐厨垃圾、纸张）、选择和修改模型中包含的所有处理处置方法。但是该模型对系统的边界的定义不明确、结果不透明、结果解释的难度比较大。

（5）瑞典开发的 ORWARE 模型综合运用了生命周期评价和物质流分析的思想，对固体废弃物处理处置系统的环境影响进行预测评价。该模型在设计时针对的是有机废物的处理处置系统的评价，但是后来其评价的对象不断扩充，也包括其他类型的废物组分。

（6）丹麦 EASEWASTE 模型，既可以为管理者选择某种具体的固体废物处理处置工艺提供辅助决策，也可对某个地区或整个国家固体废物管理进行环境影响分析。使用其进行分析，在得到各类环境影响潜值的同时，还可以追溯到造成影响最大的物质或过程，更好地帮助决策者选择或改进固体废物处理处置方式。系统的数据库提供了多种城市固体废弃物的性质（以 48 种物质表示）、多种城市固体废弃物的处理处置工艺供用户选择，用户不仅可以根据需要建立完整的固体废弃物管理系统，还可更改相应的参数，使之更符合实际情况。

EASEWASTE 模型比 ORWARE 模型更具灵活性。如在填埋阶段，EASEWASTE 把填埋分为 4 个阶段，各个阶段中填埋气、渗滤液的性质不同且用户可以进行修改，同时其认为渗滤液过程性的污染物受气候、填埋场所性质等多种因素影响，不仅仅与输入的废弃物性质相关。而 ORWARE 模型的填埋气与渗滤液的性质都是与直接输入的废弃物性质相关。

在具体的碳排放计算过程中，不管用到何种核算方法，都需要考虑核算边界问题，以达到核算的全面完整，并得到相对准确的计算结果。上述提及的几种方法由于系统边界太大，对我国污泥行业的温室气体核算的适用性不强，且由于我国污水污泥分属不同行政单位管辖，即使是以污水处理厂为系统核算的方法，污水污泥为系统进行碳足迹核算的结果对我国指导作用不强。IPCC 提到的固体废弃物碳排放核算边界主要包括碳源和碳汇，碳源又可分为直接排放和间接排放。直接排放指的是整个处理处置过程中温室气体的排放和去除，如厌氧消化过程中产生的、土地利用时释放的温室气体；而间接排放指处理处置过程中电量消耗、热量消耗、药剂消耗等产生的碳排放；碳汇则指污泥处置过程中减少的碳排放，如焚烧后热能进行回用，厌氧消化过程中产生的沼气用于发电等。值得注意的是，在考虑核算边界时，一般不考虑基建的碳排放和污泥生物过程中产生的不确定因素。如不考虑污泥浓缩、脱水或干化阶段的生物降解，假设污泥厌氧消化、热解和干化焚烧工艺中产生的沼气和燃气燃烧产生的热量全部得到回用。这样可以使得计算结果相对统一，有利于对碳排放结果进行分析比较。

7.2 城镇污泥处理处置碳核算方法

7.2.1 城镇污泥处理处置过程中碳核算方法概述

城镇污泥处理处置温室气体核算具体分三步：碳核算框架体系的建立，具体核算方法的确立，不同温室气体的归一化。对于污泥处理处置行业碳排放核算，目前国际比较认可的框架性指标核算方法有两种，第一种是 IPCC 在 2010 年发布的《2006 国家温室气体清单指南》，此框架提出的各领域内的温室气体排放计算方法，很多流程因为影响因素复杂或数据缺乏而被相应的经验值和折算参数所替代。另一种是联合国气候变化框架公约（UNFCCC）第三次缔约方大会（COP3）提出的清洁发展机制（CDM）。

1. 碳核算框架体系的建立

碳核算框架体系的建立是以生命周期分析法为指导原则。LCA 1969 年起源于美国中西部研究所，当时该研究所受可口可乐公司的委托对可乐瓶子从原材料的开采到最终废弃物处理的全过程进行跟踪与定量分析。

生命周期是指产品或生产工艺系统中从始至终的一系列阶段，从原材料的取得、产品的生产直至产品使用后的最终处置。目前，通过确定和定量化研究物质和能量利用、废弃物的环境排放对某种产品生产过程中造成的环境影响进行评价是 LCA 的核心，已经在国际社会的各个领域与层次广泛采纳。依据 LCA 的定义，理论上温室气体产生于每个过程。因此 LCA 通常开始于项目活动的原材料采集，对各个程序中涉及的原材料、能源进行追踪，组成一条能源的链条，定性和定量、全面综合地分析链中的每个环节的温室气体排放。

生命周期评价分四个步骤，分别为：

（1）目标和范围的确定：该阶段是对 LCA 研究的目标和范围进行界定，是 LCA 研究中的第一步，也是最关键的部分。目标定义主要说明进行 LCA 的原因和应用意图，范围界定则主要描述所研究产品系统的功能单位、系统边界、数据分配、数据要求及原始数据质量要求等。目标与范围定义直接决定 LCA 研究的深度和广度。鉴于 LCA 的重复性，可能需要对研究范围进行不断地调整和完善。

（2）清单分析：清单分析是对所研究系统中输入和输出数据建立清单的过程。清单分析主要包括数据的收集和计算，以此来量化产品系统中的相关输入和输出。首先是根据目标与范围定义的阶段所确定的研究范围建立生命周期模型，做好数据收集准备。然后进行单元过程数据收集，并根据数据收集进行计算汇总得到产品生命周期的清单结果。

（3）影响评价：影响评价的目的是根据清单分析阶段的结果对产品生命周期的环境影响进行评价。这一过程将清单数据转化为具体的影响类型和指标参数，更便于认识产品生命周期的环境影响。此外，此阶段还为生命周期结果解释阶段提供必要的信息。

（4）结果解释：结果解释是基于清单分析和影响评价的结果识别出产品生命周期中的

重大问题，并对结果进行评估，包括完整性、敏感性和一致性检查，进而给出结论、局限和建议。

生命周期分析方法是系统分析方法，可作为污泥处理处置系统的碳核算总体指导原则方法，从整体上确立进行污泥处理处置系统碳核算的目标和应用意图；据此，划分污泥处理处置过程的功能单元和基准流，确定碳核算的系统边界；然后，对每个单元进行详细的清单分析，确定系统边界的"源"和"汇"（"源"是指人类活动过程中造成的温室气体增加量，"汇"是指采取适当的手段和措施减少的温室气体量），并收集数据，选取适当的方法计算"源"和"汇"的具体数值；最后，进行评价分析和结果揭示，评价不同污泥处理处置工艺碳排放及对环境的影响。

2. 核算方法的选取

目前，国内外有关污泥处理处置过程温室气体排放量的计算方法主要分为实测法和数学模型估算法。依据不同原理，数学模型估算法又分为经验系数估算法和物料衡算法。由于碳排放源分布广且大多无组织释放，进行全面监测较为困难且成本高，对于大范围的碳核算不采用实测法。目前，应用较多是数学模型估算法。对于数据有限的国家或者行业来说，采用排放因子和活动系数的缺省值来计算温室气体排放量是较为稳妥和相对准确的。Poulsen 等人参考 IPCC 提供的计算方法通过能耗（电耗为主）折算来估算丹麦奥尔堡在 1970 年和 2005 年的废污水处理温室气体排放量；周兴等人采用 IPCC 提供的方法估算了 2003～2009 年我国污水处理部门的温室气体排放量，主要研究了 CH_4 和 N_2O（IPCC 规定污水处理中的 CO_2 排放是生物成因不予考虑）。Han 等人通过借鉴 CDM 相关算法对固体废弃物处理与处置所排放的温室气体进行核算；Mohareb 等人通过政府提供的废物处理、回收和堆肥等数据，使用适当经验系数来建立模型估算加拿大渥太华的固体废物温室气体排放量。针对我国污水年排放量基数大，特征明显，王曦溪等人在评估国内外废污水温室气体排放核算方法后，提出一种运用生化反应过程法与耗电量折算法结合我国年废污水排放数据的新模型，来核算我国年废污水处理碳排放总量。在实际工作中，很少使用单一的方法，而是物料衡算法、经验系数估算法、实测法三种方法互相校正、互相补充，从而取得可靠的污染物排放量结果。

（1）实测法

实测法是通过实际检测的方式或国家有关部门认定的连续计量设施，对排放源或设备进行相关参数的测量，用环保部门认可的测量数据来计算各种排放源的产生量和排放总量的统计计算方法。

长期、定点、准确地监测和测量温室气体，是研究温室气体最基础的工作。它为温室气体相关理论模型、温室气体发展趋势预测、气候变化预测、反演模式和碳循环模式等提供了极为重要的基础数据和检验数据。

世界各国都采用了不同方式进行温室气体监测和测量，其观测平台包括地基、高塔、航船、飞机、探空气球和卫星遥感等，监测的方式主要有现场直接观测和采样—实验分析等。实测法的基础数据主要来自环境监测站。监测数据是通过科学、合理地采集样品和分析样品而获得的。因受到现有监测技术和监测条件的限制，实测法有一定的局限性。

计算公式为：

$$G = C \times Q \tag{7-1}$$

式中　G——实测的气体单位时间排放量；

　　　C——实测的介质中气体浓度；

　　　Q——介质（空气）流量。

采用实测法中的连续监测，优点是具有很高的精度，缺点是对温室气体进行单独连续监测的成本很高，地面定点观测存在很多局限，无法得到大范围的分布和变化。卫星遥感为掌控全球及大区域范围内温室气体浓度以及通量的变化和分布提供了可能，遥感监测不仅可以获取全球大气的温室气体浓度变化，而且可以进一步计算大气中每年的温室气体排放通量，从而核算由于人类活动和自然活动每年排放和吸收的温室气体。但温室遥感成本相对较高，适用于大范围某一区域的温室气体检测，而无法对某一具体行业温室气体排放进行检测。

综上，由于实测法存在的一些局限性，实测法目前主要用于对一些重要排放源的监测以及实验调查研究来建立和校正温室气体核算的数学模型。

（2）物料衡算法

物料衡算法是指根据质量和能量守恒原理，对生产过程中使用的物料变化情况进行定量分析的一种方法，即输入量＝输出量。物料衡算法需要建立各种生产条件下的物料平衡方程式。在建立物料平衡方程式之前，需要界定体系与环境之间的分界线。所谓体系是为了分析一个过程，人为划定一个过程的全部或一部分作为一个完整的研究对象，这个划定的区域就叫作体系。体系以外的区域为环境。确定体系、环境和边界是建立物料衡算方程式的基础。体系划分不当会导致衡算繁琐甚至错误。列物料平衡方程式时，首先要选择一个计算的基准，在各种过程中，计算基准是多种多样的，不可能找到一个固定不变的基准，选择一个恰当的基准，有利于简化计算程序、避免计算错误、精确计算结果。当研究一个复杂的过程时，必须用简便的方法来组织给定的资料数据，列出已知和未知的条件，最好的方法是将该过程绘制成一个流程图。综上，物料衡算的基本流程包括：划定边界、绘制流程图、选择计算基准和列出平衡方程式。

通过物料衡算，可知原料转变为产品以及损失的情况，以便寻求改善的途径。对整个过程或过程的某一阶段都同样适用，可对参与过程的全部物质进行衡算，也可对任何一个组分进行计算。物料衡算法是把生产中排放源的排放量、资源（原材料、能源、水能）生产工艺及管理的综合利用与环境治理相结合起来，对生产过程中排放物的产生及排放量进行全面系统分析的一种方法。它涉及生产系统过程中的资源和原材料、生产工艺与产品、回收品、处理设备与排放方式等诸多因素。采用物料衡算法计算碳排放量时，关键是确定物料平衡方程式两边的参数，但这些参数的确定有时也是比较困难的。统计人员只有在对排放进行充分了解的基础上才能从物料平衡分析算出排放的情况。

（3）经验系数估算法

经验系数估算法是在大量调查研究的基础上，对某一系统温室气体排放量与影响因素进行数学建模，得出较为稳定可靠的温室气体排放量估算数学模型。现有的清单计算大都基于排放系数法模型：排放量＝活动水平×排放系数。排放系数由温室气体清单专门小组的技术支持部（TSU）提供的数据来确定，其中各个行业不同类别排放源的排放系数都是通过长期的科学研究验证得到的。但是在实际工作中，由于不同工艺、技术、能源使用和生产环境等情况的变化使得排放系数产生很大差异。因此，采用排放系数法模型，在使用中有很大的不确定性。

排放清单包括"自上而下"和"自下而上"两种方法。"自上而下"的方法是依据国家统计资料制定排放清单。在大多数情况下采用默认的排放系数进行排放评估，但在某种情况下，也根据需要加以修正。"自下而上"的方法则是详细的、以技术为基础的方法，需采用适用于各国特定的排放系数或基于生产过程和工厂级别的数据进行评估，对数据类型和数量的精确度要求更高。可以根据不同的数据可获得性及研究的精准要求进行选择。通常，在"自上而下"方法中的数据问题少于"自下而上"方法，所以大多国家普遍采用"自上而下"的方法进行评估。

7.2.2　城镇污泥处理处置过程碳核算基本框架

同济大学团队针对污泥处理处置过程的温室效应，对典型污泥处理处置系统进行生命周期分析（LCA），其对不同污泥处理处置工艺进行碳足迹核算分析的理论基础是《2006年 IPCC 国家温室气体清单指南》中提供的方法（以下简称 IPCC 方法），虽然其给出了对废弃物的填埋、生物处理、焚烧过程排放的 CH_4 和 N_2O 的计算方法，但没有或未直接给出生物源和能量源的 CO_2 排放的计算方法，结合本次核算的污泥处理处置工艺的系统边界（见图 7-1），在 IPCC 方法的基础上作了相应的扩充，项目从以下几个方面进行温室气体核算：1）直接碳排放，包括污泥降解释放的生物源 CO_2、CH_4 及 N_2O，以及一次能源消耗释放的能量源 CO_2；2）间接碳排放，指处理处置过程消耗的二次能源的生产或使用过程引起的温室气体排放，也用能量源 CO_2 表示；3）CO_2 的替代量，是由于污泥厌氧消化产生的甲烷被收集利用于发电或产热及污泥焚烧的热能被利用于发电或产热时可以替代相应热值的一次能源或二次能源的消耗，以及污泥进行土地利用时可以替代相应含 N/P/K 的复合肥等使用，这些避免消耗的能源或物质的生产或使用过程释放的温室气体就以负值的形式记入温室气体排放清单中。最后，将这三类碳排放进行归一化处理，以 CO_2 当量（$CO_{2\text{-}eq}$）的形式进行加和比较。考虑到生物源 CO_2 被认为不增加大气中的温室效应，为使结果计算跟其他学者的研究具有可比性，本项目同时计算了碳排放和碳足迹。

1. 功能单元及系统边界的确定

项目核算的功能单元为污水处理厂混合污泥干燥后的 1t 干污泥（dry sludge），以 tDS 计。不考虑处理规模的影响，计算单位质量（1tDS）干污泥采用不同处理处置工艺过程中的 GHG 排放量，并以 $CO_{2\text{-}eq}$ 表示，CH_4 和 N_2O 的温室效应分别相当于 $21CO_{2\text{-}eq}$

和 $310CO_{2-eq}$。

如图 7-1 所示，对于污泥处理处置单元工艺的碳排放核算，系统的边界为污泥处理处置全过程，包括在污水处理厂内的前处理单元、处理单元及后续处置单元共三个单元。

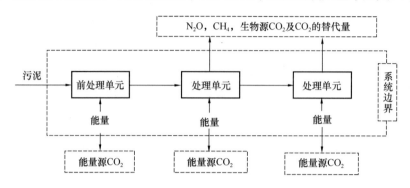

图 7-1　污泥处理处置工艺温室气体核算的系统边界

本研究针对已有污泥处理处置设施的处理处置过程进行碳排放核算，不考虑基建碳排放。对系统边界详细说明如下：

（1）在浓缩、脱水、干化阶段，不考虑污泥的生物降解。

（2）需考虑土地利用中运输储存油耗能耗，因为污泥只有春秋两季可以土地施用，而污泥连续产生，因此在土地利用之前需要储存和运输。

（3）系统的 GHG 的排放包括能耗引起的间接 CO_2 排放，处理处置过程生物降解和有机物焚烧、氧化产生的直接 CO_2、CH_4 和 N_2O 排放，以及污泥处理处置过程资源化利用替代的能耗和土地利用过程替代的化肥生产过程能耗引起的 CO_2 排放（以负值计）。系统的温室气体排放均折算为等当量 CO_2 排放量，计为碳足迹。而根据 IPCC 的观点，污泥处理处置过程中生物源 CO_2（生物质降解或焚烧排放的 CO_2）可以重新进入自然界光合作用实现碳循环，而不会增加温室效应。若不考虑生物源 CO_2，计为碳排放。这里对两种情况都加以核算。

（4）假设污泥厌氧消化、热解和干化焚烧工艺中产生的沼气和燃气燃烧产生的热量全部回用。

2. 碳排放及碳足迹清单分析

污泥处理处置过程中的碳排放及碳足迹核算清单如图 7-2 所示。

（1）前处理单元

污泥前处理单元为污泥的浓缩脱水。污泥浓缩通过重力或机械方式去除污泥中的一部分水分，减少体积，浓缩后污泥的含水率为 94%～96%。污泥脱水分为常规脱水和深度脱水，污泥常规脱水是浓缩污泥通过机械方式将污泥中的部分水分分离出来，进一步减少体积，脱水污泥的含水率约为 80%；深度脱水是污泥经调理后或添加无机矿物质进行高压压榨机械脱水，深度脱水污泥的含水率为 55%～65%，有的甚至可以达到 50% 以下。

1）污泥常规浓缩脱水

污泥常规浓缩脱水处理流程：初沉池及二沉池中的污泥通过吸泥泵送入污泥浓缩池，

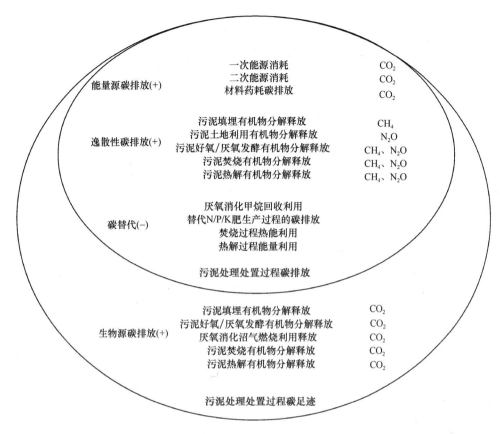

图 7-2　污泥处理处置过程碳排放及碳足迹核算清单

进行污泥浓缩；浓缩污泥通过泵运送入脱水机进行脱水处理。分析中不考虑污泥在前处理阶段的生物降解。

前处理阶段的碳排放清单数据如下：①污泥自初沉池或二沉池输送到污泥浓缩池的能耗造成的间接碳排放；②污泥进行浓缩时的能耗造成的间接碳排放；③浓缩污泥输送到污泥脱水机的能耗造成的间接碳排放；④污泥进行脱水时的能耗造成的间接碳排放。

2）污泥深度脱水

污泥深度脱水是指通过对含水率较高的污泥进行化学调质处理后，再高压压榨脱水至含水率 60% 以下。污泥深度脱水在流程上包括浓缩、调理和脱水三个部分。分析中不考虑污泥深度脱水时的生物降解。

污泥深度脱水的碳排放清单数据如下：①浓缩污泥输送进污泥调理池的能耗造成的间接碳排放；②污泥调理时的能耗造成的间接碳排放；③添加调理药剂造成的间接碳排放；④调理后污泥输送至机械脱水设备的能耗造成的间接碳排放；⑤污泥机械脱水时的能耗造成的间接碳排放。

（2）污泥处理单元

污泥处理是预处理后的污泥在进入最终处置前，依据污泥最终处置方式对污泥进行的进一步处理。污泥的处理技术包括：污泥厌氧消化、污泥好氧发酵、污泥热干化、污泥炭化、污泥干化焚烧等技术。

1) 厌氧消化

污泥厌氧消化是经浓缩后的污泥进入厌氧消化池，在微生物作用下降解污泥中的有机物。厌氧消化产生沼气，气体产物主要有 CH_4（60%～70%）、CO_2（30%～40%）以及少量的 H_2S 和 NH_3，沼气中 CH_4 和 CO_2 造成直接的碳排放。其中，CH_4 是重要的能源气体，可代替化石燃料进行发电或作为热源，对于伴随沼气回收利用的污泥厌氧消化，存在 CH_4 回用造成的替代碳排放。厌氧消化分为高温厌氧消化和中温厌氧消化，无论哪种厌氧消化都需要外加能源来维持厌氧反应温度，厌氧反应设备（污泥泵、搅拌器、沼气压缩机等）的运转需要消耗电能。

污泥厌氧消化碳排放清单如下：①污泥厌氧消化有机物降解产生 CH_4 和 N_2O 造成的直接碳排放；②维持污泥厌氧消化反应温度消耗能源造成的间接碳排放；③维持污泥厌氧消化设备运行消耗电能造成的间接碳排放；④CH_4 回用替代化石燃料产生的替代碳排放。

2) 污泥好氧发酵（堆肥）

污泥好氧发酵（堆肥）是指在有氧条件下，污泥中的有机物在好氧微生物的作用下降解，同时好氧反应释放的热量形成高温（>55℃）杀死病原微生物，从而实现污泥减量化、稳定化和无害化的过程。污泥堆肥混合料的含水率应为 40%～60%，碳氮比应为 20:1～30:1，需添加调理剂调节污泥的含水率和碳氮比；此外，还应添加膨松剂增加污泥堆料的孔隙率保证堆体通气良好。因为污泥堆肥调理剂和膨松剂均来自于自然界（木屑、稻壳、秸秆、花生壳等），所以污泥堆肥添加剂不造成碳排放。污泥堆肥过程中有机物发酵产生的发酵气主要成分是 CO_2，还有少量的 CH_4 和 N_2O，造成直接碳排放。好氧堆肥工艺破碎—混合设备、输送设备、通风供氧设备、筛分出料设备等的运行需要消耗电能造成间接碳排放。

污泥堆肥碳排放清单如下：①污泥好氧堆肥产生 CH_4 和 N_2O 造成的直接碳排放；②泥饼和添加剂混合粉碎、堆肥通风供氧、出料处理等设备运行消耗的电能造成的间接碳排放。

3) 污泥热干化

污泥热干化是对脱水污泥进行加热，使污泥中的水分蒸发，从而进一步降低污泥的含水率。热干化过程中污泥加热消耗热能，设备运转消耗电能，造成间接碳排放。

污泥热干化碳排放清单包括：①加热污泥消耗热量，造成的间接排放；②污泥干化消耗一次能源，造成的直接排放；③热干化系统运行消耗电能，造成的间接排放。

4) 污泥炭化（热解）

污泥热解技术是指污泥中有机质在缺氧条件下加热到一定温度裂解，转化为燃油、燃气、污泥碳的技术。污泥热解的碳排放清单如下：①污泥热解消耗热能，造成的间接排放；②污泥热解过程中消耗的一次能源，造成的直接排放；③污泥热解设备运行消耗电能，造成的间接排放；④污泥热解产生的 CH_4 和 N_2O，造成的直接排放（若未经收集直接排放）。

5）污泥焚烧

污泥焚烧是指在一定温度和有氧条件下，污泥分别经蒸发、热解、气化和燃烧等阶段，其有机组分发生氧化（燃烧）反应生成 CO_2 和 H_2O 等气相物质，无机组分形成炉灰/渣等固相惰性物质的过程。污泥焚烧系统一般包括污泥干化系统、焚烧系统、能量利用系统和烟气净化系统。

污泥焚烧的碳排放清单包括：①污泥焚烧需要添加辅助燃料，添加的辅助燃料造成的直接排放；②污泥焚烧系统运行消耗的能量，造成的间接排放；③污泥焚烧过程中由污泥中的有机物氧化释放 CH_4 和 N_2O，造成的直接排放；④污泥焚烧能量利用，产生的替代碳排放。

（3）污泥处置单元

污泥处置单元是污泥处理后的消纳过程，污泥处置技术的分类包括污泥填埋、污泥土地利用、污泥建筑材料利用。

1）污泥填埋

填埋场厌氧反应为主，污泥中的有机物在填埋过程中降解产生填埋气，填埋气的主要成分为 CH_4（50%）和 CO_2（50%）。填埋场覆盖土中含有甲烷氧化微生物，甲烷在填埋场内自然降解的比例一般为 10%。由于污泥与土壤、矿化垃圾的混合比例大，填埋面积密度低、填埋污泥颗粒致密、孔隙率小，气体收集井的收集半径有限，因此专用污泥填埋场气体主动收集的案例较少。污泥填埋的碳排放清单如下：①填埋的污泥中的有机物降解，释放 CH_4，造成直接的碳排放；②污泥填埋操作消耗的能源，造成的间接碳排放；③若对污泥填埋气中的 CH_4 回收再利用，则污泥填埋场的碳足迹清单除上述两项外，还应核算以下内容：伴随填埋气回收利用，产生的替代碳排放；填埋气回收系统运行消耗能源，造成的间接碳排放。

2）土地利用

污泥土地利用是指经无害化和稳定化处理后的污泥及污泥产品，以有机肥、基质、腐殖土、营养土等形式用于农业、林业、园林绿化和土壤改良等方面的一种污泥处置方式。污泥堆肥产品作为有机肥进行施用时，污泥堆肥产品中有机物质经土壤中微生物分解转化成较为稳定的有机碳，固定在土壤中，全部被植物吸收用于生长，堆肥产品土地利用不考虑二氧化碳的排放。

污泥土地利用的碳排放清单如下：①污泥产品在土地利用过程中，有机物降解释放 N_2O，造成的直接碳排放；②污泥产品土地利用施用操作消耗的能源，主要是运输车和耕作机械等消耗的柴油，造成的间接碳排放；③污泥产品施用替代化肥，产生替代碳排放。

3）污泥建筑材料利用

污泥建材利用一般是利用污泥焚烧灰渣替代部分原料来制作建材，涉及的碳排放可以忽略不计，不作计算。对于用污泥替代部分原料制作建材的碳足迹清单如下：①污泥中有机物氧化分解生成 CO_2，造成的直接碳排放；②替代部分原料，产生的替代碳排放。

3. 污泥处理处置过程中碳排放的计算方法

同济大学研究团队采用 IPCC 推荐的方法（质量平衡方法）或其他因子相乘法计算污泥处理处置工艺的 GHG 排放量，即计算处理 1t 污泥（干重计）过程中 GHG 排放量，计算结果均以 CO_2 当量计。

（1）一次能源消耗引起的 CO_2 排放当量

$$CO_{2energy} = W\left(DC \cdot f_{DC} + NGC \cdot \frac{f_{NGC}}{\eta_{NGC}}\right) \tag{7-2}$$

式中　$CO_{2energy}$——能耗引起的 CO_2 排放当量，kg；

　　　　W——污泥质量，以干重计，tDS；

　　　　DC——污泥处理处置设备油耗，以柴油计，kg 柴油/tDS；

　　　　NGC——污泥处理处置过程热量消耗，以天然气计，TJ/tDS；

　　　　f_{DC}——柴油 CO_2 排放因子，$kgCO_2$/kg 柴油；

　　　　f_{NGC}——天然气 CO_2 排放因子，$kgCO_2$/TJ；

　　　　η_{NGC}——天然气能量利用率，%。

柴油 CO_2 排放系数 f_{DC} 为 74100kg/TJ，柴油热值为 43MJ/kg，则柴油 CO_2 排放因子换算为 3.186$kgCO_2$/kg 柴油；天然气 CO_2 排放因子 f_{NGC} 为 56.1tCO_2/TJ；天然气能量利用率 η_{NGC} 取 90%。

（2）污泥焚烧、热解产生的 CH_4 和 N_2O 引起的 CO_2 排放当量

污泥焚烧与热解中 CH_4 和 N_2O 排放的核算方法相同，核算时仅需要根据不同的工艺选择适宜的排放因子。

$$GHG_i = \Sigma W \cdot EF_i \cdot GWP_i \tag{7-3}$$

式中　GHG_i——污泥焚烧、热解过程中 CH_4、N_2O 排放引起的 CO_2 排放当量，kg；

　　　　W——污泥质量（计算热解的排放量时，以湿重计），t；

　　　　EF_i——污泥焚烧或热解的 CH_4、N_2O 排放因子，取值参考《2006 年 IPCC 国家温室气体清单指南》及《2006 年 IPCC 国家温室气体清单指南 2019 修订版》；

　　　　GWP_i——CH_4 或 N_2O 全球变暖潜值，分别取 21、310。

（3）生物处理（厌氧消化和堆肥）产生的 CH_4 和 N_2O 排放当量

生物处理排放的 CH_4 和 N_2O 可以采用 IPCC 默认的方法进行估算，计算公式如下：

$$CH_4 = (M \cdot EF_i) \cdot 10^{-3}(1-R) \cdot GWP_i \tag{7-4}$$

式中　CH_4——CH_4 排放总量，$GgCO_2$；

　　　　M——处理的污泥量，以干重计，Gg；

　　　　EF_i——堆肥或厌氧处理甲烷排放因子，gCH_4/kg 污泥；

　　　　R——回收的 CH_4 比例，%。如果 $R>0$，即有部分甲烷被回收利用。回收的气体假设在喷焰燃烧设备或能源设备中燃烧，CH_4 绝大部分被氧化为 CO_2，还

有少量的未燃尽的 CH_4 和 N_2O 释放出，这部分二次释放的 CH_4 和 N_2O 的量很少可以不予以估计。而燃烧排放的 CO_2 应作为生物成因的 CO_2 的一部分予以计算；

GWP_i——CH_4 的全球变暖潜值，取 21。

N_2O 的计算公式如下：

$$N_2O = (M \cdot EF_i) \cdot 10^{-3} \cdot GWP_i \tag{7-5}$$

式中　N_2O——N_2O 排放量，$GgCO_2$；

$\quad\quad EF_i$——N_2O 的排放因子，$gN_2O/kgDM$；

$\quad\quad GWP_i$——N_2O 的全球变暖潜值，取 310。

排放因子可根据《2006 年 IPCC 国家温室气体清单指南 2019 修订版》中提供的几种生物处理类型的温室气体排放参数进行选择，见表 7-3。

污泥生物处理中的 CH_4 和 N_2O 排放因子　　表 7-3

生物处理类型	CH_4 排放因子 (gCH$_4$/kg 污泥)		N_2O 排放因子 (gN$_2$O/kg 污泥)	
	以干重计	以湿重计	以干重计	以湿重计
堆肥	10 (0.08~20)	4 (0.03~8)	0.6 (0.2~1.6)	0.3 (0.06~0.6)
沼气设施的厌氧分解	2 (0~20)	1 (0~8)	假设可忽略不计	

（4）污泥土地利用分解释放的 N_2O 排放当量

管理土壤中的 N_2O 直接排放：

$$N_2O_{直接} - N = F_{ON} \cdot EF_1 \tag{7-6}$$

式中　F_{ON}——土壤中污泥添加量，以 N 计，kgN；

$\quad\quad EF_1$——氮投入引起的 N_2O 排放的排放因子，$kgN_2O\text{-}N/kgN$ 投入，缺省值取 0.01。

管理土壤中的 N_2O 间接排放，包含土壤中挥发氮大气沉积产生的 N_2O 排放和溶淋以及径流发生地区溶淋、径流产生的 N_2O 排放：

$$N_2O_{(ATD)}\text{-}N = F_{ON} \cdot Frac_{GASM} \cdot EF_4 \tag{7-7}$$

式中　$N_2O_{(ATD)}\text{-}N$——管理土壤中挥发氮大气沉积产生的 $N_2O\text{-}N$ 的量，$kg\ N_2O\text{-}N$；

$\quad\quad Frac_{GASM}$——以 NH_3 和 NO_x 形式挥发的氮比例，kg 挥发 N/kg 施用氮，缺省值取 0.20；

$\quad\quad EF_4$——土壤和水面氮大气沉积的 N_2O 排放的排放因子，$kgN_2O\text{-}N/$（挥发的 $kgNH_3\text{-}N + NO_x\text{-}N$），缺省值取 0.01。

$$N_2O_{(L)}\text{-}N = F_{ON} \cdot Frac_{LEACH\text{-}(H)} \cdot EF_5 \tag{7-8}$$

式中　$N_2O_{(L)}\text{-}N$——溶淋/径流发生地区施加到管理土壤中氮溶淋和径流产生的 $N_2O\text{-}N$ 的量，$kgN_2O\text{-}N$；

$Frac_{LEACH-(H)}$——溶淋/径流发生地区，管理土壤中通过氮溶淋和径流损失的施加氮的比例，kgN/kg 施用氮，缺省值取 0.30；

EF_5——氮溶淋和径流引起的 N_2O 排放的排放因子，kgN_2O-N/（溶淋和径流氮），缺省值取 0.0075。

（5）污泥填埋分解释放的 CH_4 排放当量

1）单个年份的污泥填埋产生的甲烷排放

$$CH_{4排放} = CH_{4产生\ T} \cdot (1-R_T) \cdot (1-OX_T) \qquad (7-9)$$

式中　$CH_{4排放}$——T 年排放的 CH_4，单位 tCO_2；

T——清单年份；

R_T——T 年回收的甲烷比例，%；

OX_T——T 年的氧化因子，对于管理优良且覆盖通风材料的填埋场，氧化因子选用 0.1，未覆盖通风材料的填埋场缺省值为 0。

2）甲烷的产生潜势

$$DDOC_m = M \cdot DOC \cdot DOC_f \cdot MCF \qquad (7-10)$$

式中　$DDOC_m$——沉积的可分解 DOC 质量，t；

M——填埋污泥量，以干重计，t；

DOC——沉积年份的可降解有机碳，比例，tC/t 污泥；

DOC_f——可分解的 DOC 比例；

MCF——沉积年份有氧分解的 CH_4 修正因子（比例形式），见表 7-4。

$$L_0 = DDOC_m \cdot F \cdot 16/12 \qquad (7-11)$$

式中　L_0——CH_4 产生潜势，$kgCO_2$；

F——产生的填埋气体中的 CH_4 比例（体积比例）；

16/12——CH_4/C 分子量比率。

污泥处置场分类和甲烷校正因子（MCF）　　　　　表 7-4

处置场所类型	甲烷校正因子（MCF）默认值
严格厌氧	1.0
严格半好氧	0.5
半好氧	0.7
严格好氧	0.4
好氧	0.7
未管理级 - 深（水深＞5m）和/或地下水位高	0.8
未管理级 - 浅（水深＜5m）	0.4
未分类的处置场	0.6

3）一阶衰减基本情况

T 年末污泥填埋场累积的 $DDOC_m$

$$DDOC_{mT} = DDOC_{mdT} + (DDOC_{mT-1} \cdot e^{-k}) \qquad (7-12)$$

$$DDOC_{m\,decompT} = DDOC_{mT-1} \cdot (1 - e^{-k}) \qquad (7-13)$$

式中　$DDOC_{mT}$——T 年末污泥填埋场累积的 $DDOC_m$，t；

　　　$DDOC_{mT-1}$——$T-1$ 年年终时污泥填埋场累积的 $DDOC_m$，t；

　　　$DDOC_{mdT}$——T 年沉积到污泥填埋场的 $DDOC_m$，t；

　　$DDOC_{m\,decompT}$——T 年污泥填埋场分解的 $DDOC_m$，t；

　　　　　k——反应常数，$k = \ln（2）/（t_{1/2}/a）$；

　　　$t_{1/2}$——半衰期时间，a。

$$CH_{4产生T} = DDOC_{m\,decompT} \cdot F \cdot \frac{16}{12} \qquad (7-14)$$

式中　$CH_{4产生T}$——污泥降解产生的甲烷，t；

　$DDOC_{m\,decompT}$——T 年污泥填埋场分解的 $DDOC_m$，t。

　　上述公式 IPCC 已制定完整的一阶衰减电子数据表格，核算人员可根据工程实际修改相应的参数值。

　　（6）沼液处理的 CH_4 排放

$$CH_4 = [Q \cdot (COD_{进水} - COD_{出水}) - P \cdot COD_{污泥}] \cdot EF - R \qquad (7-15)$$

式中　CH_4——沼液处理 CH_4 的排放量，kg；

　$COD_{进水}$——沼液的 COD 含量，mg/L；

　$COD_{出水}$——沼液处理后水中的 COD 含量，mg/L；

　$COD_{污泥}$——沼液处理过程产生的污泥 COD 含量，以干重计，%；

　　　P——沼液处理过程产生的污泥量，以干重计，kg；

　　EF——CH_4 排放因子，$kgCH_4/kgCOD$，IPCC 默认值是 $0.25kgCH_4/kgCOD$；

$$EF = B_0 \cdot MCF_1$$

　　B_0——最大 CH_4 产生能力，$kgCH_4/kgCOD$；

　MCF_1——甲烷修正因子，见表 7-5；

　　　R——甲烷回收量，kg。

沼液处理的甲烷修正因子（MCF_1）　　　　　　　　　　表 7-5

处理方法	甲烷修正因子（MCF_1）默认值
好氧处理厂	0
厌氧反应堆	0.8
浅厌氧化粪池（深度＜2m）	0.2
深厌氧化粪池（深度＞2m）	0.8

　　（7）电能消耗引起的 CO_2 排放当量

$$CO_{2\,energy} = W \cdot EC \cdot f_{EC} \qquad (7-16)$$

式中　$CO_{2\,energy}$——电能消耗引起的 CO_2 排放当量，kg；

　　　W——污泥质量，以干重计，tDS；

EC——污泥处理处置设备电耗，kWh/tDS；

f_{EC}——电能 CO_2 排放因子，$kgCO_2/kWh$，按我国不同区域电网基准线排放因子。

（8）生物源排放

1）生物处理（厌氧消化和堆肥）引起的生物源 CO_2 排放当量

堆肥过程中的生物源 CO_2 排放量可以根据 CO_2 排放因子计算得到。

$$CO_{2生物源} = SL \cdot EF \cdot 10^{-3} \tag{7-17}$$

式中　$CO_{2生物源}$——污泥堆肥排放出的生物源 CO_2 总量，Gg；

SL——脱水后的污泥质量，Gg；

EF——生物源 CO_2 的排放因子，$gCO_2/kgSL$。

污泥厌氧消化产生的沼气中，CH_4 和 CO_2 的体积含量分别约为 65% 和 35%，生物源 CO_2 排放量可以根据计算出的 CH_4 排放量（假设 $R=0$ 时）计算而得：

$$CO_{2生物源} = CH_{4排放量} \times 35/65 \times 44/16 \tag{7-18}$$

式中　$CO_{2生物源}$——污泥厌氧发酵产生的生物源 CO_2 总量，Gg；

35/65——沼气中 CH_4 和 CO_2 的体积比；

44/16——CH_4 和 CO_2 的分子量比率。

2）污泥填埋引起的生物源 CO_2 排放当量

污泥填埋气体的主要成分是 CH_4 和 CO_2。根据估算出的 CH_4 产生量、填埋气体中 CH_4 和 CO_2 所占的体积比，可以估算出相应的 CO_2 产生量。假设污泥填埋气中，CH_4 和 CO_2 所占的体积比例分别为 50%，则沼气中 CO_2 排放潜势可由式（7-19）中的 $CO_{2\text{-sludge}}$ 计算得到。另外，若填埋气体燃烧处理的比率 $R>0$，说明有部分的甲烷被氧化处理并且释放出 CO_2，这部分由甲烷燃烧生成的 CO_2 也应作为生物成因的 CO_2 进行计算，由式（7-19）中 $CO_{2\text{-CH}_4}$ 所得。

$$CO_{2生物源} = CO_{2\text{-sludge}} + CO_{2\text{-CH}_4} = L_0/F \cdot 0.5 \cdot 44/16 + L_0 \cdot R \cdot 44/16 \tag{7-19}$$

式中　$CO_{2生物源}$——CO_2 产生潜势，$GgCO_2$；

L_0——CH_4 产生潜能，$GgCH_4$；其中

$$L_0 = M \cdot DOC \cdot DOC_f \cdot MCF \cdot F \cdot 16/12 \tag{7-20}$$

式中　M——填埋污泥量，以干重计，Gg；

F——填埋气中 CH_4 体积所占比例；

0.5——填埋气中 CO_2 体积所占比例；

44/16——CO_2/CH_4 的分子量比（比例）；

R——填埋气体燃烧处理的比率；

其他符号同式（7-10）。

3）污泥焚烧、热解气引起的生物源 CO_2 排放当量

$$CO_{2\text{Emission}} = W \cdot CF_i \cdot (1 - FCF_i) \cdot OF \cdot 44/12 \tag{7-21}$$

式中　W——污泥质量，以干重计，t；

CF_i——干物质中的碳比例（总的碳含量），%；

FCF_i——矿物碳在碳的总含量中的比例，报告中的污泥为城市生活污水处理后产生的污泥，假设其中的碳均为有机碳，则取值为 0；

OF——氧化因子，假定污泥和热解气焚烧时充分反应，则氧化因子取值为 100%。

4）添加生物炭的矿物质土壤碳库的年变化量

$$\Delta BC_{\mathrm{Mineral}} = \sum_{p=1}^{n}(BC_{\mathrm{TOTp}}) \cdot F_{\mathrm{Cp}} \cdot F_{\mathrm{perm}_p} \tag{7-22}$$

式中　$\Delta BC_{\mathrm{Mineral}}$——与生物炭改良有关的矿物质土壤炭库的变化，t/a；

BC_{TOTp}——每种生物炭 p 在清单年度内施入矿物土壤中的生物炭的质量，t 生物炭干物质/a；

F_{Cp}——每种生物炭 p 中的有机碳含量，t/t 生物炭干物质；根据《2006 年 IPCC 国家温室气体清单指南 2019 修订版》，生物炭来自生物固体（城镇污泥）热解时，F_{Cp} 取值为 0.35±40%；

F_{perm_p}——每种生物炭 p100 年后剩余生物炭量（未矿化），t 结合碳/t 生物炭；根据《2006 年 IPCC 国家温室气体清单指南 2019 修订版》，在进行中温热解（450～600℃）时，F_{perm_p} 取值为 0.80±11%。

（9）CO_2 替代量

$$CO_{2\,\mathrm{avoided}} = W\left(EC' \cdot f_{\mathrm{EC}} + NGC' \cdot \frac{f_{\mathrm{NGC}}}{\eta_{\mathrm{NGC}}}\right) \tag{7-23}$$

式中　$CO_{2\,\mathrm{avoided}}$——CO_2 替代量，以负值计，kg；

W——污泥质量，以干重计，tDS；

EC'——热量回收发电量或替代化肥的生产电耗，kWh/tDS；

NGC'——回收热量，以天然气计，kWh（TJ）/tDS；

f_{EC}——电能 CO_2 排放因子，$kgCO_2$/kWh；

f_{NGC}——天然气 CO_2 排放因子，$kgCO_2$/TJ；

η_{NGC}——天然气能量利用率，%。

（10）碳排放量

本文中所指的碳排放量即依据 IPCC 指南中的方法和范围核算的碳排放当量。

$$CO_{2\,\mathrm{IPCC}} = CO_{2\,\text{直接排放}} + CO_{2\,\text{间接排放}} \tag{7-24}$$

（11）不计替代量的碳足迹

$$CO_{2\,\mathrm{footprint}} = CO_{2\,\mathrm{IPCC}} + GHG_{i\mathrm{bio}} \tag{7-25}$$

式中　$CO_{2\,\mathrm{footprint}}$——碳足迹当量，$kgCO_2$；

$CO_{2\,\mathrm{IPCC}}$——依据 IPCC 指南核算的碳排放当量，$kgCO_2$；

$GHG_{i\mathrm{bio}}$——生物源 CO_2 排放量，$kgCO_2$。

（12）计算替代量的碳足迹

$$CO_{2\,\mathrm{footprint}} = CO_{2\,\mathrm{IPCC}} + GHG_{i\mathrm{bio}} + CO_{2\,\mathrm{avoided}} \tag{7-26}$$

式中　$CO_{2\,\mathrm{footprint}}$——碳足迹当量，$kgCO_2$；

CO_{2IPCC}——依据 IPCC 指南核算的碳排放当量，$kgCO_2$；

GHG_{ibio}——生物源 CO_2 排放量，包括污泥处理处置过程中生物质降解和焚烧产生的 CO_2，$kgCO_2$；

$CO_{2avoided}$——污泥处理处置过程中产生的替代量，$kgCO_2$。

4. 影响评价及结果解释

核算各污泥处理处置工艺的温室气体排放量，对每种工艺的温室气体排放量进行"归一化"处理，最终结果均以 CO_2 当量计，可以比较不同工艺的碳排放，给出污泥处理处置不同工艺流程的碳排放量。最佳工艺流程还应结合污泥处理处置的其他污染物产生情况和运行成本进行分析。

7.2.3 污泥处理处置单元碳核算

1. 污泥预处理单元碳排放及碳足迹核算

（1）污泥浓缩

污泥浓缩脱水阶段的主要目的是初步降低湿污泥的体积，利于污泥的进一步运输、处理和处置。重力浓缩和机械浓缩适用于初沉污泥、剩余污泥及混合污泥的浓缩，气浮浓缩适用于剩余污泥的浓缩。一般情况下，初沉污泥可通过重力浓缩将含水率从 95%～98% 降至 95%～97%；剩余污泥可先进行重力浓缩，再进行机械浓缩，将含水率从 99.2%～99.6% 降至 95%～97%。不同浓缩脱水方式电耗和药剂消耗见表 7-6。

污泥浓缩脱水能耗与絮凝剂投加量（以干重计）　　　　表 7-6

浓缩脱水工艺		机械能耗（kWh/tDS）	絮凝剂投加量（以污泥干重计）
重力浓缩		5	—
机械浓缩	带式浓缩	6.5	1‰～8‰
	转鼓浓缩	5.4	<4‰
	螺压浓缩	4.4	4‰～7‰
	离心浓缩	170	2‰～7‰
气浮浓缩			1‰～2‰

污泥浓缩碳排放主要和电耗与药耗有关，不同浓缩方式的电耗差异很大，其中重力浓缩电耗最小，离心浓缩电耗和药耗最大，因此离心浓缩碳排放最高。全国电力排放因子差异较大，本研究中电网平均排放因子取全国平均值 $0.6808kgCO_2/kWh$，PAM 药剂排放因子取 $25kgCO_2/kg$。

（2）污泥机械脱水

通过机械脱水可以进一步降低浓缩污泥的含水率，不同机械脱水工艺的电耗参考《城镇污水处理厂污泥处理处置技术》，各脱水工艺及其絮凝剂投加量参考《城镇污水处理厂污泥处理技术标准》，使浓缩污泥含水率降至 80%，见表 7-7。

污泥机械脱水能耗与药耗（以干重计）　　　　　　表 7-7

浓缩脱水工艺		机械能耗（kWh/tDS）	絮凝剂投加量（以污泥干重计）
污泥脱水	带式压滤	5~20	3‰~5‰
	离心脱水	30~60	4‰~8‰（宜选用 PAM）
	板框压滤	15~40	试验确定（宜采用无机混凝剂或复合药剂）

污泥机械脱水过程碳排放可根据电耗和药耗，以及相应的排放因子进行核算。其中带式脱水能耗和药耗最低，碳排放较低，离心脱水能耗和药剂投加量相对较高，碳排放水平较高，板框压滤脱水能耗处于中等水平，但药剂投加量较大，碳排放水平也会相对较高。

（3）污泥深度脱水

污泥深度脱水主要是采用板框压滤的方式，结合化学调理，使污泥含水率进一步降低至约 60%。目前，工程应用的污泥调理方法是化学调理，通过添加化学药剂来破坏污泥胶体的稳定性，提高污泥的脱水性能。因此，污泥深度脱水的碳排放分为添加药剂和深度脱水系统运行电耗造成的碳排放。铁盐与石灰复配调理见表 7-8：铁盐投加量取 6%~15%，石灰干基投加量取 15%~20%；铁盐与 PAM 复配调理：铁盐投加量取 5%~12%，PAM 干基投加量为 1‰~3‰。

不同化学调理药剂的添加量（以干固体计）及排放因子　　　　　　表 7-8

	化学药剂	排放因子（kgCO_2/kg）	添加比例（以干基计）
铁盐与石灰复配调理	CaO	1.4	6%~15%
	$FeCl_3$	8.3	15%~20%
铁盐与 PAM 复配调理	PAM	25	1‰~3‰
	$FeCl_3$	8.3	5%~12%

由表 7-8 可知，污泥深度脱水阶段选择不同的化学调理剂的 CO_2 排放当量差异较大，其中 $FeCl_3$ 的 CO_2 排放当量最高，污泥深度调理环节应综合考虑药剂成本，根据实际情况选择合适的药剂。

2. 污泥处理单元碳排放及碳足迹核算

（1）污泥厌氧消化

污泥厌氧消化工艺是目前国际上最为常用的污泥生物处理方法，特别是大型污水处理厂较多采用。厌氧消化阶段的碳排放量主要产生于消化池搅拌设备和污泥循环泵电耗，保温加热设备加热能耗和热损失，沼气及沼气利用过程排放的 CO_2 以及沼气燃烧产热产电对化石能源替代量。

消化池混合搅拌和污泥泵送的电耗主要用于维持厌氧反应温度及维持污泥泵、污水泵（进出料系统）、搅拌设备和沼气压缩机等设备运转，电耗水平取决于厌氧消化搅拌方式。用于消化池混合搅拌和污泥泵送的电单耗一般为 10~20kWh/t（含水率 80% 污泥）。

常规厌氧消化的耗热量，主要包括加热升温阶段使原污泥温度提高到要求值的耗热量，以及厌氧消化阶段补充消化池的池盖、池壁和池底热损失的耗热量。常规厌氧消化产热量均为沼气可供热量。常规厌氧消化所需热量由沼气锅炉提供，实际情况还应考虑锅炉供热存在的热损失。若沼气可供热量多于锅炉供热量，即产热量多于耗热量，则沼气有剩余，无需外源蒸汽；若沼气可供热量少于锅炉供热量，则需要外源蒸汽补足。

对于高级厌氧消化，还应考虑热水解电耗和能耗。热水解电耗用在浆化、污泥泵送、蒸汽输送、冷却水输送、臭气干燥冷凝等过程，其电单耗可达 10～19kWh/t（含水率 80%污泥）。高级厌氧消化产热量包括热水解后回收的热量和沼气可供热量，其中热水解余热只能用来池体保温。高级厌氧消化所需热量由热水解回收的余热和沼气锅炉提供，其中热水解回收余热用于补偿池体散热，不能用于锅炉供热。实际情况还应考虑锅炉供热存在的热损失。

通常，污泥厌氧消化单位降解 VS 沼气产率为 0.85～1.25m³/kgVS，而有机质降解率主要和污泥有机质含量以及厌氧消化工艺有关。因此，污泥厌氧消化能量平衡主要受到污泥有机质含量的影响，不同有机质含量降解率等工艺参数见表 7-9。

不同有机质含量污泥厌氧消化工艺参数　　　　　表 7-9

污泥有机质含量（%）	40	50	60	70
传统消化 VS 降解率（%）	30	40	45	52
热水解高级厌氧消化 VS 降解率（%）	40	50	55	62
传统消化脱水污泥含水率（%）	65	70	75	80
热水解消化脱水污泥含水率（%）	55	60	65	70

沼气利用过程可能还存在甲烷逸散，造成温室气体的排放。污泥厌氧消化过程生物源碳排放主要来源于沼气中 CO_2 直接排放，以及沼气利用过程甲烷燃烧转化释放的 CO。

（2）污泥好氧发酵

污泥好堆肥相对厌氧消化，污泥中的有机物的降解放热，温度可以大于 55℃杀死病原微生物，不需要额外提供热量，因此污泥堆肥的碳排放主要有污泥堆肥过程中污泥中有机物降解产生的生物碳排放和堆肥运行能耗造成的碳排放。其中，能耗主要是静态堆肥的强制通风和动态堆肥的翻堆设备产生电耗，好氧堆肥产生的温室气体主要是有机物好氧分解产生的 CO_2，以及由于局部厌氧产生的少量 CH_4 和 N_2O。

电耗涉及的设备包括混料单元设备（料仓、皮带输送机、混料机等）、离心风机、罗茨风机和翻抛机等，其中翻抛机可以由电机或柴油驱动。好氧发酵电单耗一般为 30～60kWh/t（含水率 80%），一般除臭单元的电耗比例最大，其次是发酵单元和混料单元。

污泥好氧发酵一般添加辅料或返混料以调节物料含水率、孔隙率和碳氮比等，便于启动发酵以及促进发酵过程顺利完成。辅料可采用碎秸秆、木屑、锯末、花生壳粉、蘑菇土、园林修剪物等有机废弃物，常用辅料单耗（投加比）为秸秆：0.25～0.3t/t（含水率 80%），麦糠：0.35t/t（含水率 80%），玉米芯：0.2～0.3t/t（含水率 80%）。

在好氧发酵工程运行中，物料的上堆、下堆和返混料转运等工作，都涉及自卸车和运输车燃油的消耗；此外，油料还为部分设备提供动力，如由柴油驱动的翻抛机。单位处理油耗一般为 1.0～1.5L/t（含水率 80%）。柴油排放因子为 3.186kgCO$_2$/kg。

污泥好氧堆肥生物源 CO$_2$ 排放量为 109.45kg/tDS。另外，污泥好氧堆肥过程初始污泥含碳量的 1%～4% 和含氮量的 0.5%～5% 会转化为 CH$_4$ 和 N$_2$O，造成逸散性温室气体排放。

（3）污泥热干化

污泥干化的目的是进一步将污泥含水率降低到 60% 以下，以利于后续处置及利用。污泥热干化过程中是一个净碳排放过程，主要包括热干化过程电耗和能耗产生的碳排放。热干化是利用热能将污泥中的水分蒸发，因此该工艺只计算因能量消耗引起的 CO$_2$ 排放；干化过程主要是水分的蒸发，不存在或仅有极少量的有机物降解，这部分引起的 CO$_2$ 排放可以忽略不计。污泥热干化过程中需要消耗热能，热能的产生如果是采用化石燃料燃烧提供，则需要通过计算需要化石燃料数量与化石燃料排放系数来确定这部分热能造成的碳排放量，根据热源不同，核算中所使用的排放因子也会有所差异。

污泥干化过程中污泥的输送、通风和除臭都需要消耗电能，电能的产生会消耗化石燃料，造成碳排放。污泥热干化工艺过程中热量消耗约为 3.0MJ/kg 蒸发水量，电耗约为 80kWh/t 蒸发水。通常，污泥热干化会利用余热锅炉回收焚烧烟气的热量，将水加热到一定温度形成蒸汽，不足部分由外源蒸汽提供，作为污泥热干化的热媒。传导型热干化，以蒸汽为热介质时，蒸发 1t 水分需要消耗的蒸汽量通常为 1.1～1.5t，由于实际工程还涉及蒸汽输送等损失和热量损耗，蒸汽实际需求量可按理论值的 1.2 倍估算。

（4）污泥炭化（热解）

污泥热解是在无氧或缺氧的条件下热干馏，使污泥中的有机物裂解生成具有高利用价值的热解燃气、燃油及固体焦炭，实现污泥的减量化处理和能源回收的双重效果。目前较常用的污泥热解为低温热解工艺（250～700℃），而在 450～600℃ 的温度区间内，热解产物的综合热值最高，因此本计算采用 500℃。

污泥热解过程中的碳排放主要为电力及热源产生的能量源碳排放，以及热解过程中产生的少量甲烷和氧化亚氮。但通常污泥热解产物作为燃料供给热解所需能耗，可减少热解过程中的能源消耗。热解过程中产生的 CO$_2$ 以及热解气燃烧产生的 CO$_2$ 排放，根据 IPCC 指南，均计为生物源碳排放。核算过程中假设污泥中的有机质 100% 被分解，且热解气燃烧过程中含碳的可燃气体均 100% 充分燃烧。

污泥热解过程中需要消耗电能用于干化污泥输送、热解炉传动装置、尾气冷凝水循环水泵等。根据测算，这部分的能量消耗为 93.5kWh/tDS。污泥热解过程中需要输入的热能，包括污泥热解反应自身能量 ΔH，污泥碳显热，污泥热解气体显热，污泥中水分蒸发潜热。污泥热解过程替代量主要指污泥热解生成焦油与可燃气体中蕴含能量回收产生的温室气体减排量，综合考虑燃料回收率、不完全燃烧系数、能量回收率、能量转换方式、能量转化效率等因素。

（5）污泥焚烧

污泥焚烧过程排放的温室气体主要是设备运转的电耗及辅助燃料燃烧产生的能量源排

放，燃烧过程中产生少量的 CH_4 和 N_2O。此外，由于城市生活污泥中的碳主要来自于有机物，按照 IPCC 指南，焚烧尾气中的 CO_2 计为生物源排放，其核算中碳的氧化因子按 IPCC 推荐值 100% 计算；燃烧热量回收可替代部分能源消耗，因此而减少的排放计为替代量；核算中以辅助燃料为柴油计算。

燃料消耗量取决于入炉污泥的热值，在污泥干基热值一定时，取决于入炉含水率。当入炉含水率低于临界含水率时，除启炉过程外，可自持燃烧，不需辅助燃料。正常运行的项目遵循自持燃烧原则，除启炉过程外，无需辅助燃料。实际运行过程中，由于需要定期进行停炉维护，以及计划外的故障停炉，启炉过程需要消耗一定的辅助燃料；此外，运行过程中泥量和泥质的波动引起燃烧工况变化而未及时调整时，可能需要根据燃烧情况短时间补充辅助燃料。这些情况均会导致一定的燃料消耗。

干化焚烧所需药剂包括碱液、活性炭、消石灰、尿素、石英砂、磷酸三钠、工业盐等。其中碱液用来烟气脱酸，活性炭和石灰用于吸收挥发性重金属、挥发性有机污染物（包括可能存在的二噁英）和部分酸性气体，石英砂作为流化床床料。

3. 污泥处置单元碳排放及碳足迹核算

（1）污泥填埋

污泥填埋阶段的排放主要来自填埋操作能耗（如装载机、推土机等机械操作的油耗）、维持填埋场内基础设施及泵站等正常运营的电耗产生的能量源碳排放，以及填埋的污泥中的有机物降解释放的 CH_4。此外，污泥填埋场有机物分解也会释放出 CO_2，此部分排放计为生物源排放。污泥填埋产生的温室气体核算参数见表 7-10。

由于污泥与土壤、矿化垃圾的混合比例大，填埋面积密度低、填埋污泥颗粒致密、孔隙率小，气体收集井的收集半径有限，因此专用污泥填埋场的气体主动收集的数据较少。

污泥填埋产生的 CH_4 及 CO_2 排放当量核算 表 7-10

参数	数值
污泥可降解有机碳含量（t/tDS）	0.5
污泥可降解有机碳降解率（%）	0.5
甲烷修正因子	1
产生的垃圾填埋气中的 CH_4 体积比例	0.5
甲烷自然降解率	0.1
甲烷收集利用比例	0

（2）土地利用

污泥土地利用（不包括农用）是指经过稳定化后的生物固体，应用于林地、果园、草地、市政绿化、育苗基质以及严重扰动的土地复垦与重建等。污泥土地利用的能量消耗主要产生于污泥存储、运输、施用等过程。

污泥堆肥后施用于土壤产生的 N_2O 排放，采用 IPCC 默认参数计算，包括土地利用（不含农业利用）过程中 N_2O 的直接排放量和间接排放量，具体见表 7-11。

污泥堆肥后土地利用过程中的 N_2O 排放因子　　　　表 7-11

	排放因子	IPCC 缺省值
N_2O 的直接排放	氮投入引起的 N_2O 排放的排放因子 EF_1（kgN_2O-N/kgN 投入）	0.01
N_2O 的间接排放	以 NH_3 和 NO_x 形式挥发的氮 $F_{racGASM}$（kg 挥发 N/kgN 投入）	0.2
	通过溶淋/径流的氮损失 $F_{racLEACH-}$（N）	0.3
	土壤和水面氮大气沉积的 N_2O 排放的排放因子 EF_4（kgN_2O-N/挥发的 $kgNH_3$-N+NO_x-N）	0.01
	氮溶淋和径流引起的 N_2O 排放的排放因子 EF_5（kgN_2O-N/kg 溶淋和径流 N）	0.0075

施用污泥产品后替代了氮肥、磷肥和钾肥使用，避免了部分化肥生产过程中 CO_2 排放量，减少的 CO_2 排放量计为替代量。根据堆肥后产品的 N、P、K 含量以及氮肥、磷肥、钾肥生产中的排放因子（表 7-12、表 7-13），可计算得到理论上污泥土地利用替代氮磷钾肥产生的替代量。

堆肥产品参数　　　　表 7-12

参数	污泥氮磷钾含量（kg/tDS）	可利用率（%）
N	50	60
P	22.5	70
K	3	80

化肥生产过程的碳排放因子　　　　表 7-13

化肥种类	tCO_2/t（N，P_2O_5，K_2O）
氮肥	7.759
磷肥	2.332
钾肥	0.660

（3）建材利用

城镇污水处理厂污泥或焚烧后的污泥灰渣与黏土有着相似的组成，因此可以将污泥或污泥灰渣作为黏土质原料来生产水泥、制砖等建材。主要途径有污泥制砖、制陶粒和水泥窑协同焚烧制水泥，三者都是通过高温焙烧使污泥得以彻底稳定，并固化重金属，充分利用污泥中的土质资源。

污泥灰渣作为生产水泥混凝土的新型原辅材料，是近年来较受欢迎的资源化利用技术之一。该技术通过添加复合改性剂及混磨、选粉技术，极大改善污泥灰渣在细度、活性、流动性、含铁和抑制磷的缓凝影响等方面的性能。改良后的污泥灰渣解决了污泥焚烧灰渣直接作为水泥及混凝土原辅料而带来的活性低、流动性差、需水量大、凝结时间长、强度变化大等问题。

（4）沼液处理

根据不同厌氧消化工艺和含固率，污泥厌氧消化后产生的沼液COD含量为1000～10000mg/L，氨氮含量为500～2500mg/L。对于与污水处理厂合建项目，沼液通常排入污水处理厂进行处理达标排放，而对于集中式厌氧消化项目，通常需要进行沼液处理。沼液处理过程中的碳排放主要来自沼液COD去除和脱氮除磷过程的电耗和药耗。沼液的处理工艺包括混凝沉淀预处理、厌氧氨氧化、膜浓缩、氨汽提等。以厌氧氨氧化为例，处理每吨沼液处理能耗约为2kWh/m³，PAC单耗0.4kg/m³，PAM单耗0.005kg/m³。

7.3 典型污泥处理处置技术路线的碳足迹核算

7.3.1 浓缩污泥厌氧消化＋土地利用技术路线

1. 工艺描述

传统厌氧消化通常指含固率约为5%的浓缩污泥直接在污水处理厂区内进行厌氧稳定的过程，厌氧消化污泥经过脱水处理后可以进行土地利用。传统厌氧消化工艺路线如图7-3所示，工艺单元主要包括浓缩单元、厌氧消化单元、机械脱水单元、沼液处理单元、泥饼储运单元、土地利用单元。通常情况下，传统厌氧消化产能能够满足自身加热需求，富余的沼气可用于发电或提纯制天然气，也可用于后续污泥干化处理。

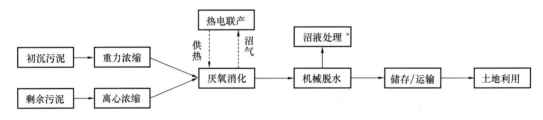

图7-3 传统厌氧消化工艺流程图

2. 物料与能量平衡分析

（1）浓缩阶段

污泥浓缩脱水阶段的主要目的是初步降低湿污泥的体积，利于污泥进一步运输、处理和处置。浓缩脱水阶段主要采取物理机械手段，需要消耗能源和药耗，而处理过程中污泥的生物降解作用可以忽略不计。重力浓缩和机械浓缩适用于初沉污泥、剩余污泥及混合污泥的浓缩，气浮浓缩适用于剩余污泥的浓缩。一般情况下，初沉污泥可通过重力浓缩将含水率从95%～98%降至95%～97%；剩余污泥可先进行重力浓缩，再进行机械浓缩，将含水率从99.2%～99.6%降至95%～97%。

剩余污泥与初沉污泥的进泥比例越高，单位药剂成本越高。参考《城镇污水处理厂污泥处理技术标准》，各浓缩工艺的电耗及其絮凝剂投加量见表7-14。

污泥浓缩工艺及其絮凝剂投加量　　　　表 7-14

浓缩脱水工艺		机械能耗（kWh/tDS）	絮凝剂投加量（以污泥干重计）
重力浓缩		5	—
机械浓缩	带式浓缩	6.5	1‰~8‰
	转鼓浓缩	5.4	<4‰
	螺压浓缩	4.4	4‰~7‰
	离心浓缩	170	2‰~7‰
气浮浓缩			1‰~2‰

1) 物料平衡

假设初沉污泥和剩余污泥比例为 0.6:0.4（干基），初沉污泥通过重力浓缩将含水率从 97.5% 降至 95%，剩余污泥先后通过重力浓缩和离心浓缩将含水率从 99.5% 降至 95%，可推算出处理 100t 脱水污泥（含水率 80%）相当于初沉污泥 480t（含水率 97.5%）和剩余污泥 1600t（含水率 99.5%），初沉污泥干基质量为 12t，剩余污泥干基质量为 8t，浓缩污泥质量为 400t。

重力浓缩不需要药剂，只有剩余污泥离心浓缩需要消耗药剂。常用絮凝剂为 PAM，取其投加量为 3‰，则 PAM 消耗量为 8×3＝24kg。

2) 能量平衡

不同浓缩方式的电耗差异很大，其中重力浓缩电耗最小，机械浓缩电耗最大。根据某大型污水处理厂工程经验，浓缩电单耗约 10~18kWh/t（含水率 80%），浓缩电耗取 60kWh/tDS，则浓缩电耗为 20×60＝1200kWh。

(2) 厌氧消化阶段

1) 物料平衡

取传统厌氧消化含固率 5%，进泥干基质量为 20t，则厌氧消化进泥量为 400t（含水率 95%）/d；设停留时间为 25d，则厌氧消化罐总有效容积为 10000m³。污泥厌氧消化有机质降解率和进泥有机质含量直接相关，进而影响沼气产量。根据文献调研数据，不同有机质含量污泥 VS 降解量和沼气产量见表 7-15。

传统厌氧消化 VS 降解率和沼气产量　　　　表 7-15

VS/TS（%）	40	50	60	70
污泥干基量（t/d）	20	20	20	20
VS 降解率（%）	30	40	45	50
VS 降解量（t/d）	2.4	4	5.4	7
沼气产量（m³/d）	2040	3400	4590	5950

2) 能量平衡

消化池混合搅拌和污泥泵送的电耗主要用于维持污泥泵、搅拌设备和沼气压缩机等设备运转，电耗水平取决于厌氧消化搅拌方式。根据相关文献，美国污水处理厂设计手册中厌氧消化混合容积功率为$5.2\sim40W/m^3$，我国《给水排水设计手册（第三版）第5册 城镇排水》中沼气搅拌的容积功率为$5\sim8W/m^3$，为保证搅拌效果，用于消化池混合搅拌的容积功率取$8W/m^3$，则搅拌和泵送电耗为$10000\times8\times24/1000=1920kWh$。

① 加热升温热量

进泥平均温度设为15℃，消化温度取35℃，计算得污泥加热所需热量为33600MJ。

② 池体散热量

参考工程上普遍采用的Lipp罐大小计算得所需厌氧罐3个，单个有效容积为$3333m^3$。假设采用圆柱形的厌氧罐，设定厌氧消化罐地面高度为15m，则直径为16.8m。由此可计算单个厌氧罐池盖/池底表面积为$222.2m^2$，单个厌氧罐池壁表面积为$792.46m^2$。取池盖传热系数为$0.80W/(m^2\cdot℃)$，池壁传热系数为$0.70W/(m^2\cdot℃)$，地面以下及池底传热系数$0.52W/(m^2\cdot℃)$。室外温度设20℃，厌氧消化温度35℃，则总池体散热量为4616MJ。

耗热量＝加热升温阶段耗热量＋厌氧消化阶段消化池热损失＝33600＋4616＝38216MJ。

③ 能量平衡

甲烷热值约为$35.9MJ/m^3$，沼气甲烷含量取65%，则沼气热值为$23.3MJ/m^3$。沼气逸散系数取2%，可以计算出不同有机质含量污泥沼气热量。根据沼气锅炉效率和热电联产效率，可以推算出不同有机质污泥能量平衡，具体结果见表7-16。

不同有机质含量污泥沼气热量　　　　　　　　表7-16

VS/TS（%）	40	50	60	70
耗热量（MJ）	38216	38216	38216	38216
沼气热量（MJ）	46651	77752	104965	136066
用于CHP沼气热量（MJ）	7540	63522	104000	136066
用于沼气锅炉沼气热量（MJ）	39111	14231	965	0
沼气CHP发电量（kWh）	733	6176	10111	13229

（3）深度脱水阶段

根据文献报道和工程运行经验，对于不同有机质含量污泥，在相同加药量条件下，消化污泥压滤脱水泥饼含水率会存在部分差异。同时由于厌氧消化过程有机质降解率不同，脱水泥饼干基质量也会有所不同。

污泥板框压滤深度脱水工艺段用电一般为$45\sim55kWh/tDS$，取$50kWh/tDS$。

压滤深度脱水的药剂投加量参考值：当铁盐与石灰复配调理，铁盐投加量（以有效成分干重计，下同）宜为污泥干重的6%～15%，石灰投加量宜为污泥干重的8%～40%，一般在15%～20%，宜先投加铁盐，后投加石灰；当铝盐（或铁盐）与PAM复配调理，铝盐（或铁盐）投加量宜为污泥干重的5%～12%，PAM投加量宜为污泥干重的1‰～3‰。脱水药剂采用铁盐和PAM复配调理，设定铁盐采用38%的三氯化铁，投加量为污泥干重的8%，PAM投加量为污泥干重的2‰，具体核算结果见表7-17。

不同有机质含量污泥脱水物料平衡与电耗药耗　　　　　　　　　表 7-17

VS/TS（%）	40	50	60	70
脱水泥饼含水率（%）	65	70	72	75
脱水泥饼干基质量（t/d）	17.6	16	14.6	13
脱水电耗（kWh）	880	800	730	650
PAM 消耗量（kg）	35.2	32	29.2	26
铁盐消耗量（kg）	1408	1280	1168	1040

（4）沼液处理

污泥厌氧消化会产生大量含氨氮的沼液，需要进行脱氮处理，处理工艺包括传统生物脱氮法、厌氧氨氧化、氨汽提等。

不同有机质含量污泥厌氧消化产生的沼液量、沼液 COD 浓度和氨氮浓度均会有所差异，其中沼液产生量和脱水泥饼含水率有关，氨氮浓度主要和有机质降解率和厌氧消化含固率有关。根据文献报道和工程运行数据，单位氨氮削减电耗取 7kWh/kgNH$_3$-N，单位 COD 削减电耗取 0.3kWh/kgCOD。以厌氧氨氧化为例，氨氮去除能耗主要在于 50% 氨氮的亚硝化反应，氨氮去除率以 90% 计，COD 削减率以 70% 计，具体核算结果见表 7-18。

不同有机质含量污泥厌氧消化沼液氨氮浓度和处理电耗　　　　　表 7-18

VS/TS（%）	40	50	60	70
沼液量（t/d）	349.71	346.67	345.93	348
COD 浓度（mg/L）	1000	1000	1000	1000
氨氮浓度（mg/L）	440	560	680	800
去除 COD 电耗（kWh）	66.1	65.52	65.38	65.77
去除氨氮电耗（kWh）	484.7	611.52	740.97	876.96
总电耗（kWh）	550.8	677.04	806.35	942.73

（5）土地利用

根据污泥土地利用相关标准，污泥产物土地利用含水率需保持至 60% 以下，设定土地利用污泥含水率均为 60%，根据消化污泥干基含量，可以推算出出厂泥量（含水率 60%）。

运输过程比油耗取 0.02L/(t·km)，运输距离取 100km，土地施用比油耗取 0.85L/t 污泥（干基），根据出厂污泥量，可分别推算出运输油耗和施用油耗，具体结果见表7-19。

不同有机质含量土地利用油耗　　　　　　　　　　　　　　　　表 7-19

VS/TS（%）	40	50	60	70
出厂污泥量（t/d）	44	40	36.5	32.5
运输油耗（L）	88	80	73	65
土地利用油耗（L）	14.96	13.6	12.41	11.05
总油耗（L）	102.96	93.60	85.41	76.05

假定污泥初始氮、磷、钾含量分别为5%、2.25%、0.3%，氮、磷、钾可被利用率分别以60%、70%、80%计，根据质量平衡可以推算出泥饼中氮、磷、钾质量，见表7-20。

不同有机质含量污泥土地利用可替代化肥量　　　　　　　　表 7-20

VS/TS（%）	40	50	60	70
出厂污泥氮含量（kg）	807.66	757.33	705.96	652
替代氮肥量（kg）	485	454	424	391
出厂污泥磷含量（kg）	450	450	450	450
替代磷肥量（kg）	315	315	315	315
出厂污泥钾含量（kg）	60	60	60	60
替代钾肥量（kg）	48	48	48	48

3. 全链条碳排放核算

从碳排放的角度分析，厌氧消化过程中加热能耗和搅拌电耗、脱水药剂，以及土地利用过程能源消耗等会造成能量源碳排放；厌氧消化过程逸散的少量沼气，以及土地利用过程释放的CH_4和N_2O等会造成逸散性温室气体排放；厌氧消化产生的沼气替代化石燃料、消化产物土地利用替代氮磷与磷肥可实现碳补偿，降低温室气体的排放。污泥厌氧消化＋土地利用碳排放核算要素见表7-21。

污泥厌氧消化＋土地利用碳排放核算要素　　　　　　　　表 7-21

碳排放来源	碳排放核算要素
能量源及药耗碳排放	厌氧消化过程中加热能耗和搅拌电耗、脱水药剂； 土地利用过程能源消耗
逸散性碳排放	厌氧消化过程逸散的少量沼气； 土地利用过程释放的CH_4和N_2O等
碳补偿	厌氧消化产生的沼气替代化石燃料； 消化产物土地利用替代氮磷与磷肥可实现碳补偿

以1t含水率为80%，有机质含量为50%的污泥为例，"浓缩污泥厌氧消化＋土地利用"工艺路线的碳排放核算结果如图7-4所示。

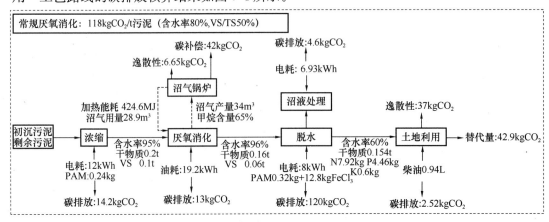

图7-4　"浓缩脱水＋厌氧消化＋土地利用"技术路线碳排放分析

总体而言，根据现有的核算，厌氧消化—土地利用是一种有可能实现负碳排放的工艺。厌氧消化效率的提升（生物质能回收），高级厌氧消化技术的应用（降低系统能耗），沼渣脱水环节绿色药剂的替代，以及沼液氮磷资源高效回收是该工艺未来碳减排发展的重点方向。工程实践表明，考虑到厌氧消化产生的沼液资源回收利用和就地处理，建议厌氧消化工程依托污水处理厂建设。

7.3.2　污泥脱水＋高级厌氧消化＋土地利用

1. 工艺描述

污水处理过程产生的初沉与剩余污泥预脱水至约 85% 的含水率后暂存于污泥料仓，预脱水污泥首先在浆化罐被回用蒸气和闪蒸工艺气加热稀化，然后进入反应罐被新鲜蒸气加热至设定温度，随后进入保温反应阶段，反应结束后通过泄压闪蒸方式进入闪蒸罐，闪蒸出泥经过稀释与降温后进入厌氧消化罐，厌氧消化剩余物通过板框压滤进行高干脱水生成脱水泥饼（见图 7-5）。高级厌氧消化相对于传统厌氧消化，消化设施的处理能力可提高 2～3 倍，能源回收率可提高 60%～100%，污泥减量化率大幅提高，消化出料经适当脱水后可用作生产有机营养土，能够很好地满足《城镇污水处理厂污泥泥质》GB 24188—2009、《城镇污水处理厂污泥处置　园林绿化用泥质》GB/T 23486—2009、《城镇污水处理厂污泥处置　土地改良用泥质》GB/T 24600—2009、《城镇污水处理厂污泥处置　林地用泥质》CJ/T 362—2011 等标准要求，可用于林地、园林绿化、土地改良、矿山修复和沙荒地改良等用途。

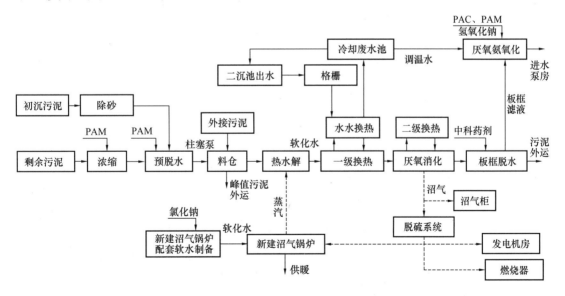

图 7-5　污泥热水解高级厌氧消化工艺流程图

2. 物料与能量平衡分析

（1）浓缩阶段

浓缩阶段和传统厌氧消化相同。

（2）预脱水阶段

污泥预脱水指将污泥含水率脱除到热水解系统适合的进泥条件，热水解系统进泥含水率范围一般为80%～85%。

假设热水解系统进泥含水率为85%，以离心脱水机为例，使浓缩污泥含水率降至85%，絮凝剂PAM的投加量取5‰，离心脱水电耗取60kWh/tDS，100t污泥（80%含水率）干基质量为20t，则预脱水电耗为60×20＝1200kWh，PAM药剂消耗量为20×5＝100kg。

（3）热水解阶段

1）电耗

热水解电耗取50kWh/tDS，则热水解电耗为20×50＝1000kWh。

2）能耗

计算方法：

① 热水解系统耗热量

热水解过程包括预热、反应和闪蒸三个阶段，具体步骤为：

a. 待处理污泥和闪蒸蒸汽混合，使污泥温度升高至80～100℃。污泥温度升高至预热温度所需的热量。

$$Q_{T1} = W_T C_P (T_1 - T_0) \tag{7-27}$$

式中　Q_{T1}——热水解进泥温度升高到预热温度的耗热量，kJ/d；

　　　W_T——热水解进泥量，t/d；

　　　C_P——污泥比热，4200J/(kg·℃)；

　　　T_0——进料温度，℃；

　　　T_1——热水解预热温度，℃。

与待处理污泥混合的闪蒸蒸汽量：

$$W_1 = \frac{Q_{T_1}}{(h''_{T_3} - h'_{T_1})} \tag{7-28}$$

式中　W_1——热水解过程中与进泥混合的闪蒸蒸汽量，t/d；

　　　h''_{T_3}——温度为T_3（闪蒸后温度）时的饱和蒸汽的焓热量，J/kg；

　　　h'_{T_1}——温度为T_1（预热温度）时水的焓热量，J/kg。

b. 预热污泥和新鲜蒸气充分混合，混合后的污泥温度达到130～180℃。反应罐的新鲜蒸气需求量：

$$W_2 = \frac{(W_T + W_1) \times (h'_{T_2} - h'_{T_1})}{(h''_{T_V} - h'_{T_2})} \tag{7-29}$$

式中　W_2——热水解反应罐的新鲜蒸气需求量，kg/d；

　　　h'_{T_2}——温度为T_2（反应温度）时水的焓热量，J/kg；

　　　h''_{T_V}——通入蒸气焓热量（蒸气温度为T_V），J/kg。

热水解系统耗热：

$$Q_{THP} = W_2 \times h''_{T_V}/1000 \tag{7-30}$$

式中　Q_{THP}——热水解系统的耗热量，MJ。

c. 热水解污泥在缓冲罐中通过泄压完成"闪蒸"过程，压力从 5～10bar 降至 1bar，"闪蒸"过程中，污泥中所含的细胞膜破裂，细胞物质溶出，其他微粒物质也被打碎。

② 热水解余热回收

热水解余热回收的热量可以用来池体保温。

热水解后污泥温度为 102℃，需经稀释至含水率 92% 并冷却至 35℃后进入厌氧消化罐进行反应，此过程中回收的热量

$$Q_{THP-R} = \frac{W_D C_P (T_M - T_D)}{1000} \tag{7-31}$$

式中　Q_{THP-R}——热水解后回收热量，MJ；

$\quad W_D$——稀释后质量，即消化池进泥量，t/d；

$\quad C_P$——污泥比热，4200J/kg℃；

$\quad T_D$——消化温度，℃；

$\quad T_M$——热水解出泥与稀释水混合后温度，℃。

计算结果：

① 热水解系统耗热量

进料平均温度 $T_0=15℃$，预热阶段浆化罐温度 $T_1=97℃$，反应阶段反应罐温度 $T_2=170℃$，闪蒸阶段闪蒸罐温度 $T_3=102℃$，预热温度 97℃时水的焓热量 $h'_{T_1}=406185.1$J/kg，反应温度 170℃时水的焓热量 $h'_{T_2}=717198.8$J/kg，闪蒸后温度 102℃时饱和蒸气的焓热量 $h''_{T_3}=2677522$J/kg，通入 0.7MPa 的蒸气焓热量 $h''_{T_V}=2763290$J/kg。

热水解进泥量 $W_T=133.33$t/d（含水率 85%），可推算出热水解预热耗热量 $Q_{T1}=45920$MJ/d，闪蒸蒸气量 $W_1=20.2$t/d，新鲜蒸气需求量 $W_2=23.3$t/d，热水解系统能耗 $Q_{THP}=64493$MJ。

② 热水解余热回收利用

热水解余热主要用于维持厌氧消化罐温度，根据经验和计算结果，热水解余热均能够补偿池体散热量，补充消化池的池盖、池壁和池底热损失的耗热量，因此，热水解系统实际需热量即为热水解系统耗热量。

(4) 厌氧消化阶段

1) 电耗

热水解预处理可以使污泥絮体和细胞结构破坏，降低污泥黏度，提高进泥含固率，溶出大量有机质，缩短停留时间。热水解污泥厌氧消化进泥含固率取 10%，进泥干基质量为 20t，则厌氧消化进泥量为 200t（含水率 90%）/d，停留时间取 20d，则厌氧消化罐总有效容积为 4000m³，和传统厌氧消化相比，厌氧消化罐体积明显缩小。由于污泥黏度降低，污泥混合搅拌的容积功率取 8W/m³，则搅拌和泵送电耗为 4000×8×24/1000=768kWh。

2）厌氧消化沼气产量

厌氧消化加热能耗可通过热水解余热满足，因此这里重点分析厌氧消化产能及热水解—厌氧消化系统能量平衡。

取热水解厌氧消化罐进泥含固率10%，进泥干基质量为20t，则厌氧消化进泥量为200t/d（含水率90%）。

污泥厌氧消化有机质降解率和进泥有机质含量直接相关，进而影响沼气产量，污泥降解率根据文献报道和工程运行经验确定，具体见表7-22。热水解污泥厌氧消化单位降解有机质沼气产率取0.95m³/kgVS。

不同有机质含量污泥热水解厌氧消化 VS 降解量和沼气产量　　表7-22

VS/TS（%）	40	50	60	70
污泥干基量（t/d）	20	20	20	20
VS 降解率（%）	40	50	55	60
VS 降解量（t/d）	3.2	5	6.6	8.4
沼气产量（m³）	3040	4750	6270	7980

3）热水解—厌氧消化系统能量平衡

高级厌氧消化所需热量由热水解回收的余热和沼气锅炉提供，其中热水解回收余热用于补偿池体散热，不能用于锅炉供热。实际情况还应考虑锅炉供热存在的热损失。

当沼气可供热量＜热水解系统耗热量，需要补充外源蒸气，厌氧消化产生的沼气全部采用沼气锅炉为热水解系统提供蒸气。

当沼气可供热量＞热水解系统耗热量，沼气利用采用沼气锅炉和热电联产的形式，除了满足热水解能耗外，多余沼气用于发电。其中沼气锅炉热效率取90%，热电联产发电效率取35%，热电联产高品位产热（可用于供给热水解蒸气）效率取18%。

热水解能耗＝沼气锅炉产热量＋热电联产高品位产热量

根据分析结果可知，当污泥有机质含量为40%，厌氧产能不足以维持热水解系统能耗，需要补充外源蒸汽，以补充外源天然气为例，根据能量平衡可以推算出，需要补充外源天然气60m³。当污泥有机质含量为50%～70%，高级厌氧消化沼气发电量见表7-23。

不同有机质含量污泥高级厌氧消化沼气发电量　　表7-23

VS/TS（%）	40	50	60	70
热水解能耗（MJ）	64493	64493	64493	64493
沼气锅炉消耗沼气量（m³）	2979	2675	2302	1884
沼气锅炉产热量（MJ）	62567	56176	48355	39556
热电联产消耗沼气量（m³）	—	1980	3842	5937
热电联产高品位热量（MJ）	—	8317	16138	24937
外源天然气消耗量（m³）	60	—	—	—
沼气可发电量（kWh）	—	4492	8717	13469

（5）深度脱水阶段

不同污泥有机质含量会影响厌氧消化阶段有机质降解率，进而影响消化污泥干基质量，同时在相同药剂添加量的条件下，脱水泥饼含水率也会有所差异。

污泥板框压滤深度脱水单位电耗和药耗与传统厌氧消化深度脱水相同，对于不同有机质含量污泥，高级厌氧消化污泥深度脱水能耗和药耗见表 7-24。

污泥高级厌氧消化深度脱水电耗和药耗　　　　表 7-24

VS/TS（%）	40	50	60	70
脱水泥饼含水率（%）	60	65	68	70
脱水泥饼干基质量（t/d）	16.8	15	13.4	11.6
脱水电耗（kWh）	840	750	670	580
PAM 消耗量（kg）	33.6	30	26.8	23.2
铁盐消耗量（kg）	1344	1200	1072	928

（6）沼液处理阶段

和传统厌氧消化相比，高级厌氧消化沼液 COD 和氨氮浓度会明显增加，设定高级厌氧消化沼液 COD 和氨氮去除率、单位 COD 和氨氮削减电耗与传统厌氧消化相同，根据运行经验和计算结果，不同有机质含量污泥高级厌氧消化沼液浓度和处理电耗见表 7-25。

高级厌氧消化沼液产量及处理电耗　　　　表 7-25

VS/TS（%）	40	50	60	70
沼液量（m³/d）	158	157.14	158.13	161.33
COD 浓度（mg/L）	5000	5000	5000	5000
氨氮浓度（mg/L）	1056	1344	1632	1920
去除 COD 电耗（kWh）	149.31	148.5	149.43	152.46
去除氨氮电耗（kWh）	525.57	665.28	812.89	975.74
总电耗（kWh）	674.88	813.78	962.32	1128.20

（7）土地利用阶段

出厂污泥量、运输和施用油耗、肥料替代量计算方法与传统厌氧消化相同，根据高级厌氧消化干基质量和物料平衡，推算不同有机质含量污泥土地利用过程油耗以及化肥替代量见表 7-26。

污泥土地利用油耗和化肥替代量　　　　表 7-26

VS/TS（%）	40	50	60	70
出厂污泥量（t/d）	42	37.5	33.5	29
运输油耗（L）	84	75	67	58
土地利用油耗（L）	14.3	12.8	11.4	9.9
总油耗（L）	98.28	87.75	78.39	67.86
出厂污泥氮含量（kg）	791.44	736	677.43	612.8
氮肥替代量（kg）	474.86	441.6	406.46	367.68
出厂污泥磷含量（kg）	450	450	450	450
磷肥替代量（kg）	315	315	315	315
出厂污泥钾含量（kg）	60	60	60	60
钾肥替代量（kg）	48	48	48	48

3. 全链条碳排放核算

以 1t 含水率为 80%，有机质含量为 50% 的污泥为例，"污泥高级厌氧消化＋土地利用"工艺路线的碳排放核算结果如图 7-6 所示。

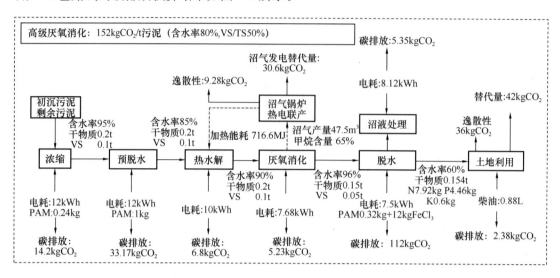

图 7-6 "浓缩脱水＋热水解＋厌氧消化＋土地利用"技术路线碳排放分析

7.3.3 好氧发酵＋土地利用

1. 工艺描述

污泥好氧发酵＋土地利用全链条技术指的是将污泥与辅料联合堆肥，并对发酵后符合标准的物料进行土地利用的过程。其中，污泥好氧发酵是在氧气充足条件下，经过污泥中相应的微生物对混合物料中可降解有机物进行降解，产生无机质的过程。本质是微生物的好氧发酵过程，主要利用污泥与提供碳源的辅料进行充分混合，在氧含量、水分等外部条件适宜的情况下，通过兼性和专性微生物对不稳定的有机物氧化分解使其转化为稳定物质。其中，可溶性物质直接进入细胞从而进行新陈代谢，而不溶性的有机物在胞外酶的作用下分解后进入细胞。通过微生物的分解代谢，一部分溶解性有机物分解为 H_2O、CO_2、NH_3 等小分子物质排入到空气中并释放能量，另一部分合成细胞所需物质促进其生长繁殖。土地利用指的是将发酵完成后、符合土地利用相关标准的物料施用于相应的土地，起到改善土壤的理化性质、促进微生物繁殖、为植物提供全面营养等作用，是实现资源化利用的过程。

污泥好氧发酵技术作为污泥处理的传统手段，已广泛应用于各大污泥处理厂，尤其是中小城市及土地贫瘠的地区。污泥好氧发酵典型工艺流程如图 7-7 所示。该技术在实现污泥处理处置的"四化"方面有其突出的表现。污泥经过好氧发酵处理，污泥中含水率大幅下降、有毒有害物质被分解转化、病原微生物被杀死，实现了污泥的减量化、稳定化和无害化。处理达标的污泥施用于土地，能够实现资源的回用，变废为宝，在一定程度上可缓解土壤氮磷的损失，符合可持续发展的要求。

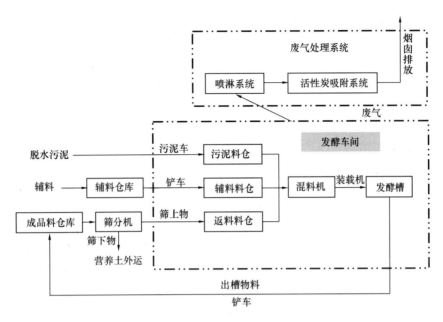

图 7-7　污泥好氧发酵工艺流程图

2. 物料与能量平衡分析

（1）浓缩阶段

计算方法和结果与传统厌氧消化相同。

（2）脱水阶段

通过脱水进一步降低浓缩污泥的含水率，一般使其降至 80%。根据《城镇污水处理厂污泥处理处置技术》，不同机械脱水工艺的电耗参考值见表 7-27。

不同机械脱水工艺的电耗　　　　　　　　　　　　　　　　　表 7-27

脱水工艺	电耗（kWh/t）（以含水率 80% 污泥计）
带式脱水	1～4
离心脱水	6～12
板框脱水	3～8

以离心脱水机为例，脱水电耗取 60kWh/tDS，则污泥机械脱水电耗为 20×60＝1200kWh。

参考《城镇污水处理厂污泥处理技术标准》，使浓缩污泥含水率降至 80%，各脱水工艺及其絮凝剂投加量见表 7-28。

污泥脱水工艺及其絮凝剂投加量　　　　　　　　　　　　　　表 7-28

脱水工艺	絮凝剂投加量（以污泥干重计）
带式脱水	3‰～5‰
离心脱水	4‰～8‰（宜选用 PAM）
板框脱水	试验确定（宜采用无机混凝剂或复合药剂）

取离心脱水药耗为 6‰，则浓缩污泥离心脱水 PAM 消耗量为 $6 \times 20 = 120$kg。

（3）好氧发酵阶段

1）物料平衡

污泥好氧发酵一般添加辅料或返混料以调节物料含水率、孔隙率和碳氮比等，便于启动发酵以及促进发酵过程顺利完成。辅料可采用碎秸秆、木屑、锯末、花生壳粉、蘑菇土、园林修剪物等有机废弃物。常用辅料单耗（投加比）参考：秸秆：$0.25 \sim 0.3$t/t（含水率 80%），麦糠：0.35t/t（含水率 80%），玉米芯：$0.2 \sim 0.3$t/t（含水率 80%）。

好氧发酵过程物料平衡需要同步考虑辅料和返混料，计算过程如下：

假设污泥处理量为 600t/d（含水率 80%），首先假定污泥、辅料和返料的含水率及有机物含量，其中污泥含水率不宜高于 80%，有机物含量（VS/TS）不宜低于 40%；辅料含水率不宜高于 30%，有机物含量不宜低于 60%；返料含水率不应高于 40%；混合物料含水率应为 55%～65%，有机物含量不应低于 40%；好氧发酵产品含水率应小于 40%。

以 50% 有机质为例，假设辅料投加比例为 25%，发酵成品返料投加比例为 50%，物料平衡计算见表 7-29。

好氧发酵物料平衡计算 表 7-29

物料	质量 W（t/d）	含水率 ω	干固体 TS（t/d）	有机物含量 ω'	有机物 VS（t/d）
污泥	100	80%	20	50%	10.00
辅料	25	20%	20	70%	14.00
返料	50	35%	33	45%	15.00
混合物料	175	58.6%	73	53.3%	38.60

① 有机物去除量计算

$$\frac{VS_0 - VS_{去除}}{TS_0 - VS_{去除}} = \omega'_e \qquad (7-32)$$

式中　TS_0——混合物料中的干固体质量，t/d；

　　　VS_0——混合物料中的有机物质量，t/d；

　　　$VS_{去除}$——有机物去除质量，t/d；

　　　ω'_e——好氧发酵出料的有机物含量（干基）。

将表 7-29 中的数据代入式（7-32），得：

$$\frac{38.6 - VS_{去除}}{73 - VS_{去除}} = 45\%$$

$$VS_{去除} = 10.9\text{t/d}$$

② 水分挥发量计算

$$\frac{TS_0 - VS_{去除}}{W_0 - VS_{去除} - w_{去除}} = (1 - \omega_e) \qquad (7-33)$$

式中　W_0——混合物料质量，t/d；

$w_{去除}$——水分去除质量，t/d；

ω_e——好氧发酵出料的含水率。

将表 7-29 中的数据代入式（7-33），得：

$$\frac{73-10.9}{73-10.9-w_{去除}}=1-45\%$$

$$w_{去除}=69.3t/d$$

好氧发酵物料平衡图如图 7-8 所示。

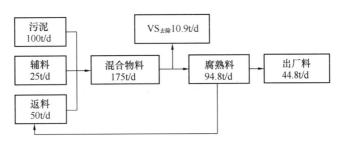

图 7-8　好氧发酵物料平衡图

不同有机质含量污泥有机质降解率不同，进而会影响出料有机质含量，不同有机质含量污泥好氧发酵物料平衡见表 7-30。

不同有机质含量污泥好氧发酵物料衡算表　表 7-30

VS/TS（%）	40	50	60	70
有机物去除总量（t/d）	9.5	10.9	12.0	13.9
污泥有机质降解率（%）	35.0	40.0	45.0	50.0
污泥有机质降解量（t/d）	2.8	4.0	5.4	7.0
水分蒸发量（t/d）	68.6	69.3	69.9	71.0
去除总量（t/d）	78.1	80.2	81.9	84.9
腐熟料质量（t/d）	96.9	94.8	93.1	90.1
出厂料质量（t/d）	46.94	44.76	43.08	40.13

2）电耗

电耗主要为设备运行产生，涉及的设备包括混料单元设备（料仓、皮带输送机、混料机等）、离心风机、罗茨风机和翻抛机等，其中翻抛机可以由电机或柴油驱动。

好氧发酵电单耗一般为 30～60kWh/t（含水率 80%），一般除臭单元的电耗比例最大，其次是发酵单元和混料单元。本研究堆肥电耗取 50kWh/t，则堆肥总电耗为 50×100=5000kWh。

3）油耗

在好氧发酵工程运行中，物料的上堆、下堆和返混料转运等工作，都涉及自卸车和运输车燃油的消耗；此外，油料还为部分设备提供动力，如由柴油驱动的翻抛机。单位油耗一般为 1.0～1.5L/t（含水率 80%），取 1kg/t（含水率 80%），堆肥总油耗为 1×100=100kg。

4）辅料消耗

辅料添加以玉米芯为例，添加比例为污泥湿基的 25%，则辅料添加量为 $100 \times 25\% = 25t$。

5）菌剂

为了促进好氧发酵，在发酵过程中需投加菌剂，能够提高污泥发酵升温速度、缩短发酵周期。菌剂单耗参考范围约 2.7～3.2kg/t，菌剂添加比例取 3kg/t，则菌剂消耗量为 $3 \times 100 = 300kg$。

6）药剂

药剂主要用于除臭系统，包括阻垢剂、吸附剂、生物滤池填料等，阻垢剂用于工艺洗涤塔中循环喷淋，主要吸收氨气，吸附剂用于去除 VOCs，一般用活性炭，生物滤池填料可采用树叶、树皮、木屑、土壤、泥炭等。以强化工艺"化学洗涤＋活性炭吸附"为例，阻垢剂单耗取 12L/t（含水率 80%），吸附剂单耗取 3kg/t（含水率 80%），则阻垢剂消耗量为 $12 \times 100 = 1200L$，吸附剂消耗量为 $3 \times 100 = 300kg$。

（4）土地利用阶段

根据出厂料质量和含水率，可以推算出土地利用污泥量。堆肥过程氮损失量按 50% 计，运输和施用油耗、肥料替代量计算方法和传统厌氧消化相同，结果见表 7-31。

污泥好氧发酵产物土地利用物料平衡 表 7-31

VS/TS（%）	40	50	60	70
出厂污泥量（t/d）	46.94	44.76	43.08	40.13
总油耗（L）	119.8	114.24	109.95	102.44
出厂污泥氮含量（kg）	500	500	500	500
氮肥替代量（kg）	300	300	300	300
出厂污泥磷含量（kg）	450	450	450	450
磷肥替代量（kg）	315	315	315	315
出厂污泥钾含量（kg）	60	60	60	60
钾肥替代量（kg）	48	48	48	48

3. 全链条碳排放核算

从碳排放的角度分析，脱水过程药剂消耗，好氧发酵过程辅料输运、供氧及废气处理能耗和药耗以及土地利用过程能源消耗等会造成能量源碳排放；好氧发酵和土地利用过程释放的 CH_4 和 N_2O 等会造成逸散性温室气体排放；发酵产物土地利用可替代氮肥与磷肥使用，实现碳补偿，核算要素见表 7-32。

污泥好氧发酵＋土地利用碳排放核算要素 表 7-32

碳排放来源	碳排放核算要素
能量源及药耗碳排放	脱水过程药剂消耗； 好氧发酵过程辅料输运、供氧及废气处理能耗和药耗； 土地利用过程能源消耗
逸散性碳排放	好氧发酵和土地利用过程释放的 CH_4 和 N_2O 等造成逸散性温室气体排放
碳补偿	发酵产物土地利用可替代氮肥与磷肥使用，实现碳补偿

以1t含水率为80%，有机质含量为50%的污泥为例，"好氧发酵＋土地利用"工艺路线的碳排放核算结果如图7-9所示。

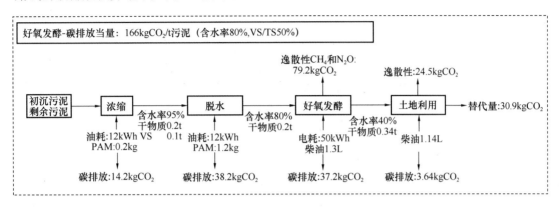

图7-9 "好氧发酵＋土地利用"技术路线碳排放分析

总体而言，根据现有的核算，好氧发酵和土地利用是一种低水平碳排放的工艺，重点在于提高好氧发酵工艺的智能化控制水平，减少臭气处理的能耗和药耗，降低辅料添加，以及创新污泥产品的高效利用技术。

7.3.4 污泥干化焚烧＋灰渣填埋

1. 工艺描述

污泥的热干化是指通过热媒将热量传递到污泥，脱除其中水分的工艺。热干化的热源可以采用燃烧煤、天然气等化石燃料提供，也可以充分利用消化产生的沼气和热解过程中产生的可燃气体等生物质燃料提供，还可以利用热电厂、水泥厂的尾气中的余热提供。污泥干化焚烧典型工艺流程如图7-10所示。

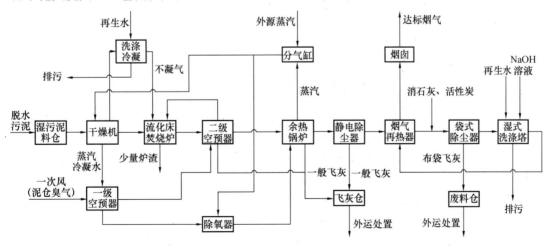

图7-10 污泥干化焚烧工艺流程图

污泥焚烧工艺适合经济较发达、人口稠密、土地成本较高的地区或者污泥处理产物不具备土地消纳条件的地区，可用于污水处理厂污泥的就地或集中处理。污泥焚烧常与热干化或深度脱水等可降低污泥含水率、提高污泥热值的预处理技术联用。我国污泥挥发性固体比例（45%～60%）普遍低于发达国家（60%～75%），焚烧前常进行热干化处理。热干化应尽量降低一次热源的使用量，宜利用垃圾焚烧、热电厂、污泥焚烧等热处理过程的余热。当污泥热干化毗邻污泥等有机废弃物厌氧消化设施时，可利用其沼气作为能源。污泥热干化余热宜回收利用。热干化与焚烧宜组合布置，充分利用污泥热值并回用烟气余热。

2. 物料与能量平衡

（1）浓缩阶段

计算方法和结果与传统厌氧消化工艺相同。

（2）机械脱水阶段

计算方法和结果与好氧发酵工艺相同。

（3）干化阶段

干化阶段进泥含水率为80%，出泥含水率取30%，则干化污泥量＝20÷0.7＝28.57t，需要蒸发水量＝100－28.57＝71.43t。

1）电耗

取干化过程电耗为70kWh/t水分蒸发，则干化过程电耗为70×71.43＝5000kWh。

2）需要蒸气量

假设干化采用卧式薄层干化机，干化机采用蒸气为热媒，其干化所需蒸气一部分由余热锅炉供给，不足部分由补充热源的燃气锅炉供给。蒸气额定压力为1.0MPa，额定温度为180℃。干化机的热效率取92%，蒸发1kg水分需要热量取3083.97kJ/kg水分蒸发，则干化水分蒸发能耗＝71.43×3083.97＝220284MJ。

热媒介质饱和蒸气焓值为2777kJ/kg，饱和水焓值为763kJ/kg，可以推算出需要饱和蒸气量＝220284/（2777－763）＝109.34t。

（4）焚烧阶段

污泥经过干化后，直接进入焚烧炉，入炉污泥量为28.57t。干化污泥进入鼓泡式流化床焚烧炉焚烧，烟气首先在高温空气换热器中加热流化风，高温空气换热器出口流化风温度为400℃。烟气进入余热锅炉进行再次余热利用，产生压力为1.1MPa的饱和蒸气，余热锅炉出口烟气温度为205℃。205℃的烟气进入干法＋湿法组合净化系统处理，达标排放。

焚烧炉采用鼓泡式流化床。焚烧炉中污泥燃烧过剩空气系数为1.8，根据污泥元素组成，推算理论空气量为1.09m³/kg，则实际空气量为1.09×1.8＝1.96m³/kg。理论烟气量为2.14m³/kg，实际烟气量为3.04m³/kg。

污泥高位热值＝2.5×10⁵×（污泥有机质含量－5）/1000；

污泥低温热值＝污泥高位热值×（1－干化污泥含水率）－664×干化污泥含水率；

入炉热量＝污泥热量＋空气热量＝入炉污泥量×低位热值＋实际空气量×105℃空气热值；

出炉热量＝烟气热量＋化学未完全燃烧损失热量＋机械未完全燃烧损失热量＋散热量＋灰渣热量。

1）高温空气预热器热量平衡

高温空气预热器热平衡计算的漏风系数为 10%，热损失率为 2%。冷空气温度为20℃，焓值为 26.40kJ/kg；热空气温度为 400℃，焓值为 419.03kJ/kg。可计算出空气由20℃加热至 400℃所需的热量。进入高温空气预热器的热量为烟气的热量与漏风热量相加之和。进行热量平衡计算可知高温空气预热器出口烟气热量，根据插值法，根据烟气焓温表，可以计算出烟气温度和烟气量。

2）余热锅炉热量平衡

余热锅炉回收焚烧烟气的热量，将水加热到一定温度形成蒸汽，不足部分由外源蒸气提供，作为污泥热干化的热媒。考虑到后续烟气净化工艺对烟气温度的要求，设计余热锅炉出口烟气温度为 205℃。余热锅炉的漏风系数为 10%，可以计算出余热锅炉出口烟气量，根据插值法，由烟气焓温表可以计算出烟气热量。

余热锅炉给水压力为 1.2MPa，给水温度为 120℃，焓值为 504.51kJ/kg。余热锅炉产生的饱和蒸气压力为 1.1MPa，温度为 184℃，焓值为 2780.45kJ/kg，余热锅炉的热损失为 10%，可以计算出热损失量。根据热量平衡分析，可以计算出饱和蒸气产量。

3）干化—焚烧系统能量平衡

根据干化需要蒸气量和余热锅炉产生的蒸气量，可以计算出还需要额外补充的蒸气量，具体能量平衡见表 7-33。

不同有机质含量污泥干化与焚烧热量平衡分析　　　　　　　表 7-33

VS/TS（%）	40	50	60	70
干化能耗（MJ）	220284	220284	220284	220284
干化需要蒸气量（t/d）	109.34	109.34	109.34	109.34
污泥高位热值（kJ/kg）	8750	11250	13750	16250
污泥低位热值（kJ/kg）	5925.8	7675.8	9425.8	11175.8
余热锅炉饱和蒸气产生量（t/d）	42.43	64.18	85.93	107.68
需要额外补充蒸气量（t/d）	66.92	45.17	23.42	1.67

4）电耗

焚烧系统电耗取 300kWh/tDS，则污泥焚烧电耗为 300×20＝6000kWh。

5）油耗

柴油消耗量取 5.9L/tDS，则柴油消耗量＝20×5.9＝117.65L。

6）药剂消耗

干化焚烧所需药剂包括碱液、活性炭、消石灰、尿素、石英砂、磷酸三钠、工业盐等。其中碱液用来烟气脱酸，活性炭和石灰用于吸收挥发性重金属、挥发性有机污染物（包括可能存在的二噁英）和部分酸性气体，石英砂作为流化床床料。

其中 NaOH 比消耗量取 9.8kg/tDS，则 NaOH 消耗量＝9.8×20＝196kg。

石灰比消耗量取 60.1kg/tDS，则石灰消耗量＝60.1×20＝1202kg。

尿素比消耗量取 3.5kg/tDS，则尿素消耗量＝3.5×20＝70kg。

（5）灰渣处置阶段

污泥焚烧的固体产物为炉渣、一般飞灰和布袋飞灰。炉渣和一般飞灰属于一般固体废弃物。布袋飞灰经鉴定不属于危废的，处置同一般固体废弃物。布袋飞灰经鉴定属于危废的，按危废处置。

一般固体废弃物质量和危废质量与烟气处理工艺有关。采用"静电除尘＋布袋除尘"工艺，布袋飞灰占总飞灰质量比为 0.5%～1%；采用"旋风除尘＋布袋除尘"工艺，布袋飞灰占总飞灰质量比为 20%～30%。

以"静电除尘＋布袋除尘"工艺为例，灰渣比例和污泥有机质含量有关，布袋飞灰占总飞灰质量比取 1%。

灰渣填埋运输油耗取 0.02L/(t·km)，运输距离取 60km，填埋柴油消耗量取 0.61kg/tDS，根据灰渣质量可计算出柴油消耗量，结果见表 7-34。

不同有机质含量污泥灰渣产生量及柴油消耗量　　　　　　　表 7-34

VS/TS（%）	40	50	60	70
灰渣产生量（t/d）	12	10	8	6
布袋飞灰产生量（t/d）	0.12	0.1	0.08	0.06
运输和填埋油耗（kg）	19.4	16.2	12.9	9.7

3. 全链条碳排放核算

从碳排放的角度分析，脱水过程药耗和能耗、干化过程能耗以及焚烧过程燃料消耗等会造成能量源碳排放；干化焚烧过程释放的 CH_4 和 N_2O 等会造成逸散性温室气体排放；焚烧过程能量回收利用可替代干化过程能量消耗，实现碳补偿。污泥干化焚烧碳排放核算要素见表 7-35。

污泥干化焚烧＋灰渣填埋碳排放核算要素　　　　　　　表 7-35

碳排放来源	碳排放核算要素
能量源及药耗碳排放	脱水过程药耗和能耗； 干化过程能耗； 焚烧过程燃料消耗
逸散性碳排放	干化焚烧过程释放的 CH_4 和 N_2O 等会造成逸散性温室气体排放
碳补偿	焚烧过程能量回收利用可替代干化过程能量消耗

以 1t 含水率为 80%，有机质含量为 50% 的污泥为例，"干化焚烧＋灰渣填埋"工艺路线的碳排放核算结果如图 7-11 所示。

总体来讲，干化焚烧属于中等碳排放水平，重点在于开发高效低耗深度脱水技术和绿色脱水药剂，降低污泥干化的能耗，减轻对后续焚烧过程结焦和飞灰的影响，以及提升工艺设计合理性和整体智能化集成水平。

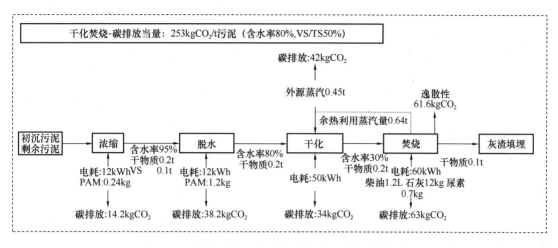

图 7-11　"干化焚烧＋灰渣填埋"技术路线碳排放分析

从未来的发展来看，厌氧消化—干化焚烧工艺有望成为污泥处理处置的重要发展方向。2020 年住房和城乡建设部和国家发展改革委联合发布的《补短板强弱项实施方案》提出："鼓励采用生物质利用＋末端焚烧的处置模式"，其中"生物质利用"主要包含污泥厌氧消化技术。

7.3.5　深度脱水＋应急填埋

1. 工艺描述

深度脱水＋应急填埋是目前我国普遍采用的污泥处理处置技术路线，该技术路线二次污染严重，占用土地，浪费资源，是一种过渡性的处理处置方式。

污泥深度脱水典型工艺流程如图 7-12 所示，主要包括：污泥接收/储存、污泥调理系统、加药系统、脱水压滤系统、除臭系统、电气仪表自控及辅助系统；脱水污泥出路为卫生填埋。

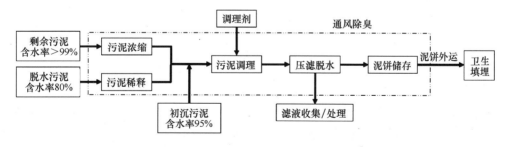

图 7-12　污泥深度脱水—卫生填埋工艺路线图

2. 物料与能量平衡

（1）浓缩阶段

与传统厌氧消化相同。

（2）深度脱水阶段

1) 电耗

污泥板框压滤深度脱水工艺段用电一般为 45～55kWh/tDS，取 50kWh/tDS，则深度脱水电耗＝50×20＝1000kWh。

2) 药剂消化量

压滤深度脱水的药剂投加量参考值：当铁盐与石灰复配调理，铁盐投加量（以有效成分干重计，下同）宜为污泥干重的6％～15％，石灰投加量宜为污泥干重的8％～40％，一般在 15％～20％，宜先投加铁盐，后投加石灰；当铝盐（或铁盐）与PAM复配调理，铝盐（或铁盐）投加量宜为污泥干重的 5％～12％，PAM 投加量宜为污泥干重的1‰～3‰。

采用当铁盐与石灰复配调理，根据工程经验可知，不同有机质含量污泥深度脱水药剂消耗量会有所不同，假设污泥深度脱水均脱至含水率为 60％，不同有机质含量污泥药剂添加量取值见表 7-36。

不同有机质含量污泥药剂添加量 表 7-36

VS/TS（％）	40	50	60	70
铁盐添加量占污泥干基比例（％）	8	10	11	12
石灰添加量占污泥干基比例（％）	15	20	25	30

(3) 填埋处置阶段

污泥深度脱水含水率为 60％，但添加石灰会增加污泥干基质量，进而影响脱水泥饼量。脱水泥饼运输填埋油耗计算方法同焚烧灰渣填埋，则不同有机质含量污泥深度脱水泥饼产量与填埋油耗会有所不同。同时，不同有机质含量污泥填埋后降解率会有所不同，具体取值见表 7-37。

不同有机质含量污泥填埋处置过程油耗和物料平衡 表 7-37

VS/TS（％）	40	50	60	70
脱水污泥干基（t/d）	23	24	25	26
脱水泥饼质量（t/d）	58	60	63	65
运输填埋油耗（kg）	72	76	79	82
填埋过程有机质降解率（％）	25	30	35	40

3. 全链条碳排放核算

从碳排放的角度分析，污泥深度脱水过程会消耗大量的脱水药剂和能耗，同时污泥填埋会释放大量无组织排放的 CH_4、N_2O 等温室气体，最终产生大量的碳排放。污泥脱水填埋工艺碳排放核算要素见表 7-38。因此，深度脱水—填埋属于高水平碳排放工艺，随着无废城市的建设以及碳减排的要求，该工艺路线是一种阶段性的应急处理处置方式。

污泥深度脱水＋卫生填埋碳排放核算要素 表 7-38

碳排放来源	碳排放核算要素
能量源及药耗碳排放	脱水过程药耗和能耗；运输与填埋过程能耗
逸散性碳排放	污泥填埋会释放大量无组织排放的 CH_4、N_2O 等温室气体

以 1t 含水率为 80%，有机质含量为 50% 的污泥为例，"深度脱水＋填埋"工艺路线的碳排放核算结果如图 7-13 所示。

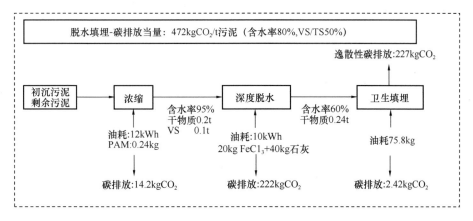

图 7-13 "深度脱水＋卫生填埋"技术路线碳排放分析

7.3.6 不同技术路线碳排放对比分析

基于相同污泥泥质条件，对不同技术路线碳排放进行分析评估，结果如图 7-14 所示，相同有机质含量污泥，现有污泥处理处置技术路线碳排放水平为：深度脱水—填埋＞干化焚烧＞好氧发酵—土地利用＞厌氧消化—土地利用。对不同有机质含量污泥采用不同技术路线碳排放核算，结果见表 7-39，可以看出：高有机质可以明显降低厌氧消化和干化焚烧系统碳排放，但是对于好氧发酵影响不大，而对于脱水填埋作用相反，有机质越高，碳排放越高。

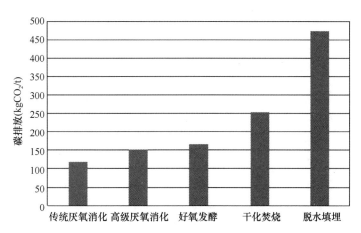

图 7-14 基于相同基准条件不同工艺路线碳排放分析

在碳中和的背景下，未来污泥处理处置应以节能降耗及资源能源回收为目标，通过现有技术提升与绿色低碳技术开发，实现过程能耗降低、化学药剂替代、逸散性温室气体控制，以及生物质清洁能源回收等，以提升我国污泥处理处置的碳减排水平。

不同污泥处理处置技术路线碳排放当量（kgCO$_{2-eq}$/t 含水率 80％污泥）　　表 7-39

有机质含量（％）	40	50	60	70
传统厌氧消化	165	118	83	53
高级厌氧消化	192	152	115	73
好氧发酵	166	166	166	166
干化焚烧	280	253	225	213
脱水填埋	387	472	541	609

第8章　污泥处理处置成本构成与核算方法

污泥处理处置成本构成和核算方法对污泥处理处置技术路线选择至关重要，为了更好地体现污泥处理处置成本的合理性和可比较性，成本核算的边界定为从污水处理厂污泥浓缩起，到污泥消纳/产品化为止。基于我国污泥处理处置的路线不同，考虑对于污水处理厂与污泥处理厂合建、各污水处理厂污泥运至污泥处理厂集中处理两种情况，污泥产生、处理、处置全链条工艺流程和系统边界分别如图 8-1 和图 8-2 所示。

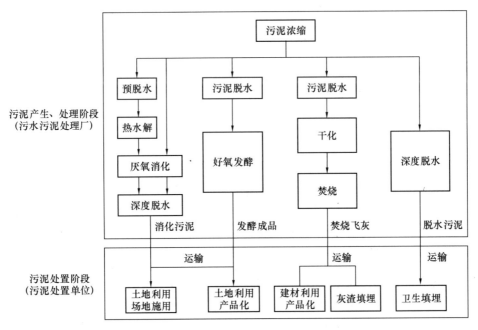

图 8-1　污泥产生、处理、处置全链条工艺流程和系统边界（污水处理厂与污泥处理厂合建）

污泥处理工程的建设规模分类见表 8-1。

污泥处理工程建设规模分类（以含水率80％污泥计）　　　　表 8-1

类型	额定日处理能力（t/d）
Ⅰ类	800 以上
Ⅱ类	400～800
Ⅲ类	200～400
Ⅳ类	100～200
Ⅴ类	50～100
Ⅵ类	10～50

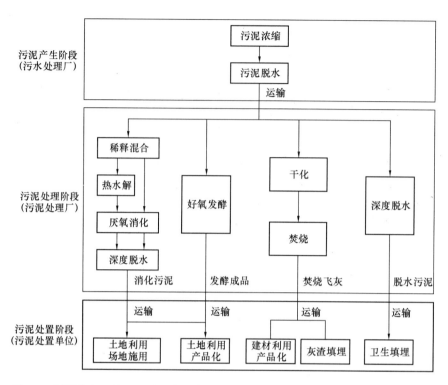

图 8-2 污泥产生、处理、处置全链条工艺流程和系统边界（污泥处理厂集中处理）

8.1 污泥"常规厌氧消化+土地利用"技术路线成本构成与核算

8.1.1 污泥产生阶段

对于污水处理厂与污泥常规厌氧消化处理厂合建的情况，该阶段成本包括浓缩成本；对于各污水处理厂污泥运至污泥常规厌氧消化处理厂集中处理的情况，该阶段成本主要包括浓缩成本、脱水成本、运输费。

1. 单位投资成本

污泥浓缩和脱水一般在污水处理厂厂区进行，二者单位投资成本计算方法分别为：

污泥浓缩单位投资成本 = 污水处理厂总投资 × 浓缩单元占污水处理厂总造价比例

$$(8-1)$$

污泥脱水单位投资成本 = 污水处理厂总投资 × 脱水单元占污水处理厂总造价比例

$$(8-2)$$

（1）解释说明

污水处理厂总投资可根据住房和城乡建设部《市政工程投资估算指标》第四分册《排水工程》中污水处理厂综合指标进行计算，指标基价见表 8-2，计算公式为：

污水处理厂总投资 = 指标基价 × 污水厂规模

$$(8-3)$$

污水处理厂投资估算指标 表8-2

规模	单位投资（元/m³）		
(10⁴m³/d)	一级污水处理厂	二级污水处理厂（一）	二级污水处理厂（二）
20以上	719～811	1077～1231	1489～1691
10～20	811～916	1231～1389	1691～1826
5～10	916～1067	1389～1603	1826～2075
2～5	1067～1222	1603～1958	2075～2504
1～2	1222～1382	1958～2224	2504～2934

注：一级污水处理厂工艺流程大体为泵房、沉砂、污泥浓缩、干化处理等；二级污水处理厂（一）工艺流程大体为泵房、沉砂、初次沉淀、曝气、二次沉淀及污泥浓缩、干化处理等；二级污水处理厂（二）工艺流程大体为泵房、沉砂、初次沉淀、曝气、二次沉淀、消毒及污泥提升、浓缩、消化、脱水、沼气利用等。

根据王社平等人于2013年编写的《污水处理厂工艺设计手册（第二版）》，各处理单元构筑物占污水处理厂总造价比例见表8-3。

不同处理单元构筑物占污水处理厂总造价比例 表8-3

构筑物名称	各构筑物占污水处理厂总造价比例（%）	构筑物名称	各构筑物占污水处理厂总造价比例（%）
进水泵房及格栅房	6～9	沼气柜	2～4
沉砂池	1～2	脱水机房	4～8
初次沉淀池	6～10	其他构筑物	3～5
曝气池及鼓风机房	19～23	综合楼及辅助建筑	4～6
二次沉淀池	9～14	总平面布置	12～16
消化池及控制室	8～10	机修、化验、通信及运输设备	5～7

（2）算例

当污水处理厂与污泥厌氧消化处理厂合建：

根据表8-2，属于二级污水处理厂（二）；根据表8-3，污泥浓缩单元占总造价比例取2%，污泥脱水单元占总造价比例取4%。根据式（8-1）和式（8-3）计算得，污泥浓缩投资成本约4万～7万元/t（含水率80%污泥）；根据式（8-2）和式（8-3）计算得，污泥脱水投资成本约7万～15万元/t（含水率80%污泥）。

当各污水处理厂污泥运至污泥厌氧消化处理厂集中处理：

根据表8-2，属于二级污水处理厂（一）；根据表8-3，污泥浓缩单元占总造价比例取2%，污泥脱水单元占总造价比例取4%。根据式（8-1）和式（8-3）计算得，污泥浓缩投资成本约3万～6万元/t（含水率80%污泥）；根据式（8-2）和式（8-3）计算得，污泥脱水投资成本约5万～11万元/t（含水率80%污泥）。

2. 单位浓缩成本

单位浓缩成本 ＝ 单位电费＋单位药剂费＋单位修理维护费＋单位固定资产折旧费

(8-4)

（1）解释说明

1）单位电费

$$单位电费 = 污泥浓缩电单耗 \times 电价 \qquad (8-5)$$

重力浓缩和机械浓缩适用于初沉污泥、剩余污泥及混合污泥的浓缩，气浮浓缩适用于剩余污泥的浓缩。一般情况下，初沉污泥可通过重力浓缩将含水率从95%～98%降至95%～97%；剩余污泥可先进行重力浓缩，再进行机械浓缩，将含水率从99.2%～99.6%降至95%～97%。不同浓缩方式的电耗差异很大，其中重力浓缩电耗最小，机械浓缩电耗最大。

污泥处理工程用电收费标准参照各地方大工业用电电价，全国大工业用电电价与电压等级、用电峰谷时段、季节等有关，全国范围内该电价在0.3～1.5元/kWh，平均电价水平0.5～0.7元/kWh。

2）单位药剂费

$$单位药剂费 = 污泥浓缩药剂单耗 \times 浓缩药剂单价 \qquad (8-6)$$

剩余污泥与初沉污泥的进泥比例越高，单位药剂成本越高。参考《城镇污水处理厂污泥处理技术规程》，各浓缩工艺及其絮凝剂投加量见表8-4。

污泥浓缩工艺及其絮凝剂投加量 表8-4

浓缩工艺		絮凝剂投加量（以污泥干重计）
重力浓缩		—
机械浓缩	带式浓缩	1‰～8‰
	离心浓缩	<4‰
	转鼓浓缩	4‰～7‰
	叠螺浓缩	2‰～7‰
气浮浓缩		1‰～2‰

3）单位修理维护费

修理维护包括大修、日常修理和维护等，计算公式如下：

年修理维护费 = 固定资产原值×年修理维护费率 ≈ 投资成本×年修理维护费率

$$(8-7)$$

$$单位修理维护费 = \frac{单位投资成本 \times 年修理维护费率}{365} \qquad (8-8)$$

设施运营时间越长，修理维护费越高，其中大修理费占比较大；日常修理维护费与设备种类、质量和运行状态等均有关，应视污泥处理厂每年的修理维护情况而定。若无取费依据，根据实际工程概算经验，给出年修理维护费率的参考值为3%。

4）单位固定资产折旧费

固定资产在使用过程中的价值损耗，通过提取折旧的方式补偿。财务分析中，折旧费通常按年计列。其计算公式为：

$$单位固定资产折旧费 = \frac{年折旧额}{污泥年处理量} \qquad (8-9)$$

计算固定资产折旧有多种方法，我国会计准则中可选用的折旧方法包括年限平均法、工作量法、双倍余额递减法和年数总和法。各种方法的计算公式如下：

① 年限平均法

$$年折旧率 = \frac{1-预计净残值率}{折旧年限} \times 100\% \tag{8-10}$$

$$年折旧额 = 固定资产原值 \times 年折旧率 \tag{8-11}$$

② 工作量法

工作量法又分两种，一是按照行驶里程计算折旧，二是按照工作小时计算折旧，计算公式如下：

按照行驶里程计算折旧的公式：

$$单位里程折旧额 = \frac{固定资产原值 \times (1-预计净残值率)}{总行驶里程} \tag{8-12}$$

$$年折旧额 = 单位里程折旧额 \times 年行驶里程 \tag{8-13}$$

按照工作小时计算折旧的公式：

$$每工作小时折旧额 = \frac{固定资产原值 \times (1-预计净残值率)}{总工作小时} \tag{8-14}$$

$$年折旧额 = 每工作小时折旧额 \times 年工作小时 \tag{8-15}$$

③ 双倍余额递减法

$$年折旧率 = \frac{2}{折旧年限} \times 100\% \tag{8-16}$$

$$年折旧额 = 年初固定资产净值 \times 年折旧率 \tag{8-17}$$

$$年初固定资产净值 = 固定资产净值 - 以前各年累计折旧 \tag{8-18}$$

实行双倍余额递减法的，应在折旧年限到期前两年内，将固定资产净值扣除净残值后的净额平均摊销。

④ 年数总和法

$$年折旧率 = \frac{折旧年限 - 已使用年数}{折旧年限 \times (折旧年限 + 1) \div 2} \times 100\% \tag{8-19}$$

$$年折旧额 = (固定资产原值 - 预计净残值) \times 年折旧率 \tag{8-20}$$

政府投资、国企运营模式和 BOT、TOT 等运营模式下，运营企业对固定资产有定期或永久拥有权，污泥处理处置成本应包括固定资产折旧费用；委托运营模式下不考虑计提折旧。

在上述几种折旧方法中，按年限平均法计算的各年折旧率和年折旧额都相同；按年限平均法计算的各年折旧率相同，年折旧额逐年变小；按年数总和法计算的各年折旧率和年折旧额都逐年变小。不论采用何种方法，只要折旧年限相同，所取净残值率也相同，在设定的折旧年限内，总折旧额相同。

取值方法参考：

固定资产原值在估算中可近似为投资成本；预计净残值率指固定资产达到使用年限后（已足额提取折旧），处置该固定资产所能收回的金额占固定资产原值的比例；折旧年限参考《中华人民共和国企业所得税法实施条例》和《〈政府会计准则第 3 号—固定资产〉应用指南》的有关规定，根据项目实际情况确定。

采用年限平均法计算，预计净残值率根据工程经验可取 5%；污泥处理工程属于市政项目，运营周期长、占地面积大，折旧年限参考值可取 20 年，计算得固定资产综合折旧率参考值为 4.75%。

（2）算例

假设初沉污泥和剩余污泥比例为 1∶1，初沉污泥通过重力浓缩将含水率从 97% 降至 95%，剩余污泥先后通过重力浓缩和离心浓缩将含水率从 99.5% 降至 95%。

1）单位电费

根据某大型污水处理厂工程经验，浓缩电单耗约 10~18kWh/t（含水率 80%）。取电单价为 0.667 元/kWh，则单位电费为 7~12 元/t（含水率 80%）。

2）单位药剂费

重力浓缩不需要药剂，药剂费只发生在剩余污泥离心浓缩中。常用絮凝剂为 PAM，取其投加量范围为 1‰~4‰，假设初沉污泥和剩余污泥均为 100t，则初沉污泥干基量为 3t，剩余污泥干基量为 0.5t，则药剂单耗为 0.5×(0.001~0.004)/3.5＝0.000143~0.000571t/tDS，取 PAM 单价为 21000 元/t，则单位浓缩药剂费为 21000×(0.000143~0.000571)×0.2=0.6~2.4 元/t(含水率 80%)。

3）单位修理维护费

当污水处理厂与污泥厌氧消化处理厂合建时，污泥浓缩投资成本约 4 万~7 万元/t（含水率 80%），年修理维护费率为 3%，根据式（8-8），单位修理维护费为 3~6 元/t（含水率 80%）。

当各污水处理厂污泥运至污泥厌氧消化处理厂集中处理时，污泥浓缩投资成本约 3 万~6 万元/t（含水率 80%），年修理维护费率为 3%，根据式（8-8），单位修理维护费为 3~5 元/t（含水率 80%）。

4）单位固定资产折旧费

当污水处理厂与污泥厌氧消化处理厂合建时，污泥浓缩投资成本约 4 万~7 万元/t（含水率 80%），固定资产综合折旧率为 4.75%，根据式（8-9）和式（8-11），单位修理维护费为 5~9 元/t（含水率 80%）。

当各污水处理厂污泥运至污泥厌氧消化处理厂集中处理时，污泥浓缩投资成本约 3 万~6 万元/t（含水率 80%），固定资产综合折旧率为 4.75%，根据式（8-9）和式（8-11），单位修理维护费为 4~8 元/t（含水率 80%）。

综上，当污水处理厂与污泥厌氧消化处理厂合建时，单位浓缩成本为 16~29 元/t（含水率 80%）；当各污水处理厂污泥运至污泥厌氧消化处理厂集中处理时，单位浓缩成本为 14~27 元/t（含水率 80%）。

3. 单位脱水成本

单位脱水成本＝单位电费＋单位药剂费＋单位修理维护费＋单位固定资产折旧费

$$(8-21)$$

（1）解释说明

1）单位电费

$$单位电费 = 污泥脱水电单耗 \times 电价 \tag{8-22}$$

通过脱水进一步降低浓缩污泥的含水率，一般使其降至 80%。根据《城镇污水处理厂污泥处理处置技术》，不同机械脱水工艺的电耗参考值见表 8-5。

不同机械脱水工艺的电耗　　表 8-5

脱水工艺	电耗（kWh/t）（以含水率 80% 污泥计）
带式脱水	1～4
离心脱水	6～12
板框脱水	3～8

由于脱水前后含水率直接影响电耗，因此根据脱除单位质量水的电耗来计算电费更准确。以离心脱水机为例，脱除单位水的电耗均值为 $0.005kWh/kgH_2O$。

2）单位药剂费

$$单位药剂费 = 污泥脱水药剂单耗 \times 脱水药剂单价 \tag{8-23}$$

参考《城镇污水处理厂污泥处理技术标准》，使浓缩污泥含水率降至 80%，各脱水工艺及其絮凝剂投加量见表 8-6。

污泥脱水工艺及其絮凝剂投加量　　表 8-6

脱水工艺	絮凝剂投加量（以污泥干重计）
带式脱水	3‰～5‰
离心脱水	4‰～8‰（宜选用 PAM）
板框脱水	试验确定（宜采用无机混凝剂或复合药剂）

单位修理维护费和单位固定资产折旧费计算方法见 8.1.1 节中第 2 小节。

（2）算例

1）单位电费

假设 100t 含水率为 95% 的浓缩污泥脱水至含水率 80%，则含水率 80% 的脱水污泥质量为 25t，需要脱除 75t 水，离心脱水电单耗为：

$75 \times 0.005 \times 1000/25 = 15kWh/t$（含水率 80%）

取电单价为 0.667 元/kWh，则单位电费约为 10 元/t（含水率 80%）。

2）单位药剂费

100t 含水率为 95% 的浓缩污泥干基量为 5t，离心脱水 PAM 单耗为 $5 \times (4‰～8‰)/25 = 0.0008～0.0016t/t$（含水率 80%），取 PAM 单价为 21000 元/t，则单位药剂费为 17～34 元/t（含水率 80%）。

3）单位修理维护费

当污水处理厂与污泥常规厌氧消化处理厂合建时，无需脱水。

当各污水处理厂污泥运至污泥常规厌氧消化处理厂集中处理时，污泥脱水投资成本 5

万～11 万元/t（含水率 80%），年修理维护费率为 3%，根据式（8-8），单位修理维护费为 4～9 元/t（含水率 80%）。

4）单位固定资产折旧费

当污水处理厂与污泥常规厌氧消化处理厂合建时，无需脱水。

当各污水处理厂污泥运至污泥常规厌氧消化处理厂集中处理时，污泥脱水投资成本约 5 万～11 万元/t（含水率 80%），固定资产综合折旧率为 4.75%，根据式（8-9）和式（8-11），单位固定资产折旧费为 7～14 元/t（含水率 80%）。

综上，当污水处理厂与污泥常规厌氧消化处理厂合建时，不发生脱水成本；当各污水处理厂污泥运至污泥常规厌氧消化处理厂集中处理时，单位脱水成本为 38～67 元/t（含水率 80%）。

4. 单位运输费

运输费指脱水污泥从污水处理厂运至污泥厌氧消化处理厂的过程发生的费用，在污水处理厂与污泥处理厂合建的情况下忽略不计。单位运输费计算公式为：

$$单位运输费 = 污泥运价 \times 运输距离 \tag{8-24}$$

（1）解释说明

污泥运价为单位质量污泥单位运距的运输单价，其收费标准地域性强，多为 0.65～2 元/(t·km)。

运输距离为污水处理厂至污泥厌氧消化处理厂的距离。

（2）算例

取污泥运价为 2 元/(t·km)，运距估算为 20～40km，则单位运输费为 40～80 元/t（含水率 80%）。

8.1.2 污泥处理阶段——常规厌氧消化

1. 单位投资成本

厌氧消化的投资成本与系统构成、污泥性质、自动化程度、设备质量、消化池的形状和大小等相关。常规厌氧消化单位投资成本为：

$C_{i-AD}=17$ 万～45 万元/t（含水率 80%）（Ⅰ、Ⅱ、Ⅲ类）

$C_{i-AD}=45$ 万～77 万元/t（含水率 80%）（Ⅳ、Ⅴ类）

Ⅵ类污泥处理工程不宜采用厌氧消化工艺。

2. 单位电费

单位电费计算公式为：

$$单位电费 = (污泥稀释电单耗 + 消化池混合搅拌和污泥泵送电单耗$$
$$+ 污泥消化后压滤脱水电单耗) \times 电价 \tag{8-25}$$

对于污水处理厂与污泥处理厂合建的情况，不存在污泥稀释这一环节，无相应电耗。对于污水处理厂脱水污泥运至污泥处理厂集中处理的情况，还应将污泥稀释电耗考虑在内。

（1）解释说明

污泥稀释是将从各污水处理厂运进的污泥混合稀释至含水率为 95% 左右，其电耗主要用于搅拌，一般耗电量较小。若无相关运行数据，估算时可以忽略不计。

消化池混合搅拌和污泥泵送的电耗主要用于维持厌氧反应温度及污泥泵、污水泵（进出料系统）、搅拌设备和沼气压缩机等设备运转，电耗水平取决于厌氧消化搅拌方式。用于消化池混合搅拌和污泥泵送的电单耗一般为 10～20kWh/t（含水率 80%）。

污泥消化后压滤脱水的电耗计算方法为：

$$进泥干基量 = 进泥量 \times 进泥含固率 = 进泥量 \times (1 - 进泥含水率) \qquad (8\text{-}26)$$

$$VS 去除量 = 进泥干基量 \times VS/TS \times VS 去除率 \qquad (8\text{-}27)$$

$$污泥消化后质量 = 进泥量 - VS 去除量 \qquad (8\text{-}28)$$

$$污泥脱水后质量 = \frac{进泥干基量 - VS 去除量}{脱水后含固率}$$

$$= \frac{进泥干基量 - VS 去除量}{(1 - 脱水后含水率)} \qquad (8\text{-}29)$$

$$产生沼液量 = 污泥消化后质量 - 污泥脱水后质量 \qquad (8\text{-}30)$$

$$压滤脱水电耗 = 产生沼液量 \times 脱除单位水的电耗 \qquad (8\text{-}31)$$

$$压滤脱水电单耗 = \frac{压滤脱水电耗}{进泥量（含水率 80\%）} \qquad (8\text{-}32)$$

污泥板框压滤深度脱水工艺段用电一般为 45～55kWh/tDS，根据不同工况下污泥消化后干基及压滤产生沼液量计算得，压滤脱除单位水的电耗约为 0.003kWh/kgH₂O。

电价标准见 8.1.1 节第 2 小节。

（2）算例

污泥稀释电耗在本算例中忽略不计。

用于消化池混合搅拌和污泥泵送的电单耗一般为 10～20kWh/t（含水率 80%）。

污泥压滤脱水的电单耗计算过程见表 8-7，估算为 10～11kWh/t（含水率 80%）。

污泥压滤脱水电单耗计算过程　　　　　　　　　　　　　　表 8-7

编号	参数名称	参数值				
A	VS/TS（%）	35	40	50	60	70
B	进泥量（t/d）	1000	1000	1000	1000	1000
C	进泥含水率（%）	95	95	95	95	95
D=B·(1-C/100)	进泥干基量（t/d）	50	50	50	50	50
E	VS 去除率（%）	26.25	30	40	45	52
F=D·A·E/10000	VS 去除量（t/d）	4.59	6.00	10.00	13.50	18.20
G=B-F	污泥消化后质量（t/d）	995.41	994.00	990.00	986.50	981.80
H	脱水后含水率（%）	60	60	60	60	60
I=D-F	消化后干基（t/d）	45.41	44.00	40.00	36.50	31.80
J=I/(1-H/100)	污泥脱水后质量（t/d）	113.52	110.00	100.00	91.25	79.50

编号	参数名称	参数值				
K＝G-J	产生沼液（t/d）	881.89	884.00	890.00	895.25	902.30
L＝K×0.003×1000	压滤脱水电耗（kWh/d）	2645.67	2652.00	2670.00	2685.75	2706.90
M＝L/(D/0.2)	压滤脱水电单耗 （kWh/t） （含水率80%）	10.58	10.61	10.68	10.74	10.83

由上所述，常规厌氧消化电单耗为 20～31kWh/t（含水率80%），取电单价为 0.667 元/kWh，则单位电费为 13～21 元/t（含水率80%）。

3. 单位蒸汽费

为使污泥的厌氧生物处理系统维持要求的温度，必须对厌氧消化池污泥进行加热。厌氧消化产生沼气可用于沼气锅炉的燃料，为厌氧消化池提供热量，不足时需要外源蒸汽供热，剩余时可以经沼气发电机发电，还可以经预处理和提纯制成天然气。需要外源蒸汽供热时热量平衡关系为：

$$耗热量 － 产热量 ＝ 外源蒸电供热量（耗热量 ＞ 产热量） \qquad (8-33)$$

式中，耗热量＝加热升温阶段耗热量＋厌氧消化阶段消化池热损失

根据上式分别计算耗热量和产热量，再通过以下公式计算单位蒸汽费：

$$外源蒸汽消耗量 ＝ \frac{外源蒸汽供热量}{外源饱和蒸汽焓热量} \qquad (8-34)$$

$$外源蒸汽单耗 ＝ \frac{外源蒸汽消耗量}{污泥处理量} \qquad (8-35)$$

$$单位蒸汽费 ＝ 外源蒸汽单耗 × 外源蒸汽单价 \qquad (8-36)$$

（1）解释说明

1）耗热量

常规厌氧消化的耗热量，主要包括加热升温阶段使原污泥温度提高到要求值的耗热量，以及厌氧消化阶段补充消化池的池盖、池壁和池底热损失的耗热量。

① 加热升温阶段，将污泥加热至厌氧消化反应罐内的温度所需的热量

$$Q_{D1} = \frac{W_D C_P (T_D － T_0)}{3600 × 24} \qquad (8-37)$$

式中　Q_{D1}——消化池进泥温度升高到消化温度的耗热量，kW；

　　　　W_D——消化池每天的进泥量，t/d；

　　　　C_P——污泥比热，4200J/kg℃；

　　　　T_D——消化温度，℃；

　　　　T_0——进泥温度，℃。

② 厌氧消化阶段，池体耗热量

$$Q_{D2} = \sum K \cdot A \cdot (T_D － T_A) \cdot 1.4 \qquad (8-38)$$

式中　Q_{D2}——消化池池体散热量，W；

　　　　K——池盖、池壁、池底的传热系数，W/(m²·℃)；

A——池盖、池壁、池底的散热面积，m^2；

T_D——消化温度，℃；

T_A——池外介质（空气或土壤）温度，℃。

消化池盖、池壁、池底各表面的热损失应分别计算，然后累加得到消化池总热量损失。当池壁或池顶由两种以上材质组成时，有效换热系数可由下式计算：

$$\frac{1}{K_e} = \frac{1}{K_1} + \frac{1}{K_2} + \cdots \tag{8-39}$$

式中　K_e——有效换热系数；

K_1, K_2——各独立材质的有效换热系数。

考虑消化池的保温结构，各部分的传热系数允许值见表8-8。

各部分传热系数允许值　　　　　　　　　　表8-8

消化池部位	$U\ [\text{W}/(\text{m}^2 \cdot ℃)]$
池盖	≤0.80
池壁	≤0.70
池底	≤0.52

2）产热量

常规厌氧消化产热量均为沼气可供热量。沼气产热量计算公式为：

$$Q_P = \frac{W_D \cdot \dfrac{VS}{TS} \cdot VS_{remove} \cdot Y_{biogas} \cdot GCV_{biogas}}{0.36 \times 0.24} \tag{8-40}$$

式中　Q_P——沼气产热量，kW；

W_D——消化池每天的进泥量，t/d；

$\dfrac{VS}{TS}$——进泥 VS/TS，%；

VS_{remove}——VS 去除率，%；

Y_{biogas}——沼气产率，$0.8\text{m}^3/\text{kgVS}$；

GCV_{biogas}——沼气单位热值，$23\text{MJ}/\text{m}^3$。

3）外源蒸汽量

常规厌氧消化所需热量由沼气锅炉提供，式（8-41）中耗热量即为锅炉供热量，实际情况还应考虑锅炉供热存在的热损失。式（8-41）和式（8-42）表示为：

$$\Delta Q = \frac{Q_{D1} + Q_{D2}}{1 - \eta} - Q_P \tag{8-41}$$

$$G_{zq} = \frac{\Delta Q}{h} \cdot 3.6 \times 24 \tag{8-42}$$

式中　η——锅炉热损失，%；

ΔQ——外源蒸汽供热量，kW；

G_{zq}——外源蒸汽量，t/d；

h——外源饱和蒸汽的焓热量，kJ/kg。

（2）算例

根据工程中常见工况，选定余热锅炉蒸汽与外源蒸汽均为 0.7MPa 饱和蒸汽（165℃），其焓热量为 2763.29kJ/kg。进泥 VS/TS 和季节显著影响厌氧消化产沼气量，计算时应分情况讨论。

1）耗热量

① 加热升温阶段

根据式（8-37），假设消化池每天进泥量为1000t（含水率95%），夏季进泥温度设为20℃，冬季进泥温度设为10℃，计算得夏季和冬季污泥加热所需热量分别为 729.17kW 和 1215.28kW。

② 厌氧消化阶段

设停留时间为25d，则厌氧消化罐总有效容积为25000m³，参考工程上普遍采用的 Lipp 罐大小计算得所需厌氧罐7个，单个有效容积为3571.43m³。假设采用圆柱形的厌氧罐，设定厌氧消化罐地面高度为15m，则直径为17.42m。由此可计算单个厌氧罐池盖/池底表面积为238.10m²，单个厌氧罐池壁表面积为820.28m²。取池盖传热系数为0.80W/(m²·℃)，池壁传热系数为0.70W/(m²·℃)，地面以下及池底传热系数0.52W/(m²·℃)。夏季室外温度30℃，土壤温度18℃，厌氧消化温度35℃，则夏季池盖耗热量1.33kW，池壁地面上部分耗热量4.02kW，池底耗热量2.95kW，单座池体散热量8.30kW，总池体散热量58.10kW；冬季室外温度−2℃，土壤温度1℃，厌氧消化温度35℃，则冬季池盖耗热量9.87kW，池壁地面上部分耗热量29.74kW，池底耗热量5.89kW，单座池体散热量45.50kW，总池体散热量318.52kW。

2）产热量

算例见表8-9，VS 去除率根据文献调研而得。

常规厌氧消化沼气产热量计算过程 表8-9

编号	参数名称	参数值				
A	VS/TS（%）	35	40	50	60	70
B	VS 去除率（%）	26.25	30	40	45	52
C	日进泥量（tDS/d）	50	50	50	50	50
D=A·B·C/10000	总 VS 去除量（t/d）	4.59	6.00	10.00	13.50	18.20
E=D·0.8×1000	沼气产量（m³/d）	3675.00	4800.00	8000.00	10800.00	14560.00
F=E·23/3.6/24	沼气产热量（kW）	978.30	1277.78	2129.63	2875.00	3875.93

3）外源蒸汽量

假定锅炉供热存在10%的热损失，基于上述耗热量计算，得出锅炉供热量见表8-10。

常规厌氧消化锅炉供热量计算过程　　表 8-10

编号	参数	夏季	冬季
A	污泥加热所需热量（kW）	729.17	1215.28
B	池体散热量（kW）	58.10	318.52
C＝A＋B	合计耗热量（kW）	787.26	1533.80
D＝C/(1−10%)	锅炉供热量（kW）（10%热损失）	874.74	1704.22

若沼气可供热量多于锅炉供热量，即产热量多于耗热量，则沼气有剩余，无需外源蒸汽；若沼气可供热量少于锅炉供热量，则需要外源蒸汽补足。分别讨论夏季和冬季进泥不同 VS 含量下的外源蒸汽需求情况见表 8-11。经试算得，夏季时，常规厌氧消化进泥 VS/TS＞33%将无需外源蒸汽；冬季时，常规厌氧消化进泥 VS/TS＞46%将无需外源蒸汽。

常规厌氧消化热量衡算表　　表 8-11

季节	编号	VS/TS（%）	35	40	50	60	70
夏季 （单位：kW）	A	沼气产热量	978.30	1277.78	2129.63	2875.00	3875.93
	B	锅炉供热量	874.74	874.74	874.74	874.74	874.74
	C＝B−A	外源蒸汽热量	—	—	—	—	—
	D＝A−B	剩余沼气热量	103.56	403.04	1254.89	2000.26	3001.19
冬季 （单位：kW）	A	沼气产热量	978.30	1277.78	2129.63	2875.00	3875.93
	B	锅炉供热量	1704.22	1704.22	1704.22	1704.22	1704.22
	C＝B−A	外源蒸汽热量	725.92	426.45	—	—	—
	D＝A−B	剩余沼气热量	—	—	425.41	1170.78	2171.70

以冬季进泥 VS/TS 为 35%和 40%为例计算外源蒸汽费。取外源蒸汽单价为 300 元/t，根据式（8-42）计算得：冬季进泥 VS/TS 为 35%时，外源蒸汽量为 22.70t/d，外源蒸汽单耗为 0.09t/t（含水率 80%），外源蒸汽单位成本为 27 元/t（含水率 80%）；冬季进泥 VS/TS 为 40%时，外源蒸汽量为 13.33t/d，外源蒸汽单耗为 0.05t/t（含水率 80%），外源蒸汽单位成本为 16 元/t（含水率 80%）。

4. 单位药剂费

常规厌氧消化的药耗主要是脱水药剂，此外还有少量除臭和沼气脱硫药剂。计算公式为：

$$单位药剂费 ＝脱水药剂单耗\times 脱水药剂单价＋除臭药剂单耗$$
$$\times 除臭药剂单价＋脱硫药剂单耗\times 脱硫药剂单价 \quad (8\text{-}43)$$

（1）解释说明

1）脱水药剂

压滤深度脱水的药剂投加量参考值：当铁盐与石灰复配调理，铁盐投加量（以有效成分干重计，下同）宜为污泥干重的 6%～15%，石灰投加量宜为污泥干重的 8%～40%，一般在 15%～20%，宜先投加铁盐，后投加石灰；当铝盐（或铁盐）与 PAM 复配调理，铝盐（或铁盐）投加量宜为污泥干重的 5%～12%，PAM 投加量宜为污泥干重的

$1‰ \sim 3‰$。

2）除臭和沼气脱硫药剂

除臭方式包括化学洗涤、生物处理、离子除臭等。沼气脱硫的方式包括湿式脱硫、干式脱硫和生物脱硫，当一级脱硫后的沼气质量不能满足要求时可采用两级脱硫。湿式脱硫药耗包括 Na_2CO_3、NaOH 等碱性水溶液，干式脱硫采用氧化铁、氧化锌等脱硫剂，生物脱硫药耗包括营养液、碱液等。不同工艺除臭和脱硫成本差异较大，根据工程运行经验，除臭和沼气脱硫单位成本约为 10 元/t（含水率 80%）。

（2）算例

取铁盐（三氯化铁）单价 720 元/t，PAM 单价 21000 元/t，石灰单价 500 元/t，根据投加比估算得：采用铁盐和石灰复配调理时，单位脱水药剂费约为 34~80 元/t（含水率 80%）；采用铁盐和 PAM 复配调理时，单位脱水药剂费约为 25~63 元/t（含水率 80%）。

以铁盐与石灰复配调理为例，取铁盐投加量 10%，石灰投加量 17%；铁盐与 PAM 复配调理时，取铁盐投加量 8%，PAM 投加量 2‰，计算过程和结果见表 8-12。

常规厌氧消化单位药剂费计算过程   表 8-12

A	VS/TS(%)	35	40	50	60	70
B	日进泥量(tDS/d)	50	50	50	50	50
C	总 VS 去除量(t/d)	4.59	6.00	10.00	13.50	18.20
D=B-C	消化后干基(t/d)	45.41	44.00	40.00	36.50	31.80
铁盐＋石灰	E=D·10%	压滤铁盐投加量(t/d)	4.54	4.40	4.00	3.65	3.18
	F=E·1000/(B/20%)	压滤铁盐单耗(kg/t)（含水率 80%）	18.16	17.60	16.00	14.60	12.72
	G=F·720/0.38/1000	压滤铁盐单位成本(元/t)（含水率 80%）	34.41	33.35	30.32	27.66	24.10
	H=D·17%·1000	压滤石灰投加量(kg/d)	7719.06	7480.00	6800.00	6205.00	5406.00
	I=H/(B/20%)	压滤石灰单耗(kg/t)（含水率 80%）	30.88	29.92	27.20	24.82	21.62
	J=I·500/1000	压滤石灰单位成本(元/t)（含水率 80%）	15.44	14.96	13.60	12.41	10.81
	K	除臭＋沼气脱硫单位成本(元/t)（含水率 80%）	10	10	10	10	10
	L=G+J+K	总药剂单位成本(元/t)（含水率 80%）	59.85	58.31	53.92	50.07	44.91
铁盐＋PAM	E=D·8%	压滤铁盐投加量(t/d)	3.63	3.52	3.20	2.92	2.54
	F=E·1000/(B/20%)	压滤铁盐单耗(kg/t)（含水率 80%）	14.53	14.08	12.80	11.68	10.18

A		VS/TS(%)	35	40	50	60	70
铁盐+PAM	G=F·720/0.38/1000	压滤铁盐单位成本(元/t)(含水率80%)	27.53	26.68	24.25	22.13	19.28
	H=D·2‰·1000	压滤PAM投加量(kg/d)	90.81	88.00	80.00	73.00	63.60
	I=H/(B/20%)	压滤PAM单耗(kg/t)(含水率80%)	0.36	0.35	0.32	0.29	0.25
	J=I·21000/1000	压滤PAM单位成本(元/t)(含水率80%)	7.63	7.39	6.72	6.13	5.34
	K	除臭+沼气脱硫单位成本(元/t)(含水率80%)	10	10	10	10	10
	L=G+J+K	总药剂单位成本(元/t)(含水率80%)	45.16	44.07	40.97	38.26	34.62

5. 单位水费

厌氧消化水耗于消泡系统、管路冲洗、脱硫系统补水、热水锅炉补水生产蒸汽等过程，计算公式为：

$$单位水费 = 自来水单耗 × 自来水单价 \tag{8-44}$$

厌氧消化自来水单耗一般为 0.08～0.4t/t（含水率 80%）。污泥处理工程用水收费标准参照各地方工业用水或非居民用水水价，与用水量有关。全国范围内该水价为 3～9.5 元/t，平均水价水平约 3～5 元/t。

根据水单耗 0.08～0.4t/t（含水率 80%），取自来水费为 4.64 元/t，则单位水费为 0.3～1.9 元/t（含水率 80%）。

6. 单位修理维护费

计算方法同 8.1.1 节第 2 小节。

根据常规厌氧消化单位投资成本，计算得：

Ⅰ、Ⅱ、Ⅲ类常规厌氧消化工程单位修理维护费=14～37 元/t（含水率 80%）；

Ⅳ、Ⅴ类常规厌氧消化工程单位修理维护费=37～63 元/t（含水率 80%）。

7. 单位工资福利费

工资福利费指厂区内参与生产运营人员的工资福利费，劳动定员配置与工艺、生产线、班组制度等有关。在一定范围内，污泥处理规模越大单位工资福利费越低。年工资福利费计算公式如下：

$$年工资福利费 = 劳动定员 × 人均年工资福利费 \tag{8-45}$$

$$单位工资福利费 = \frac{年工资福利费}{年污泥处理量} \tag{8-46}$$

（1）解释说明

劳动定员可参考《城市污水处理工程项目建设标准》（建标〔2001〕77 号）按岗配置。根据工程经验，提供一种污泥厌氧消化处理厂劳动定员配置方法，见表 8-13。人均年工资福利费视各地薪资水平而定。进行估算时可以《中国统计年鉴—2019》中城镇非私营单位就业人员的平均工资为取值标准。

污泥厌氧消化处理厂劳动定员　　　　表 8-13

规模	额定日处理能力（t/d）	劳动定员（人）
Ⅰ类	800 以上	≥35
Ⅱ类	400～800	35
Ⅲ类	200～400	30
Ⅳ类	100～200	25
Ⅴ类	50～100	20
Ⅵ类	10～50	—

注：1. 额定日处理能力指脱水污泥（含水率80%）的日处理量，表中数值范围含下限、不含上限；

　　2. 表中Ⅰ类劳动定员是下限，可根据处理规模合理增加，其余规模是上限值；

　　3. 对Ⅵ类污泥处理工程不宜采用厌氧消化工艺，表中未列出定员数；

　　4. 表中数据不包含污泥外运需要的人员；

　　5. 污泥处理厂与污水处理厂合建时劳动定员可减少。

（2）算例

以 2019 年全国城镇非私营单位就业人员人均年工资 90501 元为基准，计算Ⅰ类、Ⅱ类、Ⅲ类单位工资福利费一般为 10～30 元/t（含水率80%），Ⅳ、Ⅴ类单位工资福利费一般为 30～70 元/t（含水率80%）。

以污泥（含水率80%）处理规模 500t/d 的常规厌氧消化工程为例，其运行人员编制设计见表 8-14，共 34 人。薪资水平取 2019 年全国城镇非私营单位就业人员人均年工资 90501 元，则单位工资福利费=34×90501/365/500=17 元/t（含水率80%）。

常规厌氧消化工程劳动人员编制（处理规模 500t/d）　　　　表 8-14

岗位名称		全厂人数（人）	四班三倒人数（人）	
		总计	每班人数	合计
运行部	浓缩和预处理工段	4	1	4
	消化工段	4	1	4
	沼气处理和锅炉工段	4	1	4
	板框脱水工段	8	2	8
	配电和动力	4	1	4
	除臭工段	4	1	4
	中控室	4	1	4
管理部		2		
总计		34	8	32

8. 单位管理、销售和其他费用

管理、销售和其他费用应根据管理水平确定，可使用下式进行估算：

$$单位管理、销售和其他费用 =（单位直接运行成本 ＋单位工资福利费$$
$$＋单位修理维护费）\times 综合费率 \qquad (8-47)$$
$$厌氧消化单位直接运行成本 =单位电费 ＋单位蒸汽费$$
$$＋单位药剂费 ＋单位水费 \qquad (8-48)$$

（1）解释说明

管理费用指企业管理和组织生产经营活动所发生的各项费用，包括企业管理人员工资福利费、职工教育经费、工会经费、咨询费、审计费、差旅费、办公费、物料及耗材购置费等。

销售费用指企业在销售过程中所发生的费用。对工业企业而言，销售费用是指企业在销售产品、自制半成品和工业性劳务等过程中发生的各项费用以及销售本企业产品而专设销售机构的各项费用。

其他费用包括间接为生产服务的费用及财务费用，前者包括安全生产费、化验检测费、技术开发费、其他运行费等，后者指企业为进行资金筹集等理财活动而发生的各项费用。

在经济评价中，综合费率估算参考值为 10%。

（2）算例

汇总上述算例的成本计算结果，取综合费率 10%，计算过程和结果见表 8-15 所示。Ⅰ、Ⅱ、Ⅲ类常规厌氧消化的单位管理、销售和其他费用为 6～20 元/t（含水率 80%），Ⅳ、Ⅴ类常规厌氧消化的单位管理、销售和其他费用为 11～26 元/t（含水率 80%）。

常规厌氧消化单位运行成本计算表　　　　　　　　表 8-15

成本构成	常规厌氧消化
①单位电费（元/t）	13～21
②单位蒸汽费（元/t）	0～27
③单位药剂费（元/t）	铁盐＋PAM：25～63；铁盐＋石灰：34～80
④单位水费（元/t）	0.3～1.9
单位直接运行成本（元/t）①＋②＋③＋④	38～130
⑤单位修理维护费（元/t）	Ⅰ、Ⅱ、Ⅲ类：14～37；Ⅳ、Ⅴ类：37～63
⑥单位工资福利费（元/t）	Ⅰ、Ⅱ、Ⅲ类：10～30；Ⅳ、Ⅴ类：30～70
⑦单位管理、销售和其他费用（元/t）	Ⅰ、Ⅱ、Ⅲ类：6～20；Ⅳ、Ⅴ类：11～26

9. 单位固定资产折旧费

计算方法见 8.1.1 节第 2 小节。

算例如下：

计算固定资产综合折旧率为 4.75%，根据常规厌氧消化单位投资成本计算得：

Ⅰ、Ⅱ、Ⅲ类常规厌氧消化工程单位固定资产折旧费＝22～59 元/t（含水率 80%）；

Ⅳ、Ⅴ类常规厌氧消化工程单位固定资产折旧费＝59～100 元/t（含水率 80%）。

10. 单位沼气收益

厌氧消化产沼气除进入沼气锅炉进行制热或进行热电联产发电补充电耗及能耗外，如有富余还可纯化制成天然气作为产品售出，获得收益。该过程的热量平衡关系为：

$$产热量 - 耗热量 = 用于发电或制天然气的沼气热量（耗热量 < 产热量）\qquad(8\text{-}49)$$

式中，耗热量＝加热升温阶段耗热量＋厌氧消化阶段消化池热损失。

（1）解释说明

根据式（8-49）分别计算耗热量和产热量，计算过程同 8.1.2 节第 3 小节。给出发电和制天然气的单位沼气收益计算方法。

1）沼气发电

$$沼气净产量 = \frac{用于发电的沼气热量}{沼气单位热值}\qquad(8\text{-}50)$$

$$沼气发电量 = 沼气净产量 \times 单位体积沼气发电量\qquad(8\text{-}51)$$

$$单位沼气发电量 = \frac{沼气发电量}{污泥处理量}\qquad(8\text{-}52)$$

$$单位沼气发电收益 = 单位沼气发电量 \times 上网电价\qquad(8\text{-}53)$$

式中，沼气单位热值为 23MJ/Nm³；单位体积沼气发电量为 2kWh/Nm³；上网电价是指电网购买发电企业的电力和电量，在发电企业接入主网架那一天的计量价格。污泥厌氧消化沼气发电属于生物质发电，其价格标准可参考《可再生能源发电价格和费用分摊管理试行办法》（发改价格［2006］7 号）。

2）沼气制天然气

$$沼气净产量 = \frac{用于制天然气的沼气热量}{沼气单位热值}\qquad(8\text{-}54)$$

$$沼气制天然气量 = \frac{沼气净产量 \times 60}{95}\qquad(8\text{-}55)$$

$$单位沼气制天然气量 = \frac{沼气制天然气量}{污泥处理量}\qquad(8\text{-}56)$$

$$单位沼气制天然气收益 = 单位沼气制天然气量 \times 天然气单价\qquad(8\text{-}57)$$

式中，沼气单位热值为 23MJ/Nm³；沼气中 CH_4 含量一般为 60%，天然气中 CH_4 含量一般为 95%；污泥厌氧消化沼气制天然气属于生物天然气，其价格标准没有明确文件规定，估算时可参考各省（区、市）天然气基准门站价格，详见《国家发展改革委关于调整天然气基准门站价格的通知》（发改价格［2019］562 号）。

（2）算例

取电单价为 0.667 元/kWh，天然气单价为 2 元/Nm³，常规厌氧消化在不同进泥条件下夏季和冬季沼气收益计算过程和结果见表 8-16 和表 8-17。

常规厌氧消化夏季沼气收益　　　　表 8-16

	VS/TS（%）	35	40	50	60	70
A（见表 8-7）	日进泥量（tDS/d）	50	50	50	50	50
B（见表 8-7）	剩余沼气热量（kW）	103.56	403.04	1254.89	2000.26	3001.19
C=B·3.6×24/23	剩余沼气量/沼气净产量（Nm³/d）	389.04	1514.04	4714.04	7514.04	11274.04
沼气用于发电 / D=C·2	沼气发电量（kWh/d）	778.07	3028.07	9428.07	15028.07	22548.07
沼气用于发电 / E=D/(A/20%)	单位污泥沼气发电量（kWh/t）	3.11	12.11	37.71	60.11	90.19
沼气用于发电 / F=D·0.667	沼气发电收益（元/d）	518.97	2019.72	6288.52	10023.72	15039.56
沼气用于发电 / G=F/(A/20%)	单位污泥沼气发电收益（元/t）（含水率80%）	2.08	8.08	25.15	40.09	60.16
沼气用于制天然气 / D=C·60/95	可制天然气量（Nm³/d）	245.71	956.23	2977.29	4745.71	7120.44
沼气用于制天然气 / E=D/(A/20%)	单位污泥制天然气量（Nm³/t）	0.98	3.82	11.91	18.98	28.48
沼气用于制天然气 / F=D·2	天然气收益（元/d）	491.41	1912.47	5954.57	9491.41	14240.89
沼气用于制天然气 / G=F/(A/20%)	单位污泥制天然气收益（元/t）（含水率80%）	1.97	7.65	23.82	37.97	56.96

常规厌氧消化冬季沼气收益　　　　表 8-17

	VS/TS（%）	35	40	50	60	70
A（见表 8-7）	日进泥量（tDS/d）	50	50	50	50	50
B（见表 8-7）	剩余沼气热量（kW）	—	—	425.41	1170.78	2171.70
C=B·3.6×24/23	剩余沼气量/沼气净产量（Nm³/d）	—	—	1598.05	4398.05	8158.05
沼气用于发电 / D=C·2	沼气发电量（kWh/d）	—	—	3196.10	8796.10	16316.10
沼气用于发电 / E=D/(A/20%)	单位污泥沼气发电量（kWh/t）	—	—	12.78	35.18	65.26
沼气用于发电 / F=D·0.667	沼气发电收益（元/d）	—	—	2131.80	5867.00	10882.84
沼气用于发电 / G=F/(A/20%)	单位污泥沼气发电收益（元/t）（含水率80%）	—	—	8.53	23.47	43.53
沼气用于制天然气 / D=C·60/95	可制天然气量（Nm³/d）	—	—	1009.29	2777.71	5152.45
沼气用于制天然气 / E=D/(A/20%)	单位污泥制天然气量（Nm³/t）	—	—	4.04	11.11	20.61
沼气用于制天然气 / F=D·2	天然气收益（元/d）	—	—	2018.59	5555.43	10304.90
沼气用于制天然气 / G=F/(A/20%)	单位污泥制天然气收益（元/t）（含水率80%）	—	—	8.07	22.22	41.22

8.1.3 污泥处置阶段——场地施用模式

该土地利用模式由政府主导，当出厂泥质满足施用要求可直接作为基质类产物进行场

地施用，可施用场地包括林地、生态与植被修复地、公路绿化地、公园草坪等。

1. 单位综合加工费

场地施用模式下，基质类产物深加工包括筛分和破碎等工序，该模式下鼓励厌氧消化厂承担深加工环节可节省一部分运输费用。其计算公式为：

$$单位综合加工费 = 单位深加工费 + 单位人工费 + 单位仓储费 + 单位折旧费$$

$$(8-58)$$

式中，单位深加工费为基质类产物筛分和破碎等工序产生的费用。根据工程经验，单位综合加工费参考值为 $80 \sim 100$ 元/t 出厂泥。处置阶段以含水率 60% 出厂泥和含水率 80% 进泥两种口径为基准提供计算方法。

（1）含水率 60% 出厂泥基准

取 $80 \sim 100$ 元/t（含水率 60% 出厂泥）。

（2）含水率 80% 进泥基准

计算口径的换算过程见表 8-18 所示。单位加工费为 $25 \sim 45$ 元/t（含水率 80%）。

常规厌氧消化单位综合加工费计算口径换算　　表 8-18

	VS/TS	35	40	50	60	70
A（见表 8-7）	日进泥量（tDS/d）	50	50	50	50	50
B（见表 8-7）	消化后干基（t/d）	45.41	44.00	40.00	36.50	31.80
C=B/40%	出厂泥质量（t/d）（含水率 60%）	113.52	110.00	100.00	91.25	79.50
80 元/t 出厂泥	D=C·80/(A/20%) 单位综合加工费（元/t）（含水率 80%）	36.33	35.20	32.00	29.20	25.44
100 元/t 出厂泥	E=C·100/(A/20%) 单位综合加工费（元/t）（含水率 80%）	45.41	44.00	40.00	36.50	31.80

2. 单位运输费

运输费指污泥厌氧消化厂运输至施用场地发生的费用。单位运输费计算公式为：

$$单位运输费 = 污泥运价 \times 运输距离 \qquad (8-59)$$

污泥运价收费标准同 8.1.1 节第 4 小节所述。

运输距离为污泥厌氧消化厂至施用场地的距离，施用场地位于郊区的情况较多。

（1）含水率 60% 出厂泥基准

取污泥运价为 2 元/（t·km），运距估算为 $50 \sim 100$km，则单位运输费为 $100 \sim 200$ 元/t（含水率 60% 出厂泥）。

（2）含水率 80% 进泥基准

换算方法同表 8-18 单位运输费为 $32 \sim 91$ 元/t（含水率 80%）。

3. 单位施用成本

施用成本基本为人工成本，单位施用成本的计算公式为：

$$单位施用成本 = \frac{人均日工资 \times 工作人数}{日施工量} = \frac{人均日工资}{人均日施工量} \quad (8\text{-}60)$$

人均日施工量在不同施用情况下差异很大，该数值从几吨到上百吨不等，应根据实际工程情况确定。如平坦的裸露绿地可借助自动化机械耕作，施工效率高、日施工量大；栽种有植物的土地需挖掘、覆土、恢复种植，耗时长、日施工量小。

人均日工资根据当地工资标准水平确定，可参考 8.1.2 节第 7 小节单位工资福利费的取值方法。

取人均日施工量为 0.5～100t，基本可以覆盖多数情况。根据 2019 年全国城镇非私营单位就业人员人均年工资 90501 元估算人均日工资为 250 元，则单位施用成本为 25～500 元/t 成品泥。

（1）含水率 60％出厂泥基准

在场地施用模式下，污泥产品用作基质类产物，基本不添加其他物料，出厂泥即为成品泥。因此单位施用成本为 25～500 元/t（含水率 60％出厂泥）。

（2）含水率 80％进泥基准

换算方法同表 8-18，单位施用成本为 8～227 元/t（含水率 80％）。

8.1.4　污泥处置阶段——产品销售模式

1. 单位固定成本

$$单位固定成本 = 单位运输费 + 单位综合加工费 \quad (8\text{-}61)$$

（1）单位运输费

运输费指污泥厌氧消化厂至下游产品加工销售公司的运输费，计算公式同式（8-59）。污泥运价收费标准同 8.1.1 节第 4 小节所述。

运输距离为污泥厌氧消化厂至下游公司的距离，下游公司厂址位于市区或城区的情况较多。

1）含水率 60％出厂泥基准

取污泥运价为 2 元/(t·km)，运距估算为 30～60km，则单位运输费为 60～120 元/t（含水率 60％出厂泥）。

2）含水率 80％进泥基准

换算方法同表 8-18，单位运输费为 19～54 元/t（含水率 80％）。

（2）单位综合加工费

产品销售模式下，基质类产品深加工包括筛分、破碎、包装等工序，可视为无需添加物料，单位综合加工费计算公式同式（8-58），不同之处在于单位深加工费增加了单位包装费，为基质类产品筛分、破碎、包装等工序产生的费用。

产品销售模式下，肥料类产品深加工除了筛分、破碎、包装等工序，还需额外添加物料，单位综合加工费计算公式同式（8-58），不同之处在于单位深加工费增加了单位包装费和单位物料费，为基质类产品筛分、破碎、混料、包装等工序产生的费用。

以基质类产品为例：

1）含水率 60％出厂泥基准

根据工程经验，单位包装费取 20 元/t 出厂泥，则单位综合加工费为 100～120 元/t（含水率 60％出厂泥）。

2）含水率 80％进泥基准

换算方法同表 8-18，单位综合加工费为 32～54 元/t（含水率 80％）。

2. 单位流动成本

（1）单位管理运行费

$$单位管理运行费 = 单位固定成本 \times 管理运行费率 \tag{8-62}$$

式中，管理运行费率视管理和运行水平而定。

（2）单位维修折旧费

$$单位维修折旧费 = 单位固定成本 \times 维修折旧费率 \tag{8-63}$$

（3）单位税费

税费主要为污泥产品加工和销售业务导致企业需缴纳的税费，计算公式为：

$$单位税费 = 单位固定成本 \times 销售税率 \tag{8-64}$$

取管理运行费率为 5％，维修折旧费率为 4％，销售税率为 8％，根据以上算例结果，单位流动成本为(160～240)×(5％＋4％＋8％)＝27～41 元/t(含水率 60％出厂泥)，换算为 12～19 元/t(含水率 80％进泥)。

3. 成本与收益核算

产品生产成本和销售收益决定了下游企业是否需要补贴。在市场行为中，只有新增污泥产业能够获得不低于下游公司原有业务的利润或不低于行业平均利润时，下游产品加工厂商才有主动选择加工污泥基质类产品的意愿。

计算中可简化为：当污泥业务毛利率≥行业平均毛利率时，无需补贴；当污泥业务毛利率＜行业平均毛利率时，其计算方法如下：

$$污泥业务毛利率 = \frac{销售收益 - 生产成本}{销售收益} \times 100\% \tag{8-65}$$

$$补贴需提高毛利率 = 行业平均毛利率 - 污泥业务毛利率 \tag{8-66}$$

$$补贴金额 = 补贴需提高毛利率 \times 销售收益 \tag{8-67}$$

式中，行业平均毛利率这里指制造业毛利率，一般为 10％～30％；补贴金额为生产性补贴（维持企业合理盈利所需补贴），而非激励性补贴（激励企业引入污泥业务、提高企业产业化积极性所需补贴）。

由于污泥产品的特殊性，其销售售价通常较常规产品低，因此存在盈利不足于原有业务或行业平均水平的情况，政府补贴的作用即为补足该部分差价。

（1）基质类产品

1）含水率 60％出厂泥基准

以园林市场为例，经调研，园林用基质产品价格 300～400 元/t；根据现有的污泥园林利用市场化经验，污泥基质售价在 200 元/t 左右，其价格一般是常规产品售价的 60%。综合 8.1.4 节第 1 小节和第 2 小节算例结果见表 8-19。

常规厌氧消化基质类产品销售模式下成本收益核算表（非合建）　　表 8-19

项目	元/t 成品基质（出厂泥）	计算方法
（一）生产成本	187～281	1.1＋1.2
1.1　单位固定成本	160～240	1.1.1＋1.1.2
1.1.1　单位运输费	60～120	
1.1.2　单位综合加工费	100～120	
1.2　单位流动成本	27～41	1.2.1＋1.2.2＋1.2.3
1.2.1　单位管理运行费	8～12	1.1×5%
1.2.2　单位维修折旧费	6～10	1.1×4%
1.2.3　单位税费	13～19	1.1×8%
（二）销售收益	200	市场定价的 60%
（三）合计	−81～13	（二）−（一），正数为盈利，负数为亏损

由表 8-19 可知，产品加工厂商盈利金额为 −81～13 元/t 出厂泥，其毛利率为 −41%～6.5%。由于制造业毛利率一般为 10%～30%，假定污泥制基质类产品毛利率在 30% 以上时，产品加工厂商有主动选择加工污泥基质类产品的意愿，因此政府需要补贴的数额应使毛利率提高 23.5%～71%，即 47～142 元/t（含水率 60% 出厂泥），也是 47～142 元/t 成品基质。

当污泥处理厂内建污泥加工基地，即污泥处理厂同时负责污泥产物的加工、包装和销售时，可省去该处的运输费，则毛利率为 29.5%～41.5%，基本高于 30%，原则上不需运营补贴（见表 8-20）。

常规厌氧消化基质类产品销售模式下成本收益核算表（合建）　　表 8-20

项目	元/t 成品基质（出厂泥）	计算方法
（一）生产成本	117～141	1.1＋1.2
1.1　单位固定成本	100～120	
单位综合加工费	100～120	
1.2　单位流动成本	17～21	1.2.1＋1.2.2＋1.2.3
1.2.1　单位管理运行费	5～6	1.1×5%
1.2.2　单位维修折旧费	4～5	1.1×4%
1.2.3　单位税费	8～10	1.1×8%
（二）销售收益	200	市场定价的 60%
（三）合计	59～83	（二）−（一），正数为盈利，负数为亏损

2）含水率 80% 进泥基准

换算方法同表 8-18。当存在下游公司，单位补贴费用 47～142 元/t（含水率 60% 出厂泥），换算为 15～64 元/t（含水率 80% 进泥）。

（2）添加类产品

1）含水率60%出厂泥基准

根据工程经验，污泥产物制肥料全产业化成本（污泥从出厂到产品，包括固定成本和流动成本）约为100～500元/t成品肥，其中成品肥含水率为20%～30%，添加物料含水率约为10%，则含水率60%的出厂泥约占成品肥重量的20%～40%，取30%换算得，单位产业化成本约333～1667元/t（含水率60%出厂泥）。

以园林市场为例，经调研，园林用商品肥料价格800～1000元/t；根据现有的污泥园林利用市场化经验，污泥普通园林肥料售价约500元/t成品肥，取含水率60%的出厂泥占成品肥重量的30%换算得，售价为1667元/t（含水率60%出厂泥）。综合计算成本与收益，结果见表8-21。

常规厌氧消化肥料类产品销售模式下成本收益核算表（非合建）　　表8-21

项目	元/t成品肥	元/t出厂泥	计算方法
（一）生产成本	100～500	333～1667	
（二）销售收益	500	1667	市场定价的60%
（三）合计	0～400	0～1334	（二）－（一），正数为盈利，负数为亏损

由表8-21可知，污泥制肥基本不会亏损，且利润可观，其可能的毛利率范围为0～80%。毛利率在30%以上，即利润在150元/t成品肥（500元/t出厂泥）以上、生产成本在350元/t成品肥（1167元/t出厂泥）以下时，则政府不需补贴；在最不利情况下，政府补贴的数额最多使毛利率提高30%，约150元/t成品肥，换算为500元/t（含水率60%出厂泥）。

当污泥处理厂内建污泥加工基地，即污泥处理厂同时负责污泥产物的加工、包装和销售时，可省去该处的运输费，其盈亏核算见表8-22，则政府补贴最多使毛利率提高30%－120/1667＝23%，约115元/t成品肥，换算为383元/t（含水率60%出厂泥）。

常规厌氧消化肥料类产品销售模式下成本收益核算表（合建）　　表8-22

项目	元/t成品肥	元/t出厂泥	计算方法
（一）生产成本	82～464	273～1547	
（二）销售收益	500	1667	市场定价的60%
（三）合计	36～418	120～1394	（二）－（一），正数为盈利，负数为亏损

2）含水率80%进泥基准

换算方法同表8-18。单位产业化成本为106～757元/t（含水率80%）。存在下游公司，单位补贴费用0～500元/t（含水率60%出厂泥），换算为0～227元/t（含水率80%进泥）；污泥厂内建污泥加工基地，单位补贴费用0～383元/t（含水率60%出厂泥），换算为0～174元/t（含水率80%进泥）。

8.1.5　全链条成本与收益

常规厌氧消化全链条成本与收益见表8-23。

常规厌氧消化全链条成本及收益　　　　　　　　表 8-23

成本构成	以含水率 80% 进泥计
污泥产生阶段成本	
（一）单位投资成本（万元/t）	污水污泥厂合建：4~7；污泥集中处理：8~17
（二）单位预处理成本（元/t） 污水污泥厂合建时=2.1 污泥集中处理时=2.1+2.2+2.3	污水污泥厂合建：16~29；污泥集中处理：92~174
2.1　单位浓缩成本（元/t） =2.1.1+2.1.2+2.1.3+2.1.4	污水污泥厂合建：16~29；污泥集中处理：14~27
2.1.1　单位电费	7~12
2.1.2　单位药剂费	0.6~2.4
2.1.3　单位修理维护费	污水污泥厂合建：3~6；污泥集中处理：3~5
2.1.4　单位固定资产折旧费	污水污泥厂合建：5~9；污泥集中处理：4~8
2.2　单位脱水成本（元/t） 　　=2.2.1+2.2.2+2.2.3+2.2.4	38~67
2.2.1　单位电费	10
2.2.2　单位药剂费	17~34
2.2.3　单位修理维护费	4~9
2.2.4　单位固定资产折旧费	7~14
2.3　单位运输费（元/t）	40~80
污泥处理阶段成本	
（三）单位投资成本（万元/t）	Ⅰ、Ⅱ、Ⅲ类：17~45；Ⅳ、Ⅴ类：45~77
（四）单位处理成本（元/t） =单位运行成本+4.8	Ⅰ、Ⅱ、Ⅲ类：91~275；Ⅳ、Ⅴ类：174~390
其中：单位运行成本 　　=单位直接运行成本+4.5+4.6+4.7	Ⅰ、Ⅱ、Ⅲ类：68~217；Ⅳ、Ⅴ类：116~290
单位直接运行成本=4.1+4.2+4.3+4.4	38~130
4.1　单位电费	13~21
4.2　单位蒸汽费	0~27
4.3　单位药剂费	25~80
4.4　单位水费	0.3~1.9
4.5　单位修理维护费	Ⅰ、Ⅱ、Ⅲ类：14~37；Ⅳ、Ⅴ类：37~63
4.6　单位工资福利费	Ⅰ、Ⅱ、Ⅲ类：10~30；Ⅳ、Ⅴ类：30~70
4.7　单位管理、销售和其他费用	Ⅰ、Ⅱ、Ⅲ类：6~20；Ⅳ、Ⅴ类：11~26
4.8　单位固定资产折旧费	Ⅰ、Ⅱ、Ⅲ类：22~59；Ⅳ、Ⅴ类：59~100
污泥处置阶段成本	
（五）单位处置成本——场地施用（元/t） =5.1+5.2+5.3	65~363
5.1　单位综合加工费	25~45

续表

成本构成	以含水率80%进泥计		
5.2 单位运输费	32～91		
5.3 单位施用成本	8～227		
（六）单位处置成本——产品销售（元/t）	以含水率80%进泥计	以含水率60%出厂泥计	以产品计
6.1 基质类产品	处理处置分建：15～64；处理处置合建：0	处理处置分建：47～142；处理处置合建：0	处理处置分建：47～142；（24%～71%）处理处置合建：0
6.2 肥料类产品	处理处置分建：0～227；处理处置合建：0～174	处理处置分建：0～500；处理处置合建：0～383	处理处置分建：0～150（0%～30%）；处理处置合建：0～115（0%～23%）

总成本

总计：场地施用模式全成本＝（二）＋（四）＋（五）	污水污泥厂合建：172～782；污泥集中处理：243～912
总计：产品销售模式全成本＝（二）＋（四）＋（六）	以含水率80%进泥计
基质类产品	污水污泥厂合建：107～483；污泥集中处理：178～613
肥料类产品	污水污泥厂合建：107～646；污泥集中处理：178～776

收益

（七）沼气收益（元/t）	以含水率80%进泥计
7.1 沼气发电	夏季：2～60；冬季：0～44
7.2 沼气制天然气	夏季：2～57；冬季：0～41

8.2 污泥"高级厌氧消化＋土地利用"技术路线成本构成与核算

8.2.1 污泥产生阶段

对于污水处理厂与污泥高级厌氧消化处理厂合建的情况，该阶段成本包括浓缩成本和预脱水成本（污泥预脱水指将污泥含水率脱除到热水解系统适合的进泥条件）；对于各污水处理厂污泥运至污泥高级厌氧消化处理厂集中处理的情况，该阶段成本主要包括浓缩成本、脱水成本（含水率由95%降至80%）、运输费。

1. 单位投资成本

计算方法与算例结果同 8.1.1 节第 1 小节。

2. 单位浓缩成本

计算方法与算例结果同 8.1.1 节第 2 小节。

3. 单位脱水成本

脱水成本分为两种情况，污水污泥厂合建时称预脱水成本，污泥集中处理时称脱水成本，后者计算方法与算例结果同 8.1.1 节第 3 小节，前者计算方法如下。

（1）解释说明

1）单位电费

预脱水电单耗的计算方法为：

$$进泥干基量 = 进泥量 \times 进泥含固率 = 进泥量 \times (1 - 进泥含水率) \tag{8-68}$$

$$\begin{aligned}预脱水后质量 &= \frac{进泥干基量}{热水解系统进泥含固率} \\ &= \frac{进泥干基量}{(1 - 热水解系统进泥含水率)}\end{aligned} \tag{8-69}$$

$$预脱除水量 = 进泥量 - 预脱水后质量 \tag{8-70}$$

$$预脱水电耗 = 预脱除水量 \times 脱除单位水的电耗 \tag{8-71}$$

$$预脱水电单耗 = \frac{预脱水电耗}{进泥量(含水率 80\%)} \tag{8-72}$$

式中，热水解系统进泥含水率最佳条件为 83.5%，要求一般范围为 $80\% \sim 85\%$。离心脱水机脱除单位水的电耗均值为 $0.005kWh/kgH_2O$。

2）单位药剂费

以离心脱水机为例，使浓缩污泥含水率降至 85%，絮凝剂 PAM 的投加量约为 $3‰ \sim 5‰$。

单位修理维护费和单位固定资产折旧费计算方法见 8.1.1 节第 2 小节。

（2）算例

1）单位电费

假设预脱水过程中，100t 含水率为 95% 的浓缩污泥脱水至含水率 85%，则含水率 85% 的脱水污泥质量为 33t（折算成含水率 80% 的污泥质量为 25t），需要脱除 67t 水，离心脱水电单耗为：

$67 \times 0.005 \times 1000/25 = 13.33kWh/t$（含水率 80%）

取电单价为 0.667 元/kWh，则单位电费约为 9 元/t（含水率 80%）。

2）单位药剂费

预脱水过程中，100t 含水率为 95% 的浓缩污泥干基量为 5t，离心脱水 PAM 单耗为 $5 \times (3‰ \sim 5‰)/25 = 0.0006 \sim 0.001t/t$（含水率 80%），取 PAM 单价为 21000 元/t，则单位药剂费为 $13 \sim 21$ 元/t（含水率 80%）。

3）单位修理维护费

当污水处理厂与污泥高级厌氧消化处理厂合建，污泥脱水投资成本约 7 万～15 万元/t（含水率 80%），年修理维护费率为 3%，根据式（8-8），单位修理维护费为 6～12 元/t（含水率 80%）。

当各污水处理厂污泥运至污泥高级厌氧消化处理厂集中处理，单位修理维护费同 8.1.1 节第 3 小节，为 4～9 元/t（含水率 80%）。

4）单位固定资产折旧费

当污水处理厂与污泥高级厌氧消化处理厂合建，污泥脱水投资成本约 7 万～15 万元/t（含水率 80%），固定资产综合折旧率为 4.75%，根据式（8-8），单位固定资产折旧费为 9～20 元/t（含水率 80%）。

当各污水处理厂污泥运至污泥高级厌氧消化处理厂集中处理，单位固定资产折旧费同 8.1.1 节第 3 小节，为 7～14 元/t（含水率 80%）。

综上，当污水处理厂与污泥高级厌氧消化处理厂合建时，单位脱水成本为 37～62 元/t（含水率 80%）；当各污水处理厂污泥运至污泥高级厌氧消化处理厂集中处理时，单位脱水成本为 38～67 元/t（含水率 80%）。

4. 单位运输费

计算方法与算例结果同 8.1.1 节第 4 小节。

8.2.2 污泥处理阶段——高级厌氧消化

1. 单位投资成本

高级厌氧消化投资成本为：
$$C_{i-AD} = 60 万～80 万元/t（含水率 80%）$$

2. 单位电费

单位电费计算公式为：
单位电费 =（污泥稀释电单耗＋热水解电耗＋消化池混合搅拌和污泥泵送电单耗
＋污泥消化后压滤脱水电单耗）×电价　　　　　　　　（8-73）

对于污水处理厂与污泥处理厂合建的情况，不存在污泥稀释这一环节，无相应电耗。对于污水处理厂脱水污泥运至污泥处理厂集中处理的情况，应将污泥稀释电耗考虑在内。

（1）解释说明

热水解电耗用于浆化、污泥泵送、蒸汽输送、冷却水输送、臭气干燥冷凝等过程，其电单耗可达 10～19kWh/t（含水率 80%）。

污泥稀释电单耗、消化池混合搅拌和污泥泵送的电耗、污泥消化后压滤脱水的电耗计算方法以及电价标准同常规厌氧消化。

（2）算例

污泥稀释电耗在本算例中忽略不计。

热水解电单耗为 10～19kWh/t（含水率 80%）。

消化池混合搅拌和污泥泵送电耗同常规厌氧消化，约 10～20kWh/t（含水率 80%）。

污泥消化后压滤脱水的电单耗计算得 4.5～5.2kWh/t（含水率 80%）。

由上所述，高级厌氧消化电单耗为 25～44kWh/t（含水率 80%），取电单价为 0.667 元/kWh，则单位电费为 17～29 元/t（含水率 80%）。

3. 单位蒸汽费

计算公式同常规厌氧消化，其中：

耗热量＝热水解系统耗热量＋补充消化池的池盖、池壁和池底热损失的耗热量

产热量＝热水解回收余热＋沼气可供热量

（1）解释说明

1）耗热量

① 热水解系统耗热量

热水解过程包括预热、反应和闪蒸三个阶段，具体步骤为：

a. 待处理污泥和闪蒸蒸汽混合，使污泥温度升高至 80～100℃。污泥温度升高至预热温度所需的热量

$$Q_{T_1} = W_T C_P (T_1 - T_0) \tag{8-74}$$

式中　Q_{T_1} ——热水解进泥温度升高到预热温度的耗热量，kJ/d；

　　　W_T ——热水解进泥量，t/d；

　　　C_P ——污泥比热，4200J/kg℃；

　　　T_0 ——进料温度，℃；

　　　T_1 ——热水解预热温度，℃。

与待处理污泥混合的闪蒸蒸汽量如下：

$$W_1 = \frac{Q_{T_1}}{(h''_{T_3} - h'_{T_1})} \tag{8-75}$$

式中　W_1 ——热水解过程中与进泥混合的闪蒸蒸汽量，t/d；

　　　h''_{T_3} ——温度为 T_3（闪蒸后温度）时的饱和蒸汽的焓热量，J/kg；

　　　h'_{T_1} ——温度为 T_1（预热温度）时水的焓热量，J/kg。

b. 预热污泥和新鲜蒸汽充分混合，混合后的污泥温度达到 130～180℃。反应罐的新鲜蒸汽需求量如下：

$$W_2 = \frac{(W_T + W_1) \times (h'_{T2} - h'_{T1})}{(h''_{TV} - h'_{T2})} \tag{8-76}$$

式中　W_2 ——热水解反应罐的新鲜蒸汽需求量，kg/d；

　　　h'_{T2} ——温度为 T_2（反应温度）时水的焓热量，J/kg；

　　　h''_{TV} ——通入蒸汽焓热量（蒸汽温度为 T_V），J/kg。

热水解系统耗热如下：

$$Q_{THP} = \frac{W_2 \times h''_{TV}}{3600 \times 24} \tag{8-77}$$

式中　Q_{THP}——热水解系统的耗热量，kW。

c. 热水解污泥在缓冲罐中通过泄压完成"闪蒸"过程,压力从 5～10bar 降至 1bar,"闪蒸"过程中,污泥中所含的细胞膜破裂,细胞物质溶出,其他微粒物质也被打碎。

② 补充消化池的池盖、池壁和池底热损失的耗热量

与常规厌氧消化计算方法相同。

2) 产热量

高级厌氧消化产热量包括热水解后回收的热量和沼气可供热量,其中热水解余热只能用来池体保温。

① 热水解余热

热水解后污泥温度为 102℃,需经稀释至含水率 92% 并冷却至 35℃ 后进入厌氧消化罐进行反应,此过程中回收的热量

$$Q_{\text{THP-R}} = \frac{W_D C_P (T_M - T_D)}{3600 \times 24} \tag{8-78}$$

式中　$Q_{\text{THP-R}}$ ——热水解后回收热量,kW;

　　　　W_D ——稀释后质量,即消化池进泥量,t/d;

　　　　C_P ——污泥比热,4200J/kg℃;

　　　　T_D ——消化温度,℃;

　　　　T_M　热水解出泥与稀释水混合后温度,℃。

② 沼气可供热量

与常规厌氧消化计算方法相同。

3) 外源蒸汽量

高级厌氧消化所需热量由热水解回收的余热和沼气锅炉提供,其中热水解回收余热用于补偿池体散热,不能用于锅炉供热。实际情况还应考虑锅炉供热存在的热损失。

当 $Q_{\text{THP-R}} \geqslant Q_{D2}$,热水解回收余热可以完全补偿池体散热:

$$\Delta Q = \frac{Q_{\text{THP}}}{1-\eta} - Q_P \left(\frac{Q_{\text{THP}}}{1-\eta} > Q_P \right) \tag{8-79}$$

当 $Q_{\text{THP-R}} < Q_{D2}$,热水解回收余热不能完全补偿池体散热:

$$\Delta Q = \frac{Q_{\text{THP}} + Q_{D2} - Q_{\text{THP-R}}}{1-\eta} - Q_P \left(\frac{Q_{\text{THP}} + Q_{D2} - Q_{\text{THP-R}}}{1-\eta} > Q_P \right) \tag{8-80}$$

(2) 算例

背景条件同常规厌氧消化。

1) 耗热量

① 热水解系统耗热量

夏季进料温度 $T_0 = 20℃$,冬季进料温度 $T_0 = 10℃$,预热阶段浆化罐温度 $T_1 = 97℃$,反应阶段反应罐温度 $T_2 = 170℃$,闪蒸阶段闪蒸罐温度 $T_3 = 102℃$,预热温度 97℃ 时水的焓热量 $h'_{T_1} = 406185.1 \text{J/kg}$,反应温度 170℃ 时水的焓热量 $h'_{T_2} = 717198.8 \text{J/kg}$,闪蒸后温度 102℃ 时饱和蒸汽的焓热量 $h''_{T_3} = 2677522 \text{J/kg}$,通入 0.7MPa 的蒸汽焓热量 $h''_{T_V} = 2763290 \text{J/kg}$ 。热水解前需预脱水,假设 1000t/d 含水率为 95% 的污泥,经预脱水后的含

水率为 85%，则预脱水后质量为 333.33t/d，即热水解进泥量 $W_T=333.33$t/d。计算得：

夏季时，$Q_{T1}=107800000$kJ/d，$W_1=47.46$t/d，$W_2=57.88$t/d，$Q_{THP}=1851.22$kW。

冬季时，$Q_{T1}=121800000$kJ/d，$W_1=53.62$t/d，$W_2=58.82$t/d，$Q_{THP}=1881.18$kW。

② 补充消化池的池盖、池壁和池底热损失的耗热量

与常规厌氧消化计算方法相同，不同之处在于进泥 VS/TS 不同将导致热水解 VS 水解量的差异，从而影响厌氧消化进泥量。因此列表讨论不同进泥 VS/TS 情况下夏季和冬季的耗热量（见表 8-24）。

高级厌氧消化不同进泥 VS/TS 和季节下的耗热量　　　　　表 8-24

	夏季	冬季	夏季	冬季	夏季	冬季	夏季	冬季	夏季	冬季
VS/TS（%）	35		40		50		60		70	
进泥干基量（tDS/d）	50		50		50		50		50	
热水解有机质水解率（%）	35		35		35		35		35	
热水解 VS 水解量（t/d）	6.13		7.00		8.75		10.50		12.25	
热水解后 TS 量（t/d）	43.88		43.00		41.25		39.50		37.75	
厌氧消化进泥含水率（%）	92		92		92		92		92	
厌氧消化进泥量（t/d）	548.44		537.50		515.63		493.75		471.88	
厌氧消化总有效容积（m³）	13710.94		13437.50		12890.63		12343.75		11796.88	
厌氧消化罐数量（个）	4		4		4		4		4	
单个厌氧罐有效容积（m³）	3427.73		3359.38		3222.66		3085.94		3932.29	
厌氧罐地面高度（m）	15		15		15		15		15	
厌氧罐直径（m）	17.06		16.89		16.54		16.19		18.27	
单个厌氧罐池盖/池底表面积（m²）	228.52		223.96		214.84		205.73		262.15	
单个厌氧罐池壁表面积（m²）	803.61		795.55		779.20		762.49		860.72	
厌氧消化温度（℃）	35		35		35		35		35	
室外气温（℃）	30	−2	30	−2	30	−2	30	−2	30	−2
土壤温度（℃）	18	1	18	1	18	1	18	1	18	1
池盖耗热量（kW）	1.28	9.47	1.25	9.28	1.20	8.90	1.15	8.53	1.47	10.86
池壁地面上部分耗热量（kW）	3.9	29.1	3.9	28.8	3.8	28.3	3.7	27.6	4.2	31.2
池底耗热量（kW）	2.8	5.7	2.8	5.5	2.7	5.3	2.5	5.1	3.2	6.5
单座池体散热量（kW）	8.05	44.26	7.92	43.67	7.68	42.47	7.43	41.27	8.93	48.56
总池体散热量（kW）	32.18	177.06	31.70	174.68	30.72	169.90	29.74	165.06	26.79	145.69

由表 8-24 可知，夏季池体散热量约 26～32kW，冬季池体散热量约 145～177kW。

2）产热量

① 热水解余热

列表计算冷却稀释过程可回收的多余热量（见表 8-25）。

	夏季	冬季	夏季	冬季	夏季	冬季	夏季	冬季	夏季	冬季
VS/TS（%）	35		40		50		60		70	
预脱水后质量（t/d）	333.33		333.33		333.33		333.33		333.33	
反应罐新鲜蒸汽量 W_2（t/d）	57.88	58.82	57.88	58.82	57.88	58.82	57.88	58.82	57.88	58.82
热水解后质量（t/d）	391.22	392.15	391.22	392.15	391.22	392.15	391.22	392.15	391.22	392.15
热水解后 TS 量（t/d）	43.88		43.00		41.25		39.50		37.75	
稀释后/厌氧消化进泥含水率（%）	92		92		92		92		92	
稀释后/厌氧消化进泥量 W_D（t/d）	548.44		537.50		515.63		493.75		471.88	
稀释水量（t/d）	157.22	156.29	146.28	145.35	124.41	123.47	102.53	101.60	80.66	79.72
热水解后污泥温度（℃）	102		102		102		102		102	
稀释水温度（℃）	20	10	20	10	20	10	20	10	20	10
混合后温度 T_M（℃）	78	76	80	77	82	80	85	83	88	86
厌氧消化温度 T_D（℃）	35		35		35		35		35	
多余热量 $Q_{THP\text{-}R}$（kW）	1159.53	1087.29	1167.50	1100.58	1183.45	1127.17	1199.40	1153.75	1215.35	1180.33

高级厌氧消化冷却稀释过程可回收的多余热量　表 8-25

② 沼气可供热量

算例见表 8-26。VS 去除率根据文献调研而得。

高级厌氧消化沼气产热量计算过程　表 8-26

编号	参数名称	参数值				
A	VS/TS（%）	35	40	50	60	70
B	VS 去除率（%）	36.25	40	50	55	62
C	日进泥量（tDS/d）	50	50	50	50	50
D=A·B·C/10000	总 VS 去除量（t/d）	6.34	8.00	12.50	16.50	21.70
E=D·0.8×1000	沼气产量（m³/d）	5075.00	6400.00	10000.00	13200.00	17360.00
F=E·23/3.6/24	沼气产热量（kW）	1350.98	1703.70	2662.04	3513.89	4621.30

3）外源蒸汽量

假定锅炉供热存在 10% 的热损失，基于上述耗热量计算，得出锅炉供热量见表 8-27。其中热水解余热均能够补偿池体散热量，因此实际需热量即为热水解系统耗热量。

高级厌氧消化锅炉供热量计算过程　表 8-27

		VS/TS（%）	35	40	50	60	70
夏季（单位：kW）	Q_{THP}	热水解系统耗热量	1851.22	1851.22	1851.22	1851.22	1851.22
	Q_{D2}	池体散热量	32.18	31.70	30.72	29.74	26.79
	$Q_{THP\text{-}R}$	热水解余热	1159.53	1167.50	1183.45	1199.40	1215.35
	Q_{THP}	实际需热量	1851.22	1851.22	1851.22	1851.22	1851.22
	$Q_{THP}/(1-10\%)$	锅炉供热量（10%热损失）	2056.91	2056.91	2056.91	2056.91	2056.91

		VS/TS（%）	35	40	50	60	70
冬季 （单位： kW）	Q_{THP}	热水解系统耗热量	1881.88	1881.88	1881.88	1881.88	1881.88
	Q_{D2}	池体散热量	177.06	174.68	169.90	165.06	145.69
	Q_{THP-R}	热水解余热	1087.29	1100.58	1127.17	1153.75	1180.33
	Q_{THP}	实际需热量	1881.88	1881.88	1881.88	1881.88	1881.88
	$Q_{THP}/(1-10\%)$	锅炉供热量 （10%热损失）	2090.20	2090.20	2090.20	2090.20	2090.20

分别讨论夏季和冬季进泥不同 VS 含量下的外源蒸汽需求情况见表 8-28。经试算得，夏季和冬季时，高级厌氧消化进泥 VS/TS>45% 将无需外源蒸汽。

高级厌氧消化热量衡算表　　　　　　　　　　表 8-28

季节	编号	VS/TS（%）	35	40	50	60	70
夏季 （单位：kW）	A	沼气产热量	1350.98	1703.70	2662.04	3513.89	4621.30
	B	锅炉供热量	2056.91	2056.91	2056.91	2056.91	2056.91
	C=B−A	外源蒸汽热量	705.93	353.21	—	—	—
	D=A−B	剩余沼气热量	—	—	605.13	1456.98	2564.39
冬季 （单位：kW）	A	沼气产热量	1350.98	1703.70	2662.04	3513.89	4621.30
	B	锅炉供热量	2090.20	2090.20	2090.20	2090.20	2090.20
	C=B−A	外源蒸汽热量	739.22	386.50	—	—	—
	D=A−B	剩余沼气热量	—	—	571.83	1423.68	2531.09

以夏季和冬季进泥 VS/TS 为 35% 和 40% 为例计算外源蒸汽费。取外源蒸汽单价为 300 元/t，计算过程如下：

夏季进泥 VS/TS 为 35% 时，外源蒸汽量为 22.07t/d，外源蒸汽单耗为 0.09t/t（含水率 80%），外源蒸汽单位成本为 27 元/t（含水率 80%）；进泥 VS/TS 为 40% 时，外源蒸汽量为 11.04t/d，外源蒸汽单耗为 0.04t/t（含水率 80%），外源蒸汽单位成本为 13 元/t（含水率 80%）。

冬季进泥 VS/TS 为 35% 时，外源蒸汽量为 23.11t/d，外源蒸汽单耗为 0.09t/t（含水率 80%），外源蒸汽单位成本为 28 元/t（含水率 80%）；进泥 VS/TS 为 40% 时，外源蒸汽量为 12.08t/d，外源蒸汽单耗为 0.05t/t（含水率 80%），外源蒸汽单位成本为 15 元/t（含水率 80%）。

4. 单位药剂费

高级厌氧消化药耗包括压滤深度脱水药耗、除臭和沼气脱硫药耗和沼液处理药耗，计算公式如下：

单位药剂费 ＝深度脱水药剂单耗×深度脱水药剂单价＋除臭药剂单耗

　　　　　×除臭药剂单价＋脱硫药剂单耗×脱硫药剂单价＋沼液处理药剂单耗

　　　　　×沼液处理药剂单价　　　　　　　　　　　　　　　　　　（8-81）

(1) 解释说明

1）压滤深度脱水药剂

药剂投加比与常规厌氧消化相同。

2）除臭和沼气脱硫药剂

高级厌氧消化除臭和沼气脱硫单位成本约为 20 元/t（含水率 80%）。

3）沼液处理药剂

高级厌氧消化如氮磷浓度过高需单独处理，处理工艺包括混凝沉淀预处理、厌氧氨氧化、膜浓缩、氨汽提等。以厌氧氨氧化为例，沼液处理单位成本为 20 元/t（含水率 80%）。

（2）算例

压滤深度脱水阶段，铁盐采用 38% 的三氯化铁，投加量为污泥干重的 8%，单价为 720 元/t；PAM 投加量为污泥干重的 2‰，单价为 21000 元/t。总药剂单位成本及其明细见表 8-29。

高级厌氧消化单位药剂费计算过程　　　　　　表 8-29

VS/TS（%）	35	40	50	60	70
消化后干基（t/d）	43.66	42.00	37.50	33.50	28.30
压滤铁盐投加量（t/d）	3.49	3.36	3.00	2.68	2.26
压滤铁盐单耗（kg/t）	13.97	13.44	12.00	10.72	9.06
压滤铁盐单位成本（元/t）（含水率 80%）	26.47	25.47	22.74	20.31	17.16
压滤 PAM 投加量（kg/d）	87.31	84.00	75.00	67.00	56.60
压滤 PAM 单耗（kg/t）	0.35	0.34	0.30	0.27	0.23
压滤 PAM 单位成本（元/t）（含水率 80%）	7.33	7.06	6.30	5.63	4.75
除臭+沼气脱硫单位成本（元/t）（含水率 80%）	20	20	20	20	20
沼液处理单位成本（元/t）（含水率 80%）	20	20	20	20	20
总药剂单位成本（元/t）（含水率 80%）	73.80	72.52	69.04	65.94	61.94

5. 单位水费

计算方法同常规厌氧消化。

6. 单位修理维护费

计算方法同常规厌氧消化。

根据高级厌氧消化单位投资成本，计算得：

高级厌氧消化单位修理维护费 = 49～66 元/t（含水率 80%）。

7. 单位工资福利费

计算方法同常规厌氧消化。

以污泥（含水率 80%）处理规模 1000t/d 的常规厌氧消化工程为例，其运行人员编制设计见表 8-30，共 56 人。薪资水平取 2019 年全国城镇非私营单位就业人员人均年工资

90501 元，则单位工资福利费＝56×90501/365/1000＝14 元/t（含水率 80%）。

高级厌氧消化工程劳动人员编制（处理规模 1000t/d）　　　　表 8-30

岗位名称		全厂人数（人）	四班三倒人数（人）	
		总计	每班人数	合计
运行部	预处理、浓缩和预脱水工段	8	2	8
	热水解和消化工段	4	1	4
	沼气处理和锅炉工段	4	1	4
	板框脱水工段	16	4	16
	配电和动力	8	2	8
	除臭工段	4	1	4
	中控室	8	2	8
管理部		4		
总计		56	13	52

8. 单位管理、销售和其他费用

计算方法同常规厌氧消化。

汇总上述算例的成本计算结果，取综合费率 10%，计算过程和结果见表 8-31。高级厌氧消化的单位管理、销售和其他费用为 15~33 元/t（含水率 80%）。

高级厌氧消化单位运行成本计算表　　　　表 8-31

成本构成	高级厌氧消化
①单位电费（元/t）	17~29
②单位蒸汽费（元/t）	0~28
③单位药剂费（元/t）	铁盐＋PAM：53~91；铁盐＋石灰：61~107
④单位水费（元/t）	0.3~1.9
单位直接运行成本（元/t） ①＋②＋③＋④	70~166
⑤单位修理维护费（元/t）	49~66
⑥单位工资福利费（元/t）	10~70
⑦单位管理、销售和其他费用（元/t）	13~30

9. 单位固定资产折旧费

计算方法同常规厌氧消化。

取固定资产综合折旧率为 4.75%，根据高级厌氧消化单位投资成本，计算得：

高级厌氧消化单位固定资产折旧费＝78~104 元/t（含水率 80%）。

10. 单位沼气收益

取电单价为 0.667 元/kWh，天然气单价为 2 元/Nm³，高级厌氧消化在不同进泥条件下夏季和冬季沼气收益计算过程和结果见表 8-32 和表 8-33。

高级厌氧消化夏季沼气收益　　　　　表 8-32

	VS/TS(%)	35	40	50	60	70
A	日进泥量(tDS/d)	50	50	50	50	50
B(见表1-27)	剩余沼气热量(kW)	—	—	605.13	1456.98	2564.39
C=B·3.6×24/23	剩余沼气量/沼气净产量(Nm³/d)	—	—	2273.17	5473.17	9633.17
沼气用于发电 D=C·2	沼气发电量(kWh/d)			4546.35	10946.35	19266.35
E=D/(A/20%)	单位污泥沼气发电量(kWh/t)			18.19	43.79	77.07
F=D·0.667	沼气发电收益(元/d)			3032.41	7301.21	12850.65
G=F/(A/20%)	单位污泥沼气发电收益(元/t)(含水率80%)			12.13	29.20	51.40
沼气用于制天然气 D=C·60/95	可制天然气量(Nm³/d)			1435.69	3456.74	6084.11
E=D/(A/20%)	单位污泥制天然气量(Nm³/t)			5.74	13.83	24.34
F=D·2	天然气收益(元/d)			2871.38	6913.48	12168.22
G=F/(A/20%)	单位污泥制天然气收益(元/t)(含水率80%)			11.49	27.65	48.67

高级厌氧消化冬季沼气收益　　　　　表 8-33

	VS/TS(%)	35	40	50	60	70
A	日进泥量(tDS/d)	50	50	50	50	50
B(见表1-27)	剩余沼气热量(kW)	—	—	571.83	1423.68	2531.09
C=B·3.6×24/23	剩余沼气量/沼气净产量(Nm³/d)	—	—	2148.10	5348.10	9508.10
沼气用于发电 D=C·2	沼气发电量(kWh/d)			4296.20	10696.20	19016.20
E=D/(A/20%)	单位污泥沼气发电量(kWh/t)			17.18	42.78	76.06
F=D·0.667	沼气发电收益(元/d)			2865.57	7134.37	12683.81
G=F/(A/20%)	单位污泥沼气发电收益(元/t)(含水率80%)			11.46	28.54	50.74
沼气用于制天然气 D=C·60/95	可制天然气量(Nm³/d)			1356.70	3377.75	6005.12
E=D/(A/20%)	单位污泥制天然气量(Nm³/t)			5.43	13.51	24.02
F=D·2	天然气收益(元/d)			2713.39	6755.50	12010.23
G=F/(A/20%)	单位污泥制天然气收益(元/t)(含水率80%)			10.85	27.02	48.04

8.2.3　污泥处置阶段——场地施用模式

1. 单位综合加工费

计算方法同常规厌氧消化。

（1）含水率 60％出厂泥基准

取 80～100 元/t（含水率 60％出厂泥）。

（2）含水率 80％进泥基准

计算口径的换算过程见表 8-34。单位加工费在 23～44 元/t（含水率 80％）。

高级厌氧消化单位综合加工费计算口径换算　　　　表 8-34

	VS/TS	35	40	50	60	70
A	日进泥量（tDS/d）	50	50	50	50	50
B	消化后干基（t/d）	43.66	42.00	37.50	33.50	28.30
C=B/40％	出厂泥质量（t/d）（含水率 60％）	109.14	105.00	93.75	83.75	70.75
80 元/t 出厂泥　D=C·80/（A/20％）	单位综合加工费（元/t）（含水率 80％）	34.93	33.60	30.00	26.80	22.64
100 元/t 出厂泥　E=C·100/（A/20％）	单位综合加工费（元/t）（含水率 80％）	43.66	42.00	37.50	33.50	28.30

2. 单位运输费

计算方法同常规厌氧消化。

（1）含水率 60％出厂泥基准

取 100～200 元/t（含水率 60％出厂泥）。

（2）含水率 80％进泥基准

换算方法同表 8-34，单位运输费为 28～87 元/t（含水率 80％）。

3. 单位施用成本

计算方法同常规厌氧消化。

（1）含水率 60％出厂泥基准

同常规厌氧消化，25～500 元/t（含水率 60％出厂泥）。

（2）含水率 80％进泥基准

换算方法同表 8-34，单位施用成本为 7～218 元/t（含水率 80％）。

8.2.4　污泥处置阶段——产品销售模式

1. 单位固定成本

（1）单位运输费

计算方法同常规厌氧消化。

同常规厌氧消化，60～120 元/t（含水率 60％出厂泥）换算为 17～52 元/t（含水率 80％进泥）。

（2）单位综合加工费

计算方法同常规厌氧消化。

以基质类产品为例：

同常规厌氧消化，100～120元/t（含水率60%出厂泥）换算为28～52元/t（含水率80%进泥）。

2. 单位流动成本

计算方法同8.1.4节第2小节。

同8.1.4节第2小节，27～41元/t（含水率60%出厂泥）换算为12～18元/t（含水率80%进泥）。

3. 成本与收益核算

计算方法同常规厌氧消化。

（1）基质类产品

当存在下游公司，政府需要补贴的数额为47～142元/t（含水率60%出厂泥），换算为13～62元/t（含水率80%进泥）。

（2）肥料类产品

当污泥处理厂出泥需要运至下游公司，单位补贴费用0～500元/t（含水率60%出厂泥），换算为0～218元/t（含水率80%进泥）；当污泥处理厂内建污泥加工基地，单位补贴费用0～383元/t（含水率60%出厂泥），换算为0～167元/t（含水率80%进泥）。

8.2.5 全链条成本与收益

高级厌氧消化＋土地利用全链条成本与收益见表8-35。

高级厌氧消化＋土地利用全链条成本及收益 表8-35

成本构成	以含水率80%进泥计
污泥产生阶段成本	
（一）单位投资成本（万元/t）	污水污泥厂合建：11～22；污泥集中处理：8～17
（二）单位预处理成本（元/t） 污水污泥厂合建时＝2.1＋2.2 污泥集中处理时＝2.1＋2.2＋2.3	污水污泥厂合建：53～91；污泥集中处理：92～174
2.1 单位浓缩成本（元/t） ＝2.1.1＋2.1.2＋2.1.3＋2.1.4	污水污泥厂合建：16～29；污泥集中处理：14～27
2.1.1 单位电费	7～12
2.1.2 单位药剂费	0.6～2.4
2.1.3 单位修理维护费	污水污泥厂合建：3～6；污泥集中处理：3～5
2.1.4 单位固定资产折旧费	污水污泥厂合建：5～9；污泥集中处理：4～8
2.2 单位脱水成本（元/t） ＝2.2.1＋2.2.2＋2.2.3＋2.2.4	污水污泥厂合建：37～62；污泥集中处理：38～67
2.2.1 单位电费	污水污泥厂合建：9；污泥集中处理：10
2.2.2 单位药剂费	污水污泥厂合建：13～21；污泥集中处理：17～34
2.2.3 单位修理维护费	污水污泥厂合建：6～12；污泥集中处理：4～9
2.2.4 单位固定资产折旧费	污水污泥厂合建：9～20；污泥集中处理：7～14
2.3 单位运输费（元/t）	40～80

续表

成本构成	以含水率80%进泥计		
污泥处理阶段成本			
（三）单位投资成本（万元/t）	60~80		
（四）单位处理成本（元/t） ＝单位运行成本＋4.8	221~436		
其中：单位运行成本 ＝单位直接运行成本＋4.5＋4.6＋4.7	143~332		
单位直接运行成本＝4.1＋4.2＋4.3＋4.4	70~166		
4.1 单位电费	17~29		
4.2 单位蒸汽费	0~28		
4.3 单位药剂费	53~107		
4.4 单位水费	0.3~1.9		
4.5 单位修理维护费	49~66		
4.6 单位工资福利费	10~70		
4.7 单位管理、销售和其他费用	13~30		
4.8 单位固定资产折旧费	78~104		
污泥处置阶段成本			
（五）单位处置成本——场地施用（元/t） ＝5.1＋5.2＋5.3	58~349		
5.1 单位综合加工费	23~44		
5.2 单位运输费	28~87		
5.3 单位施用成本	7~218		
（六）单位处置成本——产品销售（元/t）	以含水率80% 进泥计	以含水率60% 出厂泥计	以产品计
6.1 基质类产品	处理处置分建： 13~62； 处理处置合建：0	处理处置分建： 47~142； 处理处置合建：0	处理处置分建： 47~142 （24%~71%）； 处理处置合建：0
6.2 肥料类产品	处理处置分建： 0~218； 处理处置合建： 0~167	处理处置分建： 0~500； 处理处置合建： 0~383	处理处置分建： 0~150 （0%~30%）； 处理处置合建： 0~115 （0%~23%）
总成本			
总计：场地施用模式全成本 ＝（二）＋（四）＋（五）	污水污泥厂合建：332~876； 污泥集中处理：366~945		
总计：产品销售模式全成本 ＝（二）＋（四）＋（六）	以含水率80%进泥计		
基质类产品	污水污泥厂合建：274~589； 污泥集中处理：308~658		
肥料类产品	污水污泥厂合建：274~745； 污泥集中处理：308~814		
（七）沼气收益（元/t）	以含水率80%进泥计		
7.1 沼气发电	0~51		
7.2 沼气制天然气	0~49		

8.3 污泥"好氧发酵＋土地利用"技术路线成本构成与核算

8.3.1 污泥产生阶段

对于污水处理厂与污泥好氧发酵处理厂合建的情况，该阶段成本包括浓缩成本和脱水成本；对于各污水处理厂污泥运至污泥高级厌氧消化处理厂集中处理的情况，该阶段成本主要包括浓缩成本、脱水成本、运输费。

1. 单位投资成本

计算方法与算例结果同 8.1.1 节第 1 小节。

2. 单位浓缩成本

计算方法与算例结果同 8.1.1 节第 2 小节。

3. 单位脱水成本

计算方法与算例结果同 8.1.1 节第 3 小节。

4. 单位运输费

计算方法与算例结果同 8.1.1 节第 4 小节。

8.3.2 处理阶段——好氧发酵

1. 单位投资成本

好氧发酵的投资成本与工程规模、工艺类型、机械化和自动化水平、设备国产化率等相关。根据《城镇污水处理厂污泥处理处置污染防治最佳可行技术指南（试行）》（环境保护部，2010 年 2 月）给出的参考数据，"一般情况下，设计完整的污泥好氧发酵系统的投资为 30 万～50 万元/t（80％含水率）。"根据公式，以目标年为基期进行可比价调整：

$$F = P(1+i)^n \tag{8-82}$$

其中，F 为未来某目标年的值，P 为现值，i 为贴现率，n 为年份差。

以 2020 年为基期，结合 2010 年以来央行人民币存款基准利率浮动情况，取 2％作为基准贴现率；结合 2010 年以来中国居民消费价格指数浮动情况，取 2％以平减因通货膨胀带来的物价波动，则 $i=2\%+2\%=4\%$，$n=10$。带入式（8-82）得，好氧发酵投资成本为（不含征地费）：$C_{i-AF}=44$ 万～74 万元/t（含水率 80％）。

2. 单位电费

电耗主要为设备运行产生，涉及的设备包括混料单元设备（料仓、皮带输送机、混料机等）、离心风机、罗茨风机和翻抛机等，其中翻抛机可以由电机或柴油驱动。单位电费计算公式为：

$$单位电费 = 各单元电单耗之和 \times 电价 \tag{8-83}$$

（1）解释说明

好氧发酵电单耗一般为 30～60kWh/t（含水率 80％），一般除臭单元的电耗比例最大，其次是发酵单元和混料单元。

（2）算例

取电价为 0.667 元/kWh，则单位电费为 20～40 元/t（含水率 80%）。

3. 单位辅料费

污泥好氧发酵一般添加辅料或返混料以调节物料含水率、孔隙率和碳氮比等，便于启动发酵以及促进发酵过程顺利完成。单位辅料费计算公式为：

$$单位辅料费 ＝ 辅料单耗 \times 辅料单价 \tag{8-84}$$

（1）解释说明

辅料费在直接运行成本中占比较高。辅料可采用碎秸秆、木屑、锯末、花生壳粉、蘑菇土、园林修剪物等有机废弃物，其市场价格存在地区性和季节性波动，应根据当地市场情况制定合理价格区间。常用辅料单耗（投加比）参考：

秸秆：0.25～0.3t/t（含水率 80%）；

麦糠：0.35t/t（含水率 80%）；

玉米芯：0.2～0.3t/t（含水率 80%）。

（2）算例

以玉米芯为例，其收购单价在 400～600 元/t 不等，则单位辅料费为 80～180 元/t（含水率 80%）。

4. 单位菌剂费

为了促进好氧发酵，在发酵过程中需投加菌剂，能够提高污泥发酵升温速度、缩短发酵周期。单位菌剂费计算公式为：

$$单位菌剂费 ＝ 菌剂单耗 \times 菌剂单价 \tag{8-85}$$

菌剂种类、价格各异，菌剂单耗参考范围约 2.7～3.2kg/t。

取菌剂单价为 1.1 元/kg，则单位菌剂费为 2.9～3.5 元/t（含水率 80%）。

5. 单位药剂费

主要用于除臭系统，包括阻垢剂、吸附剂、生物滤池填料等。计算公式为：

$$单位药剂费 ＝ \Sigma（药剂单耗 \times 药剂单价） \tag{8-86}$$

（1）解释说明

阻垢剂用于工艺洗涤塔中循环喷淋，主要吸收氨气；吸附剂用于去除 VOCs，一般用活性炭；生物滤池填料可采用树叶、树皮、木屑、土壤、泥炭等。药剂消耗量视除臭工艺而定。

（2）算例

以强化工艺"化学洗涤＋活性炭吸附"为例，消耗比例和单价参考如下：

阻垢剂单耗 11～16L/t（含水率 80%），阻垢剂单价 400 元/t，则单位阻垢剂成本为 4.4～6.4 元/t（含水率 80%）；

吸附剂单耗 3～4kg/t（含水率 80%），吸附剂单价 4000 元/t，则单位吸附剂成本为 12～16 元/t（含水率 80%）；

单位药剂费合计 16～22 元/t（含水率 80%）。

6. 单位水费

计算公式同 8.1.2 节第 5 小节。

（1）解释说明

厂区内用水消耗包括生产、生活及消防用水，水耗与除臭工艺有很大关系。若除臭段采用传统生物滤池工艺，则用水量约为 0.05～0.3t/t（含水率 80%）；若除臭段采用化学洗涤工艺，则尾气处理的喷淋环节耗水较多，单耗约 20～25t/t（含水率 80%），可以用中水，泥水共建的厂该项目成本可以不计。

（2）算例

若采用传统生物滤池除臭工艺，取自来水费为 4.64 元/t，则单位水费为 0.2～1.4 元/t（含水率 80%）；若采用化学洗涤除臭工艺，假设全部使用中水，取中水水费为 1 元/t，则单位水费可高达 20～25 元/t（含水率 80%）。

7. 单位油费

在好氧发酵工程运行中，物料的上堆、下堆和返混料转运等工作，都涉及自卸车和运输车燃油的消耗；此外，油料还为部分设备提供动力，如由柴油驱动的翻抛机。单位油费计算公式为：

$$单位油费 = 油单耗 \times 油单价 \tag{8-87}$$

（1）解释说明

单位油耗一般为 1.0～1.5L/t（含水率 80%）。

油单价可以 0 号柴油市场价为准取值。

（2）算例

各地 0 号柴油市场价波动在 5.0～5.3 元/L，则单位油费约为 5～8 元/t（含水率 80%）。

8. 单位修理维护费

计算方法见 8.1.2 节第 6 小节。

根据好氧发酵单位投资成本，计算得：

好氧发酵单位修理维护费＝36～61 元/t（含水率 80%）。

9. 单位工资福利费

计算方法见 8.1.2 节第 7 小节。

（1）解释说明

参照表 8-36，根据污泥好氧发酵处理厂规模配置劳动定员。

污泥好氧发酵处理厂劳动定员　　　　　　　　　　表 8-36

规模	额定日处理能力（t/d）	劳动定员（人）
Ⅰ类	800 以上	≥40
Ⅱ类	400～800	40

规模	额定日处理能力（t/d）	劳动定员（人）
Ⅲ类	200～400	30
Ⅳ类	100～200	25
Ⅴ类	50～100	20
Ⅵ类	10～50	15

注：1. 额定日处理能力指脱水污泥（含水率80%）的日处理量，表中数值范围含下限、不含上限；

　　2. 表中Ⅰ类劳动定员是下限，可根据处理规模合理增加，其余规模是上限值；

　　3. 表中数据不包含发酵成品深加工处理工序需要的人员及湿污泥与发酵成品运输需要的人员；

　　4. 污泥处理厂与污水处理厂合建时劳动定员可减少。

（2）算例

根据表 8-36 以 2019 年全国城镇非私营单位就业人员人均年工资 90501 元为基准，计算好氧发酵单位工资福利费一般在 12～90 元/t（含水率80%）。

以污泥（含水率80%）处理规模 600t/d 的好氧发酵工程为例，其运行人员编制设计见表 8-37，共 38 人，其中堆肥班组、翻抛班组和设备科班制为三班两运转，曝气班组班制为四班一运转。薪资水平取 2019 年全国城镇非私营单位就业人员人均年工资 90501 元，则单位工资福利费＝38×90501/365/600＝16 元/t（含水率80%）。

好氧发酵工程劳动人员编制（处理规模 600t/d）　　　表 8-37

工种名称	使用设备	操作内容	定员数	人员配置小计
计量	汽车衡	车辆过磅及记录	1人/班	/
堆肥工	计算机等	中控室控制布料	3人/班	9人
堆肥巡检	/	与堆肥工配合巡回检查及物料取样	1人/班	3人
曝气工	计算机等	中控室控制曝气	1人/班	4人
曝气巡检	/	曝气设备巡检及排放口取样	1人/班	4人
翻抛工	翻抛机	对堆体翻抛	2人/班	6人
装载机工	装载机	厂内物料转运	2人/班	6人
机械工	机械工具	设备、管线等维护保养	1人/班	3人
电仪工	电工工具	电气设备、仪控系统等维修和管理	1人/班	3人
合计				38人

10. 单位管理、销售和其他费用

计算方法见 8.1.2 节第 8 小节。

好氧发酵单位直接运行成本 ＝单位电费＋单位辅料费＋单位菌剂费

＋单位药剂费＋单位水费＋单位油费　　（8-88）

汇总上述算例的成本计算结果，取综合费率10%，计算过程和结果见表 8-38。好氧发酵的单位管理、销售和其他费用为 17～41 元/t（含水率80%）。

好氧发酵单位运行成本计算表 表 8-38

成本构成	好氧发酵
①单位电费（元/t）	20～40
②单位辅料费（元/t）	80～180
③单位菌剂费（元/t）	2.9～3.5
④单位药剂费（元/t）	16～22
⑤单位水费（元/t）	0.2～1.4
⑥单位油费（元/t）	5～8
单位直接运行成本（元/t）①+②+③+④+⑤+⑥	124～255
⑦单位修理维护费（元/t）	36～61
⑧单位工资福利费（元/t）	12～90
⑨单位管理、销售和其他费用（元/t）	17～41

11. 单位固定资产折旧费

计算方法见 8.1.2 节第 9 小节。

取固定资产综合折旧率为 4.75%，根据好氧发酵单位投资成本，计算得：

好氧发酵单位固定资产折旧费＝57～96 元/t（含水率 80%）。

8.3.3 处置阶段——场地施用模式

1. 单位综合加工费

计算方法同厌氧消化。

（1）算例

1）含水率 35% 出厂泥基准

好氧发酵出厂泥含水率一般应低于 40%，取含水率为 35%，单位综合加工费同厌氧消化，为 80～100 元/t（含水率 35% 出厂泥）。

2）含水率 80% 进泥基准

好氧发酵计算口径的换算需要通过物料平衡计算确定，计算过程如下：

假设污泥处理量为 600t/d（含水率 80%），首先假定污泥、辅料和返料的含水率及有机物含量，其中污泥含水率不宜高于 80%，有机物含量（VS/TS）不宜低于 40%；辅料含水率不宜高于 30%，有机物含量不宜低于 60%；返料含水率不应高于 40%；混合物料含水率应为 55%～65%，有机物含量不应低于 40%；好氧发酵产品含水率应小于 40%。假设辅料投加比例为 25%，发酵成品返料投加比例为 50%，物料平衡计算见表 8-39。

好氧发酵物料平衡计算 表 8-39

物料	质量 W（t/d）	含水率 ω	干固体 TS（t/d）	有机物含量 ω'	有机物 VS（t/d）
污泥	600	80%	120	50%	60.00
辅料	150	20%	120	70%	84.00
返料	300	35%	195	35%	68.25
混合物料	1050	59%	435	49%	212.25

① 有机物去除量计算

$$\frac{VS_0 - VS_{去除}}{TS_0 - VS_{去除}} = \omega'_e \tag{8-89}$$

式中　TS_0——混合物料中的干固体质量，t/d；

　　　VS_0——混合物料中的有机物质量，t/d；

　　$VS_{去除}$——有机物去除质量，t/d；

　　　ω'_e——好氧发酵出料的有机物含量（干基）。

将表 8-39 中的数据代入式（8-89），得：

$$\frac{212.25 - VS_{去除}}{435 - VS_{去除}} = 35\%$$

$$VS_{去除} = 92.31t/d$$

② 水分挥发量计算

$$\frac{TS_0 - VS_{去除}}{W_0 - VS_{去除} - w_{去除}} = 1 - \omega_e \tag{8-90}$$

式中　W_0——混合物料质量，t/d；

　　$w_{去除}$——水分去除质量，t/d；

　　　ω_e——好氧发酵出料的含水率。

将表 8-39 中的数据代入式（8-90），得：

$$\frac{435 - 92.31}{1050 - 92.31 - w_{去除}} = 1 - 35\%$$

$$w_{去除} = 430.47t/d$$

物料平衡图如图 8-3 所示。

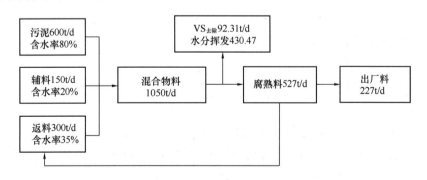

图 8-3　好氧发酵物料平衡图

综上，80～100 元/t（含水率 35% 出厂泥）换算为 30～38 元/t（含水率 80%）。

2. 单位运输费

计算方法同厌氧消化。

（1）含水率 35% 出厂泥基准

取 100～200 元/t（含水率 35％出厂泥）。

（2）含水率 80％进泥基准

换算方法同 8.3.3 节第 1 小节，单位运输费在 38～76 元/t（含水率 80％）。

3. 单位施用成本

计算方法同厌氧消化。

（1）含水率 35％出厂泥基准

取 25～500 元/t（含水率 35％出厂泥）。

（2）含水率 80％进泥基准

单位施用成本为 9～189 元/t（含水率 80％）。

8.3.4　处置阶段——产品销售模式

1. 单位固定成本

（1）单位运输费

计算方法同厌氧消化。

取值同厌氧消化，60～120 元/t（含水率 35％出厂泥）换算为 23～45 元/t（含水率 80％进泥）。

（2）单位综合加工费

计算方法同常规厌氧消化。

以基质类产品为例：

取值同厌氧消化，100～120 元/t（含水率 35％出厂泥）换算为 38～45 元/t（含水率 80％进泥）。

2. 单位流动成本

计算方法同 8.1.4 节第 2 小节。

取值同 8.1.4 节第 2 小节，换算方法同本节，27～41 元/t（含水率 35％出厂泥）换算为 10～16 元/t（含水率 80％进泥）。

3. 成本与收益核算

计算方法同厌氧消化。

（1）基质类产品

当存在下游公司，政府需要补贴的数额为 47～142 元/t 成品基质，为产品售价的 24％～71％，换算为 47～142 元/t（含水率 35％出厂泥），即 18～54 元/t（含水率 80％进泥）；当污泥处理厂内建污泥加工基地，无需补贴。

（2）肥料类产品

含水率 35％的出厂泥约占成品肥重量的 50％～60％，取 50％。当污泥处理厂出泥需要运至下游公司，政府补贴 0～150 元/t 成品肥，为产品售价的 0～30％，换算为 0～300 元/t（含水率 35％出厂泥），即 0～114 元/t（含水率 80％进泥）；当污泥处理厂内建污泥加工基地，政府补贴 0～115 元/t 成品肥，为产品售价的 0～23％，换算为 0～230 元/t

（含水率35%出厂泥），即0~87元/t（含水率80%进泥）。

8.3.5 全链条成本

好氧发酵＋土地利用全链条成本见表8-40。

好氧发酵＋土地利用全链条成本

表8-40

成本构成	以含水率80%进泥计
污泥产生阶段成本	
（一）单位投资成本（万元/t）	污水污泥厂合建：11~22；污泥集中处理：6~10
（二）单位预处理成本（元/t） 污水污泥厂合建时=2.1+2.2 污泥集中处理时=2.1+2.2+2.3	污水污泥厂合建：58~105； 污泥集中处理：92~174
2.1 单位浓缩成本（元/t） =2.1.1+2.1.2+2.1.3+2.1.4	污水污泥厂合建：16~29； 污泥集中处理：14~27
2.1.1 单位电费	7~12
2.1.2 单位药剂费	0.6~2.4
2.1.3 单位修理维护费	污水污泥厂合建：3~6；污泥集中处理：3~5
2.1.4 单位固定资产折旧费	污水污泥厂合建：5~9；污泥集中处理：4~8
2.2 单位脱水成本（元/t） =2.2.1+2.2.2+2.2.3+2.2.4	污水污泥厂合建：42~76；污泥集中处理：38~67
2.2.1 单位电费	10
2.2.2 单位药剂费	17~34
2.2.3 单位修理维护费	污水污泥厂合建：6~12；污泥集中处理：4~9
2.2.4 单位固定资产折旧费	污水污泥厂合建：9~20；污泥集中处理：7~14
2.3 单位运输费（元/t）	40~80
污泥处理阶段成本	
（三）单位投资成本（万元/t）	44~74
（四）单位处理成本（元/t） =单位运行成本+4.10	247~543
其中：单位运行成本 =单位直接运行成本+4.7+4.8+4.9	189~446
单位直接运行成本 =4.1+4.2+4.3+4.4+4.5+4.6	124~255
4.1 单位电费	20~40
4.2 单位辅料费	80~180
4.3 单位菌剂费	2.9~3.5
4.4 单位药剂费	16~22
4.5 单位水费	0.2~1.4
4.6 单位油费	5~8

续表

成本构成	以含水率80%进泥计		
4.7 单位修理维护费	36~61		
4.8 单位工资福利费	12~90		
4.9 单位管理、销售和其他费用	17~41		
4.10 单位固定资产折旧费	57~96		
污泥处置阶段成本			
（五）单位处置成本——场地施用（元/t）=5.1+5.2+5.3	78~303		
5.1 单位综合加工费	30~38		
5.2 单位运输费	38~76		
5.3 单位施用成本	9~189		
（六）单位处置成本——产品销售（元/t）	以含水率80%进泥计	以含水率35%出厂泥计	以产品计
6.1 基质类产品	处理处置分建：18~54；处理处置合建：0	处理处置分建：47~142；处理处置合建：0	处理处置分建：47~142（24%~71%）；处理处置合建：0
6.2 肥料类产品	处理处置分建：0~114；处理处置合建：0~87	处理处置分建：0~300；处理处置合建：0~230	处理处置分建：0~150（0%~30%）；处理处置合建：0~115（0%~23%）
总成本			
总计：场地施用模式全成本=（二）+（四）+（五）	污水污泥厂合建：382~950；污泥集中处理：412~1005		
总计：产品销售模式全成本=（二）+（四）+（六）	以含水率80%进泥计		
基质类产品	污水污泥厂合建：305~701；污泥集中处理：334~756		
肥料类产品	污水污泥厂合建：305~761；污泥集中处理：334~816		

8.4 污泥"干化焚烧＋灰渣填埋/建材利用"技术路线成本构成与核算

8.4.1 污泥产生阶段

对于污水处理厂与污泥干化焚烧厂合建的情况，该阶段成本包括浓缩成本和脱水成本；对于各污水处理厂污泥运至污泥干化焚烧厂集中处理的情况，该阶段成本主要包括浓缩成本、脱水成本、运输费。

1. 单位投资成本

计算方法同 8.1.1 节第 1 小节。对于干化焚烧,污水污泥厂合建和污泥集中处理都属于二级污水处理厂(一),二者单位投资成本相同。

2. 单位浓缩成本

计算方法与算例结果同 8.1.1 节第 2 小节。

3. 单位脱水成本

计算方法与算例结果同 8.1.1 节第 3 小节。

4. 单位运输费

计算方法与算例结果同 8.1.1 节第 4 小节。

8.4.2 处理阶段——干化焚烧

1. 单位投资成本

投资成本由建设标准、系统复杂程度、设备国产化率等因素决定。

一般情况下,若干化和焚烧系统基本采用国产设备,干化焚烧项目的投资成本为 70 万~100 万元/t(含水率 80%);若干化和焚烧系统均采用进口设备,干化焚烧项目的投资成本为 110 万~160 万元/t(含水率 80%)。热干化部分的投资成本为 20 万~40 万元/t(含水率 80%)。

2. 单位电费

包括厂区发生的所有电能消耗的费用,计算公式同 8.3.2 节。

干化焚烧电单耗约为 75~100kWh(含水率 80%)。

按电价 0.667 元/kWh 计,单位电费为 50~67 元/t(含水率 80%)。

3. 单位蒸汽费

余热锅炉回收焚烧烟气的热量,将水加热到一定温度形成蒸汽,不足部分由外源蒸汽提供,作为污泥热干化的热媒。蒸汽费取决于外源蒸汽需求量。根据下列平衡关系计算外源蒸汽需求量:

$$蒸汽需求量 = 蒸发水量 \times (1.1 \sim 1.5) \times 1.2 = 外源蒸汽需求量 + 余热锅炉蒸汽量$$

$$(8\text{-}91)$$

式中,蒸发水量可由污泥干化前后的含水率及干基计算而得;余热锅炉蒸汽量可根据余热锅炉物料和热量平衡计算而得;传导型热干化,以蒸汽为热介质时,蒸发 1t 水分需要消耗的蒸汽量通常为 1.1~1.5t,由于实际工程还涉及蒸汽输送等损失和热量损耗,蒸汽实际需求量可按理论值的 1.2 倍估算。

(1)解释说明

蒸汽需求量取决于干化蒸发水量,干化蒸发水量值又与临界入炉含水率和污泥干基热值有关。图 8-4~图 8-6 给出不同一次风温度时(100℃、300℃和 600℃),外源蒸汽需求量以及对应的临界入炉含水率和干化蒸发水量随污泥干基高位热值的变化趋势,各地可根据当地泥质情况和蒸汽单价进行成本估算。

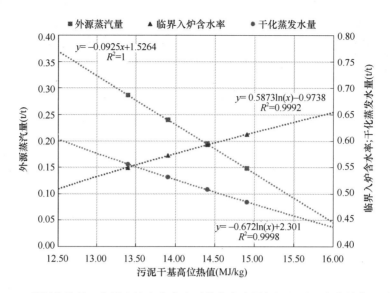

图 8-4　外源蒸汽量、临界入炉含水率和干化蒸发水量与污泥干基高位热值的关系

（一次风温 100℃）

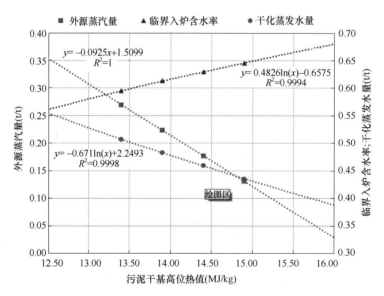

图 8-5　外源蒸汽量、临界入炉含水率和干化蒸发水量与污泥干基高位热值的关系

（一次风温 300℃）

（2）算例

假设处理 1t 脱水污泥（含水率 80%），按干化到含水率 40%～50% 计，蒸发水量为 0.6～0.7t；蒸发 1t 水需要消耗的蒸汽量取 1.5t，则蒸汽理论消耗为 0.8～1.1t。蒸汽实际需求量按理论值的 1.2 倍估算，为 1.0～1.3t。考虑余热锅炉随运行时间增长换热效率降低等情况，余热锅炉可提供蒸汽量按蒸汽实际需求总量的 50% 保守估算，则外源蒸汽需求量占总量的 50%，为 0.5～0.7t。假设废热蒸汽成本为 300 元/t，则单位蒸汽费为 150～210 元/t（含水率 80%）。

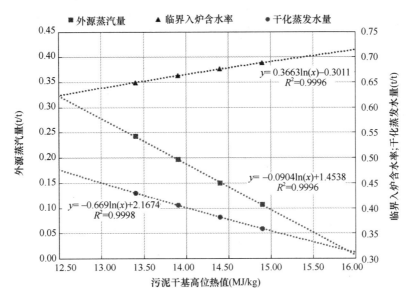

图 8-6　外源蒸汽量、临界入炉含水率和干化蒸发水量与污泥干基高位热值的关系

（一次风温 600℃）

4. 单位辅助燃料费

辅助燃料一般可采用柴油或天然气，其计算公式为：

$$单位辅助燃料费 = 燃料单耗 \times 燃料单价 \qquad (8-92)$$

燃料消耗量取决于入炉污泥的热值，在污泥干基热值一定时，取决于入炉含水率。当入炉含水率低于临界含水率时，除启炉过程外，可自持燃烧，不需辅助燃料。正常运行的项目遵循自持燃烧原则，除启炉过程外，无需辅助燃料。实际运行过程中，由于需要定期进行停炉维护，以及计划外的故障停炉，启炉过程需要消耗一定的辅助燃料；此外，运行过程中泥量和泥质的波动引起燃烧工况变化而未及时调整时，可能需要根据燃烧情况短时间补充辅助燃料。这些情况均会导致一定的燃料消耗。

根据实证工程实际运行情况，燃料单耗可按 0.8～1.0kg 柴油/t（含水率 80%）估算，柴油成本按 7.0 元/kg 计，则单位辅助燃料费为 6～7 元/t（含水率 80%）。

5. 单位药剂费

计算方法同 8.3.2 节。

干化焚烧所需药剂包括碱液、活性炭、消石灰、尿素、石英砂、磷酸三钠、工业盐等。其中碱液用来烟气脱酸，活性炭和石灰用于吸收挥发性重金属、挥发性有机污染物（包括可能存在的二噁英）和部分酸性气体，石英砂作为流化床床料。

按目前的物价水平和大型干化焚烧工程经验，单位药剂成本为 21～25 元/t（含水率 80%）。

6. 单位水费

计算公式同 8.1.2 节第 5 小节。

（1）解释说明

水耗主要包括冷却水、洗涤用水等，冷却水主要用于风机、干化污泥输送、冷渣器等需降温的设施，洗涤用水用于洗涤塔对烟气进行洗涤等环节，部分工艺用水可使用中水。

（2）算例

根据工程经验，取自来水耗用量为 0.6t/t（含水率 80%），自来水费为 4.64 元/t，则单位水费为 2.78 元/t（含水率 80%）。

7. 单位修理维护费

计算方法见 8.1.2 节第 6 小节。

根据干化焚烧单位投资成本，计算得：

若干化和焚烧系统均采用国产设备，干化焚烧单位修理维护费为 58~82 元/t（含水率 80%）；若干化和焚烧系统均采用进口设备，干化焚烧单位修理维护费为 90~132 元/t（含水率 80%）。

8. 单位工资福利费

计算方法见 8.1.2 节第 7 小节。

（1）解释说明

参照表 8-41，根据污泥干化焚烧处理厂规模配置劳动定员。

污泥干化焚烧处理厂劳动定员 表 8-41

规模	额定日处理能力（t/d）	劳动定员（人）
Ⅰ类	800 以上	≥50
Ⅱ类	400~800	50
Ⅲ类	200~400	40
Ⅳ类	100~200	30
Ⅴ类	50~100	25
Ⅵ类	10~50	—

注：1. 额定日处理能力指脱水污泥（含水率 80%）的日处理量，表中数值范围含下限、不含上限；

2. 表中Ⅰ类劳动定员是下限，可根据处理规模合理增加，其余规模是上限值；

3. 对Ⅵ类污泥处理工程不宜采用干化焚烧工艺，表中未列出定员数；

4. 污泥处理厂与污水处理厂合建时劳动定员可减少。

（2）算例

根据表 8-41，以 2019 年全国城镇非私营单位就业人员人均年工资 90501 元为基准，计算干化焚烧单位工资福利费一般为 15~65 元/t（含水率 80%）。

以Ⅳ类厂污泥（含水率 80%）处理规模 120t/d 举例如下：

污泥干化焚烧 24h 连续运行，班组人员采用四班两运转的方式值守。运行过程中，中控室必须 24h 有人值守。每班现场巡视两小时进行一次，包括干化车间和焚烧车间以及其他公辅系统，高压配电间和低压配电机持证人员每四小时巡检一次。每条干化焚烧生产线配置 5 人一个班来运行，中控操作 2 名，干化巡视、焚烧巡视、化验各 1 名。劳动定员分配见表 8-42，共 26 人。以 2019 年全国城镇非私营单位就业人员人均年工资 90501 元为基准，计算单位工资福利费为 54 元/t（含水率 80%）。

干化焚烧工程劳动人员编制（处理规模 120t/d） 表 8-42

岗位名称		全厂人数（人）	四班两运转人数（人）	
		总计	每班人数	合计
运行部	中控室	8	2	8
	干化巡视	4	1	4
	焚烧巡视	4	1	4
	化验	4	1	4
管理部		6		
总　计		26	5	20

9. 单位管理、销售和其他费用

计算方法见 8.1.2 节第 8 小节。

干化焚烧单位直接运行成本＝单位电费＋单位蒸汽费＋单位辅助燃料费

$$＋单位药剂费＋单位水费 \tag{8-93}$$

汇总上述算例的成本计算结果，取综合费率 10%，计算过程和结果见表 8-43 所示。干化焚烧采用国产设备时单位管理、销售和其他费用为 30～46 元/t（含水率 80%），采用进口设备时单位管理、销售和其他费用为 34～51 元/t（含水率 80%）。

干化焚烧单位运行成本计算表 表 8-43

成本构成	干化焚烧国产设备	干化焚烧进口设备
①单位电费（元/t）	50～67	
②单位蒸汽费（元/t）	150～210	
③单位辅助燃料费（元/t）	6～7	
④单位药剂费（元/t）	21～25	
⑤单位水费（元/t）	3	
单位直接运行成本（元/t）①＋②＋③＋④＋⑤	230～312	
⑥单位修理维护费（元/t）	58～82	90～132
⑦单位工资福利费（元/t）	15～65	
⑧单位管理、销售和其他费用（元/t）	30～46	34～51

10. 单位固定资产折旧费

计算方法见 8.1.2 节第 9 小节。

取固定资产综合折旧率为 4.75%，根据干化焚烧单位投资成本，计算得：

干化和焚烧系统均采用国产设备时，单位固定资产折旧费为 91～130 元/t（含水率 80%）；

干化和焚烧系统均采用进口设备时，单位固定资产折旧费为 143～208 元/t（含水率 80%）。

8.4.3 处置阶段——灰渣填埋

1. 单位运输费

指污泥干化焚烧固体产物由干化焚烧厂运至填埋场或危废处置点发生的费用，计算公式为：

$$单位运输费 = \frac{一般固体废弃物运输单价 \times 一般固体废弃物质量 + 危废运输单价 \times 危废质量}{含水率80\% 污泥量}$$

$$(8-94)$$

（1）解释说明

一般固体废弃物质量和危废质量与烟气处理工艺有关。采用"静电除尘＋布袋除尘"工艺，布袋飞灰占总飞灰质量比为 0.5%～1%；采用"旋风除尘＋布袋除尘"工艺，布袋飞灰占总飞灰质量比为 20%～30%。

一般固体废弃物运输单价和危废运输单价根据各地收费标准取值。

（2）算例

一般固体废弃物运输费取 110 元/t，危废运输费取 400 元/t。按进泥干基挥发性固体含量（VS/TS）一般为 50%～60%，出厂灰渣质量占进泥干基的 40%～50%，假设进泥量为 5t/h（含水率80%），折合干基 1tDS/h，则出厂飞灰量为 0.4～0.5t/h。

当布袋飞灰经鉴定不属于危废时，折算至含水率80%污泥的灰渣填埋运输费为 8.8～11.0 元/t。

当布袋飞灰经鉴定属于危废时，若前端烟气处理采用"静电除尘＋布袋除尘"工艺，一般固体废弃物运输折合单位进泥运输费为 9～11 元/t（含水率80%进泥），危废运输折合单位进泥运输费为 0.16～0.40 元/t（含水率80%进泥）；采用"旋风除尘＋布袋除尘"工艺时，一般固体废弃物运输折合单位进泥运输费为 7～8 元/t（含水率80%进泥），危废运输折合单位进泥运输费为 6.4～12.0 元/t（含水率80%进泥）。

2. 单位填埋/危废处置费

指污泥干化焚烧厂将污泥干化焚烧产物中的固体废弃物交由填埋填埋或按危废交由第三方处置时需支付的费用，计算公式为：

$$单位填埋费 = \frac{一般固体废弃物填埋单价 \times 一般固体废弃物质量}{含水率80\% 污泥量} \qquad (8-95)$$

$$单位危废处置费 = \frac{危废处置单价 \times 危废质量}{含水率80\% 污泥量} \qquad (8-96)$$

（1）解释说明

一般固体废弃物填埋费通常为 100～300 元/t，危废处置费通常为 1800～4500 元/t。

（2）算例

一般固体废弃物填埋费取 160 元/t 灰渣，危废处置费取 3000 元/t 灰渣。

当布袋飞灰经鉴定不属于危废时，污泥焚烧灰渣全部按一般固体废弃物填埋处置。折算至含水率80%污泥的灰渣填埋费为 12.8～16.0 元/t。

当布袋飞灰经鉴定属于危废时，若前端烟气处理采用"静电除尘＋布袋除尘"工艺，一般固体废弃物填埋折合单位进泥的填埋费为 13～16 元/t（含水率 80％进泥），危废处置折合单位进泥的危废处置费为 1.2～3.0 元/t（含水率 80％进泥）；采用"旋风除尘＋布袋除尘"工艺时，一般固体废弃物填埋折合单位进泥的填埋费为 10～11 元/t（含水率 80％进泥），危废处置折合单位进泥的危废处置费为 48～90 元/t（含水率 80％进泥）。

8.4.4　处置阶段——污泥焚烧灰渣制砖

污泥焚烧灰渣烧结制砖包括制备烧结普通砖和多孔砖，烧结砖混料中页岩与煤矸石的添加比例各为 25％，黏土比例为 40％，添加剂比例为 10％，其中添加剂中污泥焚烧灰渣添加比例为 33％～37％，以 35％为优，故污泥焚烧灰渣占烧结砖总原料比例约为 3.5％。制砖流程主要包括：焚烧灰渣收集、交割、预处理，混料与砖胚、成品砖烧结。

1. 单位固定成本

直接成本增量主要为运输费、因焚烧灰渣而产生额外的燃料费、药剂费、检测费。此外，还应考虑制砖企业本身运营的管理运行费、维护费、固定资产折旧费、销售税费等因灰渣而额外分摊的部分。费用折算至含水率 80％的原污泥时，假设焚烧灰渣全部为一般固体废弃物并全部进行制砖。

（1）单位运输费

该运输费指污泥干化焚烧产物（一般灰渣）由干化焚烧厂运至制砖厂商发生的费用，其计算公式为：

$$单位运输费 = \frac{污泥焚烧灰渣运输单价 × 污泥焚烧灰渣质量}{含水率80％ 污泥量} \tag{8-97}$$

污泥焚烧灰渣运输单价取 110 元/t，则单位运输费为 110 元/t（污泥焚烧灰），换算为 8.8～11.0 元/t（含水率 80％）。

（2）单位燃料费

燃料包括电和天然气。由于污泥焚烧灰制砖一般依托现有制砖厂家、沿用原有烧结工艺，因此单位燃料费不计增量。

（3）单位药剂费

磷含量较高影响产品性能时需要添加除磷药剂作预处理，其使用量约为污泥焚烧灰的 10％。

取除磷药剂单价 630 元/t，则单位药剂费为 63 元/t（污泥焚烧灰），换算为 5～6 元/t（含水率 80％）。

2. 单位流动成本

计算方法同 8.1.4 节第 2 小节。

取值同 8.1.4 节第 2 小节，根据以上算例结果，单位流动成本为（110＋63）×（5％＋4％＋8％）＝29 元/t（污泥焚烧灰），换算为 2～3 元/t（含水率 80％进泥）。

3. 成本与收益核算

成本与收益决定了政府应补贴数额，理论上包括因污泥焚烧灰渣进入制砖流程所产生的直接成本增量（包括固定成本和流动成本），以及因添加灰渣造成产品盈利受影响（售价减低）间接产生的成本增量。

根据上述算例结果，污泥焚烧灰烧结砖的成本增量见表 8-44。

污泥焚烧灰烧结砖的成本增量 表 8-44

项目	以制砖厂商为主体的成本（元/t 污泥焚烧灰）
（一）固有成本增量	173
1.1 单位运输费	110
1.2 单位燃料费	N/A
1.3 单位预处理药剂费	63
（二）流动成本增量	29
2.1 单位管理运行费	9
2.2 单位维修折旧费	7
2.3 单位税费	14
（三）成本合计	202

（1）污泥制普通砖

对于生产部分，以制砖厂商为主体，借鉴工程经验假设如下：烧结普通砖尺寸为 240×115×53（mm），砖销售均价约为 1.35 元/PCS，年产约 1 亿块，则销售额约为 1.35 亿元。每块烧结砖平均质量为 2600g，其中污泥焚烧灰使用量为 3.5%，则每块折合使用污泥焚烧灰为 91g，年使用污泥焚烧灰折合 0.91 万 t 污泥焚烧灰。由表 8-44，污泥焚烧灰制普通砖成本为 202 元/t 污泥焚烧灰，则使用污泥焚烧灰制普通砖产生额外成本为 183.82 万元/年。烧结普通砖年产约 1 亿块，以每块烧结砖计，成本增量为 0.0184 元/PCS。

对于销售部分，污泥焚烧灰烧结砖售价最高按现有商品的 80% 销售，即污泥焚烧灰烧结砖平均售价为 1.08 元/PCS，售价降低相当于成本增加，故其单位成本增量为 1.35－1.08＝0.27 元/PCS。

制普通砖成本核算过程见表 8-45。成本增量合计为：采用污泥焚烧灰制备烧结普通砖，增加成本约 0.2884 元/PCS，增加比例为 21.4%，换算为 3169 元/t 污泥焚烧灰，该部分由政府补贴。

污泥焚烧灰制普通砖成本收益核算表 表 8-45

项目	元/PCS	计算方法
（一）固定成本增量	0.2884	1.1＋1.2
1.1 生产部分成本增量	0.0184	
1.2 销售部分成本增量	0.27	普通烧结砖售价的 80%
（二）流动成本增量	—	2.1＋2.2＋2.3
2.1 运行费用增量	—	
2.2 维修折旧增量	—	
2.3 税收成本增量	—	
（三）成本增量合计	0.2884	（一）＋（二）

（2）污泥制多孔砖

对于生产部分，以制砖厂商为主体，借鉴工程经验假设如下：烧结多孔砖尺寸为 $240 \times 120 \times 90$（mm），砖销售均价约为 1.65 元/PCS，年产约 8000 万块，则销售额约为 1.32 亿元。每块烧结砖平均质量为 3300g，其中污泥焚烧灰使用量为 3.5%，则每块折合使用污泥焚烧灰为 115.5g，年使用污泥焚烧灰折合 0.924 万 t 污泥焚烧灰。由表 8-44，污泥焚烧灰制多孔砖成本为 202 元/t 污泥焚烧灰，则使用污泥焚烧灰制多孔砖产生额外成本为 186.65 万元/年。烧结多孔砖年产约 8000 万块，以每块烧结砖计，成本增量为 0.0233 元/PCS。

对于销售部分，污泥焚烧灰烧结砖售价最高按现有商品的 80% 销售，即污泥焚烧灰烧结砖平均售价为 1.32 元/PCS，售价降低相当于成本增加，故其单位成本增量为 1.65－1.32＝0.33 元/PCS。

制多孔砖成本核算过程见表 8-46。成本增量合计为：采用污泥焚烧灰制备烧结多孔砖，增加成本约 0.3533 元/PCS，增加比例为 21.4%，换算为 3059 元/t 污泥焚烧灰。该部分由政府补贴。

污泥焚烧灰制多孔砖成本收益核算表

表 8-46

项目	元/PCS	计算方法
（一）固定成本增量	0.3533	1.1＋1.2
1.1　生产部分成本增量	0.0233	
1.2　销售部分成本增量	0.33	多孔烧结砖售价的 80%
（二）流动成本增量	—	2.1＋2.2＋2.3
2.1　运行费用增量	—	
2.2　维修折旧增量	—	
2.3　税收成本增量	—	
（三）成本增量合计	0.3533	（一）＋（二）

综上，政府补贴数额应为普通砖或多孔砖售价的 21.4%。

8.4.5　处置阶段——污泥焚烧灰渣制水泥

污泥焚烧灰渣制水泥具有多种工艺，既可以制备水泥生料添加剂，也可以复配后加工成水泥熟料添加剂。污泥焚烧灰制水泥添加剂的流程包括：预处理（阶段一）、混料处理（阶段二）、添加剂成品交割（阶段三），污泥焚烧灰制备成添加剂成品向水泥窑企业交割后已完全产业化，向水泥窑交割价格即为考虑污泥焚烧灰产品效益的综合报价。

1. 单位固定成本

（1）单位运输费

运输费包括污泥处理厂运至建材厂商的污泥焚烧灰运输费和建材厂商运至水泥厂的添加剂成品运输费，计算方法同 8.4.4 节第 1 小节。

（2）单位燃料费

燃料消耗环节包括污泥焚烧灰烘干和物料混合。

若污泥焚烧灰制水泥依托现有建材厂家、沿用原有工艺，单位燃料费计算公式为：

$$单位燃料费＝生产焚烧灰产品单位燃料费－生产原替代料产品单位燃料费 \qquad (8\text{-}98)$$

这是从污泥焚烧灰替代了一部分原有材料的角度出发，焚烧灰与其替代料的粒径、细度、抗压强度等不同，二者消耗燃料量略有差异，体现在费用上即为由于污泥焚烧灰业务新增而带来的成本。

若污泥焚烧灰制水泥为厂家独立业务，则单位燃料费计算公式为：

$$单位燃料费＝\frac{年均燃料费}{年均污泥焚烧灰处理量} \qquad (8\text{-}99)$$

（3）单位药剂费

计算方法同 8.4.4 节第 3 小节。

（4）单位物料费

制水泥添加剂复配物料包括粉煤灰＋炉渣、污泥焚烧灰、其他固废，其中粉煤灰＋炉渣占添加剂产品比例在 65%～70%，污泥焚烧灰占比最多为 30%。

2. 单位流动成本

生产过程中，计算方法同 8.1.4 节第 2 小节。

产品交割时，单位流动成本只包括管理运行费和税费，不包括维修折旧费。

3. 成本与收益核算

成本与收益决定了政府应补贴数额，以新建污泥焚烧灰建材利用厂商为例，理论上包括生产过程中污泥焚烧灰渣制水泥添加剂的直接成本增量（包括固定成本和流动成本），以及因添加灰渣造成产品盈利受影响（售价减低）间接产生的成本增量。

（1）阶段一：预处理

1）单位运输费

指污泥焚烧灰渣从污泥处理厂运至建材厂商的单位运输费，单价取 110 元/t，则单位运输费为 110 元/t（污泥焚烧灰）。

2）单位燃料费（烘干）

烘干燃料费可以是天然气费或电费，视物料进厂含水率及目标含水率而定。根据某工程经验，取 132 元/t 污泥焚烧灰。

3）单位药剂费

取除磷药剂单价 630 元/t，则单位药剂费为 63 元/t（污泥焚烧灰）。

4）单位流动成本

根据以上计算结果，单位流动成本为（110＋132＋63）×（5%＋4%＋8%）＝52 元/t（污泥焚烧灰）。

综上，阶段一的成本核算见表 8-47。

阶段一成本核算　　　　　　　　　　　　　　　　　　表 8-47

项目	以建材厂商为主体的成本（元/t 污泥焚烧灰）
（一）固有成本增量	305
1.1　单位运输费	110
1.2　单位燃料费	132
1.3　单位预处理药剂费	63
（二）流动成本增量	52
2.1　单位管理运行费	15
2.2　单位维修折旧费	12
2.3　单位税费	24
（三）成本合计	357

（2）阶段二：混料处理

该阶段为混料处理，故单位成本以添加剂成品为基准。

1）单位燃料费

以实际工程运行情况为例，年处理能力共 60 万 t 的某项目，电耗 2000kWh/h，电费单价 0.667 元/kWh，则年均电费 1334 万元，折合单位燃料费为 22 元/t 成品。

2）单位物料费

复配物料包括粉煤灰＋炉渣、污泥焚烧灰、其他固废，假设共 60 万 t。粉煤灰＋炉渣年处理能力约 40 万 t，添加比例为 67％，按 160～180 元/t 结算，取 170 元/t；污泥焚烧灰年处理能力约 12 万 t，添加比例为 20％，单价 357 元/t；其他固废年处理能力约 8 万 t，添加比例为 13％，结算单价 50 元/t。则粉煤灰＋炉渣单位物料费为 170×40/60＝113 元/t 成品，污泥焚烧灰单位物料费为 357×12/60＝71 元/t 成品，其他固废单位物料费为 50×8/60＝7 元/t 成品，合计 191 元/t 成品。

3）单位流动成本

根据以上计算结果，单位流动成本为（22＋191）×（5％＋4％＋8％）＝36 元/t（污泥焚烧灰）。

综上，阶段二的成本核算见表 8-48。

阶段二成本核算　　　　　　　　　　　　　　　　　　表 8-48

项目	以建材厂商为主体的成本（元/t 成品）
（一）固有成本增量	213
1.1　单位物料费	191
1.1.1　粉煤灰＋炉渣 67％	113
1.1.2　污泥焚烧灰 20％	71
1.1.3　其他固废 13％	7
1.2　单位燃料费	22
（二）流动成本增量	36

项目	以建材厂商为主体的成本（元/t 成品）
2.1　单位管理运行费	11
2.2　单位维修折旧费	9
2.3　单位税费	17
（三）成本合计	250

（3）阶段三：添加剂成品交割

1）单位运输费

指成品从建材厂商运至水泥厂的单位运输费。根据堆积密度折算，污泥焚烧灰堆积密度为 $0.7t/m^3$，成品堆积密度为 $1.8t/m^3$，则添加剂成品运输单价为 43 元/t，单位运输费为 43 元/t 成品。

2）单位物料费

由表 8-48 可知，为 250 元/t 成品。

3）添加剂成品交割金额

添加剂成品交割价格为 150～170 元/t 成品，即建材厂商增益为 150～170 元/t 成品，成本为 -150～-170 元/t 成品。

4）单位流动成本

单位管理运行费计算方法为交割金额的 1%。

对污泥焚烧灰制水泥添加剂采取免税政策，不计单位税费。

综上，阶段三的成本核算见表 8-49。根据该核算，现有污泥焚烧灰制水泥添加剂产品企业每生产 1t 添加剂成品，亏损 124～144 元。采用污泥焚烧灰制水泥添加剂，成本增加比例计算方法为：

合计盈亏金额/成品交割金额×100%＝(124/150)～(144/170)＝73%～96%

即政府补贴数额应为添加剂成品交割金额的 73%～96%。由污泥焚烧灰在产品中添加比例为 20% 得，成本增量（即政府补贴数额）折合为 620～720 元/t 污泥焚烧灰。

阶段三成本核算　　　　　　　　　　　　　　表 8-49

项目	元/t 成品	计算方法
（一）固有成本增量	122～142	1.1+1.2
1.1　生产部分成本增量	292	1.1.1+1.1.2
1.1.1　单位运输费	43	
1.1.2　单位物料费	250	
1.2　销售部分成本增量	-150～-170	
（二）流动成本增量	1.5～1.7	2.1+2.2
2.1　单位管理运行费	1.5～1.7	1.2×1%
2.2　单位税费	—	免税
（三）成本增量合计	124～144	（一）+（二）

8.4.6 全链条成本

干化焚烧＋灰渣填埋/建材利用全链条成本见表 8-50。

干化焚烧＋灰渣填埋/建材利用全链条成本 表 8-50

成本构成	以含水率 80% 进泥计
污泥产生阶段成本	
（一）单位投资成本（万元/t）	8～17
（二）单位预处理成本（元/t） 污水污泥厂合建时＝2.1＋2.2 污泥集中处理时＝2.1＋2.2＋2.3	污水污泥厂合建：52～94； 污泥集中处理：92～174
2.1　单位浓缩成本（元/t） ＝2.1.1＋2.1.2＋2.1.3＋2.1.4	14～27
2.1.1　单位电费	7～12
2.1.2　单位药剂费	0.6～2.4
2.1.3　单位修理维护费	2～5
2.1.4　单位固定资产折旧费	4～8
2.2　单位脱水成本（元/t） ＝2.2.1＋2.2.2＋2.2.3＋2.2.4	38～67
2.2.1　单位电费	10
2.2.2　单位药剂费	17～34
2.2.3　单位修理维护费	4～9
2.2.4　单位固定资产折旧费	7～14
2.3　单位运输费（元/t）	40～80
污泥处理阶段成本	
（三）单位投资成本（万元/t）	国产：70～100；进口：110～160
（四）单位处理成本（元/t） 　　　＝单位运行成本＋4.9	国产：424～635；进口：512～768
其中：单位运行成本 　　　＝单位直接运行成本＋4.6＋4.7＋4.8	国产：333～505；进口：369～559
单位直接运行成本 ＝4.1＋4.2＋4.3＋4.4＋4.5	230～312
4.1　单位电费	50～67
4.2　单位蒸汽费	150～210
4.3　单位辅助燃料费	6～7
4.4　单位药剂费	21～25
4.5　单位水费	3
4.6　单位修理维护费	国产：58～82；进口：90～132
4.7　单位工资福利费	15～65

续表

成本构成	以含水率80%进泥计		
4.8 单位管理、销售和其他费用	国产：30～46；进口：34～51		
4.9 单位固定资产折旧费	国产：91～130；进口：143～208		
污泥处置阶段成本			
（五）单位处置成本——灰渣填埋（元/t） ＝5.1＋5.2	无危废：22～27； 有危废："静电除尘"23～30；"旋风除尘"71～121		
5.1 单位运输费	无危废：9～11； 有危废："静电除尘"9～11；"旋风除尘"13～20		
5.2 单位填埋/危废处置费	无危废：13～16； 有危废："静电除尘"14～19；"旋风除尘"58～101		
（六）单位处置成本——制砖（元/t）	以含水率80% 进泥计	以出厂焚烧灰计	以产品计 （元/PCS）
6.1 制普通砖	254～317	3169	0.2884（21.4%）
6.2 制多孔砖	245～306	3059	0.3533（21.4%）
（七）单位处置成本——制水泥	以含水率80% 进泥计	以出厂焚烧灰计	以产品计 （元/t）
制水泥添加剂	50～72	620～720	124～144 （73%～96%）
总成本			
总计：灰渣填埋全成本 ＝（二）＋（四）＋（五）	无危废：497～969； 有危废："静电除尘"499～972；"旋风除尘"547～1063		
总计：制砖全成本＝（二）＋（四）＋（六）	国产：720～1127；进口：808～1259		
总计：制水泥全成本＝（二）＋（四）＋（七）	国产：525～882；进口：613～1014		

8.5 污泥"深度脱水＋卫生填埋"技术路线成本构成与核算

8.5.1 污泥产生阶段

对于污水处理厂与污泥深度脱水处理厂合建的情况，该阶段成本包括浓缩成本；对于各污水处理厂污泥运至污泥深度脱水处理厂集中处理的情况，该阶段成本主要包括浓缩成本、脱水成本、运输费。

1. 单位投资成本

计算方法与算例结果同8.1.1节第1小节。

2. 单位浓缩成本

计算方法与算例结果同8.1.1节第2小节。

3. 单位脱水成本

计算方法与算例结果同 8.1.1 节第 3 小节。

4. 单位运输费

计算方法与算例结果同 8.1.1 节第 4 小节。

8.5.2 处理阶段——深度脱水

当污水处理厂与污泥深度脱水处理厂合建，可将浓缩污泥含水率从 95% 左右直接降至 60% 以下；当各污水处理厂污泥运至污泥深度脱水处理厂集中处理，先将脱水污泥含水率从 80% 左右稀释至 92%～98%，再脱水至 60% 以下。二者主要区别为后者多了稀释步骤，电耗和水耗相应增加。

1. 单位投资成本

污泥深度脱水工程可单独建设或与污水处理厂合建，两者投资成本差距较大。单独建设时投资成本较高，合建时投资成本大大降低。参考《城镇污水处理厂污泥处理处置技术》和工程实例，根据规模和设备选型不同，深度脱水的投资成本一般为：

$C_{i-D} = 2\ 万～18\ 万元/t$（含水率 80%）。

2. 单位电费

电力耗用主要为：满足工艺要求的介质提升设备耗能，如污泥输送泵、空气压缩机、螺旋输送机和带式输送机等；维持搅拌机、压滤机等机械设备的正常运行；通风、除臭和照明等耗能。计算公式同 8.3.2 节。

（1）解释说明

压滤脱除单位水的电耗约为 $0.003kWh/kgH_2O$，结合工程经验得：将浓缩污泥含水率降至 60% 以下，污泥深度脱水工艺段用电为 9～11kWh/t（含水率 80%），全工艺区间用电为 12～30kWh/t（含水率 80%）。

污泥稀释是将从各污水处理厂运进的污泥混合稀释至含水率为 92%～98% 便于后续调理，其电耗主要用于搅拌，一般耗电量较小。若无相关运行数据，估算时可以忽略不计。

（2）算例

按电价 0.667 元/kWh 计，全工艺区间电耗为 12～30kWh/t（含水率 80%），计算得单位电费为 8～20 元/t（含水率 80%）。

3. 单位药剂费

药剂成本占直接运行成本比例较大，单位药剂费计算公式为：

$$单位药剂费 = \Sigma(脱水药剂单耗 \times 脱水药剂单价) \tag{8-100}$$

（1）解释说明

以国内污泥隔膜压滤深度脱水工程常用的调理药剂种类和投加量为依据，药剂投加比例同 8.1.2 节第 4 小节脱水药剂。

（2）算例

铁盐与石灰复配调理：铁盐投加量取 6%～15%，采用质量分数为 38% 的三氯化铁，单价为 720 元/t；石灰投加量取 15%～20%，单价为 500 元/t，则单位脱水药剂成本为 38～77 元/t（含水率 80%）。

铁盐与 PAM 复配调理：铁盐投加量取 5%～12%，采用质量分数为 38% 的三氯化铁，单价为 720 元/t；PAM 投加量为 1‰～3‰，单价为 21000 元/t，则单位脱水药剂成本为 23～58 元/t（含水率 80%）。

4. 单位水费

计算公式同 8.1.2 节第 5 小节。

（1）解释说明

深度脱水工艺主要用水点包括污泥稀释水、调理剂配制水、板框机压榨水和机械设备冲洗用水，另外还包括处理构筑物冲洗用水以及厂内道路、绿化、生活用水等。一般生活用水和滤布冲洗用水为自来水，滤布冲洗用水约 0.3t/t 干污泥；调理剂配制、其他冲洗废水和绿化浇灌等利用回用水。不同工程中自来水用量差别较大，根据工程经验，自来水单耗约 0.1～0.5t/t（含水率 80%）。

（2）算例

假设自来水费为 4.64 元/t，则深度脱水单位水费为 0.5～2.3 元/t（含水率 80%）。

5. 单位修理维护费

计算方法见 8.1.2 节第 6 小节。

根据深度脱水单位投资成本，计算得：

深度脱水单位修理维护费＝2～15 元/t（含水率 80%）。

6. 单位工资福利费

计算方法见 8.1.2 节第 7 小节。

（1）解释说明

劳动定额与压滤机数量有关，一般 2 台压滤机可安排劳动定员 1 人，假定生产人员采用三班两运转制。参照表 8-51，根据污泥深度脱水处理厂额定日处理能力配置劳动定员。

污泥深度脱水处理厂劳动定员　　　　表 8-51

额定日处理能力（t/d）	压滤机数量（台）	每班人数（人）	劳动定员（人）
840 以上	>14	根据压滤机数量配置	>30
720～840	13～14	车间 7，中控室 2，管理和技术人员 3	30
600～720	11～12	车间 6，中控室 2，管理和技术人员 2	26
480～600	9～10	车间 5，中控室 2，管理和技术人员 2	23
360～480	7～8	车间 4，中控室 1，管理和技术人员 1	16
240～360	5～6	车间 3，中控室 1，管理和技术人员 1	13
120～240	3～4	车间 2，中控室 1	9
0～120	1～2	车间 1，中控室 1	6

注：额定日处理能力指脱水污泥（含水率 80%）的日处理量，表中数值范围不含下限、含上限。

（2）算例

以 2019 年全国城镇非私营单位就业人员人均年工资 90501 元为基准，计算单位工资福利费一般为 8～30 元/t（含水率 80%）。

7. 单位管理、销售和其他费用

计算方法见 8.1.2 节第 8 小节。

$$深度脱水单位直接运行成本 = 单位电费 + 单位药剂费 + 单位水费 \quad (8\text{-}101)$$

汇总上述算例的成本计算结果，取综合费率 10%，计算过程和结果见表 8-52。深度脱水的单位管理、销售和其他费用为 4～14 元/t（含水率 80%）。

深度脱水单位运行成本计算表

表 8-52

成本构成	深度脱水
①单位电费（元/t）	8～20
②单位药剂费（元/t）	23～77
③单位水费（元/t）	0.5～2.3
单位直接运行成本（元/t） ①+②+③	32～99
④单位修理维护费（元/t）	2～15
⑤单位工资福利费（元/t）	8～30
⑥单位管理、销售和其他费用（元/t）	4～14

8. 单位固定资产折旧费

计算方法见 8.1.2 节第 9 小节。

取固定资产综合折旧率为 4.75%，根据深度脱水单位投资成本，计算得：

深度脱水单位固定资产折旧费=3～23 元/t（含水率 80%）。

8.5.3　处置阶段——卫生填埋

1. 单位运输费

运输费指深度脱水出厂污泥运至填埋场发生的费用，计算方法同 8.1.3 节第 2 小节。

（1）含水率 60% 出厂泥基准

取污泥运价为 2 元/(t·km)，运距估算为 30～60km，则单位运输费为 60～120 元/t（含水率 60% 出泥）。

（2）含水率 80% 进泥基准

已知剩余污泥和初沉污泥的混合比，可根据质量平衡关系折算含水率 80% 污泥单位运输费。假设剩余污泥和初沉污泥 1:1 混合脱水，深度脱水质量平衡关系如图 8-7 所示。

取运费单价为 2 元/(t·km)，运距为 30～60km。则日运输费为 525～1050 元，折算单位运输费为 30～60 元/t（含水率 80% 进泥）。

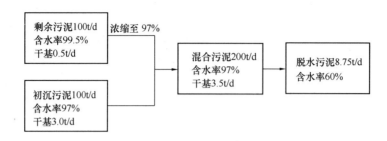

图 8-7　深度脱水质量平衡图

2. 单位填埋费

单位填埋费计算公式如下：

$$单位填埋费 = \frac{含水率 60\% 脱水污泥填埋单价 \times 含水率 60\% 脱水污泥质量}{含水率 80\% 污泥量}$$

$$(8-102)$$

其中，填埋单价根据各地收费标准而定。

根据上海某大型填埋场的收费标准，含水率 60% 的污泥填埋单价约为 290～330 元/t。根据质量平衡关系，日填埋费计算为 2537.5～2887.5 元/d，单位填埋费为 145～165 元/t（含水率 80%）。

8.5.4　全链条成本

深度脱水＋卫生填埋全链条成本见表 8-53。

深度脱水＋卫生填埋全链条成本　　　　　　表 8-53

成本构成	以含水率 80% 进泥计
污泥产生阶段成本	
（一）单位投资成本（万元/t）	污水污泥厂合建：4～7； 污泥集中处理：8～17
（二）单位预处理成本（元/t） 污水污泥厂合建时＝2.1 污泥集中处理时＝2.1＋2.2＋2.3	污水污泥厂合建：16～29； 污泥集中处理：92～174
2.1　单位浓缩成本（元/t）＝2.1.1＋2.1.2＋2.1.3＋2.1.4	污水污泥厂合建：16～29； 污泥集中处理：14～27
2.1.1　单位电费	7～12
2.1.2　单位药剂费	0.6～2.4
2.1.3　单位修理维护费	污水污泥厂合建：3～6； 污泥集中处理：3～5
2.1.4　单位固定资产折旧费	污水污泥厂合建：5～9； 污泥集中处理：4～8
2.2　单位脱水成本（元/t）＝2.2.1＋2.2.2＋2.2.3＋2.2.4	38～67
2.2.1　单位电费	10
2.2.2　单位药剂费	17～34

续表

成本构成	以含水率80%进泥计
2.2.3 单位修理维护费	3～6
2.2.4 单位固定资产折旧费	5～9
2.3 单位运输费（元/t）	40～80
污泥处理阶段成本	
（三）单位投资成本（万元/t）	2～18
（四）单位处理成本（元/t）＝单位运行成本＋4.7	48～182
其中：单位运行成本＝单位直接运行成本＋4.4＋4.5＋4.6	45～159
单位直接运行成本＝4.1＋4.2＋4.3	32～99
4.1 单位电费	8～20
4.2 单位药剂费	23～77
4.3 单位水费	0.5～2.3
4.4 单位修理维护费	2～15
4.5 单位工资福利费	8～30
4.6 单位管理、销售和其他费用	4～14
4.7 单位固定资产折旧费	3～23
污泥处置阶段成本	
（五）单位处置成本——卫生填埋（元/t）＝5.1＋5.2	175～225
5.1 单位运输费	30～60
5.2 单位填埋费	145～165
总成本	
总计：卫生填埋全成本＝（二）＋（四）＋（五）	污水污泥厂合建：239～436； 污泥集中处理：314～581

第9章 污泥处理处置技术研究发展历程及趋势分析

基于文献计量学，从专利申请、论文发表、工程案例等方面，对污泥处理处置技术研究发展历程及趋势进行分析研判，有利于摸清国内外污泥处理处置技术研发现状、演变历程及未来发展趋势，以便为未来我国污泥处理处置技术的科研投入及技术引领发展提供科学依据。

9.1 污泥处理处置技术研究现状

9.1.1 专利检索现状

如表 9-1、图 9-1 所示，我国申请专利共计 2149 项，其中污泥减量化、稳定化、热处理、资源化技术单元的专利数量分别为 1459 项、303 项、212 项、175 项，污泥减量化技术专利数量最多，达到 67.9%。与我国申请专利数相比，国外申请专利数较少，仅 570 项，其中污泥减量化、稳定化、热处理、资源化技术单元的专利数量为 289、95、67、119 项，与我国申请专利分布相似，也是污泥减量化技术相关专利最多，达到 50.7%。

"城镇污泥安全处理处置"各技术单元专利调研结果　　　　表 9-1

成套技术	关键技术	国内（项）	国外（项）
城镇污泥安全处理处置	污泥减量化	1459	289
	污泥稳定化	303	95
	污泥热处理	212	67
	污泥资源化	175	119
	合计	2149	570

我国外申请专利数量随时间的变化趋势如图 9-2 所示。研究发现 1975 年之前专利申请总数仅为 16 件，随后逐年增长，特别是 1995 年以后，呈指数增长趋势。进一步分析近 20 年国内外专利申请逐年变化情况，发现在 1999~2018 年间国外专利申请数量呈下降趋势，这可能因为国外各种技术趋于成熟，因此新申请专利数量较少；而我国专利申请数量呈快速增长趋势，特别是 2008 年后专利申请数量尤为显著，这与水体污染控制与治理科技重大专项的实施及污泥处理处置领域研发投入的增加有关，表明近 20 年来，我国污泥处理处置技术得到了快速发展。

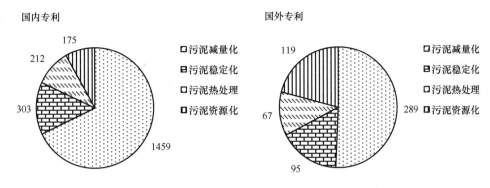

图 9-1 城镇污泥安全处理处置各技术单元专利数量及贡献图

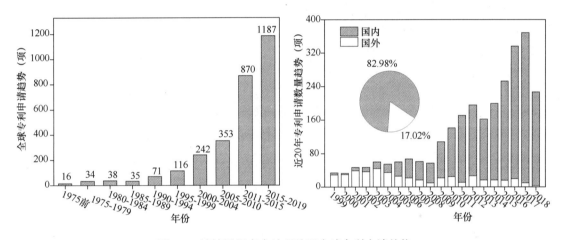

图 9-2 城镇污泥安全处理处置全球专利申请趋势

1990～2018 年，我国城镇污泥安全处理处置各技术单元专利申请趋势如图 9-3 和图 9-4 所示。从图 9-3 可以看出，近 30 年来我国城镇污泥安全处理处置各技术单元的专利申请均经历了从无到有、从少到多的快速增长模式，技术专利申请热点从最初的污泥减量化

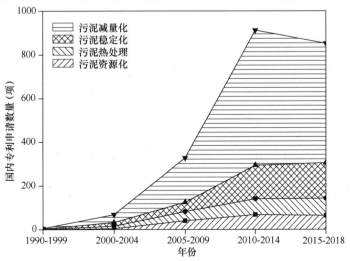

图 9-3 我国城镇污泥安全处理处置技术专利逐年申请趋势

技术向污泥热处理技术、污泥资源化技术转变，在转变过程中，污泥减量化的研究热度始终占有重要位置。

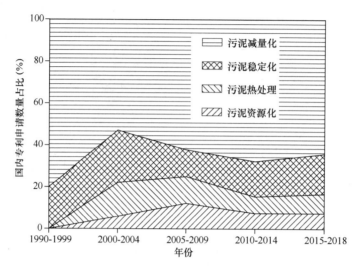

图 9-4　我国城镇污泥安全处理处置技术专利逐年申请占比

1990～2018 年，国外城镇污泥安全处理处置各技术单元专利申请趋势如图 9-5、图 9-6 所示。结果表明，国外城镇污泥安全处理处置各技术单元的专利申请数量均呈下降趋势，技术专利申请热度占比最高的为污泥减量化技术，其次依次为污泥稳定化技术、污泥资源化技术以及污泥热处理技术。

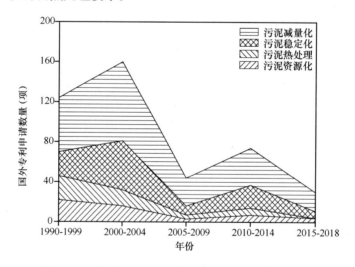

图 9-5　国外城镇污泥安全处理处置技术专利逐年趋势

9.1.2　论文检索现状

对"城镇污泥安全处理处置"技术方向进行文献检索，中文文献检索库为中国知网，英文文献检索库为 Web of science 核心合集，时间跨度为 1995～2018 年。如表 9-2 所示，城镇污泥安全处理处置技术中文论文初筛共计 7855 篇，经人工筛选后，获得与技术密切

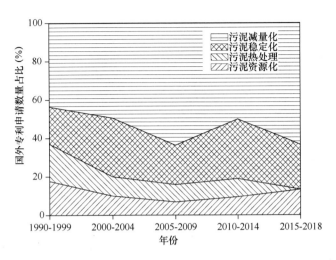

图 9-6 国外城镇污泥安全处理处置技术专利逐年申请占比

相关的文献 3806 篇；其中，污泥减量化技术有关的论文发表数量为 788 篇，污泥稳定化技术有关的论文发表数量为 1564 篇，污泥热处理技术有关的论文发表数量为 558 篇，污泥资源化技术有关的论文发表数量为 892 篇，标注由水专项支持产出的论文数为 165 篇，约占 2008～2018 年有关中文论文总数的 4.25%。

同时，城镇污泥安全处理处置技术英文论文初筛共计 7220 篇，经筛选后，获得与技术密切相关的文献 2763 篇；其中第一作者的第一单位为中国大陆单位的英文论文共计 978 篇，标注由国家水体污染控制与治理科技重大专项支持产出的论文数为 123 篇，约占 2008～2018 年有关英文论文总数的 5.20%。

由于我国污泥起步晚，污染问题突出，所以我国污泥处理处置技术相关的论文发表数量多于国外；由于国家水体污染控制与治理科技重大专项关键技术相关的研究多偏向于实用性或工程化，因此中文论文的发表数量占比较高。如图 9-7 所示，与其他技术相比，污泥稳定化技术相关的中英文论文发表数量均较高，表明业内对其关注度较高。

"城镇污泥安全处理处置"文献调研结果   表 9-2

关键技术	论文数量				
	中文数量（篇）		英文数量（篇）		
	初筛	终筛	初筛	终筛	第一作者的第一单位为中国大陆的论文数量
污泥减量化	994	788	1452	564	196
污泥稳定化	2132	1564	2550	1337	513
污泥热处理	1644	558	1984	490	189
污泥资源化	3018	892	976	294	80
合计	7788	3802	6962	2685	978

1995～2018 年，我国城镇污泥安全处理处置技术相关论文的发展趋势和占比分析如图 9-8、图 9-9 所示。结果表明，我国城镇污泥安全处理处置技术单元的论文发表数量经

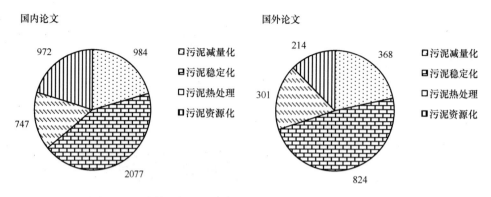

图 9-7　国内外城镇污泥安全处理处置相关的论文数量及占比

历了从无到有、由少到多的快速增长趋势，尤其是 2006 年后文献数量呈指数增长。论文占比方面，污泥稳定化的研究热度始终占有重要位置，污泥资源化呈逐年上升趋势，污泥减量化技术论文逐年下降。

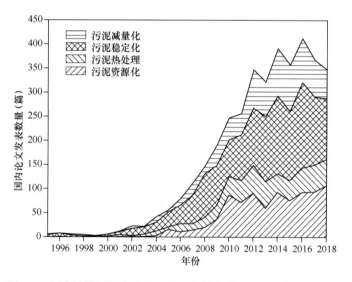

图 9-8　国内城镇污泥安全处理处置各技术单元论文逐年发表数量

1995～2018 年，国外城镇污泥安全处理处置各技术单元的发展分析和贡献分析如图 9-10、图 9-11 所示。论文发表数量呈稳步增长的趋势。论文占比方面，污泥稳定化技术，占比最高，是国外研究人员关注的热点问题，污泥热处理技术和污泥减量化技术论文呈上升趋势。

由于我国和国外发达国家所处的发展阶段不同，受技术发展，市场需求、国家政策以及实际环境情况的影响，国内外研究热点出现分歧，国外仍主要集中在污泥稳定化，而国内污泥处理技术呈多样化发展，特别是污泥资源化技术发展迅速，逐步逼近污泥稳定化技术的占比。

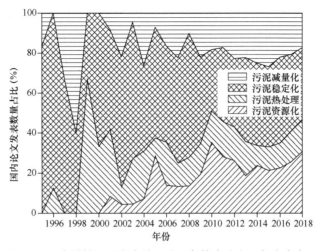

图 9-9　国内城镇污泥安全处理处置各技术论文逐年发表占比

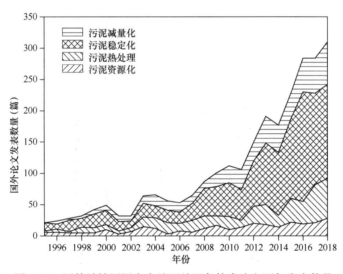

图 9-10　国外城镇污泥安全处理处置各技术论文逐年发表数量

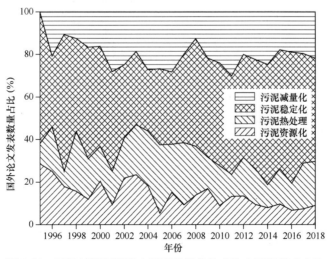

图 9-11　国外城镇污泥安全处理处置各技术论文逐年发表占比

9.1.3 工程案例检索现状

如表 9-3 所示，城镇污泥安全处理处置技术相关工程报告发表数量共计 194 篇，其中污泥减量化技术相关的 66 篇、污泥稳定化技术相关的 65 篇、污泥热处理技术相关的 42 篇、污泥资源化技术相关的 21 篇。由图 9-12 可知，目前相关工程主要集中在污泥减量化、稳定化方面，其次是污泥热处理，而污泥资源化相关的工程报告相对较少。

"城镇污泥安全处理处置"工程报告调研结果　　　　　　　　　　　表 9-3

关键技术	工程报告数量（篇）
污泥减量化	66
污泥稳定化	65
污泥热处理	42
污泥资源化	21
合计	194

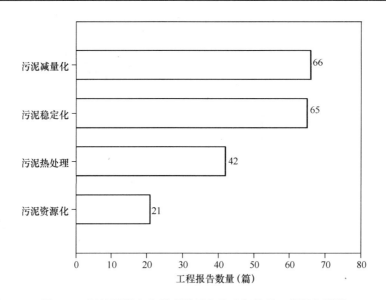

图 9-12　城镇污泥安全处理处置各技术相关的工程报告情况

由图 9-13 和图 9-14 可知，1995～2018 年，国内城镇污泥安全处理处置各技术的工程报告发表数量经历了从无到有的增长过程，在 2001 年之前，国内工未见工程案例报告，2001～2008 年，工程案例报告逐年增加，2008 年后，工程案例报告数量开始急剧增加，在 2013 年工程报告数量达到峰值，此后呈下降趋势，但仍维持较高水平。

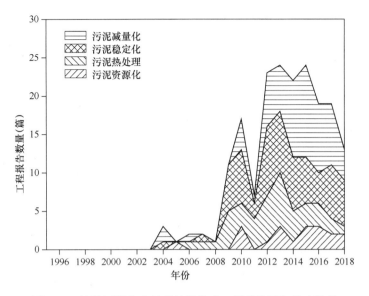

图 9-13　城镇污泥安全处理处置技术工程报告逐年发表数量

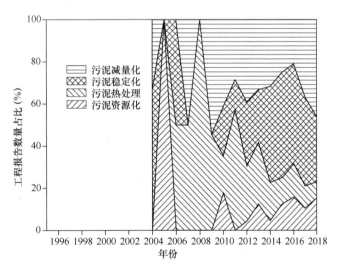

图 9-14　城镇污泥安全处理处置各技术工程报告逐年占比

9.2　污泥处理处置技术研究发展历程

9.2.1　污泥减量化技术发展历程

污泥减量化技术主要包括污泥原位减量技术、污泥脱水技术、污泥干化技术等，1995～2019 年的变化趋势如图 9-15 所示。在 2003 年前我国污泥减量化技术的论文发表、专利申请及工程报告的数量较少，2008 年后论文发表和专利申请数量大幅度增加，2014～2016 年达到高峰，但工程案例报告数量一直维持在相对较低的水平。

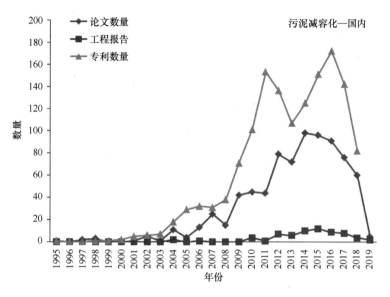

图 9-15   污泥减量化技术单元论文、专利及工程案例数量趋势

1. 研究演变分析

由图 9-16 可知，我国"九五"期间已有与污泥浓缩、机械脱水等研究报道，"十五"期间有了更多的相关研究报告，但是数量总体较少。"十一五"期间开始受到广泛的关注，相关研究报道也急剧增加，这主要是与我国 2008 年实施的国家水体污染控制与治理科技重大专项密切相关。

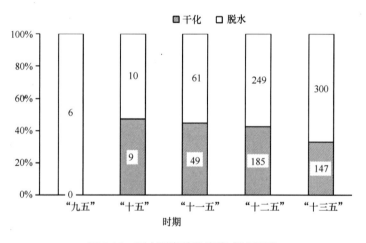

图 9-16   国内研究关注度演变过程图

2. 发展历程

（1）污泥脱水发展历程

"九五"期间，污泥脱水技术刚起步，技术方法主要有机械脱水、添加絮凝剂调理污泥等。"十五"期间污泥减量化技术得到进一步发展，针对污泥脱水性能改善、降低污泥比阻等问题开展研究，开发了浓缩脱水一体机、螺旋离心机等处理技术。

"十一五"期间国内污泥研究报道数量呈快速增长态势，在国家水体污染控制与治理科技重大专项推动下，针对脱水机理、深度脱水等方面的需求，研发了带式压滤机、离心机、板框压滤机、隔膜压榨技术等脱水技术，开发了絮凝剂、三氯化铝、阳离子表面活性剂、Fenton 氧化、PAC、PAM、生石灰、三氯化铁、聚合硫酸铁、羧甲基壳聚糖、改性壳聚糖、改性粉煤灰等化学调理药剂，以及酶制剂等生物调理方法。

"十二五"期间，污泥脱水技术进入持续发展阶段，在进一步探明脱水机理、优化节能降耗等科学问题的基础上，开发了隔膜压滤、电渗透脱水、污泥螺旋浓缩、振动压榨高干度脱水、热水解技术、热压力耦合脱水干燥等技术，研发了臭氧、高锰酸钾预处理、过硫酸盐＋烷基糖苷、硅藻土及骨架构建等化学调理方法，以及生物淋滤、溶菌酶等生物调理方法。

"十三五"期间，污泥脱水技术进入高速发展阶段，针对深度脱水、脱水滤液处理、碳排放核算、碳减排等开展了研究，重点研发了机械超声/碱预处理、微波/脱硫石膏、生物沥浸联合类 Fenton、零价铁/类芬顿法、生物碳/Fenton 氧化、硫酸根联合调理、类Fenton 蒙脱石、碱/热水解、Fenton/CaO、微波/高锰酸钾、电解/零价铁/过硫酸盐、厌氧消化/芬顿/CaO 等污泥联合调理技术。

（2）污泥干化发展历程

"九五"期间还没有相关技术的研究，"十五"期间起，污泥干化技术开始逐步受到关注。

"十一五"期间，污泥干化技术得到快速发展，开发了生物干化、太阳能干化、流化床、循环流化床、盘式干燥机等技术和装备，同时基于理论模型、数值模拟及计算机辅助设计等手段，优化了传质效率、导热系数、成本效益等干化运行参数。

"十二五"期间，进入持续发展阶段，进一步研究了环境风险、环境效益、干化成本、废气处理等科学问题，开发了低温热干化、空心桨叶式干燥机、带式干燥机、喷雾干化、两段式干化工艺等干化设备与工艺，技术与装备能力得到了进一步提升。

"十三五"期间，进入高速发展阶段，研发了薄层干化、低温真空脱水干化成套设备、电渗析－生物干化组合工艺、低温真空鼓泡流化床、脱水干化一体化等干化设备与工艺。同时，重点研究了干化过程水分衡算，以及干化技术的评价指标体系、层次分析—模糊综合评价法、生命周期评价等方法，为污泥干化技术的优化提供理论支撑。

9.2.2　污泥稳定化技术发展历程

由图 9-17 可知，2000 年前我国有关技术研究较少，几乎没有实际工程应用报道。此后，国内开始逐渐针对污泥稳定化技术展开研究，至 2004 年，相关论文发表和专利申请数量以线性模式增长。2008 年国家水体污染控制与治理科技重大专项的启动很大推动了我国污泥稳定化技术的发展。

1. 研究演变分析

如图 9-18 所示，根据 1991～2019 年的国内中英文论文检索，污泥稳定化单元热点技

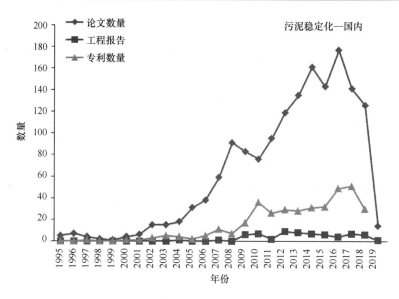

图 9-17　污泥稳定化技术单元论文、专利及工程案例数量趋势

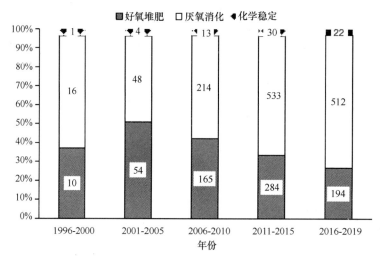

图 9-18　污泥稳定化研究关注度演变分析图

术主要为三类：好氧发酵、厌氧消化和化学稳定，其中厌氧消化和好氧发酵占据稳定化单元技术研究的主要位置。我国对污泥稳定化技术单元的研究热度经历了显著的变化，"九五"和"十五"期间相关研究报道较少，从"十一五"期间开始数量显著增加，好氧发酵关注度在 2014 年达到高峰期，厌氧消化关注度在 2016 年达到最高峰，之后，虽有所下降，但仍保持较高热度。总体而言，在本技术单元，厌氧消化关注度呈现先降后增的趋势，于"十三五"期间达到该技术单元关注度的 70% 以上，而好氧发酵关注度呈现先增加后下降的趋势，化学稳定的关注度总体比较平稳。

2. 发展历程

（1）污泥厌氧发酵技术

"十五"前，我国厌氧消化技术装备主要依赖国外进口，"十一五"期间借助于国家水体污染控制与治理科技重大专项的投入，开始关注污泥厌氧消化技术与装备的研发，出现了高温—中温两相、中温两相及多种强化预处理技术。

"十二五"期间随着我国污泥产量进一步增加，对污泥稳定化资源化的处理处置认识逐步提升，针对传统污泥厌氧消化法存在有机质厌氧转化率低、停留时间长、产气率较低、系统稳定性不强等缺点，开展了提高有机质厌氧转化率、产气率和系统稳定性，缩短污泥停留时间等方面的攻关研究，初步形成了热水解＋高含固高级厌氧消化、高含固厌氧消化工艺及污泥＋餐厨协同厌氧消化等工艺，国产化技术装备得到提升。

"十三五"期间污泥厌氧消化技术进入高速发展阶段，形成了具有自主知识产权的污泥高含固及协同厌氧消化技术体系及装备，在热处理、高压均质化、热水解—超声、微波—碱、微生物菌剂、碱解—热水解、热水解—超声、碱—臭氧等方面的预处理新技术研究得到了进一步发展。在沼液的厌氧氨氧化脱氮及氮回收方面取得了突破。

（2）污泥好氧发酵技术

"九五"期间，我国污泥好氧发酵技术开始起步。"十五"期间，我国污泥好氧发酵技术平稳发展，开展了强制通风堆肥技术（2001）、卧式螺旋式污泥好氧动态堆肥装置试验研究（2004）、自动测控系统及其应用（2005）、污泥干化机堆肥集成技术（2005）、微生物复合菌剂投加强化技术（2004）、剩余污泥及其他物料（麻黄废渣）共堆肥技术等技术研究。

"十一五"期间，污泥好氧发酵技术有了快速发展，研发了调理剂/共发酵技术、蚯蚓堆肥、智能控制污泥好氧发酵等技术与工艺。同时，针对发酵产品中有机污染物转化、有害物质去除、堆肥质量和植物有效性等开展了系统研究。

"十二五"和"十三五"期间，污泥好氧发酵技术进一步发展，开发了 SACT 污泥高温好氧发酵技术、免翻堆污泥快速生物干化（2014）、滚筒式好氧发酵装置、膜覆盖好氧发酵工艺、超高温自发热好氧发酵工艺（2017）等新技术与工艺。

（3）污泥化学稳定技术

污泥的化学稳定技术主要包括湿式氧化、催化湿式氧化、石灰稳定和热碱水解，以及氯氧化等。"十五"期间，化学稳定化技术开始受到关注，开发了湿式氧化技术。"十一五"期间以后，陆续研发了热碱水解、氯氧化、石灰稳定化等技术。

9.2.3　污泥热处理技术发展历程

如图 9-19 所示，污泥热处理技术在 2004 年前论文发表、专利申请和工程案例数量增长缓慢，2008 年后均呈快速增长趋势，同时出现两个峰值，分别为 2011～2012 年和 2016～2018 年，这分别处于"十一五"和"十二五"的末期，这可能与国家水体污染控制与治理科技重大专项相关成果的产出相关。

1. 研究演变分析

如图 9-20 所示，根据 1991～2019 年的国内中英文论文检索，污泥热处理单元热点技术主要为两类：污泥焚烧（单独和协同）和污泥热解。我国"九五"期间主要是与污泥焚

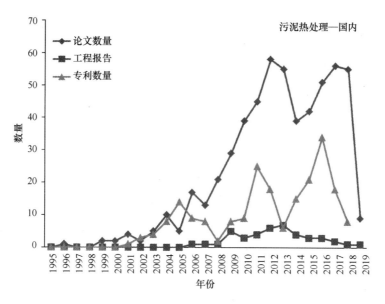

图 9-19 污泥热处理技术单元论文、专利及工程案例数量趋势

烧相关研究，尚没有污泥热解等方面的文献报道，"十一五"期间污泥焚烧研究报道进一步增加，然而相关研究总体较少。"十二五"期间开始出现污泥热解技术研究报道，污泥焚烧和热解技术研究进一步快速增加。上述变化趋势可能与我国 2008 年国家水体污染控制与治理科技重大专项的实施有关。

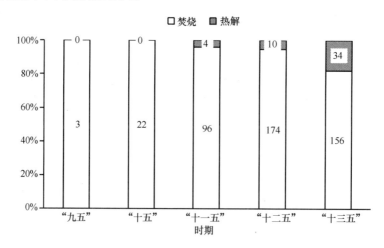

图 9-20 国内研究关注度演变过程图

2. 发展历程

（1）污泥单独焚烧技术

"九五"期间，污泥单独焚烧技术逐渐开始发展，针对重金属、污染物排放迁移等方面展开了研究，研发了污泥流化床等技术。"十五"期间，污泥单独焚烧技术得到进一步发展，针对污染物燃烧特性、氮氧化物产生等展开了研究，开发了回转炉等关键装备。"十一五"至"十三五"期间，在国家水体污染控制与治理科技重大专项支持下，污泥单

独焚烧技术得到持续发展，开发了流化床污泥清洁焚烧＋污染物控制、污泥脱水干化一自持焚烧集成技术污泥喷雾干化焚烧等关键技术及装备。

（2）污泥协同焚烧技术

"十五"期间，污泥协同热处理技术逐渐受到关注，开发了污泥共焚烧等技术。"十一五"至"十三五"期间，在国家水体污染控制与治理科技重大专项的推动下，污泥协同热处理技术得到快速发展，研发了水泥窑协同处置、水泥窑焚烧干化污泥烟气净化处理污泥与热电厂协同，污泥垃圾焚烧发电厂协同等关键技术。同时，针对二噁英、氰化物、氨气、氮氧化物、PAH、二氧化硫等污染物以及环境效益等方面进行了系统研究。

（3）污泥热解技术

"十一五"期间开始得到关注，开发了低温炭化、炭化催化剂等关键技术。"十二五"期间得到了进一步发展，开发了外传热回转间接式污泥炭化技术、水热炭化等关键技术。"十三五"期间，进入持续发展阶段，研发了污泥热解炭化污染物控制、热解气化、炭化产物园林利用等关键技术。

9.2.4　污泥处置技术发展历程

由图 9-21 可知，在 2004 年后我国开始关注污泥资源化技术的相关研究，但发展较为缓慢，从 2008 年开始，该领域的论文发表数量出现爆发式增长，同时专利数量也开始逐渐增加，但工程案例报告总体较少。

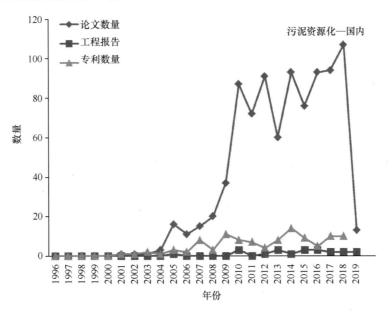

图 9-21　污泥资源化技术单元论文、专利及工程案例数量趋势

1. 研究演变分析

如图 9-22 所示，污泥安全处置及资源化单元热点技术主要为三类：污泥卫生填埋、污泥土地利用、污泥建材利用。从文献数量的角度分析，相关研究报道均呈先增加后减少

的趋势，其中"十二五"期间相关文献产出均最多。与污泥卫生填埋和污泥建材利用相比，污泥土地利用的文献数量最多。

从文献高频词占比角度分析，"九五"期间，污泥土地利用关注最高，占比达到73.3％，但随着研究的推进其关注度呈逐渐下降趋势，特别是"十一五"期间减少最为明显。污泥卫生填埋在"九五"期间开始受到关注，随后关注度呈增加的趋势，"十一五"期间增长最为显著，此后相对稳定，呈波动变化。污泥建材利用研究从"十五"期间开始受到关注，随后关注度呈持续增加。尽管污泥建材利用关注度呈增长态势，但"十三五"期间，污泥土地利用和污泥卫生填埋仍受到较高的关注。

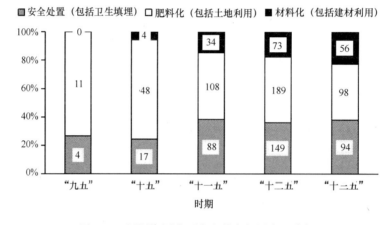

图 9-22　污泥资源化国内文献高频词占比分析

2. 发展历程

（1）污泥卫生填埋

"十五"期间，污泥卫生填埋开始受到关注。"十一五"期间，针对污泥高含水特性的缺点，研发了污泥固化/稳定化技术，"十一五"期间进一步开发了污泥高干脱水等污泥填埋改性技术。总体而言，我国污泥安全处置技术比较单一，总体以固化/稳定化处理后，进行卫生填埋为主。

（2）污泥土地利用

"九五"期间，污泥土地利用技术以污泥农业利用为主。"十五"期间，污泥土地利用技术得到进一步发展，开发了污泥园林利用、污泥制有机肥等技术。"十一五"期间，在国家水体污染控制与治理科技重大专项推动下，污泥土地利用得到快速发展，研展了污泥矿区生态修复等技术。"十二五"期间，进一步开发了污泥盐碱土修复技术、污泥沙漠化土壤改良等方法。"十三五"期间，研发了污泥滩涂土壤修复等关键技术。总体而言，在国家水体污染控制与治理科技重大专项推动下，污泥土地利用途径日趋多样性，不仅包括传统的污泥农业利用领域，还拓展到园林利用、有机肥、土壤改良剂等方面，此外，污泥的矿区修复、盐碱土利用、沙漠土壤改善、滩涂土壤改良等方向的研究也不断增加。

（3）污泥建材利用

"十一五"期间，污泥建材利用开始受到关注，开发了污泥制吸附剂、制陶粒等技术，

"十二五"期间，污泥建材利用得到进一步发展，研发了污泥熔融、污泥制生物炭、污泥制水泥等技术，"十三五"期间得到快速发展，开展了污泥制发泡保温材料、污泥制高性能功能催化材料、污泥电极储能材料等高值化利用技术研究。在国家水体污染控制与治理科技重大专项推动下，污泥建材利用得到了高速发展，研发许多新型建材利用技术，如提取蛋白质发泡保温材料、制备功能材料等。

9.3 污泥处理处置技术创新未来发展方向

自"十一五"以来，国家高度重视污泥处理处置，加大了科技投入，关键技术取得了从无到有的突破；"十二五"期间，污泥处理处置及资源化技术和装备得到了快速发展，符合我国国情的污泥处理处置技术体系和政策标准体系初具雏形，实现了由点及线的突破；"十三五"阶段从技术、标准、政策等层面对污泥处理处置技术路线进行了全链条集成推广，实现了由线到面的突破。新形势下，按照"碳达峰、碳中和"战略目标要求，未来我国污泥处理处置的技术研发应重点关注以下方面：

1. 污泥资源化新技术的开发

随着碳中和目标的推进，未来污泥处理处置应以节能降耗及能源资源回收为目标。目前，我国污泥厌氧消化工艺普及率较低，应加强高含固/协同高级厌氧消化技术的推广应用，实现污泥的高效稳定减量和生物质能高效回收。污泥水分的深度去除是污泥处理处置节能降耗的关键，应提升干化脱水设备的智能化水平，开发相应的环境友好型脱水药剂及高效脱水技术。对于污泥干化焚烧末端处理技术，加强干化焚烧系统能量优化，同时考虑与厌氧消化技术的耦合，实现系统能量水平的整体提升。

在全球应对气候变化和能源资源短缺的背景下，污泥的能源高效回收及物质的高效循环利用已成为国际上研究的热点（见图 9-23）。污泥蕴含了污水中大量的生物质清洁能源和营养物质资源，特别是污泥中的磷资源（占粮食安全用量的 40%）是未来粮食安全的重要战略性资源，污泥中能源和资源的高效回收利用是未来污水处理厂由"污染物去除"向"能源和资源工厂"转变的重要环节。因此，应加大新技术开发和政策的支持，进一步加强污泥处理处置与资源化的基础研究和技术装备开发，推进技术、产品和装备系列化、标准化，研发面向未来的污泥处理处置与资源化技术及装备：1) 加强污泥病原菌、有毒有害污染物的去除研究，保障污泥稳定化、卫生化、无害化处置；2) 强化污泥资源化循环利用，最大化回收污泥生物质能及提取污泥中营养物质，实现污泥物质能源循环利用；3) 研发污泥处理处置新技术及装备，进一步提高装置的智能化水平；4) 在面向未来的低碳、高值资源化领域开展前沿技术研发与储备，增强我国污泥处理处置新技术储备能力，引领未来污泥处理处置技术发展方向。

2. 多学科交叉创新

污泥处理处置工程是一个多学科交叉、多因素影响、多产业交融的系统工程，复杂程度高、难度大。因此，污泥处理处置技术升级不仅依赖于智慧感知等信息技术的发展，也

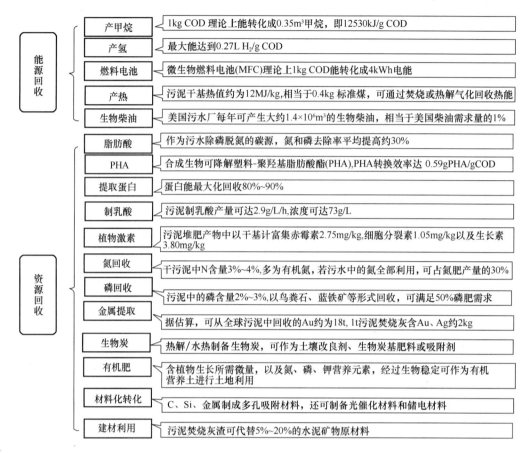

图 9-23　污泥能源化与资源化研究热点与发展方向

受到新型功能材料、高效功能微生物等新兴科技创新的影响，可借力生命、材料、信息、人工智能等多学科最新研究成果，实现污泥处理处置产业不断升级发展，实现跨越式发展。

第10章 国内污泥处理处置典型工程案例

10.1 污泥厌氧消化案例

10.1.1 上海白龙港污水处理厂污泥常规厌氧消化工程

1. 工程概况

白龙港污水处理厂采用多模式厌氧/缺氧/好氧（AAO）的污水生物处理工艺，总处理量为 $200\times10^4 m^3/d$，污水生物处理过程中产生的污泥经过重力与机械浓缩后，进入污泥单级中温厌氧消化系统。污泥厌氧消化处理工程设计规模为 204tDS/d。污泥厌氧消化系统从 2010 年 10 月底开始调试，2011 年 4 月底完成 8 座消化池的启动调试，8 座消化池全部产气并接入沼气系统管线。2012 年 2 月起，白龙港污水处理厂正式接管运行污泥厌氧消化系统，并已正常稳定运行，白龙港污泥厌氧消化工程如图 10-1 所示。

图 10-1 白龙港污泥厌氧消化全景图

2. 工艺流程

该工程采用的工艺技术路线为：浓缩＋中温厌氧消化＋脱水＋部分干化，具体工艺流程如图 10-2 所示。

经重力及机械浓缩后的浓缩污泥（含水率约为 95%）泵送至匀质池，混合后的浓缩污泥经螺杆泵泵入消化池中进行中温厌氧消化。有机物在厌氧消化池内分解，产生沼气。

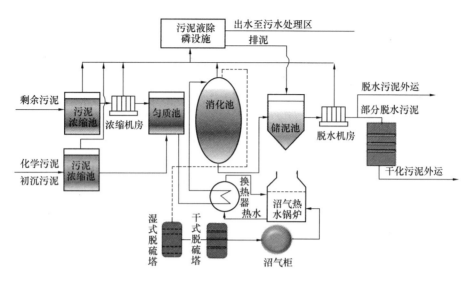

图 10-2　白龙港污泥厌氧消化工艺流程图

消化池设计采用导流管式螺旋桨搅拌器进行搅拌，通过套筒阀溢流式重力排泥，排出的消化污泥重力流至储泥池，进行后续处理。消化产生的沼气经过处理后首先用于热水锅炉，热水锅炉产生的热水用于加热污泥，剩余的沼气作为能源用于脱水污泥的热干化，实现污泥无害化、稳定化、资源化和减量化。污泥热干化处理后废热水的余热回收用于污泥消化系统预加热。

3. 主要系统设计

该工程项目系统主要包括进泥和排泥系统、污泥加热和循环系统、消化池搅拌系统、沼气系统。

（1）污泥厌氧消化系统设计

消化池采用卵形结构，共 8 座，总容积为 $99200m^3$，池体最大直径为 25m，池体垂直高约为 44m，其中地上部分高约为 32m，地下埋深约为 12m。污泥消化设计温度为 35℃，污泥停留时间为 24.3d，有机负荷为 $1.21kgVSS/(m^3 \cdot d)$，总沼气产量平均约为 $44500m^3/d$。

（2）消化池进泥和排泥系统

经重力及机械浓缩后的浓缩污泥（含水率约为 95%）泵送至匀质池，混合后的浓缩污泥经螺杆泵泵入消化池中进行中温厌氧消化。每座消化池配置一台进泥螺杆泵，由螺杆泵配以电磁流量计，通过预设流量值来自动控制进泥量。消化池采用顶部进泥，底部排泥。通过套筒阀溢流式重力排泥，排出的消化污泥重力流至储泥池。

（3）污泥加热和循环系统

根据中温厌氧消化池运行的工艺特点，消化池内温度必须严格控制在（35±1）℃。先将生污泥和消化池内泵出的循环污泥按照一定比例通过接种器进行混合，混合后的污泥进入套管式换热器，通过套管式换热器对污泥进行加热，加热后的污泥通过循环污泥管线进入消化池。每座消化池配一套热交换器和两台循环污泥泵（1 用 1 备）。为了避免水温太高造成换热器内污泥的板结，进而堵塞换热器，必须通过控制换热器进口水温来严格控制加热污泥的热水温度。当进入热交换器的水温高于或低于设定工作温度时，需通过调整阀门开度来减少或增加供热量，使进入热交换器的水温保持基本稳定。

为配合能源循环节约利用的原则，厂内污泥干化系统废热水作为热源回用，加热消化生污泥，减少锅炉沼气用量，在一般情况下可使消化池进泥温度较原温度提高 1～2℃，有效降低了消化系统的加热能耗。

（4）消化池搅拌系统

从池型、能耗搅拌效果等方面考虑，该工程设计采用的搅拌装置为导流管式螺旋桨搅拌器，搅拌机功率为 58kW，导流管在消化池内从底到顶垂直布置安装。每座消化池都单独设一台搅拌器，搅拌器可正反转运行，且可连续或间歇运行，使得消化池内污泥充分混合，可以有效加强有机物质的分解，从而增大沼气的产量。

（5）沼气系统

该工程沼气系统主要包括 3 套沼气粗过滤器、2 座沼气脱硫处理设施（包括湿式脱硫塔、干式脱硫塔）、4 座 5000m³ 无压沼气储柜、3 台沼气增压风机、3 座沼气燃烧塔、1 座沼气热水锅炉房及配套设施等。沼气中硫化氢的初始浓度设计值为 3000～10000mg/Nm³。采用生物脱硫/干式脱硫的两级串联脱硫工艺，经脱硫后的沼气中硫化氢浓度≤20mg/Nm³，储存于 4 座 5000m³ 无压沼气储柜内。通过 3 台沼气增压风机，供消化、干化加热系统利用。热水锅炉房内设置 3 台沼气热水锅炉，冬季需热高峰期 3 台锅炉同时并联运行，无备用锅炉；夏季需热低谷期 2 台锅炉同时并联运行，1 台锅炉停炉检修。沼气热水锅炉产生的 95℃ 热水通过厂区热力管网输送到污泥消化处理系统的套管式换热器用于加热污泥。

4. 工程技术特色及亮点

（1）处理规模大及总体水平高

该工程设计规模为 204tDS/d，污泥消化池采用蛋形结构，共 8 座，总容积为 99200m³，居于亚洲第一。

（2）污泥消化、干化有机结合，降低成本

污泥厌氧消化和干化工艺有机结合，并将污泥消化产生的沼气用于干化，污泥干化产生的余热回收用于污泥消化的预加热，节约系统处理的能耗，最大限度实现了节能减排，污泥综合处理的运行成本仅约 120 元/t。

（3）充分利用空间，管线维护简便

污泥厌氧消化工程管线众多复杂，工程设计将 90% 以上的管线集中敷设于地下管廊和管沟中，节约地下空间，同时利于管线的安装、检修和维护，设计通过纵横向地下管廊连接 8 座消化池和 2 座管线楼。

（4）高效的污泥投配

对于污泥厌氧消化的进泥系统，采用高效污泥接种器，先将生污泥与消化池循环污泥混合后，经过热交换器，将混合污泥加热，再由循环污泥泵平稳地投入消化池内，这样大大减少了原污泥对消化系统的运行冲击，提高了系统的效率与稳定。

（5）沼气处理系统的创新性与稳定性

工程充分考虑到了国内众多污水处理厂高硫化氢浓度对沼气处理系统及消化处理系统的严重负面影响，对消化处理产生的沼气采用生物脱硫＋干式脱硫两级串联的沼气脱硫工艺，通过生物脱硫，回收了碱液，将脱除的硫化氢转化为单质硫，不仅降低了沼气脱硫的运行费用，也避免了传统的湿式脱硫后硫返回污水处理系统。

10.1.2　长沙市污水处理厂污泥集中处置项目

1. 项目概况

长沙市污水处理厂污泥集中处置工程地处长沙市望城县黑麋峰垃圾填埋场内（见图 10-3），项目处理规模为 500t/d（含水率 80%）。消化池产生的生物质能源（沼气）一部分供给锅炉产生蒸汽用于热水解系统污泥加热，另一部分供干化机用来干化污泥，多余的沼气进行沼气发电供项目自身使用。污泥脱水产生的滤液通过厌氧氨氧化＋MBR＋NF＋RO 工艺处理。处理后污泥满足《城镇污水处理厂污泥处置　混合填埋用泥质》GB/T 23485—2009 中污泥用作垃圾填埋场覆盖土添加料的指标要求。

图 10-3　长沙市污水处理厂污泥处理处置工程全景

2. 工艺流程

该工程采用的工艺技术路线为：污泥热水解＋高含固厌氧消化＋深度脱水＋干化＋沼气干法脱硫，具体工艺流程如图 10-4 所示。

污泥进入料仓后，由泵输送至污泥螺旋浆化机，再由浆化机进入污泥热水解系统进行热水解预处理，热水解系统反应温度从 70～170℃灵活可调，同时采取能量回收措施回收热量，进行循环利用。热水解之后的污泥性状得到了很大程度改善，流动性大大提高，有机质大量溶出，便于后续消化处理。

反应后的污泥经热交换后，进入储泥罐，用污泥泵送入厌氧消化罐进行反应，进料含固率可高达 12%。充分厌氧消化后的污泥经高压板框压滤机脱水，形成含固率约 40% 的泥饼和高负荷的滤液。泥饼进入带式干化机，以沼气和发电机烟气作为热源对污泥进行干

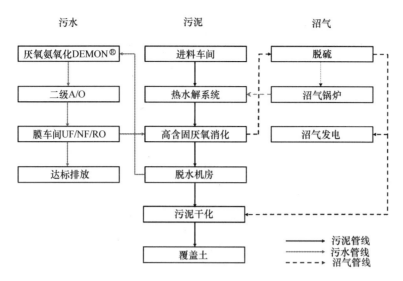

图 10-4　长沙市污水处理厂污泥集中处置工艺流程

化。干化后的污泥含固率高于 60%，然后卡车外运用作填埋场覆盖土。

滤液通过两段式厌氧氨氧化工艺进行脱氮处理，可脱除约 90% 的氨氮、80% 的总氮和 50% 的 COD，经过厌氧氨氧化处理后的废水再经过 MBR＋NF＋RO 工艺处理后进行分级分质回用，回用水主要用途包括污泥稀释水、配药用水和锅炉补水，多余的废水达标后排放。

产生的沼气经净化后，主要用于锅炉产蒸汽，补给系统运行所需的热源；多余部分通过沼气发电机产生电能供本项目内部使用。发电机的余热通过余热锅炉进一步回收利用。

3. 主要构筑物及设计参数

（1）料仓

进料车间共 1 座，为半地下式建筑物，其中料仓间部分平面尺寸 36×18(m)，地下深 6.5m，地上高 11.4m，钢筋混凝土结构＋钢结构屋顶；控制、配电室平面尺寸 36×7.2(m)，高 5.2m，框架结构。进料车间共设置 2 座污泥料仓，每个料仓容积 200m³。设置有自动仓盖板，污泥料仓设置有破拱滑架，垃圾料仓采用活仓底卸料装置，避免污泥和垃圾架桥及堵塞。污泥分别经由经 2 台输送量为 20m³/h 的污泥泵，把污泥输送至污后续系统进行处理。采用液压高密度固体泵（柱塞泵），并设置有管道除渣装置。

当污泥车经过地磅计量后驶至进料车间，根据其不同污水处理厂污泥有机质含量的不同，分别到达 1 号污泥料仓或 2 号高含砂量污泥料仓，正常运行情况下，经过卡车运输的常规污泥卸料至 1 号料仓系统，经过卡车运输的高含砂量污泥卸料至 2 号料仓系统，两座污泥料仓的配置完全相同，互为备用。

（2）污泥热水解站

热水解系统由浆化系统、热水解罐和热交换系统组成，可满足污泥预浆化及高温热水解反应的要求，可实现 150～170℃ 高温 1MPa 高压热水解，兼顾 70～100℃ 中温热水解的反应需求。配备浆化热水解一体化装置 2 组，每组处理能力 250t/d。

该工程采用热水解作为改善污泥厌氧消化性能的预处理技术。热水解流程如图 10-5 所示。

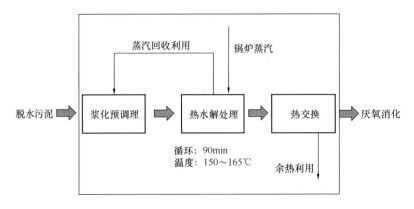

图 10-5　热水解系统流程图

脱水污泥含水率约为 80%，流动性能差，热传导困难。为了提高污泥的流动和传热性能，在浆化预调理阶段，污泥被蒸汽加热，并通过双轴搅拌，快速升温并均质化，从而使黏度降低，成为流动态。之后由泵输送到热水解罐中进行高温热水解处理。单个热水解罐依次经历进泥、升温、保温、释压、排泥等五个过程，序批式运行；多个热水解罐并列，可保证进泥连续性。污泥升温采用 180℃ 饱和蒸汽直接注射入污泥的方法，加温迅速。由于污泥经过浆化均质后流动性和传热性能好，利用多个蒸汽喷射角度的水力搅拌作用，热水解罐中无需设搅拌设施。单个热水解循环过程为 90min。热水解释压的大量余热蒸汽用于前段浆化预处理供热，进行能量回收。热水解后出料污泥经过热交换系统降温后，进入后续厌氧消化系统。该工程采用了不易堵塞的套管式泥水换热器，中心物料为污泥，套管内为水，泥和水相向流动，进行换热。热交换系统的水可以循环冷却后再利用，带走的余热可以用于冬季供暖。

（3）厌氧消化系统

厌氧消化单元是沼气工程的核心单元。厌氧消化工艺包括进料单元、厌氧消化单元、保温增温单元等。污泥经热水解预处理后，由螺杆泵向厌氧消化单元分批进料。

该工程消化池采用高温、沼气搅拌方式运行。共设 2 座消化池，地下式钢筋混凝土柱型结构，单池池容 $V=10000\text{m}^3$。直径 24m（柱体内壁），底部倾角 20°，顶部倾角 36°；高 27.373m，埋深 3.822m。设计温度为 55～58℃。物料停留时间 22d。

（4）综合脱水干化机房

为满足后续处置要求，需对沼渣进行深度脱水和干化。该工程选择板框脱水机作为脱水工艺的机型，脱水后的含水率为 60%。后续采用带式干化设备，进一步脱水至含水率低于 40%。

脱水机房和干化车间合建，框架结构，平面尺寸 54×42（m），脱水机房部分三层（局部两层），高 21.0m/10.0m，干化车间部分一层（局部两层），高 14.5m。脱水机房一层布置有储泥池 [2 格，单格净尺寸 10.5×6.4（m），有效水深 4.8m]，压滤液池 [2 格，单格净尺寸 13.51×9.6（m），有效水深 3.5m，埋深 1m〕以及脱水机配套的进泥泵、压榨泵、洗布泵、加药装置等；二层为配电间、控制室和皮带机；三层为板框脱水机（共 6 台，5 台隔膜压榨脱水机，1 台弹性板框压滤机）和 10 万 m³ 生物除臭装置（室外）。

干化车间内布置有带式干化机及配套设备，1 万 m³ 化学除臭装置；出泥料仓和中继料仓位于料仓间二楼，一楼供卡车进出装料。

（5）沼气柜及沼气净化提纯

沼气是厌氧消化工艺的产物，沼气经处理后一部分用于沼气锅炉燃料，一部分用于沼气发电机发电，剩余部分用于污泥干化，且沼气发电机产生的余热可供污泥干化使用。

消化池产生的沼气，收集后进入 1 台 DN1500 的沼气专用砾石过滤器，后进入到 1 套脱硫系统，脱硫塔的作用是减少沼气中硫化氢含量，避免对沼气接触设备造成腐蚀。采用干式脱硫方式，经脱硫处理后的沼气进入到 1 座容积为 5000m³ 的双膜沼气柜，以平衡高峰产气量，使得锅炉或沼气发电系统在产气量低的时候也能连续运行。

4. 工程技术特色及亮点

（1）热水解＋高含固高温厌氧消化，提高厌氧消化能效

该项目前段采用热水解处理技术进行厌氧消化前的预处理（见图 10-6），污泥温度较高，在冷却过程中，为充分利用其中热量，采用高温厌氧消化技术。整体系统进泥含固率高达 8%～12%，由于高温厌氧消化效率高，且污泥已经前期充分预处理，因此污泥所需停留时间短，较传统工艺的 20～22d，本项目厌氧消化所需停留时间为 17d，大大提高了厌氧消化效率。

图 10-6　长沙市污水处理厂污泥处理处置工程热水解系统

（2）多点除砂，提高效率

国内污水处理厂砂含量较高，影响了污泥有机质含量，过高的砂含量还会影响厌氧消化产气效率。因此，砂的去除在整体系统中有较为重要的意义。该项目中，在热水解和厌氧消化等工艺段多点进行除砂，从而有效降低砂含量，防止砂对整体系统产生不利影响。

（3）自主创新的热水解系统可多工况运行，能量利用效率高

热水解系统采用自主创新技术，可根据不同工况要求采用不同温度，温度区间可在70～170℃调节。热水解过程采用全自动控制，高温蒸汽在系统中进行梯级利用，系统能量得到充分回收与利用，热利用效率高。热水解系统前段采用机械混合浆化，可使热量快速传递至污泥中；后段采用高压蒸汽迅速将污泥温度提高至目标温度，实现高温高压水解。

热水解系统一方面实现了彻底的卫生化和无害化，另一方面大幅度提高了厌氧消化过程中污泥的降解率和产气率，提高了厌氧消化的反应速率，从而减少消化池池容。同时，本系统独创性地开发了污泥除砂功能，降低高含砂污泥的含砂量，减轻对后续消化系统的影响。

（4）自主创新的沼液厌氧氨氧化自养脱氮工艺，高效节能

厌氧消化沼液通常直接排入污水处理厂，但由于氨氮浓度过高对污水处理厂冲击很大。该项目采用两段式厌氧氨氧化技术进行脱氮处理，预计氨氮去除率高达90%以上，总氮去除率在80%以上。由于其跟传统硝化反硝化原理上的不同，能节约60%以上的曝气能耗；同时，该过程不需要投加外加碳源，是一项高效节能的脱氮技术。

（5）产物全面资源化利用

高含固厌氧消化产生的生物沼气主要含有甲烷和二氧化碳等，甲烷含量通常为65%以上，部分用于自身热水解和干化使用，其余沼气进行发电自用。

沼渣干化后可用作垃圾填埋场覆盖土，或土地利用，实现了污泥资源循环利用。

10.1.3 北京高碑店污水处理厂污泥高级厌氧消化工程

1. 工程概况

北京市高碑店污水处理厂污泥高级消化工程位于北京市朝阳区高碑店污水处理厂内，总占地面积约86315.1m²，工程建设规模为日平均处理污泥1358t/d，峰值泥量1772t/d。自2016年12月26日热水解启动开始逐步调试运行，到2017年7月全厂污泥全部进入高级消化系统。

2. 工艺流程

该工程采用的工艺技术路线为：热水解＋高级厌氧消化＋板框脱水＋土地利用，具体工艺流程如图10-7所示。

高碑店污泥处理中心的污泥来源为污水处理过程中产生的初沉污泥和剩余污泥。经过机械浓缩处理的剩余污泥与经过除渣处理的初沉污泥进入预脱水储泥池，混合后的污泥经预脱水至含水率82%～84%，以满足热水解处理系统的进泥要求。脱水泥饼由螺旋输送到柱塞泵料斗，经柱塞泵输送至热水解污泥料仓，而后进入热水解系统。热水解反应罐保压压力0.6MPa，加热30min，24h运行。预脱水产生的泥饼经过热水解处理后，进入消化池产生沼气。消化池内泥温稳定在40℃，停留时间18d。消化系统排泥最终经过板框脱水机脱水，外运处置。消化系统产生的沼气经过脱硫后，主要用于蒸汽锅炉燃烧和发电。

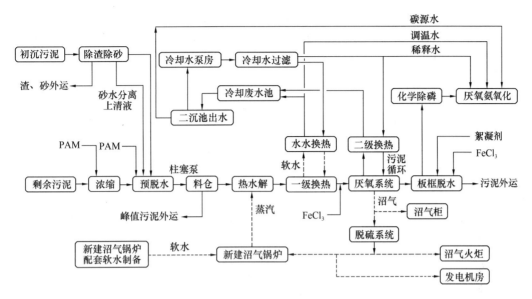

图 10-7　北京高碑店污泥厌氧消化工艺流程

3. 主要构筑物及设计参数

（1）预脱水机房

预脱水机房尺寸：$64 \times 24.8 \times 12.5$（m），主要设备如下：

离心式污泥脱水机：12 台（9 用 3 备），出泥含水率 $\leqslant 80\%$；

絮凝剂制备装置：3 台（2 用 1 备）；

柱塞泵：3 套（2 用 1 备）污泥输送用螺杆泵，$65m^3/h$；

柱塞泵接收料斗：3 套（2 用 1 备）。

（2）热水解处理车间

热水解车间尺寸：$70 \times 60 \times 15$（m），预脱水污泥含固率达到 $15\% \sim 17\%$ 进入热水解，首先进入储存在竖直的漏斗或喂料箱中。热水解系统包括 5 台热水解反应器平行工作。每台反应器分批处理，一个完整的周期持续 $120 \sim 165min$，所有的反应器有完全相同的功能，其运行彼此依赖。主要设备如下：

污泥缓冲料斗：4 台，有效容积 $300m^3$；

出料螺旋：8 台，流量 $25m^3/h$；

水解反应器：4 套。

（3）消化池

单个消化池有效池容为 $7800m^3$，内径 $20.0m$，有效水深 $24.8m$。消化池进泥方式为底部进泥，排泥方式为底部泵排泥为主，上部溢流排泥为辅，采用立轴式桨叶搅拌器。消化池内物料的温度控制采用池外循环冷却方式，包括污泥循环泵、泥水热交换器等设备。每座消化池对应 1 套循环冷却单元，污泥循环泵连续将消化池内的热污泥送至污泥热交换器降温后再返回消化池；同时保留原有热水的供、回水管，当普通消化启动时，该循环冷却单元还可对消化池进行加热。

（4）沼气气柜

该工程具有 1 套湿式气柜，容积 9000m³；2 套干式气柜，每座容积 5000m³。

（5）干式脱硫

该工程采用干法脱硫，共 6 座干式脱硫塔（3 用 3 备），单台流量 1000m³/h。

（6）板框脱水机房

板框脱水机房工艺尺寸：166.4×33.5×（10.2～17.6）（m）。厢式隔膜压滤机单机过滤面积 200m²、滤板尺寸 2000×2000（mm），共 18 台（14 用 4 备），处理能力按照热水解/厌氧消化后的泥量进行设计，设计规模为 240tDS/d。

（7）厌氧氨氧化

采用厌氧氨氧化工艺对消化系统上清液和脱水机房滤液进行除磷脱氮处理。设计水量 3500m³/d，工艺流程为：进水→调节池→斜板沉淀池→一段生物池→一段沉淀池→二段生物池→二段沉淀池→出水，设计水质见表 10-1。

高碑店污泥厌氧氨氧化设计水质 表 10-1

设计指标	COD （mg/L）	氨氮 （mg/L）	总氮 （mg/L）	总磷 （mg/L）	SS （mg/L）
进水	4000	1400	1600	150	1500
出水	1400	70	320	50	300

（8）除臭系统

采用生物滤池法，对所有污泥贮池，包括污泥预脱水储池、脱水机、热水解设备、热水解污泥缓冲池、板框车间及板框进泥调质池进行集中除臭；对厌氧氨氧化处理中的构筑物进行除臭。

4. 工程技术特色及亮点

（1）热水解高级厌氧消化

采用热水解对污泥进行处理，显著改善污泥的流动性能，黏度大幅降低 90% 以上，使得污泥在高含固率下仍易于输送，厌氧消化池的进料能达到 8%～12% 的含固率。热水解显著提高污泥的生物可降解性，有机物质发生溶解和水解，相比于未经处理的原污泥具有更高的生物可降解性，污泥中的挥发性物质更容易去除，厌氧消化过程中沼气产生量和污泥能量潜能的释放会显著提高，消化后残余的污泥量（总固体）也会降低。经过热水解后的污泥所需的厌氧消化停留时间明显减少，从而大幅减少单位污泥所需的消化池容 50% 以上。

（2）消化污泥深度脱水

经过热水解和厌氧消化后的污泥，污泥性质已经发生改变，脱水性能变好。为便于污泥最终成品的利用，选择脱水性能更高的板框脱水机。经过板框压滤机进行深度脱水，含水率降低至 60%。脱水机房采用隔膜挤压全自动板框压滤机，其工作原理是对密闭板框内的污泥进行加压、挤压，使滤液通过滤布排出，固态颗粒被截留下来，以达到满意的固液分离效果。由于泥水在密闭状态下受压脱水，固态颗粒不易漏出。板框压滤机进泥含水率94%～96%，脱水泥饼含水率55%～60%，脱水效果较好，运行较稳定；经过热水解高级厌氧消化和板框深度脱水后相对于剩余污泥直接脱水产生80%含水率的污泥可实现减量约68%。

（3）脱水滤液厌氧氨氧化处理

在污泥厌氧消化产甲烷过程中，有机氮发生氨化，大部分以 NH_4^+-N 的形式转移到板框脱水滤液中，产生了高 NH_4^+-N、低 C/N 滤液。滤液所含 NH_4^+-N 占污水厂进水氮负荷的15%。为了避免因滤液回流引起的污水处理过程氮负荷升高同时节约脱氮过程的药耗和电耗，该工程采用北京城市排水集团有限责任公司自主研发的高氨氮滤液厌氧氨氧化脱氮工艺，实际运行过程氨氮去除率可到90%。

（4）沼气利用的方式

该工程沼气利用的主要方式为：沼气首先进入蒸汽锅炉生产蒸汽，分别为热水解和厂区供暖提供热量，同时剩余的沼气发电供厂内使用。系统从2017年7月进入全线运行到2019年12月的平均发电量为27596kWh/d，2017～2019年的沼气发电总量分别为503万kWh、945万kWh和1155万kWh。但目前由于发电机装机量不足，发电用沼气占比仅约为20%～25%。综合蒸汽锅炉和沼气发电机的沼气使用量仅占约60%，新增发电机预计于2021年投入使用，可实现富余沼气的全部发电，沼气发电量可增加6万～7万kWh/d。

（5）有机营养土生产与利用

为了保证有机营养土的品质稳定，对有机营养土的卫生学特性开展长期定时的第三方监测。有机营养土的施用能够显著促进苗木根系发育，土壤中易利用的养分增加、密度降低、非毛管孔隙度提高、田间持水量增加，土壤改良效果明显。

10.1.4　镇江市餐厨废弃物及污水处理厂污泥协同处理项目

1. 项目概况

镇江市餐厨废弃物及生活污泥协同处理项目建设规模为260t/d，其中餐厨废弃物140t/d（含废弃油脂20t/d），生活污泥120t/d。项目选址于京口污水处理厂污泥处理处置预留用地，占地45亩，建设投资1.59亿元。该项目是国内首个采用城市污水处理厂污泥和餐厨协同处理并已成功运行的项目，2016年6月进泥调试，稳定运行至今，且随着餐厨收集量的增加，餐厨与污泥比例逐渐增加，产气性能明显提升。

2. 工艺流程

该工程采用的工艺技术路线为：餐厨预处理＋污泥热水解＋高含固/协同厌氧消化＋沼渣深度脱水干化土地利用＋沼气净化提纯制天然气，具体工艺流程如图10-8所示。

城区污水处理厂80%含水率的脱水污泥由车辆运输至该处理中心，餐厨废弃物由一体化分选—打浆预处理车运输至该处理中心，餐厨废弃物及污泥由磅秤称重后，卸入卸料站。污泥经螺杆泵提升至高温热水解系统。高温热水解排出的污泥经换热冷却后与预处理后的餐厨废弃物、消化池的循环污泥混合，提升入消化池。有机物在厌氧消化池内分解，

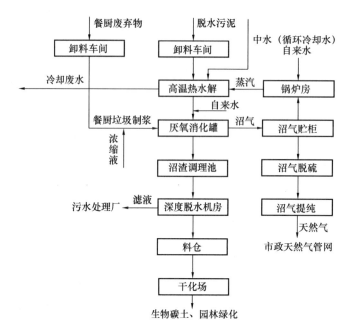

图 10-8　镇江市餐厨废弃物及生活污泥协同处理项目工艺流程

产生沼气。消化池使用机械搅拌混合方式。厌氧消化设计温度 38℃，停留时间 25d。经消化后的沼渣流入沼渣调理池，暂时储存调理。沼渣通过提升泵进入沼渣脱水机房。采用脱水机将沼渣含水率脱至 60%。脱水沼渣输送至太阳能干化场干化至含水率 40%。沼渣脱水过程中产生的沼液，首先排入京口污水处理厂（可消纳 160t/d）。消化池产生的沼气进入膜式气柜储存，部分用于蒸汽锅炉，产生蒸汽用于热水解反应增温，部分经脱硫净化、提纯后制取天然气，进入市政天然气管网。

3. 主要构筑物及设计参数

（1）餐厨收运预处理系统

餐厨废弃物采用源头打浆、分离一体化收运车进行预处理。收运车辆密闭性好、可自动装卸，具有保温功能。收集装置采用与餐厨废弃物收集车配套的标准方桶。车上设有挂桶机构，将垃圾标准桶提升至车厢顶部，再通过翻料机将垃圾倒入车厢内，厢体内设压缩推卸装置、自动破碎分选装置、制浆装置和固渣储存箱。车下部有大容积污水箱，可储存压缩沥出的油水，实现固液初步分离，后密封盖采用液压装置开启和关闭，特殊的结构和密封材料能避免发生污水跑漏现象。此外，垃圾浆液输送口与餐厨垃圾处理设备对接，实现密封排放。

（2）卸料车间

卸料车间外形尺寸：$B×L×H=25×17.4×11.5$（m），其中地下部分 $19.2×17.4×4.5$（m）。卸料间分独立两格：污泥卸料池和餐厨垃圾卸料池。污泥卸料池设 2 座污泥料斗，容量总共 $120m^3$，外形尺寸：$8.4×4.2×9.5$（m）。卸料池下设置螺旋输送机。卸料车间内设有 2 台自动分选机，对餐厨废弃物中的塑料、织物及硬质不易破碎的无机物进行分离，平均处理能力 6～10t/h。

为减少卸料产生的气味外溢，卸料池设置液压启闭盖，卸料厅设电动堆积门，卸料厅和卸料池通过臭气收集系统保持负压，此外，料斗区域和预处理车间其他区域通过隔离墙分割，对此区域重点设置臭气收集系统。

（3）污泥热水解站

热水解设备占地：$L \times B = 36.8 \times 13.4$（m），处理量不小于 24tDS/d（120t/d，含水率 80% 计），经过热水解系统后的物料动力黏度应不大于 800mPa·s。满足污泥预浆化及高温热水解反应的要求，可实现 150～170℃高温 1MPa 高压热水解，兼顾 70～100℃中温热水解的反应需求。配备浆化热水解一体化装置 2 套及 4 台出料泵（$Q = 20m^3/h$，$H = 60m$，2 用 2 备）。

（4）厌氧消化罐

厌氧消化单元是沼气工程的核心单元。厌氧消化工艺包括进料单元、厌氧消化单元、保温增温单元等。污泥、餐厨废弃物经预处理后，由螺杆泵向厌氧消化单元分批进料。

共建成 4 座消化罐，设计尺寸 $\phi 16m \times 16m$，有效水位 14m，单座厌氧罐体总容积 3200m³，有效容积为 2800m³。工作温度为 35～38℃。每天处理量为 410t，物料停留时间 25d。为使进料均匀分布于罐内并充分与厌氧微生物接触，保证罐内温度均匀，每座厌氧反应器内设置推进机械搅拌器和消化液循环泵。安装有罐底推进器，罐顶部泵进料，罐体上部溢流出料。

（5）综合脱水车间

脱水系统主要用于消化稳定后的沼渣进行深度脱水处理，包括沼渣调理池、沼渣进料系统、旋转挤压式脱水机、直接压滤式脱水机等。

建成综合脱水车间一座，$L \times B \times H = 54.5 \times 18.9 \times 12$（m），结构形式为框架结构，分为两层。一层放置压滤机配套辅助设备，二层布置旋转挤压式脱水机和直接压滤式脱水机操作台。出泥由下部螺旋输送机输送至沼渣料仓。

（6）沼渣干化厂

进一步通过太阳能干化达到含水率 40% 的要求。干化场由暖房（干化棚）、翻抛机、通风设备、地热、测试仪器和电控系统等部分组成。沼渣在此干化，降低沼渣含水率，以减少沼渣体积。干化棚 $L \times B \times H = 140 \times 13 \times 4.2$（m），有效摊晒面积 1540m²，摊晒高度 5cm。

（7）沼气柜及沼气净化提纯

该工程设双膜沼气柜一座，双层膜球型结构，直径 $\phi 16m$，有效容积 2000m³/座。甲烷渗透度 $<3cm^3/(m^2 \cdot 24h \cdot kPa)$。

沼气净化提纯利用系统包括沼气预处理系统和提纯及余热利用系统。发酵产生的沼气经预处理、提纯、压缩后，生产的压缩天然气纳入管网，其品质应达到民用天然气中二类气的指标要求，见表 10-2。工艺路线为：干法脱硫→预处理（→火炬）→沼气压缩→胺法脱碳→法脱碳变温吸附脱水→加臭→缓冲罐→天然气管网。

天然气技术指标　　　　　　　　　　　　　　　表 10-2

项目	一类	二类	三类
高位发热量[a]（MJ/m³）≥	36.0	31.4	31.4
总硫（以硫计）[a]（mg/m³）≤	60	200	350
硫化氢[a]（mg/m³）	6	20	350
二氧化碳（%）	2.0	3.0	—
水露点[b,c]（℃）	在交接点压力下，水露点应比输送条件下最低环境温度低 5℃		

a. 本标准中气体体积的标准参比条件是 101.35kPa，20℃；

b. 在输送条件，当管道管顶埋地温度为 0℃时，水露点应不高于−5℃；

c. 进入输气管道的天然气，水露点的压力应该是最高输送压力。

4. 工程技术特色及亮点

（1）城镇污泥与餐厨废弃物协同厌氧消化

餐厨垃圾单独厌氧消化容易出现酸累积、氯化钠含量过高而导致系统不稳定，甚至抑制厌氧消化过程，严重影响产气速率和累积产气量。此外，我国剩余污泥普遍具有含砂量高、有机质含量低（VS/TS＝30％～50％）的特点，单独厌氧消化普遍存在营养不足、产气率低的难题，且污泥厌氧消化过程所产生的高氨氮也对其厌氧消化过程具有一定的抑制作用。城镇污泥与餐厨废弃物协同厌氧消化具有可缓冲抑制性物质、提高厌氧消化设施的利用率等优点。将餐厨废弃物与污泥进行联合厌氧消化，不仅可以增大消化底物中有机物含量，提高厌氧消化沼气产量，还能有效解决餐厨废弃物带来的环境污染问题。

（2）污泥热水解＋高含固/协同厌氧消化

该项目前段采用热水解处理技术进行污泥厌氧消化前的预处理（见图 10-9）。进泥含

图 10-9　镇江餐厨废弃物-污水厂污泥集中协同处置示范项目热水解系统

固率高达 10%～12%，由于污泥前期已经过充分预处理，污泥所需停留时间短，且大大提高了厌氧消化效率。

（3）沼气/沼渣资源化利用

城镇污泥与餐厨废弃物协同厌氧消化产生的生物沼气主要含有甲烷和二氧化碳等，甲烷含量通常在 55%～65%，部分用于自身热水解使用，其余沼气经预处理、提纯、压缩后，生产的压缩天然气纳入管网，其品质应达到民用天然气中二类气的指标要求。

沼渣干化后可作为生物碳土进行园林绿化利用（见图 10-10），具有一定的经济效益，解决了污染废弃物的处置问题。

图 10-10　镇江餐厨废弃物-污水处理厂污泥集中协同处置示范项目沼渣资源化利用

10.2　污泥好氧发酵处理案例

10.2.1　双桥污水处理厂污泥好氧发酵工程

1. 项目概况

郑州市双桥污水处理厂污泥好氧发酵工程地处郑州市惠济区京广铁路、索须河旁，西三环北延长线与开元路交汇处，总投资 46200.35 万元（含设备），占地 7.87hm²。项目处理规模为 600t/d（含水率 80%），承担了郑州市三分之一的污泥量。该项目于 2011 年 6 月取得工程立项批复，2015 年底开工建设，2018 年 1 月工程投产运行。

双桥污泥好氧发酵项目污泥来源为郑州市各污水处理厂脱水后污泥（80% 含水率），包括双桥污水处理厂、五龙口污水处理厂、马头岗污水处理厂、新区污水处理厂、马寨污水处理厂、王新庄污水处理厂。污泥好氧发酵辅料为玉米芯，混合进料含水率 55%～60%，污泥好氧发酵采用连续进出模式，发酵形式为槽式发酵＋动态翻抛，曝气形式为负压连续式曝气，发酵周期为 21d，翻抛频次为 1 次/d，出槽物料含水率低于 40%。好氧发酵处理后的污泥满足《城镇污水处理厂污泥处理　园林绿化用泥质》GB/T 23486—2009 中污泥作为园林绿化用泥质酸性土壤（pH<6.5）的指标要求。

2. 工艺流程

发酵系统采用槽式翻抛机和好氧曝气生物发酵工艺，污泥好氧发酵流程如图 10-11 所示。

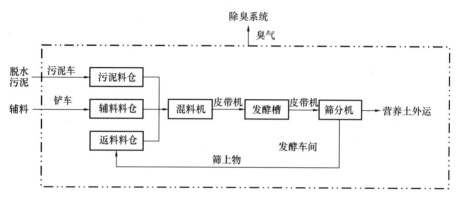

图 10-11　双桥污泥好氧发酵工艺流程图

双桥污水处理厂产生的脱水污泥和厂外脱水污泥通过污泥车经地磅系统后运输到污泥存储料仓。辅料采用收购时规定粉碎标准的方式，取消厂内备料工段，简化工艺且降低粉尘有利于消防，粉碎后的填充料至厂内辅料存储料仓、辅料储存区暂存。返料（高温好氧生物发酵产品筛上物料）通过皮带送到返料料仓。脱水污泥、辅料、返料分别进入各自的给料料仓，由皮带机输送至混料机混合后，经布料皮带系统，均匀布料在每一条槽。高温好氧生物发酵槽底部设均匀布气系统，鼓风机风量通过自控系统控制。该项目采用负压供氧＋除臭一体化设计，在供氧的同时，有效地收集臭气，将臭气送入除臭生物滤池，处理后排放。在高温好氧生物发酵槽出料端，物料被送至筛分机，筛上物料返回返料料仓，筛下物料即为高温好氧生物发酵成品，也称为营养土，筛下物作为土壤调理剂成品外运资源化利用。

该工程设计脱水污泥处理量 600t/d。含水率 80% 的脱水污泥与发酵成品返料以及辅料进行混合，混合均匀后物料含水率约 60%。经过高温发酵后物料含水率大幅降低，有机质部分分解，充分腐熟后物料含水率降低至约 35%，有机质含量约为 40%（以干重计）。物料发酵完成后的质量为 520.38t/d，其中约 300t/d 的发酵成品用作返料与脱水污泥混合，剩余的约 220.38t/d 发酵成品则外运用作绿化介质土或用作回填土。

脱水污泥含水率为 80%，有机质含量按 50% 计（干基）；发酵成品返料含水率 35%，有机质含量为 40%（干基）；辅料含水率为 20%，有机质含量 70%（干基）。

发酵过程中物料在微生物的高温好氧作用下，大量有机质被降解，水分则在高温作用下挥发，根据前期大量的研究结果，发酵 21d 后有机质含量可降低至约 40%，水分含量也降低到 35%。污泥发酵过程中的物料衡算及物料平衡如图 10-12 所示。

3. 主要构筑物及设计参数

（1）料仓

料仓型号选择两个 BLC50 型及两个 BLC120 型料仓。料仓上口为矩形、上宽下窄立

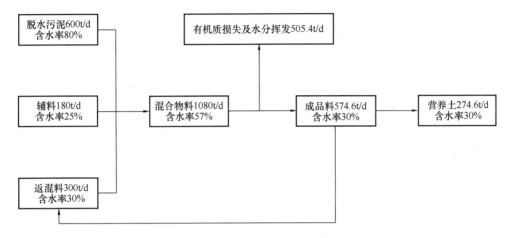

图 10-12　物料平衡图

方体结构，折叠型自动开启上盖，两只液压缸分别在两侧牵引盖板开合。料仓底部安装有出料螺旋两条，腰身下部接近螺旋部位有破拱装置。破拱装置和出料螺旋均由电机减速机直连，出料螺旋减速机采用变频电机驱动，通过调速调节出料量。

（2）混料区域

混料区共 4 个系列，混料区运行情况如下，以一个系列为例。将含水率 80% 脱水污泥 150t/d，含水率 25% 的返料 47t/d，与含水率 30% 的玉米芯 45t/d 进行混合，形成含水率 60% 的 242t/d 物料。混料机设置 1 台/单系列，参数为 $Q=120\text{m}^3/\text{h}$，$N=44\text{kW}$。

（3）生物发酵区

发酵区设置于发酵车间的中部，是整个工艺的核心，该项目采用负压供氧＋除臭一体化设计，在供氧的同时，有效地收集臭气，将臭气送入除臭系统，处理后排放。

该工程污泥发酵周期按 21d 控制。发酵槽设计单槽净宽 3.05m，物料高度 2.4m，槽长 88m，发酵槽数量为 64 条，根据发酵车间的布置，车间共设置 4 条生产线。

整个发酵区沿槽长分成 4 个供氧分区，对应不同的发酵反应阶段。每个分区，由 1 台鼓风机供氧。所有鼓风机均采用变频控制，负压抽吸方式运行。

均匀布气板采用 SS304 不锈钢材质加工制作，安装在发酵槽的底部，上表面与槽底平齐，在发酵工艺过程中起到均匀布气的作用。

主要设备包含翻抛机和移型车两个主要部分。共 8 台，2 台/系列。主要设备参数见表 10-3：

槽式翻抛机设备参数

表 10-3

名称型号	参数	备注
尺寸	6528×4081×2891（m）	
翻堆宽度	3.05m	槽体净宽
翻堆长度	4m	
翻堆深度	1.8~2.2m	按堆体高度算
主传动电机功率	75kW	
行走速度	60~100m/h	

（4）返料系统

物料经 21d 发酵后通过出料皮带运送至平板振动筛分机，筛上物进入返料料仓二次利用，筛下物作为营养土外运。

（5）成品仓库、辅料仓库

成品仓库的平面尺寸为：60×30（m），面积：1800m²。

辅料仓库的平面尺寸为：96×30（m），面积：2880m²。

（6）气体收集系统

气体收集系统分为堆体气体收集和车间内气体收集。

每个车间有 16 个发酵槽，发酵槽底部为均匀布气板，每 4 个发酵槽为一组，根据不同发酵周期所需风量的不同将单个槽体分为 4 个区，每台风机负责一个区，每组发酵槽共 4 台工艺风机。经过风机的气体自四区向一区汇总后进入除臭系统。

车间内气体通过车间顶部集气管道收集，风管布置在发酵槽上方，气体经吸风口进入风管，并汇总至车间总风管，之后进入除臭系统处理。

（7）气体处理系统

双桥污泥好氧发酵采用负压曝气的形式，将堆体气体与车间内气体分开处理。堆体气体首先经过两级喷淋，再进入活性炭吸附池，最后经烟囱排放。车间内气体经一级喷淋后与堆体气体混合，而后进入活性炭吸附池，并经烟囱排放。除臭吸附池集中布置在暂存区上方。

4. 工程技术特色及亮点

双桥污泥好氧发酵项目是郑州市第二个污泥好氧发酵厂，也是最新建成投运的一座。该项目是郑州市污水净化有限公司在总结了八岗污泥处理厂 7 年运行经验的基础上建设的。在工艺运行上，采用先进的自动化程序控制。同时对泥好氧发酵运行过程中出现的冷凝水问题、臭气收集问题、三组分混料问题等进行了优化。

（1）自动化控制系统

控制系统采用"分散控制、集中管理"的思路实施，主要由自动混料监控系统和生物除臭控制系统组成。先进的自动化程序控制系统在节省人力的同时大大降低了工作人员的操作难度，也避免了因工人操作水平参差不齐造成生物发酵产品质量不稳定的难题。另外，自控系统还具有远程诊断功能，可以通过互联网数据通信实现对系统运行状态的远程诊断和调整，便于管理的同时改善了工人的工作环境。

（2）臭气收集系统

车间采用负压曝气的形式，臭气的收集分为工艺风机对堆体进行抽气和除臭风机对空间内部进行抽气两部分，通过控制相关参数使车间形成微负压，减小了臭气外溢的可能性，大大提高了臭气的收集率，确保厂区内良好的空气环境。

另外"W 形顶"的设计在一定程度上压低了车间内空间，减少气体在车间内的扩散，也增加了车间换气次数。

（3）冷凝水收集系统

好氧发酵工艺由于堆体温度高，造成车间内外温差大，车间内出现大量冷凝水，严重影响工人的工作，也对车间内设备造成巨大的损害，该问题在冬季表现得尤为突出。双桥泥区设计"W 形除臭罩＋冷凝水收集＋风管排水"系统，有效解决了车间冷凝水收集问题。W 形除臭罩在 W 形顶底部安装排水槽，用于收集冷凝水，同时设计一定坡度，便于排水。该系统有效改善了车间工作环境，降低了设备故障率。

（4）筛分及混料系统

筛分系统是将出槽物料进行筛分，筛上物主要成分为未完全降解的玉米芯，将其作为返料添加至堆体，具有降低好氧发酵成本、降低混料含水率、提高堆体疏松度以及为堆体提供菌种等作用。设计三个料仓实现三组分混合，使整个生产线形成一个闭环，减少了辅料添加量，降低了好氧发酵成本。三个料仓分别为泥仓、辅料料仓和返料料仓，通过控制料仓开关顺序，可以避免两组分混料出现污泥粘皮带的问题。

（5）车间密闭的措施

1）设置二道门：将发酵区与进料区、出料区分开，设置二道门，维持了车间的负压状态，减小了车间气体溢散的可能性。

2）安装快速堆积门：进料和出料需要装载车及污泥倒运车的进出，易造成车间气体的外溢，安装快速堆积门及感应系统可以保证门能够及时关闭，同时方便了车辆的进出。

3）采光和密闭：车间安装足够的窗户，同时车间顶棚采用白色（可透光）与蓝色彩钢瓦交错的形式，兼顾了车间的密闭和采光。

10.2.2　八岗污泥处理厂污泥好氧发酵工程

1. 工程概况

八岗污泥处理厂是郑州市第一个污泥好氧发酵工程，位于郑州市航空港区八岗镇闫家村南，项目总占地 25.86hm²，设计规模为 600t/d（含水率 80%），污泥来源为郑州市各污水处理厂污泥，污泥处理工艺采用整进整出槽式高温好氧发酵工艺，处理后污泥各项指标满足《城镇污水处理厂污泥处置　园林绿化用泥质》GB/T 23486—2009。项目于 2007 年开工建设，2009 年 8 月一期工程建成投运，2011 年二期建成投运，建设总投资 2.83 亿元。

2. 工艺流程

该工程采用槽式翻抛机加好氧曝气生物发酵工艺处理城镇污泥。脱水污泥通过污泥车经地磅系统后运输到污泥存储料仓。辅料采用收购时规定粉碎标准的方式，取消厂内备料工段，简化工艺且降低粉尘有利于消防，粉碎后的填充料运至厂内辅料存储料仓、辅料储存区暂存。返料（高温好氧生物发酵产品筛上物料）通过皮带送到返料料仓。三种物料分别进入各自的给料料仓，由皮带机输送至混料机混合后，经布料皮带系统，均匀布料在每一条槽。高温好氧生物发酵槽底部设均匀布气系统，鼓风机风量通过自控系统控制。该项目采用负压供氧＋除臭一体化设计，在供氧的同时，有效地收集臭气，将臭气送入除臭系统，处理后排放。在高温好氧生物发酵槽出料端，物料被送至筛分机，筛上物料返回返料料仓，筛下物料即为高温好氧生物发酵成品，也称为营养土，筛下物作为土壤调理剂成品外运资源化利用。工艺流程如图10-13所示。

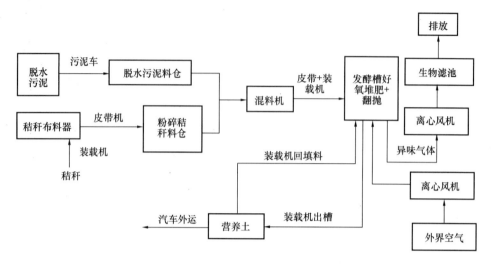

图 10-13 八岗污泥好氧发酵工艺流程

3. 主要构筑物及设计参数

（1）进料系统

共设两个辅料暂存车间，均为 $96 \times 24 \times 8.4$（m）的钢结构建筑，用来存放辅料。其中包含一台拨料器，一条运送皮带，转速为 2m/s，一台皮带秤。皮带秤型号 ICS-17A，称重范围为 $0.5 \sim 6000$ t/h，检定精度为 $\pm 0.25\%$。

辅料电动下料装置可以远程控制秸秆进入料仓的多少，是自动混料系统的重要设备。设备由电动丝杆控制，可根据丝杆下降的高低来控制下料量实现秸秆下料的精准控制。

一车间共计三个污泥料仓，料仓底部有气动控制污泥闸板阀，闸板阀下面连接有污泥定量下料器。二车间共计三个污泥料仓，料仓底部连接一根有轴螺旋机和污泥定量下料器；一、二车间每个秸秆料仓和回填料料仓均配备四根有轴螺旋。

（2）混料系统

混料设备分为一车间 1 号生产线的单电机双螺旋混料设备、一车间 2 号生产线的双电机双螺旋混料设备、一车间 3 号生产线和二车间 1 号、2 号和 3 号生产线的单轴犁刀式混料设备等。

单电机双螺旋混料设备为中科博联的 BLHL/90 型混料机，电机功率 22kW。双电机双螺旋混料设备为中科博联的 SWH-100 型混料机，混料量 100m^3/h，电机功率 22kW。单轴犁刀式混料设备分为两种，一种是机科生产的 100m^3/h 混料量的混料机，电机功率为 30kW，位于一车间 3 号生产线。另一种为江苏菲力环保工程有限公司生产的 LDHC6 型混料机，电机功率 30kW，分别位于二车间 1 号、2 号和 3 号生产线。

（3）发酵系统

设两个发酵车间，单个车间建筑面积为 10300m^2，单个车间发酵槽为 66 个。

发酵槽规格为 33×4.5×2.2（m）。槽与槽之间配有翻抛机轨道，宽度为 300mm。槽体底部设置有布气板，单槽横向排列 58 块布气板，其中 500mm 宽度布气板 57 块，200mm 宽度曝气板 1 块。槽头配备有翻抛机对槽感应装置。

曝气风机分为罗茨风机和离心风机。其中一车间南侧 1~24 号发酵槽使用可变频调节的罗茨风机（一对三），共计 8 台。单台风量 9000m³/h，功率 45kW，风压 9800Pa。除一车间南侧 24 个槽外，其余发酵槽均使用离心风机（一对一）。共计 108 台。单台风量 5000m³/h，功率 15kW，风压 6000Pa。

翻抛机是堆肥过程中较为重要的设备，物料在翻抛的过程中散发水分，空隙疏松，保证堆体能够正常充氧。厂内共 3 台翻抛机，均为德国巴库斯品牌，单台翻抛能力为 1000m³/h。翻抛机整车宽 4.5m，长 5.8m，高 3.8m，滚筒直径 1.4m，最大翻抛深度 2m，翻抛距离 2.2m，行走速度 40m/min，翻抛滚筒刀齿 104 只，总重 18t。动力部分为一台康明斯涡轮增压柴油发动机。型号 QSC8.3-C280、额定功率 209kW、排量 8.3L、6 缸。

（4）除臭系统

每个车间配备有相应的生物除臭滤池，由除臭风机对车间进行抽气，送到生物除臭滤池中进行除臭，达标后排放。

八岗厂共有 10 台除臭离心风机，其中一车间 6 台，二车间 4 台。

八岗厂建有两座生物滤池，分别对应两个车间，滤池尺寸均为 40×10×2（m）。一车间滤池填料为树皮颗粒和本厂生产的腐熟堆肥的混合物，体积比为 1∶1，含水率为 50%，树皮粒径为 4~6cm，填料高度为 1.5m，进气量为 400000m³/h。二车间滤池填料为粉碎软木快，一般由泡桐、杨木或者软木中的一种或者几种组成，粒径为 4~6cm，填料高度为 1.5m，进气量为 800000m³/h。

4. 工程技术特点及亮点

（1）重要生产设备互为备用，生产稳定

八岗污泥处理厂污泥生产线上所有重要设备均有备用，厂内设备维修保养和生产运行的时间不重叠，设备运行与维修形成良性循环。八岗厂共有两个生产车间，每个生产车间内有三条生产线，每条生产线对应一个泥仓、辅料料仓、定量下泥装置、污泥输送螺旋、混料机、出料皮带，各自独立互不影响。即使需要检修混料机或者输送设备，可以让生产线暂停，另外两条生产线仍可承担所有污泥混料。另外，混合后的物料进入发酵槽是通过铲车运输，每个车间生产用铲车需 4 辆，1 台翻抛机，厂内共有 14 台铲车，3 台翻抛机，有足够的备用设备。这样既可保证设备有足够的时间进行日常保养，也不会因设备损坏而导致生产中断。设备维修和保养时间充足，延长了使用寿命。

（2）发酵槽单独控制，工艺灵活

八岗污泥处理厂为整进整出式好氧发酵工艺，翻抛频次、堆肥周期和曝气量等工艺参数均可动态调节。每个车间有 66 个发酵槽，全厂共计 132 个发酵槽，每个发酵槽独立控制，互不影响。发酵周期可根据季节不同、温度不同灵活掌握，如夏季温度高，发酵周期短可提前出槽;冬季温度低发酵周期长可延迟出槽。这既可保证出槽产品的质量,又能够节能降耗,避免设备的过度损耗。

发酵槽使用一对一的离心风机进行曝气,槽与槽之间曝气互不影响,体现出相对的独立性,同时曝气量可随时调节,节能且满足工艺要求。自动曝气系统既可对单个发酵槽独立控制,也可对发酵槽整体控制。

(3)车间内设备外移,降低风险

污泥好氧发酵过程中,微生物分解污泥中的有机物产生热,同时产生大量的水蒸气、氨气、粉尘、硫化氢以及其他恶臭气体。发酵车间内环境较为恶劣,有大量水蒸气和腐蚀性气体,八岗厂内发酵车间仅有发酵槽,其他设备均在车间外部,一方面不易被腐蚀,另一方面即使损坏,维修人员也不用在恶劣的环境里。

(4)远程操作,自动化水平高

车间生产采用先进的自动化程序控制系统,在节省人力的同时大大降低了工作人员的操作难度,也避免了因工人操作水平参差不齐造成生物发酵产品质量不稳定的难题。另外,自控系统还具有远程诊断功能,可以通过互联网数据通信实现对系统运行状态的远程诊断和调整,便于管理的同时改善了工人的工作环境。

10.3　污泥热处理案例

10.3.1　上海竹园污水处理厂污泥焚烧工程

1. 工程概况

竹园污泥处理厂位于浦东新区随塘公路 4915 号,设计处理规模 150tDS/d(湿污泥 750t/d,含水率以 80% 计),后根据《〈上海竹园污泥处理工程功能保证考核方案调整报告〉咨询评估报告》,复核为 131tDS/d。一期工程车间占地面积 5040m²、车间高度 22.5m,由上海市城市排水有限公司建设,设计服务对象为上海市竹园污水片区竹园第一、第二、曲阳、泗塘 4 座污水处理厂产生的含水率 80% 剩余污泥,目前实际为处理竹园一厂全部污泥,竹园二厂升级补量、白龙港、石洞口污泥补充污泥需求量缺口(见图 10-14)。

2. 工艺流程

竹园污泥处理厂主要采用污泥干化焚烧的工艺。如图 10-15 所示,首先将一部分的含水率 80% 的污泥进入干化机干化至含水率 20% 左右,然后与另一部分湿污泥混合至含水率 60%~65%,进入焚烧炉焚烧。焚烧后的烟气进入余热利用系统产生一部分蒸汽用于干化,然后进入烟气处理系统。通过静电除尘器处理 99% 的灰尘后,加入消石灰和活性炭吸附烟气中的重金属后进入布袋除尘器。完成除尘后,进入烟气洗涤塔进行湿法洗涤,去除烟气中的 HCl、SO_2 等酸性气体。最后进入烟气再热器加热至约 110℃ 排放。

图 10-14　竹园污泥干化焚烧工程

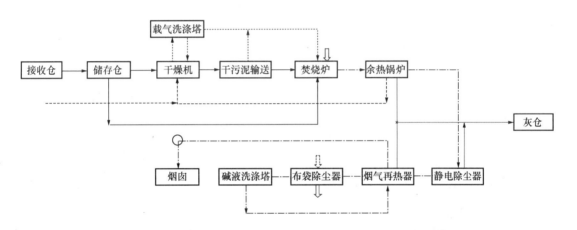

图 10-15　竹园污泥干化焚烧工艺流程图

3. 主要构筑物及设计参数

（1）污泥接收系统

脱水污泥由自卸卡车运输至本厂内，首先卸料至地下式污泥接收仓。接收仓顶盖板开启，卡车卸料后，关闭盖板，以防止臭气逸出。根据该工程规模，共设置 2 座污泥接收仓，为地下式。每个接收仓的有效容积为 $60m^3$。

每座接收仓设置 2 台出料螺旋输送机（共 4 台）和 2 台柱塞泵（共 4 台），单台工况输送量为 $30m^3/h$。污泥经出料螺旋输送机进入柱塞泵中，再由柱塞泵送至污泥储存仓。由于该项目接收来自不同污水处理厂的脱水污泥，考虑其性质和含固率均存在差距，每套柱塞泵出泥可切换到 2 座湿污泥储存仓，每座湿污泥储存仓可接纳 2 座湿污泥接收仓的泥，通过管路和时间控制使污泥平均分配至每个料仓，使污泥均质地储存于料仓，确保进入后续干燥机的污泥均匀化。

（2）污泥储存系统

污泥从接收仓泵送入储存仓。储存仓的污泥存储总有效容积为 1500m³，每个储存仓容积为 375m³，共设 4 座。污泥储存仓位于干化车间外东侧，每个仓下设 2 套螺旋出料机及污泥泵。储存仓 B、C 下各设 2 套（共 4 套）输送泵，其中螺旋配螺杆泵用于向干燥机 C 和干燥机 F 输送污泥，输送量为 6m³/h，螺旋配柱塞泵，用于向焚烧炉的进料螺旋输送污泥，输送量为 5m³/h；储存仓 A 和储存仓 D 设置 2 套相同的出料螺旋及螺杆泵，用于向干燥机 A、B、D、E 输送污泥，工况输送量为 6m³/h。

（3）干化系统

污泥干化工艺采用桨叶式干燥机＋洗涤塔的工艺技术路线。污泥储存仓内的脱水污泥由螺杆泵泵入干燥机进行干燥。

污泥由螺杆泵泵入干燥机，进入干燥机的污泥，在桨叶的搅拌作用和受热面的加热作用下，水分蒸发出来。为将蒸发出的水分快速被带走，干燥机内通入载气。载气将干燥机内的水分快速带走，保证干燥机内水分的蒸发速率和扩散速度。载气采用空气，干燥机出来的湿载气经过洗涤塔洗涤脱除水分后，大部分送回干燥机循环使用，另一部分送入焚烧炉焚烧处理。

干化后的污泥经输送设备送至流化床焚烧炉焚烧处理。洗涤塔洗涤用水采用竹园第二污水处理厂处理尾水。干燥机的热源为余热锅炉所产生的蒸汽及外高桥电厂的废热蒸汽。

（4）干污泥输送系统

干污泥输送系统主要由干污泥皮带机、链板式提升机、送料螺旋、缓存仓、计量槽组成，经过这些设备干污泥最终运输到焚烧炉进行焚烧。

具体流程如下：干化系统共设 6 台干燥机，其中 3 台干燥机位于厂房的北侧，3 台干燥机位于厂房的南侧。经干燥机干化后的污泥汇入干污泥皮带机，连续均匀地输送至链板式提升机，经干燥机干化后的污泥汇入半干污泥皮带机，然后连续均匀地输送至链板式提升机。一条线的干污泥由链板式提升机，经过缓存仓送料螺旋 1 和缓存仓送料螺旋 2 输送至干污泥缓存仓，另一条线的干污泥由链板式提升机，经过分料螺旋和缓存仓送料螺旋3、缓存仓送料螺旋 4 输送至干污泥缓存仓。

干污泥经仓下的配套出料双螺旋送至污泥计量槽，经计量后的污泥送入污泥进料机的上方，经过污泥给料螺旋和定量的湿污泥混合后进入焚烧炉进行焚烧处理。

（5）焚烧系统

正常工况条件下，干化后的半干污泥和未干化的脱水污泥混合后入炉焚烧。

干化后的污泥经污泥给料螺旋输送进入焚烧炉。

湿污泥由污泥储存仓下设置的焚烧污泥输送泵直接输送至焚烧炉前污泥给料螺旋。湿污泥在污泥给料螺旋内与干化污泥混合后进入焚烧炉处理。

起炉时首先启动燃烧器升温后使用焚烧炉底部的辅助燃烧枪助燃，并缓慢停止启动燃烧器，稳定运行时停止辅助燃烧枪。该焚烧炉的炉膛内，有 1 个悬浮的焚烧区。当处于静止状态时，炉膛内空气分布管层上部有一个 1～1.5m 厚的细砂床，载体为石英砂。石英砂从石英砂缓存仓依靠重力流入。

在焚烧炉运转过程中，一次空气经过一次风机到一次风一级预热器预热后，再进入一次风二级高温空预器与焚烧炉排出烟气换热，从焚烧炉下部空气分布管通入，并以一定速度由安装于空气分布管下方的喷嘴向下吹出，床层呈"沸腾"状态，产生了一个约 2～2.5m 的流化床。一次风由焚烧炉保温空气、污泥仓的臭气及部分新风组成，保证石英砂流态化及物料燃烧。在燃烧室内通过载气循环风机通入洗涤后的部分载气作为二次风，以保证物料完全燃烧。每座焚烧炉有两个污泥进料口安装有污泥给料螺旋机，以便保证均匀进料及燃烧稳定。焚烧炉下部为锥形，便于出渣，灰渣通过冷渣器送到振动筛，经过筛分筛上物外运处理，筛下物通过砂回收系统回收再利用。

污泥在焚烧炉完全燃烧后产生约 850～900℃高温烟气进入高温空预器，同经一级预热器预热后的一次风换热后进入余热锅炉。当炉温超标时，焚烧炉配备炉内喷水降温喷枪可以作为紧急降温措施；还可以喷射尿素预防 NO_x 超标。尿素在尿素箱内加水稀释，使用时通过尿素泵输送至焚烧炉炉顶喷枪。

（6）余热利用系统

污泥在焚烧炉完全燃烧后产生约 850～900℃高温烟气进入余热回收设备——高温空预器＋余热锅炉。高温空气预热器采用 304 材质，换热管进口采用 310 耐高温材质。余热锅炉采用单锅筒膜式壁结构，烟气温度降低至约 260℃，同时产生 0.5～0.8MPa 的饱和蒸汽，以提供干燥机部分用气量。

（7）烟气处理系统

余热锅炉出来的烟气进入干式静电除尘器，干式静电除尘器粉尘去除率达 99%，去除大部分粉尘。静电除尘器采用冲击震动来剥离电极上的粉尘，静电除尘器收集的灰作为一般固体废物，输送至静电除尘器灰螺旋输送机。

进入布袋除尘器前的烟气管道中喷入活性炭和消石灰。成品活性炭加入活性炭储仓，使用时通过活性炭罗茨风机气力输送至管路中。成品消石灰加入消石灰储仓，使用时通过消石灰罗茨风机气力输送至烟气管路中。

由烟气再热器降温后，烟气进入布袋除尘器，活性炭和消石灰粉末与烟气混合作为吸附剂，吸附烟气中 Hg 等重金属有机化合物。吸附杂质后的活性炭及反应后的石灰粉进入除尘器灰斗，布袋除尘器清灰采用压缩空气脉冲反吹方式，飞灰由除尘器灰斗收集，均输送至布袋除尘器灰螺旋输送机，并作为危险废物气力输送至废料库储存。

经布袋除尘器处理后的烟气进入烟气洗涤塔中进行降温、脱酸处理。洗涤塔设有洗涤水喷淋装置、填料及除雾器，采用 NaOH 溶液作为吸收剂脱酸，利用中水降温。洗涤烟气后的洗涤液进入塔底水箱，通过洗涤塔循环水泵循环使用。

碱液在碱液循环泵的作用下进入洗涤塔，流量可调，管路上设置有 pH 计，根据其值调整碱液投入量，保证洗涤水的 NaOH 浓度，进而保证脱酸效果同时保护设备；洗涤塔底部水箱设有液位控制信号，与循环泵后电动阀门连锁，当储水箱水量过高时，由洗涤塔循环水泵后管路排放。

4. 工程技术特色及亮点

在污泥热力干化及焚烧系统中，60％以上的能量损失来自于干化系统的尾气排放。干化尾气特点是体积大、品位低、污染物浓度高、余热利用难度较大。该项目在干化焚烧系统能量平衡、污泥流变性、污泥黏滞性等前期研究工作的基础上，提出了干化尾气余热利用方案。

余热回收系统原理如图 10-16 所示，为克服干化尾气污染物含量高、粉尘浓度大等缺点，提出了中间载热介质法进行尾气的余热回收方案。其主要优点有以下几方面：

1）余热经提取后，可用于加热污泥输送管道，提高干化机入口污泥温度，提升污泥干化速率，并且污泥干化能耗可降低 15％～20％；

2）可减少洗涤塔冷却水量的循环水量，从而节约水泵的功耗和废水排放量；

3）污泥温度可提升约 30℃，使污泥在管道内流动阻力约减小一半，提高了污泥流动稳定性并降低了污泥输送能耗。

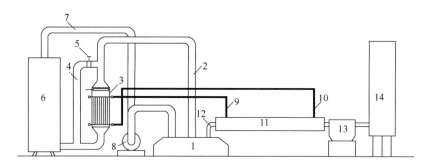

图 10-16　污泥干化尾气余热回收及污泥管道输运降粘系统

1—桨叶式（或薄膜）污泥干化机；2—干化尾气管道；3—干化尾气换热器；4—旁通管；
5—切换阀；6—尾气喷淋装置；7—循环载气；8—引风机；9—循环供水管；10—循环回水
管；11—污泥管道加热夹套；12—污泥输运管；13—污泥泵；14—储泥仓

为实现对高黏性、高腐蚀性和高粉尘浓度干化尾气的余热回收，尾气换热器是余热回收系统的关键设备，尾气组分复杂，尤其尾气中含有大量粉尘颗粒，如何防止换热设备表面结垢是问题关键所在。经研究提出采用如图 10-16 中所示的换热器结构原理，其特点是尾气通道为并联通道，且尾气是从上而下冲刷换热表面，可最大限度降低污泥粉尘在换热表面的粘结；且换热表面具有抗粘涂层，可有效降低黏性粉尘和受热面之间的黏附力。而循环水的通道为螺旋通道，循环水和尾气之间有较大的接触面积，可实现较高的换热热效率。

10.3.2　上海石洞口污水处理厂污泥焚烧完善工程新建线

1. 工程概况

该工程服务对象是石洞口、吴淞、桃浦 3 座污水处理厂的脱水污泥，建设内容包括污泥浓缩、脱水、干化、焚烧、烟气处理、配套设施等处理单元。

　　该工程建设规模为 50tDS/d。主体工艺采用"浓缩＋脱水＋干化＋焚烧"处理工艺。新建线设置 2 条污泥干化焚烧及烟气处理生产线，考虑运行时间因素，单条干化焚烧及烟气处理生产线的实际处理能力达到 33tDS/d（100%额定负荷情况下）。生产线最低负荷为额定负荷的 70%，超负荷能力 10%。

　　该工程主要包括以下子系统：污泥浓缩脱水系统、湿污泥接收储运系统、干化系统、干污泥输送系统、焚烧系统、余热利用系统、烟气处理系统、碱液制备系统、飞灰输送系统、压缩空气系统、除臭系统、中水系统。

　　工程用水引自石洞口厂区给水管网及石洞口厂一体化生物反应池出水。工程产生的污水排至厂区污水管，进入污水处理厂处理。

　　新建系统的外加热源是石洞口发电厂提供的蒸汽，热媒是蒸汽（见图 10-17）。

图 10-17　石洞口污泥干化焚烧工程

2. 工艺流程

　　该工程建于石洞口污水处理厂内，主体工艺采用"浓缩＋脱水＋干化焚烧"。内容包括污泥浓缩、脱水、干化、焚烧、烟气处理及配套辅助单元，具体工艺流程如图 10-18 所示。

　　石洞口污水处理厂污泥经机械及重力浓缩后离心脱水，脱水污泥送湿污泥料仓贮存；吴淞、桃浦两厂的脱水污泥车运至石洞口厂，通过地下式接收仓泵送至湿污泥料仓。料仓内的脱水污泥由干燥机干化处理后送入流化床污泥焚烧炉进行焚烧。焚烧产生的热量主要用于污泥干化。焚烧产生的烟气经"喷尿素（SNCR）＋旋风除尘＋半干法喷淋脱硫＋袋式除尘（前喷活性炭和消石灰）＋湿式洗涤＋烟气再热"处理后通过烟囱达标排放。焚烧及烟气处理产生的灰渣外运处置，其中旋风、锅炉及半干塔产生的飞灰按照一般飞灰处置，布袋除尘器截留粉尘及废弃布袋按危险废物处置。焚烧系统事故条件下干污泥送入干污泥料仓临时储存，各设备产生的臭气送入除臭系统进行处理。

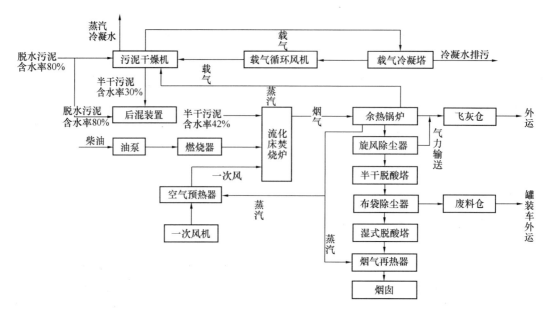

图 10-18　上海石洞口污泥焚烧工程工艺流程图

3. 主要构筑物及设计参数

（1）湿污泥接收储运系统

来自吴淞、桃浦两厂脱水污泥由自卸卡车运输至本厂内，首先卸料至地下式污泥接收仓。接收仓顶盖板开启，卡车卸料后，迅速关闭，以防止臭气逸出。根据该工程规模，共设置2座污泥接收仓，为地下式。每个接收仓的有效容积为30m³。

每座接收仓设置2台出料双螺旋输送机（共4台）和2台接收仓排泥螺杆泵（共4台），单台工况输送量均为10m³/h。污泥经出料螺旋输送机进入螺杆泵中，再由螺杆泵泵送至湿污泥料仓，并配备在线超声波料位计，进行料仓监控。由于该项目接收来自不同污水处理厂的脱水污泥，考虑其性质和含固率存在差距，每套螺杆泵出泥可切换到2座湿污泥料仓，每座湿污泥料仓可接纳2座湿污泥接收仓的泥，通过管路和时间控制使污泥平均分配至每个料仓，使污泥均质地储存于料仓，确保进入后续干燥机的污泥均匀化。

（2）污泥干化系统

污泥干化工艺采用"桨叶式干燥机＋载气冷凝塔＋除雾器"的工艺技术路线。湿污泥料仓内的一部分脱水污泥由污泥螺杆泵直接泵入干燥机进行干燥。该工程设置4台干燥机，每个湿污泥料仓对应2台干燥机，每条干化焚烧线配置2台干燥机。

（3）污泥焚烧系统

污泥入炉方式采用后混式：干化后含水率30%的半干污泥1.283tDS/h和含水率80%的湿污泥0.092tDS/h的混合污泥。设置2条焚烧线，每台焚烧炉额定处理能力为1.375tDS/h。

经干燥机干化后的污泥经干污泥输送系统入炉焚烧；同时，湿污泥由每座湿污泥料仓下设置的焚烧炉螺杆泵直接输送至焚烧炉前污泥给料机，与干污泥混合后进入焚烧炉。系统共设置 4 台焚烧炉螺杆泵，分别对应 2 台焚烧炉的 4 台双螺旋给料机。

（4）余热利用系统

污泥在焚烧炉完全燃烧后产生约 850～900℃高温烟气进入余热锅炉，进行余热回收。余热锅炉采用单锅筒膜式壁附对流管束形式，烟气温度降低至约 250℃，同时产生 1.0MPa 压力的饱和蒸汽，以提供干燥机部分用气量、蒸汽往复泵、除氧器、锅炉吹灰器、空气预热器和烟气再热器用蒸汽，有效利用了高温烟气的余热。

（5）烟气处理系统

焚烧炉产生的高温烟气经过余热锅炉的余热利用后进入烟气处理系统。烟气首先进入旋风除尘器，用于去除大部分粉尘。经旋风除尘器处理后的烟气进入半干脱酸塔，先经过半干脱酸塔脱除部分酸性气体后再进入布袋除尘器。

在袋式除尘器前的烟气管道中喷入粉末活性炭和石灰粉作为吸附剂，以吸附 Hg 等重金属等有机化合物。吸附杂质后的活性炭及反应后的石灰粉在袋式除尘器收集后进入灰斗。袋式除尘器清灰采用压缩空气脉冲反吹方式，飞灰由除尘器灰斗收集，飞灰和部分活性炭通过危险灰输送系统装入废料仓，作为危险废弃物外运处置。

经袋式除尘器处理后的烟气进入烟气洗涤塔中进行降温、脱酸处理。烟气首先经过脱酸段，将烟气和 NaOH 溶液充分接触，用 NaOH 吸收、中和并去除烟气中的 HCl、SO_x 等酸性气体。降温段即为水洗塔，主要用于降低烟气温度，设置 2 层喷淋系统，烟气经降温段后烟温降至约 45℃。降温水采用厂区中水。

湿式脱酸塔出来的低温烟气在进入引风机前，通过与饱和蒸汽热交换被加热。饱和蒸汽经热交换以后形成冷凝水进入高温排污；湿式脱酸塔出来的低温烟气经热交换器升温后通过引风机和烟囱高空排放。

（6）飞灰输送系统

该工程飞灰分两部分：一部分为余热锅炉、旋风除尘器、半干脱酸塔出灰，为一般飞灰；另一部分为布袋除尘器出灰，为危险飞灰。

旋风除尘器出灰直接输送至输灰仓泵，作为一般固体废物输送至灰仓，收集外运填埋。半干脱酸塔采用灰箱人工排灰的方式，收集外运填埋。

布袋除尘器出灰通过 3 号灰螺旋输送机输送至输废料仓泵，作为危险固体废物输送至废料仓，作为危险废弃物外运处置。

（7）除臭系统

1）生物除臭

由风管收集的臭气经过生物除臭风机后进入生物除臭塔，依次经过水洗段和生物除臭段。首先在水洗段将恶臭气体中大颗粒的灰尘洗掉，同时通过喷淋将恶臭气体中可溶解于水的成分去除，并将恶臭气体加湿；进入生物除臭段的臭气通过填料进行生物降解，去除致臭成分，净化后直接大气排放。

水洗段配有生物塔循环水泵，用于塔内喷淋水的循环，且水洗工段的循环水定期排放，补充新水，补充水采用厂区中水。

系统配有储水箱、散水泵，用于生物段喷淋用水的补充。

2）化学除臭

由风管收集的臭气经过化学除臭风机后进入化学除臭塔，依次经过酸洗、碱洗和氧化阶段后进入生物除臭系统进行后续处理。

系统配有加药系统，包括酸液储罐和酸投加泵、碱液储罐和碱投加泵、氧化剂储罐和氧化剂投加泵，用于药剂的储存和投加。系统所使用的药液为 93％H_2SO_4、25％$NaOH$、12％$NaClO$。系统配有酸洗循环泵和碱洗循环泵，分别用于塔内喷淋水的循环，且循环水定期排放，补充新水，补充水采用厂区中水。

3）植物液喷淋除臭

植物液喷淋除臭设备内设有储液箱，人工加入植物液原液，并接入自来水储液箱稀释为一定浓度的植物液，由柱塞泵增压后经植物液管线输送至雾化喷嘴，在除臭区域内进行雾化喷洒，从而达到除臭的目的。

4. 工程技术特色及亮点

（1）干化焚烧系统外源蒸汽

脱水污泥进行干化焚烧处理一般存在能量缺口，需要补充外加热源，并且是运行成本中较大的组成部分，所以应当因地制宜地选择稳定和经济的热源。该项目采用邻近石洞口电厂的废热蒸汽作为外加热源，在供应可靠性、投资和运行经济性、对环境的影响和远期电厂协同焚烧可行性等方面具有优势。

（2）干化焚烧系统正常运行时实现辅助燃料零添加

辅助燃烧单元用于焚烧炉启动时升温和保证焚烧炉温度稳定，包括燃烧器、助燃喷枪、油罐、油泵供油管道等设施，燃料采用柴油。每台焚烧炉配置 1 套 12000MJ/h 的燃烧器，用于焚烧炉启动点火，点火结束后燃烧器退出。焚烧炉底部配有一组助燃喷枪，可通过调节辅助燃料的压力、调节喷枪的流量来调节炉温，用于确保污泥在 850℃以上焚烧。现石洞口污泥完善项目新建线正常运行时实现辅助燃料零添加。

（3）飞灰/残渣资源化利用

石洞口污泥焚烧飞灰经鉴定后不属于危废，全部焚烧残渣进行资源化利用处理，与其他原辅材料按配方混合复配，加工产品为铁质校正料、铁尾渣和复合粉煤灰，产品作为水泥与混凝土的生料、混合材和掺合料，应用于水泥厂、粉磨站及搅拌站。产品及其在水泥与混凝土中的应用符合《通用硅酸盐水泥》GB 175—2007、《粉煤灰在混凝土中应用技术规程》DB31/T 932—2015、《用于水泥和混凝土中的粉煤灰》GB/T 1596—2017 要求。

10.3.3 郑州污水处理厂污泥热解气化工程

1. 工程概况

郑州污水处理厂污泥热解气化技术项目由郑州市格沃环保开发有限公司投资，在郑州新区污水处理厂建设一套 100t/d 污泥（按含水率 80％污泥计）气化处理工业化装置。项目占地面积约 10 亩。污泥热解气化技术项目污泥以郑州市污水净化有限公司马头岗污泥处理厂板框脱水污泥为原料。

2. 工艺流程

该工程采用的工艺技术路线为：污泥干化造粒＋污泥热解气化＋气化可燃气热量利用＋尾气净化的综合处理工艺，具体工艺流程如图 10-19 所示。

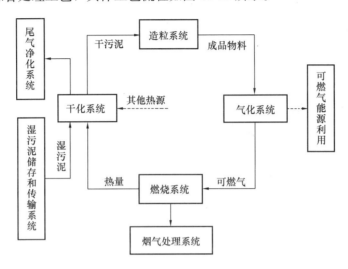

图 10-19　郑州污水处理厂污泥热解气化工程工艺流程

该项目生产工艺为污泥热解气化技术，主要包括污泥干化成型、污泥气化、燃烧及尾气处理系统（见图 10-20）。污泥含水率为 80％的脱水污泥或含水率 65％的板框污泥由车辆运输至该污泥气化处理厂卸入泥仓，通过输送机将污泥输送进入干化机，经过热空气烘干去除污泥表面的附着水及内含水。干化成型后，污泥进入气化炉，污泥中的有机物经干燥、干馏、气化反应生成 CO、H_2、CH_4 等可燃气体，无机物以炉渣的形式排出。可燃气进入热风炉中燃烧，为干化机提供热量，干化废气经烟气处理系统处理后达标排放；气化后排出的固体残渣性质稳定，可耐强酸碱腐蚀，而且重金属被固化在内较

图 10-20　热解气化系统全景图

难析出，可进一步制砖或者作为其他建材处理，最终达到无害化、稳定化、资源化和减量化的目标。

3. 主要构筑物及设计参数

（1）干化系统

热干化即通过对污泥进行加热来使污泥中的水分蒸发。其优点是不需要占用很大的面积、处理量大。缺点是耗能高、设备投资较高。该项目采用带式干化机，干化热源采用热风炉系统的热风。脱水污泥铺设在透气的干燥带上后，被缓慢输入带式干化机内。因为在干燥过程中，污泥不需要任何机械处理，可以容易地经过"黏糊区"，不会产生结块烤焦现象。此外，干燥过程基本不产生粉尘。通过干化机系统内多台风机进行抽吸，干燥气体穿流干燥带，并在各自的干燥模块内循环流动进行污泥干燥处理。污泥中的水分被蒸发，随同干燥气体一起被排出装置。

（2）热解气化系统

气化车间主要设备有1台气化炉，设计尺寸 $\phi 2.0 \times 4.1$（m），有效容积为 $13.4m^3$。每天处理量为100t，同时配备软水系统1套，鼓风系统2台（1用1备），液压系统1套。

（3）燃气燃烧及热量回收系统

燃气燃烧及热量回收系统主要对污泥气化后产生的可燃气体的有效利用，利用污泥热解气化后产生的可燃气，为前端污泥干化系统提供热源。

热风炉外形尺寸：$B \times L \times H = 8.5 \times 12 \times 5.8$（m）。热风炉系统主要由燃烧系统和热风系统组成。燃烧系统主要是燃气燃烧器，它将气化炉产生的可燃气体稳定安全燃烧，燃烧器包括智能点火、多级配风、压力检测、火焰检测、温度检测、智能防回火、自动吹扫。可燃气先通过智能点火，逐级配风，可以有效控制燃烧火焰温度。火焰探测器实施检测火焰情况，如遇突发断火，紧急自动切断，自动吹扫后再次智能点火。防回火和压力检测设备可有效防止压力突降状态下的安全运行。可燃气经过燃烧器燃烧后被转化为高温热风，在热风炉内被配比均匀，形成合适温度的热风，供低温干燥使用。为了充分利用能量和防止管道堵塞，较高温度的热解可燃气可携带焦油进入燃烧器进行燃烧，避免了能量的浪费及臭味的外溢。

（4）尾气处理系统

污泥热解气燃烧过程中会产生氮氧化物、二氧化硫、氯气、氯化氢等气体以及污泥干化带出的粉尘，经处理后满足《生活垃圾焚烧污染控制标准》GB 18485—2014 的要求。脱硫脱硝除尘除臭一体化技术利用放电等离子体产生的活性氧和高能电子来分解氧化污染物。装置选用的工艺技术能实现净化设备自动、连续、稳定运行，便于调整系统参数，也可用于手动操作，以便于设备的调试和维修。

4. 工程技术特色及亮点

（1）污泥热解气化工艺主要技术特点

1）遏制二噁英产生

二噁英的分子结构由1个或2个氧原子连接2个被氯取代的苯环，氧和氯元素存在是二噁英生成的基本条件。污泥热解气化过程中，气化段以上完全处于贫氧状态，无氧原子存在，遏制了二噁英的产生；燃烧段温度高达 1000～1200℃，二噁英类物质被完全分解，污泥中的有机质经热解气化发生氧化还原反应生成可燃气，不属于直接焚烧，有效避免了二噁英类物质生成的环境条件，因此能有效遏制二噁英类物质的生成。

2）遏制飞灰产生

污泥被造粒成型，在反应过程中不易随气流飘散。热解气化有 4m 的料层厚度，易产生灰尘的燃烧段在最底部，料层起到很好的过滤作用。污泥在热解气化过程干燥段和干馏段的湿黏特性，对灰尘起到吸附、凝结作用。

3）固化重金属

污泥经过气化处理后，以无机物残渣形式排出。污泥经过炉内 1000～1200℃ 高温处理，有机物转化为无机残渣，无机物在高温贫氧的环境部分融化，同时将细菌病毒等微生物彻底杀灭，残渣不会产生任何异味，残渣中的重金属离子被包裹或被氧化，不再产生毒性。无机残渣经检测，可满足建材利用的要求。

（2）低温带式干化技术特点

1）控制过程简单

带式干燥装置通过过程控制实现全自动操作。此全自动操作是为每天 24h 工作而设计的。因为装置结构和操作方式十分简单，便于自动进行启动和停机过程。在自动操作过程中，可自动监视干燥污泥的含固量，从而保证出泥的干度。通过 PLC 程控系统，可保证不断地对干燥过程进行优化处理。

2）安全性高

污水处理厂干化污泥是一种高有机质物质，在干化过程中可能因自燃或焖烧而发生爆炸。对工艺安全性具有重要影响的要素及其限制指标分别如下：

① 粉尘浓度：$<50g/m^3$；

② 含氧量：$<8\%$；

③ 点火能量：介于 500～1000mJ 易发生爆炸，故物料温度低于 80℃ 可大大降低其点火能量。

而带式干化过程中，污泥不需要进行机械性翻滚处理，产生的粉尘含量仅约 $5mg/m^3$，因此该处理工艺无需防爆措施或防爆设备。

3）抗波动能力强

带式干化可适应不同含水率的湿污泥，该工程带式干化进泥含水率最高为 80%（可调），出泥含水率 12%～20%，具有较强的抗波动能力。

4）环境影响小

干化机在处理过程中不会产生粉尘。另外，整个工艺过程均在低温下进行，污泥中含有的有机物未被蒸发到水汽中，不会出现在冷凝水中，冷凝水可直接回流到污水处理厂的进水端进行处理。

10.4 上海白龙港污水处理厂污泥深度脱水案例

1. 项目背景

白龙港污泥深度脱水应急工程从 2011 年年底开始建设，至 2012 年 5 月 30 日完成厂区的建设和设备安装，于 2012 年底投入运行，极大地缓解了污泥处理处置的压力，保证了近几年的污泥得到有效的填埋处置。

2. 工艺流程

该工程采用的工艺流程为：混合调理—化学调理—隔膜压滤，具体工艺流程如图 10-21 所示。

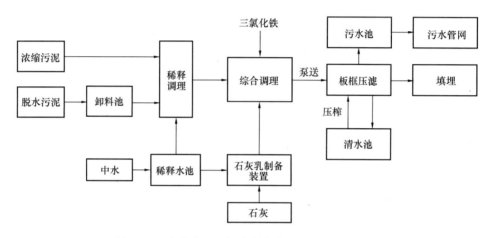

图 10-21　白龙港污泥深度脱水应急工程工艺流程图

白龙港污水处理厂已建污泥处理区储泥池内的浓缩污泥（含水率约为 95%）通过管道输送至污泥深度脱水，用以稀释其他厂送至污泥深度脱水的脱水污泥（含水率 80%）。稀释调理后的污泥（含水率约 94%）投加三氯化铁和石灰药剂进行综合化学调理，经隔膜压滤机处理后的污泥含水率不超过 60%，满足污泥填埋的进场标准。

3. 污泥深度脱水系统设计

（1）混合调理系统

混合调理系统包括卸料池、混合稀释池和稀释储泥池等。将脱水污泥卸入卸料池，并通过无轴螺旋输送机输送至混合稀释池，与通过管道输送的浓缩污泥进行定量混合，并根据具体情况加入稀释水，混合后污泥的含水率控制在约 94%，便于加药化学调理和污泥输送。

1）卸料池

通过车运将其他污水处理厂的脱水污泥卸入 8 座地下式钢筋混凝土结构卸料池，每座卸料池有效容积约 25m³，厂外脱水污泥共 750t（含水率约为 80%），储存比例约 25%。在每座卸料池下设置 1 台螺旋送机，单台螺旋输送机流量为 10m³/h，螺旋输送机将污泥输送至污泥混合稀释池。

2）混合稀释池

设置 8 座混合稀释池，有效容积为 $6.25m^3$，有效停留时间为 3.2min。每座混合稀释池设置 1 台快速搅拌机。稀释后的污泥溢流进入稀释储泥池。

3）稀释储泥池

设置 4 座稀释储泥池，有效容积为 $200m^3$。每座稀释储泥池设置 1 台立式搅拌器。稀释储泥池污泥通过离心泵提升进入调理池。

（2）药剂系统

药剂系统包括 $FeCl_3$ 加药系统和石灰乳加药系统。$FeCl_3$ 药剂储存在 $FeCl_3$ 储药池中，石灰乳药剂由成套设备进行现场配制，散装生石灰粉由气力输入料仓储存。配制石灰乳时，由下料系统带动下料振荡器使石灰粉料流至定量给料机，并均匀定量地送入消解罐，与泵送来的回用中水混合，充分消解后的石灰乳流入石灰储存罐储存备用。两种药剂可通过泵送至化学调理池以供化学调理使用。

（3）化学调理系统

化学调理系统包括化学调理池、储泥池、稀释水池等。稀释储泥池中的污泥用泵送至化学调理池，在池中加入 $FeCl_3$ 药剂和石灰乳药剂等化学调理剂，混合搅拌使其充分反应，将浓缩污泥中的毛细水和吸附水变为自由水，使污泥的 pH 和温度升高，破坏微生物的细胞膜，释放细胞内的结合水，从而提高污泥脱水效果。此外，加入的化学调理剂具有钝化重金属和杀除臭的作用。

1）化学调理池

设置 8 座化学调理池，有效容积为 $150m^3$。每座化学调理池设置 1 台立式搅拌器，相邻两座为 1 组，共 4 组。

2）储泥池

设置 4 座储泥池，有效容积 $230m^3$。每座储泥池设置 2 台立式搅拌器。

（4）隔膜压滤系统

隔膜压滤系统主要由压滤机车间和压滤设备构成。系统采用成套隔膜压滤设备，保证系统运行的稳定性。储泥池中，经化学调理池调理好的污泥由污螺杆泵注入隔膜压滤机中，快速实现泥水分离，进泥最大压力为 12bar，进泥时间一般为 1.5～2h；停止进泥后，通过隔膜挤压泵对厢式压滤机中的隔膜加压以实现对污泥的强力挤压脱水，压力为 15bar，压滤时间一般为 10～20min；然后利用高压空气吹脱压滤机中心进泥管中的污泥及空腔内的滤液，时间约为 1min；最后松开压滤机滤板，排尽剩余滤液；压滤结束后，卸除滤板内的泥饼至卸料斗，并经过两次螺旋输送机输送至污泥车外运。单个批次时间为 2～4h。

4. 工程技术特色及亮点

（1）工程规模大、连续稳定性强

白龙港污泥深度脱水应急工程设计污泥处理规模为 300tDS/d，是大型污泥深度脱水技术的工程应用，在短时间内建成并投入稳定运行，并且该系统运行效果良好，历年处理量能达到设计规模的 95% 以上，出泥含水率稳定达标，极大地缓解了污泥处理处置的压力，及时解决污泥出路问题。

（2）利用浓缩污泥混合稀释脱水污泥

混合调理系统利用浓缩污泥混合稀释脱水污泥，尽可能减少稀释水的使用量，节约工艺的运行成本。

（3）工艺满足应急工程需求，采用成套设备系统，整体运行的稳定性强

该工程采用混合调理—化学调理—隔膜压滤的处理工艺，能满足应急工程需求，加药系统和隔膜压滤系统均采用成套设备系统，使得系统中各设备性能参数的匹配性较好，两组调理系统同步连续调理，26 台板框机序批次进料运行，保证工艺整体运行的稳定性。

（4）历年平均处理量基本能达到设计值，出泥稳定

在对系统进行必要的清淤及检维修的情况下，实际处理量基本能达到设计值，出泥含水率低于 60%，达到设计和标准规定的要求。

10.5　污泥产物资源化案例

10.5.1　北京大兴区污泥基有机营养土林地利用案例

1. 工程背景

北京市有林地 1800 万 hm^2。林地土壤中，有机质含量仅占 0.5%～0.8%，而发达国家一般为 3%～5%，北京林地土壤类型为砂壤土，其通气透水性强而保肥性差，土壤团粒结构少，养料不足，亟待培肥。北京中心城区污泥采用高温热水解＋高级厌氧消化＋板框脱水方式进行减量化、稳定化、无害化处理，所得产品为有机营养土，符合《城镇污水处理厂污泥处置　林地用泥质》CJ/T 362—2011 和北京城市排水集团有限责任公司企业标准《污泥高级厌氧消化制有机营养土》Q/BDG 45045—2017 的规定。

基于北京市水务局、北京市环境保护局、北京市园林绿化局《关于我市中心城区污水处理厂污泥资源化利用工作的请示》（京水务排〔2017〕137 号），北京城市排水集团有限责任公司污泥处置分公司依据该集团的《污泥资源化林地抚育技术方案》，利用污泥产品有机营养土在北京市大兴区榆垡镇和礼贤镇指定林地区域内进行资源化利用，为科学评定施肥后对土壤、地下水、大气环境影响，根据土壤类型、地形地势、施肥区周边敏感区及地下水水位，在场地实施前调查阶段确定了三个典型示范地块，总面积 7800 亩。项目开展过程定期对土壤、地表水、地下水和大气质量进行跟踪检测。

2. 工艺流程

项目实施过程的工艺流程如图 10-22 所示。三个典型监测地块布设情况见表 10-4 所示。

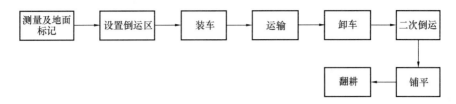

图 10-22　北京大兴区污泥基有机营养土林地利用工艺流程图

典型监测示范地块布设情况　　　　　　　　　　　　　　表 10-4

示范区	关注重点				
	土壤类型	交界村庄	水源地	地下水	面积（亩）
林间施肥 1 号	风沙土	西麻各庄村	施肥区附近集中式饮用水源井	第四系潜水层	2103
林间施肥 2 号	潮土	西张华村，东张华村，康张华村	—	第四系潜水层	3112
林间施肥 3 号	潮土	西梁各庄村，东梁各庄村	—	第四系潜水层	2585
合计					7800

3. 施用方式

施用量要求：依据《城镇污水处理厂污泥处置　林地用泥质》CJ/T 362—2011，按 5t/亩的标准进行施用，严禁超标准施用。

摊撒平铺要求：采用机械和人工相结合的方式，将污泥产品均匀摊撒及平铺至林间土地。

翻耕要求：采用机械设备进行翻耕，翻耕深度不小于 20cm，耕幅一致，不漏耕，不丢边，不剩角。

4. 工程技术特色及亮点

污泥高级厌氧消化系统热水解单元的反应条件一般为 6～8bar（160～170℃）、30～60min。热水解高温高压的反应环境能够有效地杀灭有害微生物，热水解反应完成后物料会通过闪蒸泄压的方式排放，污泥中絮体结构和微生物在巨大的压差下会发生爆破，这进一步提升了污泥中有害微生物杀灭效果。因此，热水解处理对污泥所含有害微生物具有良好的杀灭作用，产物具有良好的卫生学特性，最大程度保证了后续运输、中转存储及资源化利用的安全性。

污泥产品资源化技术"有机营养土还林"，采用全链条管理手段助推了资源化利用的系统解决。林地利用使污泥产品有了稳定、可持续利用途径，保障了城市基础设施稳定运行，促进了社会稳定发展；解决了水环境治理最终难题，符合绿色发展理念；为北京市平原生态林提供了优质肥料资源，为北京市平原生态林增彩延绿（见图 10-23）。该工程以

图 10-23　北京大兴区污泥厌氧稳定
产物林地利用

打造标杆企业为目标，推进污泥行业标准化建设，推动了地方标准《园林绿化用地土壤质量提升技术规程》DB11/T 1604—2018 的出台。

10.5.2　重庆污泥稳定化产物园林利用工程案例

1. 污泥立体绿化栽培基质利用

重庆市某移动式立体绿化模块生产基地，以污泥好氧发酵处理产物为主要原料，生产污泥立体绿化栽培基质。基地总占地面积 160 亩，其中污泥立体绿化栽培基质生产的立体绿化模块约 35 亩。污泥立体绿化栽培基质重量轻、肥效高，栽植的佛甲草模块封坪时间早，提高了生产效率，应用效果良好，如图 10-24 所示。

图 10-24　重庆污泥立体绿化栽培基质应用示范图片

与原用基质相比，立体绿化栽培基质试验可减轻整个栽植模块的重量幅度为 8%～12%，秋季可使栽植幼苗提前 15～19d 封坪。与原用立体绿化模块的基质相比，污泥立体绿化栽培基质的饱和水密度、有机质含量、总孔隙度、有效水分、排水速率均能满足《种植屋面工程技术规程》JGJ 155—2013 的要求，而原用立体绿化模块的基质总孔隙度、排水速率低于上述规程要求，孔隙度不足导致基质密度偏大，影响立体绿化模块的重量，导致绿化模块荷载增加，对于一些立体绿化场景可能会超出建筑设计的荷载（见表 10-5）。

污泥立体绿化栽培基质基本特性　　　　　　　　　表 10-5

编号	《种植屋面工程技术规程》JGJ 155—2013	污泥立体绿化栽培基质	原用基质
pH	6.5～8.2	6.7	7.8
密度（g/cm³）	—	0.34	0.67
饱和水密度（kg/m³）	750～1300	1028.8	1153.6

编号	《种植屋面工程技术规程》 JGJ 155—2013	污泥立体绿化栽培基质	原用基质
有机质含量（%）	20～30	21.06	25.7
总孔隙度（%）	45～50	45.96	39.21
有效水分（%）	20～25	21.29	24.3
排水速率（mm/h）	≥58	60.91	55.14
N（%）	—	2.15	1.12
P_2O_5（%）	—	1.67	3.15
K_2O（%）	—	3.24	0.44
总养分（%）	—	7.06	4.71
EC（mS/cm）	—	1.76	2.13
大肠菌群值	—	＞0.20	＞0.13
蛔虫卵死亡率（%）	—	100	100
种子发芽指数	—	93.1	88.7
成本（元/m^3）	—	322	363

2. 污泥棒肥园林利用示范

城市园林大树特别是行道树的土壤质量恶劣，存在紧实、不透气、不透水等严重的物理结构问题，以及养分偏低等问题，限制了大树的正常生长，影响了大树景观效益和生态效益的发挥。同时，园林大树特别是行道树生长环境条件特殊，目前采取普通人工开挖土壤施肥的方式存在诸多问题，如操作困难、影响绿地景观，由于施肥量有限施肥的效率较低等。

利用污泥处理产物生产园林专用棒肥，结合钻孔施肥机施用，具有有机养分高、无机养分缓释、肥效足、肥效久、操作方便等特点；作业面小，不影响景观及地被植物，可有效解决大树地下生长环境恶劣和土壤改良操作难、效率低的问题。

在重庆市九龙坡区某科研基地进行污泥园林有机—无机棒肥、立体绿化栽培基质等产品试验示范，试验区面积 10 亩，应用效果如图 10-25、图 10-26 所示。施肥的植物有红枫、紫薇、黄千层、鸡爪槭、桂花等。

图 10-25　污泥园林有机—无机棒肥紫薇和红枫施肥应用

图 10-26　污泥园林有机—无机棒肥桂花施肥应用示范

参 考 文 献

[1] 戴晓虎. 城市污泥厌氧消化理论与实践[M]. 北京：科学出版社，2019.

[2] 戴晓虎. 我国城镇污泥处理处置现状及思考 [J]. 给水排水，2012，38(2)：1-5.

[3] 戴晓虎，张辰，章林伟，等. 碳中和背景下污泥处理处置与资源化发展方向思考[J]. 给水排水，2021，57(03)：1-5.

[4] 孔祥娟，戴晓虎，张辰. 城镇污水处理厂污泥处理处置技术[M]. 北京：中国建筑工业出版社，2016.

[5] 戴晓虎，李小伟，杨婉，等. 污水处理厂污泥中病毒的赋存特性及处理处置过程中暴露风险防控研究进展[J]. 给水排水，2020，56(03)：60-73.

[6] 高廷耀，顾国维，周琪. 水污染控制工程下册(第四版)[M]. 北京：高等教育出版社，2014.

[7] 张辰. 污水厂设计[M]. 北京：中国建筑工业出版社，2011.

[8] 张辰. 城镇污水处理厂污泥处理处置技术与装备[M]. 北京：中国建筑工业出版社，2018.

[9] 张辰. 污泥处理处置技术与工程实例[M]. 北京：化学工业出版社，2006.

[10] 占达东. 污泥资源化利用[M]. 北京：中国海洋大学出版社，2009.

[11] Azami H，Sarrafzadeh M H，Mehrnia M R. Soluble microbial products (SMPs) release in activated sludge systems：a review [J]. Iranian Journal of Environmental Health Science & Engineering，2012，9(1)：30.

[12] Barker D J，Stuckey D C. A review of soluble microbial products (SMP) in wastewater treatment systems [J]. Water Research，1999，33(14)：3063-3082.

[13] Lescher R，Loll U. ATV Handbuch：Klärschlamm [M]，4. Auflage，Ernst & Sohn，Berlin，1996.

[14] Li X，Chen L，Mei Q，et al. Microplastics in sewage sludge from the wastewater treatment plants in China [J]. Water Research，2018，142：75-85.

[15] Mao H F，Wang F，Mao Y，et al. Measurement of water content and moisture distribution in sludge by 1H nuclear magnetic resonance spectroscopy [J]. Dry Technology，2015，34(3)：267-274.

[16] Meng X，Venkatesan A K，Ni Y L，et al. Organic contaminants in Chinese sewage sludge：a meta-analysis of the literature of the past 30 years [J]. Environmental Science & Technology，2016，50(11)：5454-5466.

[17] Ramesh A，Lee D-J，Hong S. Soluble microbial products (SMP) and soluble extracellular polymeric substances (EPS) from wastewater sludge [J]. Applied Microbiology and Biotechnology，2006，73(1)：219-225.

[18] 黑亮. 城镇污泥安全处置与资源化利用途径探索[M]. 北京：中国农业科学技术出版社，2014.

[19] 蒋自力，金宜英，张辉，等. 污泥处理处置与资源综合利用技术[M]. 北京：化学工业出版社，2019.

[20] 陈荣柱，任琳. 日本污泥处理技术现状与动态 [J]. 给水排水，1999，10：20-23.

[21] 周冬冬. SRT对微生物代谢产物和生物多样性的影响研究[D]. 天津：天津大学，2010.

[22] 曹伟华，孙晓杰，赵由才. 污泥处理与资源化应用实例[M]. 北京：冶金工业出版社，2010.

[23]　桂厚瑛. 污泥堆肥工程技术[M]. 北京：中国水利水电出版社，2015.

[24]　李云玉. 循环流化床一体化污泥焚烧工艺实验研究[D]. 北京：中国科学院研究生院（工程热物理研究所），2012.

[25]　姬爱民，崔岩，马劲红. 污泥热处理[M]. 北京：冶金工业出版社，2014.

[26]　杨松林，于奕峰. 工程CAD技术与应用[M]. 北京：化学工业出版社，2002.

[27]　徐强. 污泥处理处置技术及装置[M]. 北京：化学工业出版社，2003.

[28]　李宗翰. 基于热水解预处理技术的超低有机质污泥厌氧消化强化工艺研究[D]. 上海：同济大学，2017.

[29]　彭信子. 城镇污水处理厂污泥泥质特性分析及处理处置方案评估[D]. 上海：同济大学，2017.

[30]　沙超. 城市污水处理厂污泥含砂概况调研及砂和微生物吸附机理研究[D]. 上海：同济大学，2014.

[31]　上海市政工程设计研究总院. 污水处理厂改扩建设计. 第2版[M]. 北京：中国建筑工业出版社，2015.

[32]　张大群. 污泥处理处置适用设备[M]. 北京：化学工业出版社，2012.

[33]　陈晓璐，方圣琼，潘文斌. 城市污泥中持久性有机污染物（POPs）的研究进展[J]. 能源与环境，2013，2：9-10.

[34]　郭广慧，陈同斌，杨军，等. 中国城市污泥重金属区域分布特征及变化趋势[J]. 环境科学学报，2014，34(10)：2455-2461.

[35]　姚金玲，土海燕，亍云江，等. 城市污水处理厂污泥重金属污染状况及特征[J]. 环境科学研究，2010，23(6)：696-702.

[36]　陈晓娟，吕小芳. 浅谈城市污泥的处理、处置与资源化利用[J]. 环境保护与循环经济，2012，1：41-45.

[37]　水落元之，久山哲雄，小柳秀明，等. 日本生活污水污泥处理处置的现状及特征分析[J]. 给水排水，2015，51(11)：13-16.

[38]　住房和城乡建设部. 城镇污水处理厂污泥处理处置技术指南（试行）[S]. 北京：中国建筑工业出版社，2011.

[39]　金儒霖，刘永龄. 污泥处置[M]. 北京：中国建筑工业出版社，1982.

[40]　住房和城乡建设部. 中国城乡建设统计年鉴[M]. 北京：中国建筑工业出版社，2018.

[41]　Vesilind P A. The role of water in sludge dewatering[J]. Water Environment Research，1994，66(1)：4-11.

[42]　Fujishima S，Miyahara T，Noike T. Effect of moisture content on anaerobic digestion of dewatered sludge：ammonia inhibition to carbohydrate removal and methane production[J]. Water Science & Technology，2000，41(3)：119-127.

[43]　Catalano E. Comments on some of the physical chemical questions associated with the analysis of water in earth materials[J]. Proceedings of Symposium on Engineering with Nuclear Explosive，1970，1(101)：493-504.

[44]　陈家庆. 环保设备原理与设计[M]. 北京：中国石化出版社，2005.

[45]　Smith J K and Vesilind P A. Dilatometric measurement of bound water in wastewater sludge[J]. Water Research，1995，29(12)：2621-2626.

[46]　Smollen M. Moisture retention characteristics and volume reduction of municipal sludges[J]. Water

SA，1988，14(1)：25-28.

[47] Zhang J，Zhang J，Tian Y，et al. Changes of physicochemical properties of sewage sludge during ozonation treatment：Correlation to sludge dewaterability[J]. Chemical Engineering Journal，2016，301(1)：238-248.

[48] Sheng G-P，Yu H-Q. Characterization of extracellular polymeric substances of aerobic and anaerobic sludge using three-dimensional excitation and emission matrix fluorescence spectroscopy[J]. Water Research，2006，40(6)：1233-1239.

[49] 胡锋平，黄晓东，汪琳媛，等. 低浓度剩余活性污泥涡凹气浮浓缩工艺研究[J]. 给水排水，2004，032(006)：31-34.

[50] Dentel S K，Abu-Orf M M and Walker C A. Optimization of slurry flocculation and dewatering based on electrokinetic and rheological phenomena[J]. Chemical Engineering Journal，2000，80(1-3)：65-72.

[51] Li X，Yang S. Influence of loosely bound extracellular polymeric substances (EPS) on the flocculation，sedimentation and dewaterability of activated sludge[J]. Water Research，2007，41(5)：1022-1030.

[52] Niu M，Zhang W，Wang D，et al. Correlation of physicochemical properties and sludge dewaterability under chemical conditioning using inorganic coagulants[J]. Bioresource Technology，2013，144(1)：337-343.

[53] Zhen G，Lu X，Su L，et al. Unraveling the catalyzing behaviors of different iron species (Fe2+ vs. Fe0) in activating persulfate-based oxidation process with implications to waste activated sludge dewaterability[J]. Water Research，2018，134(1)：101-114.

[54] Jin B，Wilén B-M and Lant P. Impacts of morphological，physical and chemical properties of sludge flocs on dewaterability of activated sludge[J]. Chemical Engineering Journal，2004，98(1-2)：115-126.

[55] 邓荣森. 氧化沟污水处理理论与技术[M]. 北京：化学工业出版社，2011.

[56] 孙胜杰. 基于南昌市污水厂污泥特征的处理处置方案应用研究[D]. 南昌：南昌大学，2015.

[57] Christensen J R，Sørensen P B，Christensen G L，et al. Mechanisms for overdosing in sludge conditioning[J]. Journal of Environmental Engineering，1993，119(1)：159-171.

[58] Zhang J，Li N，Dai X，et al. Enhanced dewaterability of sludge during anaerobic digestion with thermal hydrolysis pretreatment：New insights through structure evolution[J]. Water Research，2018，131(1)：177-185.

[59] Xiao K，Chen Y，Jiang X，et al. Variations in physical，chemical and biological properties in relation to sludge dewaterability under Fe (II) - Oxone conditioning[J]. Water Research，2017，109(1)：13-23.

[60] Karr P R and Keinath T M. Influence of particle size on sludge dewaterability[J]. Journal of Water Pollution Control Federation，1978，8：1911-1930.

[61] Logsdon G S and Edgerley Jr E. Sludge dewatering by freezing[J]. Journal of American Water Works Association，1971，8：734-740.

[62] 蒋建国. 固体废物处置与资源化. 第2版[M]. 北京：化学工业出版社，2013.

[63] Heukelekian H and Weisberg E. Sewage colloids[J]. Water & Sewage Works, 1958, 105(1): 428-434.

[64] Rudolfs W, Heukelekian H. Relation between drainability of sludge and degree of digestion[J]. Sewage Works Journal, 1934, 6(1): 1073-1081.

[65] Thapa K, Qi Y, Clayton S, et al. Lignite aided dewatering of digested sewage sludge[J]. Water Research, 2009a, 43(3): 623-634.

[66] 成官文, 吴志超, 章菲娟, 等. 沸石强化生物 A/O 工艺污泥脱水性能研究[J]. 工业水处理, 2005, 25(8): 42-45.

[67] Lee D, Lin Y, Jing S, et al. Effects of agricultural waste on the sludge conditioning[J]. Journal of Chinese Institue of Environmental Engineering, 2001, 11(3): 209-214.

[68] Deneux-Mustin S, Lartiges B, Villemin G, et al. Ferric chloride and lime conditioning of activated sludges, an electron microscopic study on resin-embedded samples[J]. Water Research, 2001, 35(12): 3018-3024.

[69] Tenney M W, Cole T G. The use of fly ash in conditioning biological sludges for vacuum filtration[J]. Journal of Water Pollution Control Federation, 1968, 40: 281-302.

[70] Chen C, Zhang P, Zeng G, et al. Sewage sludge conditioning with coal fly ash modified by sulfuric acid[J]. Chemical Engineering Journal, 2010, 158(3): 616-622.

[71] 范瑾初, 金兆丰. 水质工程[M]. 北京: 中国建筑工业出版社, 2009.

[72] Li Z, Tian Y, Ding Y, et al. Contribution of extracellular polymeric substances (EPS) and their subfractions to the sludge aggregation in membrane bioreactor coupled with worm reactor[J]. Bioresource Technology, 2013, 144: 328-336.

[73] Peeters B, Dewil R, Lechat D, et al. Quantification of the exchangeable calcium in activated sludge flocs and its implication to sludge settleability[J]. Separation and Purification Technology, 2011, 83: 1-8.

[74] 李兵, 张承龙, 赵由才. 污泥表征与预处理技术[M]. 北京: 冶金工业出版社, 2010.

[75] Yu G-H, He P-J, Shao L-M, et al. Stratification structure of sludge flocs with implications to dewaterability[J]. Environmental Science & Technology, 2008, 42(21): 7944-7949.

[76] Dai Q, Ma L, Ren N, et al. Investigation on extracellular polymeric substances, sludge flocs morphology, bound water release and dewatering performance of sewage sludge under pretreatment with modified phosphogypsum[J]. Water Research, 2018, 142(1): 337-346.

[77] Zhen G, Lu X, Wang B, et al. Synergetic pretreatment of waste activated sludge by Fe(II)-activated persulfate oxidation under mild temperature for enhanced dewaterability[J]. Bioresource Technology, 2012b, 124(9): 29-36.

[78] Zhou X, Jiang G, Zhang T, et al. Role of extracellular polymeric substances in improvement of sludge dewaterability through peroxidation[J]. Bioresource Technology, 2015, 192(1): 817-820.

[79] Yuan H, Cheng X, Chen S, et al. New sludge pretreatment method to improve dewaterability of waste activated sludge[J]. Bioresource Technology, 2011, 102(10): 5659-5664.

[80] 马放, 田禹, 王树涛. 环境工程设备与应用[M]. 北京: 高等教育出版社, 2011.

[81] Yu G, He P and Shao L. Novel insights into sludge dewaterability by fluorescence excitation-emis-

sion matrix combined with parallel factor analysis[J]. Water Research, 2010, 44(3): 797-806.

[82] Wen Y, Zheng W, Yang Y, et al. Influence of Al3+ addition on the flocculation and sedimentation of activated sludge: comparison of single and multiple dosing patterns[J]. Water Research, 2015, 75(1): 201-209.

[83] Chen W, Westerhoff P, Leenheer J A, et al. Fluorescence excitation-emission matrix regional integration to quantify spectra for dissolved organic matter[J]. Environmental Science & Technology, 2003, 37(24): 5701-5710.

[84] Chen H, Rao Y, Cao L, et al. Hydrothermal conversion of sewage sludge: focusing on the characterization of liquid products and their methane yields[J]. Chemical Engineering Journal, 2019, 357: 367-375.

[85] Xiao K, Pei K, Wang H, et al. Citric acid assisted Fenton-like process for enhanced dewaterability of waste activated sludge with in-situ generation of hydrogen peroxide[J]. Water Research, 2018, 140(1): 232-242.

[86] 《城镇污水处理厂运行、维护及安全技术手册》编委会. 城镇污水处理厂运行、维护及安全技术手册[M]. 北京: 中国建筑工业出版社, 2014.

[87] Cao B, Zhang W, Du Y, et al. Compartmentalization of extracellular polymeric substances (EPS) solubilization and cake microstructure in relation to wastewater sludge dewatering behavior assisted by horizontal electric field, Effect of operating conditions[J]. Water Research, 2018, 130(1): 363-375.

[88] Wang B-B, Liu X-T, Chen J-M, et al. Composition and functional group characterization of extracellular polymeric substances (EPS) in activated sludge: the impacts of polymerization degree of proteinaceous substrates[J]. Water Research, 2018, 129(1): 133-142.

[89] Badireddy A R, Chellam S, Gassman P L, et al. Role of extracellular polymeric substances in bioflocculation of activated sludge microorganisms under glucose-controlled conditions[J]. Water Research, 2010, 44(15): 4505-4516.

[90] Xu Q, Wang Q, Zhang W, et al. Highly effective enhancement of waste activated sludge dewaterability by altering proteins properties using methanol solution coupled with inorganic coagulants[J]. Water Research, 2018, 138(1): 181-191.

[91] Verrelli D I, Dixon D R, Scales P J. Effect of coagulation conditions on the dewatering properties of sludges produced in drinking water treatment[J]. Colloids and Surfaces A: Physicochemical and Engineering Aspects, 2009, 348(1-3): 14-23.

[92] Cao B, Zhang W, Wang Q, et al. Wastewater sludge dewaterability enhancement using hydroxyl aluminum conditioning, Role of aluminum speciation[J]. Water Research, 2016, 105(1): 615-624.

[93] Bratby J. Coagulation and flocculation in water and wastewater treatment[M]. London: IWA publishing, 2006.

[94] Chen Z, Zhang W, Wang D, et al. Enhancement of activated sludge dewatering performance by combined composite enzymatic lysis and chemical re-flocculation with inorganic coagulants: kinetics of enzymatic reaction and re-flocculation morphology[J]. Water Research, 2015, 83(1): 367-376.

[95] Yu W, Yang J, Shi Y, et al. Roles of iron species and pH optimization on sewage sludge condition-

ing with Fenton's reagent and lime[J]. Water Research, 2016, 95(15): 124-133.

[96] Zhang W, Chen Z, Cao B, et al. Improvement of wastewater sludge dewatering performance using titanium salt coagulants (TSCs) in combination with magnetic nano-particles: Significance of titanium speciation[J]. Water Research, 2017b, 110(1): 102-111.

[97] Zhao C, Zheng H, Zhang Y, et al. Advances in the Initiation System and Synthesis Methods of Cationic Poly-acrylamide: A Review[J]. Mini-Reviews in Organic Chemistry, 2016, 13(2): 109-117.

[98] Guo J and Ma J. Bioflocculant from pre-treated sludge and its applications in sludge dewatering and swine wastewater pretreatment[J]. Bioresource Technology, 2015, 196(1): 736-740.

[99] Chen Y, Yang H and Gu G. Effect of acid and surfactant treatment on activated sludge dewatering and settling[J]. Water Research, 2001, 35(11): 2615-2620.

[100] Bien J and Wolny L. Changes of some sewage sludge parameters prepared with an ultrasonic field [J]. Water Science & Technology, 1997, 36(11): 101-106.

[101] Feng X, Deng J, Lei H, et al. Dewaterability of waste activated sludge with ultrasound conditioning[J]. Bioresource Technology, 2009, 100(3): 1074-1081.

[102] Wang L, Zhang L, Li A. Hydrothermal treatment coupled with mechanical expression at increased temperature for excess sludge dewatering: Influence of operating conditions and the process energetics[J]. Water Research, 2014, 65(1): 85-97.

[103] Wojciechowska E. Application of microwaves for sewage sludge conditioning[J]. Water Research, 2005, 39(19): 4749-4754.

[104] Martel C J. Fundamentals of sludge dewatering in freezing beds[J]. Water Science & Technology, 1993, 28(1): 29-35.

[105] Franceschini O. Dewatering of sludge by freezing [D]. Luleå: Luleå University of Technology, 2010.

[106] Chu C, Lee D, Liu Z, et al. Morphology of sludge cake at electroosmosis dewatering[J]. Separation Science and Technology, 2005, 39(6): 1331-1346.

[107] Yuan C. Enhancement of sludge dewatering: application of electrokinetic technique[J]. Journal of the Chinese institute of Environmental Engineering, 2002, 12(3): 235243.

[108] Yuan C and Weng C-h. Sludge dewatering by electrokinetic technique, effect of processing time and potential gradient[J]. Advances in Environmental Research, 2003, 7(3): 727-732.

[109] 赵庆祥. 污泥资源化技术[M]. 北京: 化学工业出版社, 2002.

[110] 李丰, 王厚胜, 胡景玄. 干湿循环对脱水污泥剪切性能的试验分析[J]. 湖北工业大学学报, 2013, 28(5): 105-108.

[111] 仲伟华, 钟爱成. 污泥干化工艺的安全性评估原则的探讨[J]. 金华职业技术学院学报, 2006, 6 (6): 35-39.

[112] Bolzonella D, Pavan P, Mace S, et al. Dry anaerobic digestion of differently sorted organic municipal solid waste, a full-scale experience[J]. Water Science & Technology, 2006, 53(8): 23-32.

[113] Nges I A, Liu J. Effects of solid retention time on anaerobic digestion of dewatered-sewage sludge in mesophilic and thermophilic conditions. Renewable Energy, 2010, 35(10): 2200-2206.

[114] Chen Y, Cheng J J and Creamer K S. Inhibition of anaerobic digestion process: a review[J]. Biore-

source Technology，2008，99：4044-4064.

[115] Haug R T，Stuckey D C，Gossett J M，et al. Effect of Thermal Pretreatment on Digestibility and Dewaterability of Organic Sludges[J]. Journal-Water Polluation Control Federation，1978，50(1)：73-85.

[116] Bougrier C，Delgenes J P and Carrere H. Effects of thermal treatments on five different waste activated sludge samples solubilization，physical properties and anaerobic digestion[J]. Chemical Engineering Journal，2008，139(2)：236-244.

[117] Zhang L，Narita Y，Gao L，et al. Maximum specific growth rate of anammox bacteria revisited[J]. Water Research，2017，116：296-303.

[118] Xue Y，Liu H，Chen S，et al. Effects of thermal hydrolysis on organic matter solubilization and anaerobic digestion of high solid sludge[J]. Chemical Engineering Journal，2015，264：174-180.

[119] Chen Y C，Higgins M J，Beightol S M，et al. Anaerobically digested biosolids odor generation and pathogen indicator regrowth after dewatering[J]. Water Research，2011，45(8)：2616-2626.

[120] Abelleira-Pereira J M，Perez-Elvira S I，Sanchez-Oneto J，et al. Enhancement of methane production in mesophilic anaerobic digestion of secondary sewage sludge by advanced thermal hydrolysis pretreatment[J]. Water Research，2015，71：330-340.

[121] Ehimen E A，Sun Z F，Carrington C G，et al. Anaerobic digestion of microalgae residues resulting from the biodiesel production process[J]. Applied Energy，2011，88(10)：3454-3463.

[122] 赵玉鑫，刘颖杰. 城市污泥处理技术及工程实例[M]. 北京：化学工业出版社，2016.

[123] 尹军. 污水污泥处理处置与资源化利用[M]. 北京：化学工业出版社，2005.

[124] 陈思思. 高温热水解对脱水污泥泥质及其厌氧消化性能的影响[D]. 上海：同济大学，2016.

[125] Dai X H，Duan N N，Dong B，et al. High-solids anaerobic co-digestion of sewage sludge and food waste in comparison with mono digestions，Stability and performance[J]. Waste Management，2013，33(2)：308-316.

[126] Duan N，Dong B，Wu B，et al. High-solid anaerobic digestion of sewage sludge under mesophilic conditions，feasibility study[J]. Bioresource Technology，2012，104：150-156.

[127] 董滨，段妮娜，戴晓虎. 城市污泥干式中温厌氧消化的可行性研究[C]//中国土木工程学会全国排水委员会年会. 中国土木工程学会，2011.

[128] 段妮娜，董滨，李江华，等. 污泥和餐厨垃圾联合干法中温厌氧消化性能研究[J]. 环境科学，2013，34(1)：321-327.

[129] 任庆凯. 污水厂污泥好氧消化试验研究[D]. 长春：吉林大学，2008.

[130] 冯生华，黄晓东，蒋慧敏. 一种占地小耗电少的污水污泥处理新工艺[J]. 给水排水，2001，27(12)：14-16.

[131] 彭永臻，陈滢，王淑莹，等. 污泥好氧消化的研究进展[J]. 中国给水排水，2003(2)：36-39.

[132] 桑希灿. 深井曝气处理城市污水厂污泥小试实验研究[D]. 西安：西安建筑科技大学，2014.

[133] 张立秋，孙德智，封莉. 城市污泥堆肥林地利用及其环境生态风险评价[M]. 北京：中国环境出版社，2014.

[134] 蒋秀娅. 贵阳市循环经济型生态城市污泥减量化、稳定化、无害化、资源化技术对策研究[D]. 贵阳：贵州大学，2009.

［135］ 黄申斌. 污泥高温好氧发酵的原理及影响因素［J］. 资源节约与环保，2011（6）：61-63.

［136］ 纪希望. 污水处理厂污泥堆肥化的工艺特性及其运用［J］. 兰州铁道学院学报，2003，22（4）：133-137.

［137］ 谷晋川，蒋文举，雍毅. 城市污水厂污泥处理与资源化［M］. 北京：化学工业出版社，2008.

［138］ 刘亮，张翠珍. 污泥燃烧热解特性及其焚烧技术［M］. 长沙：中南大学出版社，2006.

［139］ 聂永丰. 固体废物处理工程技术手册［M］. 北京：化学工业出版社，2013.

［140］ 方平，岑超平，唐子君，等. 污泥焚烧大气污染物排放及其控制研究进展［J］. 环境科学与技术，2012，35（10）：70-80.

［141］ 严建华，王飞，池涌，等. 污泥无害化能源化热处置技术［M］. 北京：中国电力出版社，2015.

［142］ 姚金玲. 污水处理厂污泥处理处置技术评估［D］. 北京：中国环境科学研究院，2010.

［143］ 胡维杰，周友飞. 城镇污水处理厂污泥单独焚烧工艺机理研究［J］. 中国给水排水，2019，35，486（10）：26-31.

［144］ 董海洁. 污泥稳定化处理及无害化处置方法分析［J］. 硅谷，2010，5：132-203.

［145］ 卜玉山，Magdof F R. 十种土壤有效磷测定方法的比较［J］. 土壤学报，2003，40（1）：140-146.

［146］ 杜桂月. 城市污水污泥超临界水热解制油实验研究［D］. 天津：天津大学，2016.

［147］ 曹建刚. 污泥理化性能对污泥热解机理及热解炭特性的影响研究［D］. 杭州：杭州电子科技大学.

［148］ 李晋. 污泥经机械化预处埋在不同条件卜快速热解制氢研究［D］. 西安：长安大学，2018.

［149］ 熊思江. 污水污泥热解制取富氢燃气实验及机理研究［D］. 武汉：华中科技大学，2010.

［150］ 管志超. 城市污水污泥热解油中多环芳烃（PAHs）生成规律研究［D］. 杭州：浙江工业大学，2012.

［151］ 柳有峰. 含油污泥连续热解装置的开发模拟及应用研究［D］. 北京：北京化工大学，2019.

［152］ 李海英. 生物污泥热解资源化技术研究［D］. 天津：天津大学，2006.

［153］ 张娜. 污泥热解过程中氮的迁移特性研究［D］. 沈阳：沈阳航空航天大学，2013.

［154］ 龚真龙. 微波热解污水污泥 H_2S 释放影响因素及其处理研究［D］. 哈尔滨：哈尔滨工业大学，2013.

［155］ 孟详东，黄群星，严建华，磷在污泥热解过程中的迁移转化［J］. 化工学报，2018，69（7）：3208-3215.

［156］ 徐新宇. 市政污泥热解动力学及其能量平衡研究［D］. 武汉：华中科技大学. 2016.

［157］ 熊文强. 绿色环保与清洁生产概论［M］. 北京：化学工业出版社，2002.

［158］ 住房和城乡建设部标准定额研究所. 城镇污水处理厂污泥处置系列标准实施指南［M］. 北京：中国标准出版社，2010.

［159］ Itoh S，Suzuki A，Nakamura T，et al. Production of heavy oil from sewage sludge by direct ther-mochemical liquefaction［J］. Desalination，1994，98（1-3）：127-133.

［160］ 何品晶，顾国维. 污水污泥低温热解处理技术研究［J］. 中国环境科学，1996，4：254-257.

［161］ Steger M T，Meiner W. Drying and low temperature conversion - a process combination to treat sewage sludge obtained from oil refineries［J］. Water Science & Technology，1996，34（10）：133-139.

［162］ Bridle T R，Hammerton I，Hertle C K. Control of heavy metals and organochlorines using the oil from sludge process[J]. Water Science & Technology, 1990, 22(12)：249-258.

[163] 王建华. 城市污泥处置新技术发展及研究[J]. 中国市政工程, 2013, 4：49-52.

[164] 贺利民. 炼油厂废水处理污泥热解制油技术研究[J]. 湘潭大学自然科学学报, 2001, 23(2)：74-76.

[165] 施庆燕, 李兵, 赵由才. 污泥低温热解制油的影响因素[J]. 环境卫生工程, 2006, 5：4-6.

[166] Suzuki A, Nakamura T, Yokoyama S Y, et al. Conversion of sewage sludge to heavy oil by direct thermochemical liquefaction [J]. Journal of Chemical Engineering of Japan, 1988, 21 (3)：288-293.

[167] Domínguez A, Menendez J A, Inguanzo M, et al. Gas chromatographic-mass spectrometric study of the oil fractions produced by microwave-assisted pyrolysis of different sewage sludges[J]. Journal of Chromatography A, 2003, 1012(2)：193-206.

[168] Menéndez J A, Inguanzo M, Pis J J. Microwave-induced pyrolysis of sewage sludge[J]. Water Research, 2002, 36(13)：3261-3264.

[169] Domínguez A, Menéndez J A, Inguanzo M, et al. Investigations into the characteristics of oils produced from microwave pyrolysis of sewage sludge[J]. Fuel Processing Technology, 2005, 86(9)：1007-1020.

[170] 左薇, 田禹. 微波高温热解污水污泥制备生物质燃气[J]. 哈尔滨工业大学学报, 2011, 43(6)：25-28.

[171] Demirbas A, Akdeniz F. Fuel analyses of selected oilseed shells and supercritical fluid extraction in alkali medium[J]. Energy Conversion and Management, 2002, 43(15)：1977-1984.

[172] Demirbas A. Liquefaction of olive husk by supercritical fluid extraction[J]. Energy Conversion and Management, 2000, 41(17)：1875-1883.

[173] 刘京. 市政污泥在超临界甲醇条件下酯化制油研究[D]. 天津：天津大学, 2012.

[174] Hossain M K, Strezov V, Chan K Y, et al. Influence of pyrolysis temperature on production and nutrient properties of wastewater sludge biochar[J]. Journal of Environmental Management, 2011, 92(1)：223-228.

[175] Cheng S, Wang Y, Gao N, et al. Pyrolysis of oil sludge with oil sludge ash additive employing a stirred tank reactor[J]. Journal of Analytical and Applied Pyrolysis, 2016, 120：511-520.

[176] Klinghoffer N B, Castaldi M J, Nzihou A. Influence of char composition and inorganics on catalytic activity of char from biomass gasification[J]. Fuel, 2015, 157：37-47.

[177] 刘秀如. 城市污水污泥热解实验研究[D]. 北京：中国科学院研究生院（工程热物理研究所）, 2011.

[178] 常风民, 王启宝, SEGUNGiwa, 等. 城市污泥两段式催化热解制合成气研究[J]. 中国环境科学, 2015, 35(3)：804-810.

[179] 李海英, 张书廷, 赵新华. 城市污水污泥热解温度对产物分布的影响[J]. 太阳能学报, 2006, 27(8)：835-840.

[180] 郑莹莹. 污泥热解气液两相产物成分分析及影响因素研究[D]. 哈尔滨：哈尔滨工业大学, 2013.

[181] 王晓磊, 邓文义, 于伟超, 等. 污泥微波高温热解条件下富氢气体生成特性研究[J]. 燃料化学学报, 2013, 41(2)：243-251.

[182] 邓文义，于伟超，苏亚欣. 污泥微波热解过程中 CaO，ZnCl₂ 和水蒸气对富氢气体生成特性的影响[J]. 东华大学学报(自然科学版)，2014，40(5)：624-632.

[183] 张艳丽，肖波，胡智泉，等. 污泥热解残渣水蒸气气化制取富氢燃气[J]. 可再生能源，2012，1：67-71.

[184] Chen D，Yin L，Wang H，et al. Pyrolysis technologies for municipal solid waste, A review[J]. Waste Management，2015，37：116-136.

[185] Campbell H W. 1989. Sewage sludge treatment use[J]. New Development，1989：281-290.

[186] Bridgwater A V. Principles and practice of biomass fast pyrolysis processes for liquids[J]. Journal of Analytical & Applied Pyrolysis，1999，51(1-2)：3-22.

[187] Bridgwater A V，Peacocke G. Fast pyrolysis processes for biomass[J]. Renewable & Sustainable Energy Reviews，2000，4(1)：1-73.

[188] Shen L，Zhang D K. An experimental study of oil recovery from sewage sludge by low-temperature pyrolysis in a fluidised-bed[J]. Fuel，2003，82(4)：465-472.

[189] 陈超，李水清，岳长涛，等. 含油污泥回转式连续热解-质能平衡及产物分析[J]. 化工学报，2006，57(3)：650-657.

[190] 丁兆军，舒新前，白广彬. 城市污水厂污泥热解制氢的实验研究[C]. 第七届全国氢能学术会议论文集，2006.

[191] Inguanzo M，Dominguez A，Menendez J A，et al. On the pyrolysis of sewage sludge，the influence of pyrolysis conditions on solid，liquid and gas fractions[J]. Journal of Analytical and Applied Pyrolysis，2002，63(1)：209-222.

[192] Bridgwater A V. Production of high grade fuels and chemicals from catalytic pyrolysis of biomass [J]. Catalysis Today，1996，29(1/4)：285-295.

[193] Chiu S J，Cheng W H. Thermal degradation and catalytic cracking of poly(ethylene terephthalate) [J]. Polymer Degradation & Stability，1999，63(3)：407-412.

[194] Shie J L，Lin J P，Chang C Y，et al. Pyrolysis of oil sludge with additives of catalytic solid wastes [J]. Journal of Analytical & Applied Pyrolysis，2004，71(2)：695-707.

[195] Lutz H，Romeiro G A，Damasceno R N，et al. Low temperature conversion of some Brazilian municipal and industrial sludges[J]. Bioresource Technology，2000，74(2)：103-107.

[196] Doshi V A，Vuthaluru H B，Bastow T. Investigations into the control of odour and viscosity of biomass oil derived from pyrolysis of sewage sludge[J]. Fuel Processing Technology，2005，86(8)：885-897.

[197] 高现文，单春贤，李海英，等. 温度对污泥热解产物及特性的影响[J]. 生态环境学报，2007，16(4)：1189-1192.

[198] Aznar M，Anselmo M S，Manya J J，et al. Experimental Study Examining the Evolution of Nitrogen Compounds during the Gasification of Dried Sewage Sludge[J]. Energy & Fuels，2009，23(3)：3236-3245.

[199] 王宗华. 热解-气化过程中燃料-N 的形态转化及迁移规律研究[D]. 武汉：华中科技大学，2011.

[200] 谭涛. 污水污泥含氮模型化合物的构建及热解过程中氮转化途径研究[D]. 哈尔滨：哈尔滨工业大学，2011.

［201］ 戴前进，李艺，方先金. 污泥中硫浓度与产气中硫化氢含量的相关性探讨［J］. 中国给水排水，2008，24(2)：36-39.

［202］ 段玉亲. 煤中形态硫在热解过程中的转化和迁移规律［D］. 太原：太原理工大学，2010.

［203］ 周强. 煤的热解行为及硫的脱除［D］. 大连：大连理工大学，2004.

［204］ Xie C，Jie Z，Tang J，et al. The phosphorus fractions and alkaline phosphatase activities in sludge ［J］. Bioresource Technology，2011，102(3)：2455-2461.

［205］ Cao X，Ma L，Gao B，et al. Dairy-manure derived biochar effectively sorbs lead and atrazine［J］. Environmental Science & Technology，2009，43(9)：3285-3291.

［206］ Fonts I，Gea G，Azuara M，et al. Sewage sludge pyrolysis for liquid production：A review［J］. Renewable and Sustainable Energy Reviews，2012，16(5)：2781-2805.

［207］ Houghton J I，Stephenson T. Effect of influent organic content on digested sludge extracellular polymer content and dewaterability［J］. Water Research，2002，36(14)：3620-3628.

［208］ Zhan-Bo H U，Saman W R G，Navarro R R. Removal of PCDD/Fs and PCBs from sediment by oxygen free pyrolysis［J］. J Environ，2006，18(5)：989-994.

［209］ Conesa J A，Fullana A，Martín-Gullón I，et al. Comparison between emissions from the pyrolysis and combustion of different wastes［J］. Journal of Analytical & Applied Pyrolysis，2008，84(1)：95-102.

［210］ 王桂山，仲兆庆. PAH(多环芳烃)的危害及产生的途径［J］. 山东环境，2001，2：41.

［211］ Aracil I，Font R，Conesa J A. Semivolatile and volatile compounds from the pyrolysis and combustion of polyvinyl chloride［J］. Journal of Analytical and Applied Pyrolysis，2005，74(1)：465-478.

［212］ Devi，Saroha，AK. Risk analysis of pyrolyzed biochar made from paper mill effluent treatment plant sludge for bioavailability and eco-toxity of heavy metals［J］. Bioresource Technology，2014，162(-)：308-315.

［213］ Kistler R C，Widmer F，Brunner P H. Behavior of chromium，nickel，copper，zinc，cadmium，mercury，and lead during the pyrolysis of sewage sludge［J］. Environmental Science & Technology，1987，21(7)：704-708.

［214］ Jin C，Zheng S，He Y，et al. Lead contamination in tea garden soils and factors affecting its bioavailability［J］. Chemosphere，2005，59(8)：1151-1159.

［215］ 蔡朝卉，楚沉静，郑浩，等. 热解温度和时间对香蒲生物炭性质的影响及生态风险评估［J］. 环境科学，2020，41(06)：461-469.

［216］ Jin J，Li Y，Zhang J，et al. Influence of pyrolysis temperature on properties and environmental safety of heavy metals in biochars derived from municipal sewage sludge［J］. Journal of Hazardous Materials，2016，320：417-426.

［217］ 管志超，胡艳军，钟英杰. 不同升温速率下城市污水污泥热解特性及动力学研究［J］. 环境污染与防治，2012，34(3)：35-39.

［218］ 熊思江，章北平，冯振鹏，等. 湿污泥热解制取富氢燃气影响因素研究［J］. 环境科学学报，2010，30(5)：996-1001.

［219］ 姬爱民，张书廷，徐晖，等. 污泥热解油中类汽油组分组成和燃料特性分析［J］. 燃料化学学报，2011，39(3)：194-197.

[220] 胡艳军,郑小艳,宁方勇. 污水污泥热解过程的能量平衡与反应热分析[J]. 动力工程学报,2013,33(5):399-404.

[221] 程伟凤,李慧,杨艳琴,等. 城市污泥厌氧发酵残渣热解制备生物炭及其氮磷吸附研究[J]. 化工学报,2016,67(4):1541-1548.

[222] 陈爱朝,徐禹华,郑学娟,等. 深度脱水污泥作为填埋场中间层覆盖土的研究[J]. 中国给水排水,2011,27(19):85-87/91.

[223] 李丰,贺晓帅,胡景玄. 防性污泥用作填埋声中间覆盖层的适用性探讨[J]. 城市环境与城市生态,2014,27(3):35-38

[224] 马培东,王里奥,黄川,等. 改性污泥用作垃圾填埋场日覆盖材料的研究[J]. 中国给水排水,2007,23:38-41,45.

[225] 王静,赵三青. 改性污泥作垃圾填埋声封场覆盖材料研究[J]. 科技信息,2010,19:8.

[226] 王静. 改性污泥作填埋场封场覆盖材料的实验及评价研究[D]. 武汉:武汉工业学院,2010.

[227] 辛伟,杨石飞. 废弃物作垃圾填埋场覆盖材料室内试验研究[J]. 城市道桥与防洪,2004,4:122-126,158.

[228] 徐文龙,龙吉生,石田泰之,等. 固化污泥作为垃圾填埋场覆土材料的适用性研究[J]. 环境卫生工程,2009,17(6):26-30.

[229] 陆峰,周海燕,武舒娅,等. 生活垃圾填埋场覆盖材料研究进展[J]. 环境卫生工程,2019,27(6):11-15.

[230] 何涛,狄文亮,赵计奎,等. 污泥土地利用研究进展[J]. 西南给排水,2019(2):62-66.

[231] 刘洪涛,张悦. 国情背景下我国城镇污水厂污泥土地利用的瓶颈[J]. 中国给水排水,2013,20:1-4.

[232] 刘洪涛,张悦. 污泥土地利用行不通?[N]. 中国环境报,2015-10-20(10).

[233] 余杰,李宇佳,牟江涛,等. 中国城市污泥土地利用限制性因素及前景分析[J]. 环境科学与管理,2016,41(07):64-68.

[234] 朱开金. 污泥处理技术及资源化利用[M]. 北京:化学工业出版社,2007.

[235] 汪之和. 水产品加工与利用[M]. 北京:化学工业出版社,2003.

[236] 陈祥,徐福银,包兵,等. 污泥处理产物和产品园林利用的分析[J]. 给水排水,2017,53(6):41-44.

[237] 徐强,刘明,张春敏. 污泥处理处置新技术、新工艺、新设备[M]. 北京:化学工业出版社,2011.

[238] 刘峰,史元芝,倪春林,等. 城镇污泥干燥过程中胶粘性的研究[J]. 干燥技术与设备,2010,(6):285-290.

[239] 王绍文,秦华. 城市污泥资源利用与污水土地处理技术[M]. 北京:中国建筑工业出版社,2007.

[240] 高定,郑国砥,陈同斌,等. 城市污泥土地利用的重金属污染风险[J]. 中国给水排水,2012,28(15):102-105.

[241] 李文忠,吴敬东,何春利,等. 污泥堆肥土地利用对土壤环境及高羊茅特性的影响[J]. 北京水务,2014,6:1-5.

[242] 李雅嫄,杨军,雷梅,等. 北京市城市污泥土地利用的重金属污染风险评估[J]. 中国给水排水,

2015，31(9)：117-120.．

[243] 李艳霞，陈同斌，罗维，等. 中国城市污泥有机质及养分含量与土地利用[J]. 生态学报，2003，23(11)：2464-2470.

[244] 刘洪涛，马达，郑国砥，等. 城市污泥堆肥在园林绿化及相关领域中的应用[J]. 中国给水排水杂志，2009，25(13)：117-119.

[245] 马闯，赵继红，张宏忠，等. 城市污泥土地利用安全施用年限估算[J]. 环境工程，2014，6：102-104.

[246] 马利民，陈玲，吕彦，等. 污泥土地利用对土壤中重金属形态的影响[J]. 生态环境，2004，2：151-153.

[247] 余杰，陈同斌，高定，等. 中国城市污泥土地利用关注的典型有机污染物[J]. 生态学杂志，2011，10：2365-2369.

[248] 余杰，郑国砥，高定，等. 城市污泥土地利用的国际发展趋势与展望[J]. 中国给水排水，2012，28(20)：28-30.

[249] 张增强，薛澄泽. 几种草本植物对污泥堆肥的生长响应[J]. 西北农业大学学报，1996，24 (1)：65-69.

[250] 张增强，薛澄泽. 污泥堆肥对几种花卉的生长响应研究[J]. 环境污染与防治，1996，189：1174-1179.

[251] 钟熹光，林毅，张纯茹，等. 城市污泥直接施用对农田的生态效应研究初报[J]. 热带亚热带土壤科学，1992，1 (2)：91-98.

[252] 陈同斌. 城市污泥复合肥的肥效及其对小麦重金属吸收的影响[J]. 生态学报，2002，5：643-648.

[253] 陈佳君. 全球变暖潜能值的计算及其演变[J]. 船舶与海洋工程，2014：27-31.

[254] 中国应对气候变化国家方案[R]. 北京：中国国家发展和改革委员会，2007.

[255] 城市废弃物温室气体清单编制方法研讨会总结[EB]. 中国国家气候变化信息网，2002-07-24. http：//www. ccchina. org. cn/Detail. aspx? newsId＝29382.

[256] IPCC. Good practice guidance and uncertainly management in national greenhouse gas inventories [EB/OL]. Japan：IGES，2000.

[257] IPCC. Good Practice Guidance for Land Use，Land-Use Change and Forestry[EB]. Japan：IGES，2003.

[258] IPCC. IPCC Guidelines for National Greenhouse Gas Inventories[EB]. Japan：IGES，2006.

[259] Barber W P F. Influence of anaerobic digestion on the carbon footprint of various sewage sludge treatment options [J]. Water and Environmental Journal. 2009，23(3)：170-179.

[260] Strutt J，Wilson S，Shorney-Darby H，et al. Assessing the Carbon Footprint of Water Production. Holly Shorney-Darby [J]. Journal of the American Water Works Association. 2008，100 (6)：80-91.

[261] Brown S，Beecher N，Carpenter A. Calculator tool for determining greenhouse gas emissions for biosolids processing and end use. [J]. Environ. Sci. Technol. 2010，44(24)：9509-9515.

[262] Flores-Alsina X，Corominas L，Snip L，et al. Including greenhouse gas emissions during bench-marking of wastewater treatment plant control strategies[J]. Water Research，2011，45 (16)：

4700-4710.

[263] Snip L. Quantifying the greenhouse gases emissions of wastewater treatment plants [D]. Department of Agrotechnology and Food Science. Wageningen University. De'partement de ge'nie civil. Universite' Laval (Available at http：//edepot. wur. nl/138115), 2010.

[264] 郭伟祥. 生命周期评价(LCA)方法概述[J]. 通信技术与标准. 2009, 9-10.

[265] Houillon G, Jolliet O. Life cycle assessment of processes for the treatment of wastewater urban sludge：energy and global warming analysis[J]. Journal of Cleaner Production，2005，13(3)：287-299.

[266] Hospido A，Moreira M T，Martín M，et al. Environmental Evaluation of Different Treatment Processes for Sludge from Urban Wastewater Treatments：Anaerobic Digestion versus Thermal Processes[J]. International Journal of Life Cycle Assessment，2005，10 (5)：336-345.

[267] Strauss K，Wiedemann M. An LCA study on sludge retreatment processes in Japan[J]. The International Journal of Life Cycle Assessment. 2000，5(5)：291-294.

[268] 陈舜，逯非，王效科. 中国氮磷钾肥制造温室气体排放系数的估算[J]. 生态学报，2015，35(19)：6371-6383.

[269] 中国标准化研究院. 工业企业温室气体排放核算和报告通则 GB/T 32150—2015[S]. 北京：中国标准出版社，2015.

[270] 张成. 重庆市城镇污水处理系统碳排放研究[D]. 重庆：重庆大学，2011

[271] 祝初梅，田辉，赵娟. 污泥干化焚烧热平衡计算[J]. 中国资源综合利用，2013，31(002)：29-31.

[272] 薛重华，孔祥娟，王胜，等. 我国城镇污泥处理处置产业化现状、发展及激励政策需求[J]. 净水技术，2018，37(12)：41-47.

[273] 陈恒宝，许立群，张有仓，等. 市政污泥与餐厨废弃物协同厌氧消化工程实例[J]. 中国给水排水，2018，34(6)：79-84.

[274] 王丽花，查晓强，邵钦. 白龙港污水处理厂污泥厌氧消化系统的设计和调试[J]. 中国给水排水，2012，28(4)：43-45+48.

[275] 张辰，王建华，徐月江，等. 上海市白龙港污泥深度脱水应急工程设计与运行[J]. 给水排水，2013，49(6)：42-46.

[276] 何甜甜，刘天，云菲，等. 生物炭对农田 N_2O 排放的影响机制研究[J]. 中国农业科技导报，2021，23(5)：8.